Diskurs Mathematik
Kommunikationsanalysen zum reflektierenden Lernen

Arbeiten zur Sprachanalyse

Herausgegeben von
Konrad Ehlich

Band 17

PETER LANG
Frankfurt am Main · Berlin · Bern · New York · Paris · Wien

Rainer von Kügelgen

Diskurs Mathematik

Kommunikationsanalysen zum reflektierenden Lernen

PETER LANG
Europäischer Verlag der Wissenschaften

Die Deutsche Bibliothek - CIP-Einheitsaufnahme

Kügelgen, Rainer von:

Diskurs Mathematik : Kommunikationsanalysen zum reflektierenden Lernen / Rainer von Kügelgen. - Frankfurt am Main ; Berlin ; Bern ; New York ; Paris ; Wien : Lang, 1994
(Arbeiten zur Sprachanalyse ; Bd. 17)
Zugl.: Hamburg, Univ., Diss., 1992
ISBN 3-631-46534-3

NE: GT

D 18
ISSN 0932-8912
ISBN 3-631-46534-3

Ich danke meinem Lehrer Jochen Rehbein

INHALT

1. ZIEL UND METHODE DER ARBEIT

1.1. AUFBAU DER ARBEIT, FRAGESTELLUNG, HAUPTERGEBNISSE UND IHRE VERORTUNG

Die zentrale Fragestellung meiner Arbeit ist folgende: Welche Einflüsse hat die Tatsache, daß mathematische Sachverhalte im Unterricht *kommunikativ vermittelt* werden, auf den Prozeß und die Ergebnisse des Lernens?

Das sprachliche Handeln ist in der Pädagogik weitgehend dethematisiert; lediglich die Ausländerpädagogik setzt sich intensiver mit der Rolle der Sprache auseinander. Dies geschieht jedoch meist in einem auf die traditionellen Gebiete von Grammatik, Lexik, Syntax beschränkten Sinne. Der Ausschluß von einer naturwüchsigen Begriffsbildung führt bei nicht-deutsch-muttersprachlichen Jugendlichen weniger zu einer Einschränkung der allgemeinen Kommunikationsfähigkeit, als, -beginnend ab der dritten, vierten Grundschulklasse- zu zunehmend schwerwiegenden Defiziten in den Bereichen des komplexen sprachlichen Handelns, vor allem auf dem Gebiet der schriftlich vermittelten fachsprachlichen Begriffsbildung. (Dies letztere auch und gerade bei der zweiten, dritten, vierten Ausländergeneration.) Für eine Ausländerpädagogik, die an einem *gezielten* Ausgleich dieser Defizite interessiert ist, stellt sich die Frage nach der Einsicht in die Bedingungen der Herausbildung der genannten Bereiche des komplexen sprachlichen Handelns in ebenso verschärftem Maße, wie die nicht-deutsch-Muttersprachler von der Naturwüchsigkeit ihrer Herausbildung ausgeschlossen sind: Daß das kommunikative Geschehen den Lehr-Lernprozeß wesentlich konstituiert, gilt nicht *nur* für Ausländer, sondern *auch* für sie. Aus diesem Grunde nehmen die Ausführungen zu einer über die Analyse des aufgaben- oder problemlösenden Lernens hinausgehenden Ausländerspezifik im fünften Kapitel meiner Arbeit einen vergleichsweise kleinen Raum ein.

Die These, daß das kommunikative Geschehen den Lehr-Lernprozeß wesentlich konstituiert, ist keineswegs unumstritten. Eine Anzahl von Didaktikern geht implizit oder explizit davon aus, daß der Unterricht in naturwissenschaftlichen Fächern den Gegebenheiten der 'Sache' folge, bzw. zu folgen habe. Ich nenne in diesem Zusammenhang etwa das 'Handbuch des Fachsprachenunterrichts', das Buhlmann & Fearns 1987 vorgelegt haben. Dem Praktiker bieten solche Konzepte, die sich auf die Systematik der kognitiven Sachverhalte beschränken, nicht mehr - allerdings auch nicht weniger -, als die Grundlage, auf der der Unterricht aufbaut. Eine Garantie für erfolgreiches Lehren ist in Sachkompetenz leider nicht eingeschlossen. Daß im Gegenteil auch den stofforientierten Lernkonzepten bestimmte kommunikativ-mentale und soziale Strukturen eignen, über die sich deren Verfechter aber wenig Rechenschaft ablegen, werde ich im sechsten Kapitel der Arbeit erörtern.

Auf der anderen Seite wird die kommunikative *Vermitteltheit* von kognitionsorientierten Lerntheorien, wie der Schule Piagets nicht oder nicht in einer Weise berücksichtigt, daß dem sprachlich-kommunikativen Geschehen eine *eigene* - auch mentale - Qualität zugesprochen wird. Die Piaget'sche Schule stellt zwar in ihren Aussagen über Denkprozesse - etwa den des 'Synkretismus' - ein Verhältnis zwischen Sprache und Kognition her, sieht aber die Sprache als Zeichensystem, in dem sich genetisch und entwicklungspsychologisch definierte Prozesse unvermittelt abbilden. Die Konzentration auf das Psychische und Kognitive stellt keinen systematischen Bezug zum sprachlich-kommunikativen *Handeln* her. Diese Theorien stellen den Praktiker in der Analyse und Anleitung des sprachlichen Handelns im Unterricht daher vor erhebliche Probleme.

Es ist das Verdienst von Bauersfeld, im Bereich der Mathematik-Didaktik das kommunikative Geschehen in den Mittelpunkt gerückt zu haben. Bauersfeld und seine Forschungsgruppe haben interaktive Phänomene wie 'Trichtermuster', 'Routinen', 'Interimslösungen' 'Inszenierungsmuster' und ihre Rolle im Mathematikunterricht ausgemacht. Grundsätzlich gehen sie davon aus, daß in der Interaktion selbst die Bedeutungen durch Aushandlungsprozesse zwischen den Kommunizierenden konstituiert würden. Damit würden die mathematischen Sachverhalte als kommunikativ erzeugte 'subjektive Erfahrungsbereiche' - so der zentrale Terminus - rekonstruiert. Dieses Konzept ist der ethnomethodologischen Konversationsanalyse verpflichtet.

In der Konsequenz dieses Konzeptes, das im siebten Kapitel der Arbeit diskutiert wird, bleiben zwei Fragen offen: Erstens die Frage nach dem systematischen Einbezug der mathematischen Sachverhalte als kognitiver Ausschnitte der Wirklichkeit. Zum anderen die Frage, wie sich die 'Bedeutungsaushandlung' z.B. mit Richtlinien und Lehrplänen vereinbaren läßt und die unterstellten 'freien Individuen' mit der permanenten biographischen Selektion der Schüler durch die Lehrer. Kurz, daß es sich beim Mathematikunterricht um Kommunikation *in einer Institution* handelt. Von wesentlichen Rahmenbedingungen der Kommunikation wird abstrahiert: Von dem *Zweck*, dem die Schule als Institution dient und von den jeweils verschiedenen Voraussetzungen und Zielen im kommunikativen Handeln.

In Abgrenzung von den genannten Theoriekonzepten gehe ich von folgendem Bedingungsgefüge aus (s. Figur 1, nächste Seite): Ich versuche, in der Analyse einerseits die kognitiven mathematischen Sachverhalte zu berücksichtigen und andererseits die institutionell-gesellschaftlichen Rahmenbedingungen. Das kommunikative Geschehen des Lehr-Lerndiskurses vermittelt zwischen beiden Bereichen. Die kognitiven Sachverhalte werden im kommunikativen Geschehen mental rekonstruiert. Das kommunikative und mentale Geschehen ist institutionell beeinflußt und wirkt auf die Institution und letztlich die Gesellschaft reproduzierend und innovierend zurück. Die theoretische Rekonstruktion des Geschehens erfordert damit eine *Diskursanalyse*. Eine Analysemethode,die diesen Anforderungen gerecht wird, ist die *funktionalpragmatische Musteranalyse*, wie sie von Ehlich & Rehbein ab 1972 entwickelt wurde. Ich möchte im folgenden kurz zu den Annahmen, Prinzipien und Prämissen, auf denen die Musteranalyse und auch meine Arbeit beruhen, also zu den Voraussetzungen der Untersuchung, explizit Stellung beziehen.

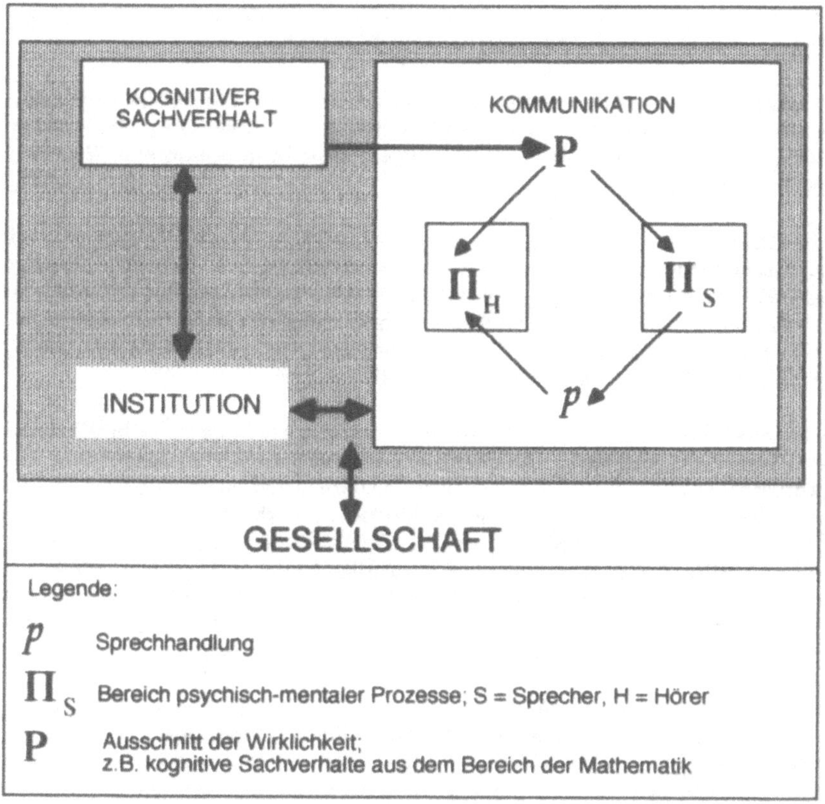

Figur 1: "Bedingungsgefüge der schulischen Kommunikation (in Anlehnung an Ehlich & Rehbein 1986, S. 96)"

Die Grundannahme besteht in folgendem: *In den Transkriptionen realisieren sich grundlegende gesellschaftliche Strukturen.* Das Verfahren, solche Strukturen zu erkennen ist nicht trivial, d.h. diese Strukturen sind nicht direkt an der Oberfläche der Kommunikation ablesbar, so daß eine Eins-zu-Eins-Zuordnung zwischen Transkription und zu Grunde liegendem Muster unmittelbar möglich wäre. Vielmehr hat man es bei den sprachlichen Oberflächnerscheinungen mit bestimmten Erscheinungsformen von Mustern zu tun, die auf den Begriff zu bringen, interpretatorische Arbeit erfordert.

Für diese interpretatorische Arbeit bediene ich mich eines bestimmten Verfahrens, -eben der Musteranalyse-, mit dem die Oberflächen- und grundlegenden Strukturen miteinander verbunden werden. *Dabei ist die Methode selber Gegenstand der Reflexion und offen für Modifikation ihrer selbst.* (Solche Modifikationen werden in der vorliegenden Arbeit auch in erheblichem Maße vorgenommen.) Es ergeben sich mit dieser Methode Einsichten in neue, bislang unbekannte Verhältnisse zwischen allgemeinen Strukturen und Strukturen der jeweiligen institutionsbedingten Kommunikation, z.B. des Problemlösungsmusters und der Prozessierung einer Oberfläche zur Lösung von bestimmten Aufgaben im Mathematikunterricht.

So ist das Verhältnis vom Problemlösen zum Aufgabenstellen ein bestimmtes Verhältnis von eigentlicher Tiefenstruktur zu spezieller, institutionsspezifischer Oberfläche, die in der Institution die Tiefenstruktur zu bestimmten Zwecken in bestimmter Hinsicht verändert.

Ein sehr starkes Gewicht lege ich dabei auf die Prozessierung des Wissens und auf die spezifische Struktur, bis hin zur fachlichen Konstitution des Wissens, während bislang i.w. Strukturen des Alltagswissens untersucht wurden (Ehlich & Rehbein 1986). Als zentral neuer Punkt der Arbeit erweist sich damit die *Prozessierung des Fachwissens in der Kommunikation, d.h.* die Beziehung eines speziellen Fachwissens, das nicht mehr im Alltagswisssen aufgeht, zum Alltagswissen.

Die Herstellung dieser Beziehung, d.h. die Ankopplung des fachspezifischen Wissens an das Alltagswissen geschieht im *Diskurs*. Die Differenz zwischen Alltagswissen und fachspezifischem Wissen wird überbrückt im fachspezifischen (mathematischen) Unterrichtsdiskurs - dies eine wesentliche Konstituente. Die Verbindung dieser Wissenstypen erweist sich als elementarer Vorgang, ohne den das jeweilige Fachwissen weitgehend wertlos ist. Gerade im Bereich der Ausländerbeschulung gewinnt dieser Vorgang (die Herstellung des Zusammenhangs von Alltagswissen und spezifischem fachgebundenem Wissen) zusätzliche Bedeutung, d.h. er wird noch wichtiger, allerdings auch noch schwieriger, da das Alltagswissen sprachlich gebunden ist.

So ist vor allem das Konzept des Wissens selbst zunächst im Alltagswissen niedergelegt, etwa als eines Systems der fehlerfreien Reproduktion vorgegebener Fakten ohne eigene Verarbeitungsvorgänge, d.h. eines Fachwissens, welches genuin ohne Zusammenhänge zum Alltagswissen ist. Es zeigt sich, daß das jeweils vorliegende Konzept des Wissens den Erwerbsprozess des Fachwissens entscheidend prägt. Die vorliegende Arbeit rekonstruiert konkret diese Überbrückung zwischen Allgemeinwissen und fachspezifischem Wissen an einer Reihe von Fällen im kommunikativen Prozess. Diese Rekonstruktion der Überbrückung - gelingende und mißlingende Fälle - eröffnet einen Blick in die Prozessierung von Fachwissen und in die Möglichkeit, dieses Fachwissen zu vermitteln, bzw. zu erlernen. Gleichzeitig erfordert sie eine Diskursanalyse, d.h. eine Analyse des Diskurses, in dem sich diese Überbrückung vollzieht.

Die Methode der Musteranalyse ist nichts anderes als eine Diskursanalyse. Damit ist die Musteranalyse insbesondere systematisch auseinanderzuhalten von einem traditionellen *Theoriegebäude* im Sinne eines Systems inhaltsbezogener Aussagen. Vielmehr verhält sich die Musteranalyse *instrumentell* zur Herausarbeitung eines solchen Systems von Aussagen (im vorliegenden Falle über die Strukturen des mathematisch-naturwissenschaftlichen Unterichts, seiner Kritik und aufscheinenden Ansätzen zu seiner Verbesserung). Im direkten Zugriff sind diese Strukturen dem sprachlichen Handeln bzw. seiner Oberfläche nicht zu entnehmen.

In einem wiederholten Prozeß der Rekonstruktion kommt es so zu einer spiralförmig immer vertieften Erkenntnis der in den Phänomenen enthaltenen Strukturen, die z.B. als gleiche einander scheinbar widersprechenden Oberflächenerscheinungen zu Grunde liegen. Dies Vorgehen ist als *empirisch konstituiertes* abzugrenzen von einem in der geisteswissenschaftlichen Tradition stehenden Konzept der Diskussion vorliegender Theoriegebäude, auf die man *als fertige zugreift* und deren Diskussion eventuell zur Gewinnung eines neuen Standpunkt bzw. Theoriegebäudes führt.

Ehlich & Rehbein haben 1986 mit dem Begriff des 'sprachlichen Handlungsmusters Aufgabe-Stellen/Aufgabe-Lösen' eine Kategorie vorgelegt, die systematisch die Beziehungen zwischen Institution, kommunikativen und mentalen Lehr-Lernprozessen sowie Sachverhalt einzubeziehen versucht.

Das zu vermittelnde Wissen -der kognitive Sachverhalt- wird von Ehlich & Rehbein als Repräsentation gesellschaftlicher Problemlösungen verstanden, die es im Rahmen der Institution Schule, -dies ihr wesentlicher gesellschaftlicher Auftrag- in 'akzeleriertem Wissenserwerb' an die jeweils neue Generation weiterzugeben gelte. Beim Übergang in die Schule erlitten die Problemlösungen aber zum einen einen 'Praxisverlust', zum anderen werde der Problemlösungsprozeß 'dissoziiert' und seine Bestandteile ungleich auf die Beteiligten verteilt. So verfüge etwa nur der Lehrer über die Problemkonstellation, die Zielsetzung und die Lösungswege, die Schüler aber nicht. Das sprachliche Handlungsmuster des Aufgabe-Stellen / Aufgabe-Lösens sei nun die Form, in der dieser Widerspruch schulisch bearbeitet und gelöst werde, indem der Lehrer die Schüler an der Wissenserarbeitung interaktiv beteilige.

Ich habe diese Analyse in dem von mir bearbeiteten Material weitgehend bestätigt gefunden und stelle im zweiten Kapitel der Arbeit eine Anzahl von Beobachtungen vor, die als *Konkretionen des Aufgabenlösens* im Mathematikunterricht zusammengefaßt werden können. Zur Illustration:

> Für die Schüler bleiben Aufgabensequenzen, in denen das Wissen erarbeitet wird, oft sinnlose Fragmente, die sich additiv aneinanderreihen und nicht zu einer sukzessiven Erhellung des Problems beitragen. Es zeigt sich, daß die Schüler in diesen Fällen in der Tat keine oder nur vage Vorstellungen von Problemkonstellation und Lösungswegen haben.

Weiterhin habe ich in der Analyse des Materials eine spezifische Arbeitsteilung des Aufgabenlösens gefunden: Vom Lehrer werden Entwurf, Prozessierung und weitgehende Vorgabe des propositionalen Gesamtplans erbracht, von den Schülern werden operative Hilfsdienste beigesteuert. Diese Arbeitsteilung hat die Tendenz, sich zum *operativen Unterricht* zu verfestigen: Im operativen Unterricht werden vom Lehrer von vornherein nur noch diejenigen Bestandteile des Gesamtproblems in Aufgaben überführt und im Unterricht abgearbeitet, die sich unmittelbar auf das algebraische und numerische Operieren beziehen und dessen technisch-praktizistische Handhabung sicherstellen.

In anderen Ergebnissen meiner Arbeit gehe ich allerdings über die Analyse von Ehlich & Rehbein hinaus. Wenn man die Reduktionen ernst nimmt, die das Aufgabenlösen der Kommunikation und dem Erkenntnisprozeß auferlegt, so stellen sich zwei scheinbar unlösbare, aber gleichwohl für meine Untersuchung zentrale Fragen:

Die erste lautet: Wenn die Schüler im Aufgabenlösen das Wissen nicht aus einer adäquaten Abarbeitung des Problemlösungsprozesses beziehen, woher dann?

In der Untersuchung taucht ein Komplex von Phänomenen auf, deren Zweck darin besteht, fachlich adäquat erarbeitetes Wissens zu ersetzen. Dieser Komplex, den ich im dritten Kapitel beschreibe, betrifft gewissermaßen die *Kehrseite des Aufgabenlösens*. Er besteht neben einem altbekannten Phänomenbereich, -ich meine das System der 'Beschaffungskriminalität' des Wissens- vor allem in dem Apparat des Zurechtkommens ohne Verstehen.

Das mächtige und immer wieder kreativ vervollkommnete System des Vorsagens und Täuschens, -wenn es auch fälschlich nicht als integraler Bestandteil der schulischen Interaktion gesehen wird-, ist zumindest in seiner Existenz unbestritten. Dies trifft für den anderen, vermutlich noch ausgedehnteren Bereich nicht zu: Der Apparat des sich-Durchschlagens mit Halbwissen entzieht sich der bewußten Registrierung. Hier habe ich Mechanismen gefunden, die ich als *Funktionalisierung kommunikativer Evidenzen* zusammenfasse:

> -Schüler können beispielsweise die Evidenz des Stoff-, Text- und Unterrichtsbauplans benutzen, um zum richtigen Zeitpunkt dort thematisch oder strukturell-methodisch niedergelegte Gehalte in die Erarbeitung eines Sachverhalts einzubringen, ohne aber den inneren Zusammenhang des Ableitungsgeschehens verstanden zu haben.
> -Schüler können durch monitorende Interpretation des sprachlichen und körperlichen Verhaltens des Lehrers Rückschlüsse auf die Richtung und die Inhalte des geforderten Ableitungsganges ziehen.
> -Schüler können unter Ausschluß mathematischer Erkenntnis auf Grund der je nach Kontext beschränkten Anzahl möglicher Alternativen über sprach- und prozeßlogische Schlußprozeduren und Assoziationen mit hoher Treffsicherheit Erwartungen über Ergebnisse ausbilden und scheinbar mathematische Handlungen vollziehen.

Allgemein gesagt besteht dieser Ersatz-Apparat im naturwüchsigen Einsatz von Sprach- und Musterwissen. Damit gelingt es, auf der Basis von fachlichem Nichtverstehen schulisch erfolgreich zu handeln und schulisch gültiges Wissen vorzulegen. Dieses schulisch gültige Wissen erweist sich damit weithin als ein *Fassadenwissen*, d.h. lediglich als die sprachliche Oberfläche des als 'Körper' gefaßten Sachwissens.

In seiner Gesamtheit bildet dieser erste Komplex - (wenn die Schüler im Aufgabenlösen das Wissen nicht aus einer adäquaten Abarbeitung des Problemlösungsprozesses beziehen, woher dann?) - die Kehrseite einer schulischen Kommunikation, die sich im Muster des Aufgabenlösens *strukturell nicht um das Verstehen* , sondern um das Erzeugen und 'Abliefern' der richtigen Lösung organisiert. Ohne die Stabilisierung durch diese Mechanismen, die sich zu Metamustern der Wissensprozessierung ausbilden, würde der im Muster des Aufgabenlösens organisierte Unterricht gewissermaßen in sich zusammenstürzen.

Auf der anderen Seite mache ich seit 1986 in meinem Unterricht zunehmend die Erfahrung, daß das Bewußtmachen und die Kritik dieser Mechanismen eine produktive

Verblüffung auslösen und oft den Einstieg in qualitativ veränderte kommunikative Strukturen ermöglichen. Damit komme ich zu der zweiten zentralen Frage. Es ist die nach den Bedingungen schulischen Problemlösens, der ich im vierten Kapitel nachgehe.

Sie lautet: Wie gelingt es Schülern, gegen den fragmentarisierenden Druck des Aufgabe-Lösungs-Musters, dennoch Einsichten in Zusammenhänge, kreative Lösungswege oder das verlangte Wissen in seiner Gesamtheit zu gewinnen?

Im Material finden sich immer wieder Schülerleistungen, die zu einer adäquaten Erfassung der mathematischen Sachverhalte führen, also kreative Anwendungen, selbständige Lösungsvorschläge, Transferleistungen etc. Kurz gesagt hat sich gezeigt, daß es kommunikative und mentale Strukturen gibt, die das Muster des Aufgabenlösens umkehren und das unterrichtliche Geschehen tendenziell auch in seinen institutionell-gesellschaftlichen Aspekten *auf die Basis einer anderen Verkehrsform* stellen. Welches sind die sprachlichen und mentalen Bedingungen ihres Zustandekommens?

Ich glaube, im kommunikativen Geschehen einen mentalen Prozeß der wechselseitigen Überführung und dialektischen Aufhebung von Wissenselementen erkennen zu können. Überführung und Aufhebung beziehen sich auf aufeinander aufbauende Erkenntnisstufen, in denen ein problematischer Sachverhalt sich angeeignet wird. Ich habe diese Erkenntnisstufen systematisiert, indem ich sie verschiedenen Darstellungs- und Begriffsebenen zugeordnet habe. Diese Darstellungs- und Begriffsebenen beinhalten jeweils unterschiedliche Aussagequalitäten: alltäglich- oder mathematisch fachbegriffliche, mathematisch-zeichnerische oder algebraisch-symbolische bzw. algebraisch-numerische Aussagequalitäten des jeweiligen Problems.

> Wenn ein Schüler beispielsweise zum ersten Mal in der scheinbar regellosen Beliebigkeit der Streckenverhältnisse verschiedener rechtwinkliger Dreiecke eine Gemeinsamkeit erkennen will, muß er in einem Problemlösungsprozeß Aussagequalitäten der genannten Begriffsebenen miteinander vernetzen. Er kann z.B. die numerischen Verhältnisse auf Streckenlängen beziehen, diese Strecken als Seiten von Quadraten auffassen und über die bekannte Gleichheitsbeziehung zwischen den Quadratflächen auf die Art des Zusammenhangs der Dreiecksseiten zurückschließen. Um zu einer allgemeingültigen Regel zu gelangen, muß er aber von der numerischen Ebene abstrahieren und algebraisch-symbolisch denken. Dafür muß er sich wiederum die begrifflichen Qualitäten der Symbole vergegenwärtigen usw. Im Prozeß der Problemlösung entstehen, verändern und erweitern sich die Kategorien seines Problemverständnisses und seines Zielbewußtseins selbst. In Piaget`schen Begriffen findet also eine Akkommodation, keine Assimilation statt.

Den mentalen Prozeß der dialektischen Überführung von Aussagequalitäten mathematischer Sachverhalte ineinander bezeichne ich als *Vernetzung*. Der Terminus soll zum Ausdruck bringen, daß bei der Vernetzung mental ein komplexes Gebilde konstruiert wird, welches sich von Anfang an dimensional an einer Ganzheit, einer 'Problemgestalt' bzw. einem 'Problemkörper' orientiert. Die Vernetzung geht damit entschieden über eine einfache Verknüpfung hinaus, wie sie im weiteren Sinne jeder gedanklichen Aktivität zu Grunde liegt. Eine einfache lineare Ergänzung bzw. additive Vervollständigung eines strukturell oder inhaltlich schon vorgegebenen Gedankens bezeichne ich in Abgrenzung zur Vernetzung als *Komplettierung*.

Wird parallel zu der Vernetzung des Wissens der Lösungsweg und seine Methode durch unterrichtliche *Reflexion* transparent gemacht, so kann die Auslagerung der Zielsetzung und Planbildung, d.h. die Dissoziierung des Problemlösens überwunden werden. Dieser Erkenntnisprozeß führt zu einer transferfähigen Stärkung der allgemeinen Problemlösungsfähigkeit. Dies gilt in gleichem Maß für scheiternde Lösungsvorschläge: Auch ihre methodische Aufarbeitung ist ein Schlüssel zum Verstehen.

Der Schwerpunkt meiner Untersuchung widmet sich der Analyse derjenigen sprachlich-kommunikativen Strukturen, die geeignet bzw. ungeeignet sind, Vernetzung und Reflexion zu fördern. Welche sprachlich-kommunikativen Strukturen für die Bearbeitung von Problemen institutionell, bzw. kulturell-gesellschaftlich zur Verfügung gestellt werden, ist wiederum eine wesentliche Rahmenbedingung des Lernens. Es ergibt sich ein unterrichtliches Bedingungsgefüge mentalen (psychischen, kognitiven), sprachlichen (interaktiven, kommunikativen) und institutionellen (gesellschaftlichen, kulturellen) Handelns. Dieses Bedingungsgefüge gilt es, weder statisch noch mechanisch , sondern in seinen Entwicklungspotentialen und wechselseitigen Einflüssen zu erfassen.

Verbunden mit der Vernetzung und der entsprechenden *Rezeption* auf der Lehrerseite finden sich mental, sprachlich und institutionell im unterrichtlichen Geschehen Prozesse, die den Rahmen des Aufgabe-Lösungs-Musters sprengen. Ich fasse diese Prozesse als Anzeichen einer qualitativen Veränderung in der schulischen Wissensvermittlung auf. Ich sehe Vernetzung und Rezeption als Positionen eines neu auftauchenden Handlungsmusters, das ich *'schulisches Problemlösen'* nenne. Dieses Muster (s. Figur 5, S. 32) taucht auf aus einer sich verändernden gesellschaftlichen Praxis, entsprechend geänderten Zwecken - ich nenne die Erfordernisse der Flexibilität, Kreativität und allgemeinen Problemlösungsfähigkeit.

Als 'geronnene' Handlungsformen gesellschaftlicher Problemlösungen sind Muster selbst dem gesellschaftlichen Wandel unterworfen. Die Wissenserarbeitung in der Form des Aufgabenlösens führt zu isolierten Faktensammlungen sowie zu Fertigkeiten unhinterfragten und kurzgreifenden Operierens. Beides wird in der gesellschaftlichen Entwicklung zunehmend obsolet. Das gilt auch für die entsprechende Aneignungsform, das Aufgabe-Lösungs-Muster.

Im Prozeß der Wissenserarbeitung entfaltet sich das kommunikative Geschehen entsprechend der primären Handlungsmuster, in denen das Wissen erarbeitet wird, -Aufgabe-Lösungs-Muster oder Muster schulisches Problemlösen-, in eine große Anzahl von Metamustern, Taktiken, Techniken und Strategien, die der Prozessierung des Wissenserwerbs im jeweiligen Primärmuster dienen. Die Offenlegung und Kritik dieser Metamuster durch unterrichtliche Reflexion erweist sich nach den Ergebnissen meiner Arbeit als der letzten Endes entscheidende Vorgang bei der Überwindung des Aufgabenlösens zu einem schulischen Problemlösen.

Pädagogik, Didaktik und angrenzende Wissenschaften arbeiten seit langem an Modellen, die kreatives und problemlösendes Lernen fördern sollen. Dazu sehe ich auch in meiner Arbeit einen Beitrag. Ihre Besonderheit liegt in dem Versuch, die Voraussétzungen und Realisierungsbedingungen eines problemlösenden Lernens in dem Medium aufzuweisen, das für Schule nun einmal zentral ist: dem sprachlichen Handeln.

1.2. ZUR DATENBASIS

Das Material der Untersuchung ist die mündliche Unterrichtskommunikation, dokumentiert in Transkriptionen audiovisueller Aufzeichnungen[1]. Aufgenommen wurden zwischen Juli 1985 und Februar 1986 zwanzig Mathematikstunden einer neunten bzw. zehnten (Realschul-)Klasse jugendlicher ausländischer Seiteneinsteiger in das deutsche Schulsystem. Davon wurden fünf ganz oder in Ausschnitten transkribiert. Bei dem unterrichtenden Lehrer handelt es sich durchweg um den Verfasser. Damit stellt sich die Frage, inwieweit dieser Tatbestand die Ergebnisse der Untersuchung beeinflußt.

Zahlreiche national und international anerkannte Untersuchungen etwa auf dem Gebiet der Spracherwerbs- und Zweitspracherwerbsforschung (z.B. Ronjat, Stern, Oksaar, Ruke-Dravina, Mills, Vihman, Wode, Hakuta, Raffler-Engel u.v.a.), der kindlichen Kommunikation, der kognitiven Wissenschaften (Piaget) sowie der auf Interviews basierenden Kommunikationsforschung und der psychotherapeutischen Gesprächsforschung u.a. beruhen auf der Analyse von Einzelfällen, bei denen der Analysierende mit seinen eigenen Kindern bzw. allgemein mit seinen eigenen Probanden in Interaktion tritt. Ein bekanntes Beispiel sind die Untersuchungen von H. Ramge über das sprachliche Handeln seiner Kinder, in denen stets von "der Vater", "die Mutter", "das Kind" die Rede ist, ohne durchgehend zu reflektieren, daß damit er selbst, seine Frau und sein Kind gemeint sind. Ein großer Teil der soziolinguistischen Daten Labovs ist durch die Unterhaltung des Linguisten Labov mit seinen Probanden gewonnen, ohne daß Labov in seinen Analysen die 'ich'-Form verwendet.

Gegenüber diesen Ansätzen ist die Beteiligung des Analysierenden an der Konstitution seines Materials im vorliegenden Fall gewissermaßen institutionell verobjektiviert. Dennoch bemühe ich mich, meine Beteiligung an der Konstitution des Materials während der Analyse kritisch zu reflektieren. Dies ist m.E. dann angezeigt, wenn Ergebnisse der Analyse auf Wissen und Erfahrungen zurückgreifen, die aus dem dokumentierten Material nicht ohne weiteres ersichtlich sind.

Allerdings gehört es zu den Grundsätzen von Ethnomethodologie, Interaktionsanalyse und wissens- und verstehensorientierten Ansätzen, daß der Analysierende sein Wissen über das Feld, das er untersucht, nicht versteckt, sondern es für die Analyse produktiv aktualisiert und in ihr einsetzt. Insofern ist die langjährige Kenntnis der untersuchten Schüler durch den Analysierenden ein methodologischer Vorteil der hier vorgelegten Untersuchung. Andere linguistische Analysen arbeiten u.U. ganz ohne empirisch abgesicherte Daten und gehen vom Sprachgefühl (= 'Kompetenz') und der Intuition bzw. dem Wissen des Analysierenden aus.

1 Kopien der Transkriptionen sowie der Originalbänder sind gegen Unkostenbeteiligung beim Verf. zu erhalten.

Insgesamt betrachte ich es jedoch als einen großen Vorzug der Arbeit, daß deren Datenbasis breit angelegt ist. Sinclair & Coulthard (1975) etwa haben ihre berühmten und weit verbreiteten diskursanalytischen Untersuchungskategorien am Fall einer einzigen Unterrichtsstunde gewonnen.

1.3. PROBLEM UND PROBLEMLÖSEN

Der Begriff des Problems ist in gewisser Weise der zentrale Begriff der ganzen Arbeit. Als

> "Widerstand der Sache gegen eigenes Handlungsinteresse" (Ehlich & Rehbein 1986)

gefaßt, vermittelt dieser Begriff einerseits zwischen dem Bereich der äußeren Realität und dem mentalen Bereich; denn der Widerstand wird als ein psychischer, im engeren Sinne erkenntnismäßiger erfahren. Andererseits vermittelt der Begriff des Problems zwischen dem psychisch-mentalen subjektiven Bereich, insofern eigenes Handlungsinteresse berührt wird und dem gesellschaftlich-objektiven Bereich, dem die widerständigen Sachverhalte angehören. Damit steht der Begriff in einem Spannungsfeld individueller, psychisch-mentaler Auseinandersetzung mit gesellschaftlich-objektiven Sachverhalten.

Der Unterschied zwischen Problemen und Aufgaben erscheint zunächst als unklar und oft werden beide Begriffe sogar gleichgesetzt. Zur Bestimmung von 'Problem' zitieren Ehlich & Rehbein Süllwold (1959):

> "Ein Problem sei dann gegeben, wenn ein Individuum ein bestimmtes Ziel erreichen will, jedoch nicht weiß, wie es zu diesem Ziel gelangen kann, also nicht auf wohlbekannte spezifische Verfahren, spezifische Techniken und Operationen zurückzugreifen vermag. Das Individuum sieht sich einem Hindernis, einer Barriere, einer Schwierigkeit gegenüber, für deren Überwindung die ihm zur Zeit verfügbaren Mittel nicht ausreichen."

Ehlich & Rehbein erweitern diese individuelle Bestimmung des Problems (Beispiel Schleife binden für das Kind) auf Probleme,

> "die für ganze Gesellschaften oder für die Gattung Mensch insgesamt bestehen. Sie erfordern gesellschaftliche Problemlösungen" (ebd. S. 9).

Als Beispiel dafür führen sie die Dampfmaschine oder die Entwicklung der Schrift an. Damit stellen sich Probleme aus der Sache heraus.

> "Ihre Auflösung ist ein zentrales Feld menschlicher Tätigkeit. Die Sache erweist sich als Widerstand gegenüber bestimmten Handlungsinteressen der Aktanten" (ebd. S.10).

Dieser Widerstand besteht in einem

> "spezifischen, interessedeterminierten Nichtverstehen. Denn wesentlich für das Problemstellen und Problemlösen ist eine mentale Verarbeitung der Praxis."

Diese mentale Verarbeitung der problematischen Praxis durchläuft verschiedene Phasen, die als 'konstitutive Elemente' des Problemlösens bezeichnet werden:

> "Der Handlungswiderstand, den die Sache den Aktanten bietet, wird von ihnen umgesetzt in eine Zielsetzung. Zwischen dem gegenwärtigen Zustand und dem zukünftigen Zustand, in dem das Problem als gelöst angesehen werden kann, gibt es zunächst

keine möglichen Handlungslinien. Das Problemlösungsverhalten besteht eben darin, solche Handlungslinien, d.h. Lösungswege, aufzufinden. Dies geschieht, indem das schon vorhandene Wissen auf die Problemstruktur, d.h. auf die konkreten Qualitäten des Handlungswiderstandes, bezogen wird. Die Problematik wird zerlegt, um bekannte Teilelemente zu identifizieren und handlungsmäßig zugänglich zu machen. Die eigentlich unzugänglichen Teile werden so isoliert und besser strukturiert. Damit entsteht eine konkrete Negation, d.h. eine Auszeichnung des Unbekannten als unbekannt. Bestimmte Praktiken dienen dazu, die unbekannten Teile mit unterschiedlichen Sicherheitsgraden des Erfolges weiter zu bearbeiten. Die Lösungswege werden in Plänen niedergelegt (Rehbein (1976a,b) und (1977)). Durch das Abarbeiten der Teilprobleme werden die Lösungswege dann in Handlungen umgesetzt.

Fassen wir die konstitutiven Elemente des Problemlösens schematisch zusammen, so ergibt sich folgendes Bild:
(a) Problemkonstellation (Handlungswiderstand)
(a') konkrete Negation
(b) Zielsetzung
(c) Konsultation (Befragung) des Wissens
(d) Zerlegung
(e) Planbildung
(f) Lösungswege
(g) Lösung." (ebd. S. 10/11)

Wenn mit der erfolgreichen Lösung eines Problems der Widerstand der Sache gegen eigenes Handlungsinteresse überwunden wird, vermittelt eine Problemlösung eine neue Stufe der Freiheit von Zwängen, die das Individuum (oder eine Gesellschaft) zuvor einschränkten. Problemlösen ist ein emanzipativer Prozeß, in dessen Verlauf sich die Beziehungen des Problemlösenden zu seiner Umwelt verändern, d.h. er sich selbst in seinem Verhalten zur Umwelt verändert. Hier liegt die Verknüpfung des Problemlösens mit den sozialen und psychischen Dimensionen der Emanzipation begründet. Problemlösungskompetenz führt normalerweise zu erhöhtem sozialem Ansehen. Die Ausübung sozialer Funktionen ist an die Fähigkeit gebunden, die entsprechenden Probleme lösen zu können. Subjektiv ist die Lösung eines Problems mit positiven Emotionen verknüpft, das Scheitern an einem Problem mit negativen. Ich konzentriere mich auf die kognitiven und kommunikativen Aspekte dieses Prozesses, weil in ihnen der Zugang zum Verständnis ihres Kerns liegt, wenn auch die sozialen und psychischen Aspekte subjektiv eine höhere Bedeutung haben.

Wenn das Ergebnis des Problemlösens sozial und emotional positiv ist, gilt dies im gleichen Umfang auch für den Problemlösungsprozeß: Ihm eignet das Motiviertsein aller Wachstumsprozesse: Im Prozeß der durch die Problemlösung erreichten, veränderten, erweiterten Interaktion mit der Umwelt modifiziert sich entsprechend die Identität. Die kognitiven und kommunikativen, sozialen und psychischen Aspekte des Problemlösens sind als eine nur in Begriffen isolierbare Einheit zu denken; sie gehen ineinander über, sind miteinander ersetzbar. Mit der Problemlösungskompetenz ist eine Steigerung des Selbstwertgefühls verbunden und umgekehrt hindert ein unterdrücktes Selbstwertgefühl an der Entfaltung der fürs Problemlösen nötigen Fähigkeiten. Ein soziales Klima gegenseitiger Achtung und demokratischen Umgangs miteinander fördert das Problemlösen und wird seinerseits durchs Problemlösen stabilisiert bzw. erzeugt. Das Problemlösen ist ein einheitlicher Prozeß, der die ganze Persönlichkeit betrifft und einbezieht, der in allen Aspekten der Persönlichkeit seine Wirkungen hinterläßt und zu dem von allen Zugänge bestehen.

Die Zerstörung dieses einheitlichen Prozesses bedeutet auch die Zerstörung der Einzelaspekte. Wenn das Problemlösen beim Übergang in die Schule dissoziiert wird und wesentliche Teile für den Schüler verloren gehen, sind damit nicht nur schwerwiegende Konsequenzen bezüglich der kognitiven und kommunikativen Aspekte verbunden, sondern auch bezüglich der sozialen und psychischen. Bedingt durch die Dissoziierung des Problemlösens tritt das ganzheitliche Problem bei der naturwüchsigen Überführung in die Schule in der Form von *Aufgaben* an die Schüler heran. Die 'Verschulung' der wissensbegierigen, lebendigen Schulanfänger zu desinteressierten 'Pennälern' ist Ausdruck dieser Dissoziierung des Problemlösens.

Mit dem *Aufgabenlösen* ist für den Schüler keine Befreiung von Sachwiderständen gegen eigenes Handlungsinteresse verbunden, sondern nur die Erfüllung einer auferlegten Pflicht, die *Vermeidung negativer schulischer Konsequenzen*. Der Zugang zur Emanzipation ist mit der Auslagerung der entscheidenden Problembestandteile versperrt. Auch dieser Prozeß ist einheitlich, d.h. die Strukturen, in denen er sich ausdrückt, weisen spezifische soziale und psychische neben den kognitiven und kommunikativen Aspekten auf, die Widerspiegelungen der mehr oder weniger zwangsweisen Beteiligung an einem entfremdeten Lernprozeß sind.

Ich gehe beim schulischen Problem- bzw. Aufgabenlösen von zwei ganzheitlichen komplexen Praxisformen aus, die in gegensätzlicher Weise alle Aspekte der Persönlichkeit in sich schließen und formen. Der Versuch der isolierten Erfassung dieser Praxisformen unter einem Aspekt, sei er nun ausschließlich kognitiv, kommunikativ, sozial oder psychisch orientiert, muß zu Einseitigkeiten führen. Für die nähere Betrachtung des Problemlösens als einer gesellschaftlichen Praxisform ist nun der Begriff des *Handlungsmusters* einzuführen.

1.4. MUSTERANALYSE UND HANDLUNGSMUSTER

Der Begriff des Handlungsmusters und die Musteranalyse sind, als Bestandteil der funktionalen Pragmatik bzw. der funktional-pragmatischen Diskursanalyse ab 1972 in die Linguistik eingeführt worden (Ehlich & Rehbein 1979, Rehbein 1977). Ich erhebe in dieser Arbeit nicht den Anspruch, das Repertoire der Linguistik um einen weiteren Forschungsansatz zu erweitern. Es geht mir um die kritische Überprüfung und Weiterentwicklung in der Anwendung. Ich sehe in der Musteranalyse ein taugliches Instrumentarium zu einer wissenschaftlichen Erklärung der schulischen Phänomene. Tauglich, weil die Musteranalyse vom sprachlichen Handeln ausgeht und daher -für mich entscheidend- mit einer praktikablen Perspektive zu seiner Verbesserung zu ihm zurückkehren kann. In der Entwicklung einer solchen Perspektive erwies es sich als notwendig, auch das methodische Inventar der Musteranalyse zu erweitern. Meine Arbeit besteht in der Ausdehnung der Musteranalyse auf die weithin im Dunkeln liegenden Bereiche, welcher Art die mikro- und makrostrukturellen Beziehungen zwischen dem sprachlich-kommunikativen Handeln und seinen psychisch-kognitiven sowie seinen institutionell-gesellschaftlichen Ergebnissen sind. Dieses deskriptive Interesse bildet die Grundlage für den Schwerpunkt meiner Arbeit, nämlich praktizierbare Ergebnisse für die Verbesserung der schulischen Praxis vorzulegen. In dieser Hinsicht ist meine Arbeit nicht wertfrei, sondern in gewisser Weise normativ.

Handlungsmuster hängen eng mit gesellschaftlichen Institutionen zusammen. Für die Analyse des Lehrens und Lernens als fast ausschließlich sprachlich vermittelter Prozesse innerhalb der gesellschaftlichen Institution Schule stellt die Musteranalyse und ihr zentraler Begriff des Handlungsmusters ein Instrumentarium zur Verfügung, das der Komplexität, Handlungsbezogenheit und gesellschaftlichen Qualität des Untersuchungsgegenstandes Rechnung trägt.

Die Musteranalyse ging aus der Auseinandersetzung mit der Sprechhandlungstheorie hervor: Es stellte sich nämlich heraus, daß Abläufe von Sprechhandlungen nicht willkürlich von den Aktanten vollzogen werden, sondern sich zu systematischen Sequenzen gruppieren. Diese Sequenzen basieren

> "auf spezifischen Potentialen von Abläufen (...), aus denen die Aktanten je nach Konstellation die Handlungen sprachlich realisieren. (...) Solche Ablaufpotentiale sind Handlungsmuster." (Rehbein 1988)

Aus dieser Definition des Handlungsmusters folgern Ehlich & Rehbein, daß Muster kommunikative und damit soziale Tiefenstrukturen seien. Als zentrale Bestimmung des Musters stellen sie seinen *Zweck* heraus. Insofern sind Muster Handlungsformen, die der Bearbeitung gesellschaftlicher Zwecke dienen. Das Ziel der Musteranalyse schulischer Kommunikation ist es dementsprechend, diejenigen Zwecke zu rekonstruieren und auf den Begriff zu bringen, die unter der Oberfläche des konkreten sprachlichen Handelns verborgen sind und konstituierend auf es einwirken.

> "Die Bearbeitung von Handlungszwecken in strukturierten Verfahren gesellschaftlicher Aktanten, die über ein handlungspraktisches Wissen verfügen, organisiert sich zu großen Teilen in komplexeren Strukturzusammenhängen, von denen die wichtigsten gesellschaftliche Institutionen sind (...). Sie sind Organisationsformen gesellschaftlicher Praxis auf einer bestimmten Höhe von deren Entwicklung. In ihnen drücken sich die gesellschaftlichen Gesamtverhältnisse aus, die die gesellschaftlichen Aktanten miteinander unterhalten und in denen sie ihre Lebenspraxis organisieren. Institutionen sind gesellschaftliche Apparate, mit denen komplexe Gruppen von Handlungen in einer zweck-effektiven Weise für die Reproduktion der gesellschaftlichen Aktanten und der durch sie konstituierten und sie bestimmenden Gesellschaft prozessiert werden. Bezogen auf die Qualität des in Institutionen verlaufenden gesellschaftlichen Handelns lassen sich die Institutionen bestimmen als spezifische Ensembles von Formen gesellschaftlicher Praxis. Die Institutionen entstehen aus spezifischen Zweckkombinationen und für sie und umfassen darauf bezogene Teilzwecke in sich(...).
>
> Zusammenfassend gesagt: Die Repetitivität der gesellschaftlichen Praxis (wie die darauf bezogene und in sie eingebettete Innovation) ergibt sich aus den immer erneuten Handlungsanforderungen, die durch die Wirklichkeitsstrukturen bestimmt sind.
>
> Die gesellschaftliche Praxis ist selbst Teil dieser Strukturen. Zugleich verändert sie sie durch das handelnde Eingreifen. Die gesellschaftliche Praxis bildet Formen aus, in

denen sie sich abspielt. Sie sind handelnde Umsetzung von Handlungszwecken. Die Zwecke determinieren die Formen des Handelns. Durch sie werden spezifische Ensembles von Tätigkeiten und Tätigkeitsabfolgen konstituiert. Solche Ensembles nennen wir Handlungsmuster." (ebd. S. 136 f.)

"Die Musteranalyse rekonstruiert nicht individuelles Handeln als vereinzeltes. Vielmehr rekonstruiert sie dies als gesellschaftliches Handeln, das sich gesellschaftlicher Praxisformen bedient. Andererseits rekonstruiert sie die gesellschaftlichen Zusammenhänge dieser Praxisformen. Indem sie der Institutionsspezifik von Verwendung und Ausbildung der sprachlichen Handlungsmuster und ihrer Realisierungen analytisch nachgeht, erarbeitet die Musteranalyse konkrete Vermittlungsformen zwischen dem individuellen Handeln und den Institutionen, die ihrerseits Vermittlungsformen gesamtgesellschaftlicher Zwecke sind" (ebd. S. 164).

"Für die Kommunikation im Unterricht gesagt heißt das: der gesellschaftliche Gesamtzusammenhang des sprachlichen und sonstigen Handelns in der Schule, vermittelt über die Institution als gesellschaftlichen Apparat (...), und deren Notwendigkeit für bestimmte gesellschaftliche Formationen wird in den einzelnen sprachlichen Erscheinungen aufgesucht." (ebd. S. 177)

"Die Handlungsmuster sind nicht unmittelbar an der Oberfläche des sprachlichen Handelns in ihrer Struktur abzulesen. Das Verhältnis zwischen Oberflächenerscheinungen und Handlungsmustern ist komplexer (...). Es ist in doppelter Richtung zu bestimmen: a) die Muster determinieren die Oberfläche; b) die Oberflächenerscheinungen sind Realisierungen der Muster. Die Handlungsmuster als zweckbezogene Handlungsformen bilden systematische Strukturen aus, die einzelnen im Handlungsmuster zusammengefaßten Handlungen spezifische Positionen zuweisen. Sie heißen Musterpositionen. Die Musterpositionen haben ihren Stellenwert in der Tiefe und wirken auf die Oberflächenrealisierungen determinierend ein (...). Ihre systematische Zugehörigkeit ergibt sich auf Grund der Zweckbezogenheit der sprachlichen Handlungsmuster und ihrer einzelnen Teile. Erst die Detailanalyse der sprachlichen Handlungsmuster und die Rekonstruktion ihrer Zwecke macht es möglich, den Handlungswert der sprachlichen Erscheinungen und den Sinn der Aufeinanderfolge-Beziehung zu bestimmen, die ohne eine solche Analyse lediglich in ihrer oberflächenbezogenen Verteilung beschrieben werden können." (ebd. S. 138)

"Die Muster sind nicht einfach starre lineare Abläufe auf den Handlungszweck als Ziel zu, sondern sie sind so strukturiert, daß sie für die Erreichung des Ziels den Handelnden der komplexen Wirklichkeit entsprechende, zweckfunktionale Möglichkeiten zur Verfügung stellen. Die Handelnden können so bei ihrem Handeln die Handlungsmuster wirklichkeitsadäquat einsetzen. Die Handlungsmuster stellen also Potentiale von linearen Realisierungen dar." (ebd. S. 140)

1.5. AKZELERIERTER WISSENSERWERB UND AUFGABE-LÖSUNGS-MUSTER

Für jede neue Generation stellt sich das Problem des Erwerbs des gesellschaftlich erarbeiteten Lösungswissens, für die alte Generation das Problem seiner Übergabe:

"Eine Möglichkeit der Vermittlung von Problemlösungen und Standardproblemlösungen besteht darin, die neuen Aktanten in die problematische Situation selbst hineinzuversetzen. Entweder wird die Problemkonstellation dafür simuliert (z.B. Experiment-

Wiederholungen im naturwissenschaftlichen Unterricht), oder die neuen Aktanten nehmen an der Problemlösung bzw. der immer wieder auftretenden Standardproblemlösung teil (Lernprozeß in der Praxis selbst)." (ebd. S. 13)

Keiner dieser Wege ist jedoch praktikabel, da die Menge des gesellschaftlich erworbenen Wissens schon seit langem die Möglichkeit eines erfahrenden oder entdeckenden Nachvollzugs überschreitet. Um eine historische Stagnation zu überwinden, stellte sich also das Problem, das gesellschaftliche Problemlösungswissen in gegenüber der ursprünglichen Problemlösung beschleunigter Weise weiterzugeben. *Für repetitive gesellschaftliche Probleme kann der Lösungsweg selbst zur Form werden*:

> "Er gewinnt so die Qualität einer Standardlösung. Sie wird im kollektiven gesellschaftlichen Wissen deponiert." (ebd. S. 11).

Dadurch

> "(nehmen) die Problemlösungen die Qualität von Selbstverständlichem an (...) Die Problemlösung wird in ein Handlungsmuster transponiert." (ebd. S. 11)

Die Institution Schule dient der Lösung dieses gesellschaftlichen Problems der beschleunigten Wissensweitergabe. Gegenüber dem aus der ursprünglichen Problemlösung gewonnenen Lösungswisssen unterscheidet sich das in der Institution Schule im 'akzelerierten Wissenserwerb' weitergegebene Wissen durch eine wesentliche Einschränkung; denn es muß

> "vom Abarbeiten einzelner Positionen und Elemente des Problemlösens für den einzelnen Aktanten abgesehen werden. Der Extremfall dafür ist die 'reine' (d.h. auch praxislose) Vermittlung von Wissen als solchem (z.B. in der Mitteilung von Fakten); die entsprechende Rezeption - ebenfalls im Extremfall - ist das Auswendiglernen" (ebd. S. 13).

An dieser systematischen Stelle, nämlich der Vermittlung des Lösungswissens im akzelerierten Wissenserwerb, -d.h. unter Verzicht der Abarbeitung wesentlicher konstitutiver Elemente des Problemlösens in einem gemeinsamen Prozeß-, tritt nun das schulische Handlungsmuster Aufgabe-Stellen/Aufgabe-Lösen in Funktion. Ehlich & Rehbein bezeichnen es als

> "eine spezifische Lösung, die die Institution Schule für den genannten Widerspruch (d.h. die Vermittlung von Problemlösungswissen unter Verzicht auf wesentliche Elemente des Problemlösungsprozesses - R.v.K.) findet".

Dieser Widerspruch im Kern des Aufgabe -Lösungs -Musters entfaltet sich bei seiner Bearbeitung in eine große Zahl kognitiver und kommunikativer Phänomene. Das Aufgabe-Lösungs-Muster entsteht also durch schulische Veränderungen des Problemlösungs-Musters. Zunächst durch eine spezifische Verteilung einzelner Musterelemente des Problemlösens auf zwei Aktantengruppen: diejenige, die die Aufgaben stellt (Lehrer) und diejenige, die sie löst (Schüler):

> "Der Aufgabensteller verfügt über:
> (a) die Problemkonstellation
> (b) die Zielsetzung
> (b') die sinnvolle (d.h. problemrelevante) Zerlegung der Problematik
> (c) die Lösung
> (c) Die Lösungswege

> Der Aufgabensteller (also der Lehrer) unterscheidet sich von denen, die eine Lösung erarbeiten (den Schülern), u.a. durch folgendes: er braucht keine Pläne mehr auszubilden, er verfügt über sie; er braucht keine Probehandlungen für Teilprobleme auszuführen; er braucht keine Prozesse der konkreten Negation auszuführen. Solche Prozesse fallen beim Aufgaben-Stellen/Aufgaben-Lösen gänzlich weg; sie kommen allenfalls bei der gleich zu besprechenden Problemstellung zweiter Stufe für den Aufgabensteller wieder herein. Auch die anderen beiden Punkte, Planbildung und Probehandlung, fallen heraus; das ist Ausdruck für einen Praxisverlust, der das Aufgabe-Lösungs-Muster gegenüber dem Problemlösungs - Muster kennzeichnet.
>
> Anders für den Aufgabenlöser (Schüler). Er nimmt zwar Teil an einer Praxis, nämlich der Herstellung der Aufgabenlösung: er soll ja die Lösung finden. Jedoch hat die Aufspaltung oder Dissoziierung des Problemlösens bei der Form des Aufgabe-Lösungs-Musters für ihn andere, und zwar sehr gravierende Konsequenzen: wesentliche Elemente des Problemlösungs-Musters sind für ihn in den Aufgabensteller hinein ausgelagert. Der Aufgabenlöser verfügt weder über die Problemstellung insgesamt, noch über die Zielsetzung, noch über die problemrelevanten Zerlegungsmöglichkeiten der Problematik(...) Trotzdem soll der Aufgabenlöser Lösungen präsentieren (...) Damit ergibt sich ein neuer Widerspruch: Der Aufgabensteller übernimmt die Gesamt- wie die Detailzielsetzungen. Der Schüler dagegen verfügt gerade dadurch nicht über ein Zielbewußtsein, das vielmehr - statt seiner - der Aufgabensteller, der Lehrer, hat.
>
> Das Zielbewußtsein ist im Muster des Problemlösens aber ein entscheidendes Element. Es bildet nämlich den Steuermechanismus des gesamten Musters. Das Zielbewußtsein leitet die einzelnen Problemlösungsschritte an; es organisiert die Zerlegungen der Problematik; es leitet die Planbildung an; es konstatiert die Erreichung der Lösung für das Problem. Dieser zentrale Steuermechanismus fehlt also dem Aufgabenlöser, dem Schüler, in der Schule. Seine Auslagerung auf die Seite des Aufgabenstellers erweist sich als ein zentrales Problem des ganzen Aufgabe-Lösungs-Musters." (ebd. S.14/15)
>
> "Die Hauptschwierigkeit für den Lehrer besteht darin, die Auslagerung von Problemlösungsteilen auf seine Handlungsseite tendenziell rückgängig zu machen. Dafür entwickelt er spezifische Strategien, die sich jeweils auf die einzelnen Elemente des Problemlösungs-Musters beziehen und ihre Reintegration in den Handlungsbereich der Schüler nachträglich erreichen sollen." (Ehlich & Rehbein 1986, S. 21).

Die negativen Folgen der Ersetzung des Problemlösens durchs Aufgabenlösen sind so offensichtlich und umfangreich in ihrer Behinderung des Lernprozesses, daß ihre Behebung selbst für den Lehrer

> "ein permanentes Problem darstellt. Der Lehrer steht kontinuierlich vor der Schwierigkeit, die Widersprüchlichkeit dieses Musters in der schulischen Praxis abzuarbeiten. Wir nennen dieses Problem ein Problem zweiter Stufe; es enthält alle Kennzeichen des Problemlösens selbst." (ebd. S.21)

Versuche, innerhalb des Aufgabe-Lösungs-Musters eine Lösung dieses Problems zweiter Stufe zu erreichen, sind zum Scheitern verurteilt, denn für die selbständige Vernetzungsarbeit der Schüler gibt es keinen Ersatz. Im Gegenteil führen alle Strategien, Techniken und Taktiken des Lehrers, die in diesem Interesse angewendet werden, eher zu einer Verschärfung der Situation. Sie werden nämlich, da die Einsicht in ihre problemlösende Funktion nur auf der Lehrerseite existiert, schon im Moment ihrer Realisierung im Aufgabenlösen entleert, entkräftet und sogar in ihrer Wirkung pervertiert. Darin besteht das *Paradox des Aufgabenlösens*. Für die Schüler stellt sich die

Bearbeitung dieser Strategien, Techniken und Taktiken als neuerliche Aufgabe und ihre Lösungen treten als neue, isolierte Wissenselemente neben die alten.

Solange die Vernetzung nicht in die Kompetenz der Schüler verlegt wird, kann kein didaktisches Mittel etwas an diesem grundsätzlichen Paradox ändern. 'Motivierungen' und 'schülernahes Einpacken' werden unterlaufen, indem die Schüler schnell deren Absicht erkennen und die bezweckte Haltung via Aufgabenlösen simulieren. 'Motivierungen' als separate Elemente in didaktische Planungen einzuführen, ist bereits Ausdruck einer Kapitulation vor dem Aufgabenlösen, in dessen fragmentarisiertem Kontext das Erkenntnisinteresse der Schüler gegen den Widerstand der Sache nicht aus der Problemkonstellation entstehen kann. Für die 'Induktion' des Gesamtinteresses am Problem gilt dasselbe Paradox: Ohne Gesamtproblem kein Gesamtinteresse.

Nun sind die Schüler durchaus in der Lage, den ihnen in diesen Strategien, Techniken und Taktiken zugedachten Part zu erfüllen. Aber ohne Gesamtzusammenhang tritt auch hier ein Ersatz ein. Schüler produzieren aufgabengemäß 'Motiviertheit', 'Gesamtinteresse' und Teillösungen. Sie produzieren diese Elemente ohne deren Voraussetzung, -Einsicht in ihre Funktion in der Problemlösung-, auf dem Ersatzweg. Denn in den kommunikativen Strukturen des Lehr-Lerndiskurses werden die geforderten Wissenselemente vom Lehrer evident gemacht, so daß ihre Produktion aus dem entsprechenden Musterwissen (kommunikativer, sozialer, psychischer, gestisch-mimischer oder intonativer u.a. Art) heraus auf komplettierende Weise möglich wird. Die aus dem Musterwissen bezogene Beherrschung des Ersatzapparats, mit denen die Schüler das geforderte Wissen, das sie aus der Logik der Sache heraus nicht beziehen können, dennoch produzieren, stellt das nicht minder komplexe und kontinuierliche Korrelat jenes von Ehlich & Rehbein geschilderten 'Problems zweiter Stufe' auf der Schülerseite dar. In der komplementären Stabilisierung dieser beiden Probleme zweiter Stufe besteht das Paradox des Aufgabenlösens.

Die Auslagerung der Vernetzung des Erarbeiteten im Gesamtzusammenhang hat für die Schüler im Aufgabenlösen zur Folge, daß das von ihnen letztenendes 'irgendwie' produzierte Wissen im Problemkontext isoliert bleibt. Die Vernetzungen liegen systematisch auf der Handlungsseite des Lehrers und fließen als Planungsergebnisse in die Aufgabenstellung mit ein. Die vom Schüler verlangte kognitive Leistung im Aufgabe-Lösungs-Muster besteht in der Komplettierung von Teilelementen innerhalb vorgegebener Strukturen. Vernetzungen haben im Aufgabe-Lösungs-Muster keinen Platz. Ihre Berücksichtigung würde das Muster sprengen. Zufällig auftretende Vernetzungen von Schülern bleiben im Aufgabe-Lösungs-Muster ohne Konsequenzen, wenn sie vom Lehrer nicht gar als Störungen seines Plans behandelt werden.

Das Aufgabe-Lösungs-Muster unterwirft die Schüler einer spezifischen *kognitiven Reduktion*. Die typische Erscheinungsform dieser kognitiven Reduktion im Mathematikunterricht ist das komplettierende Operieren. Die klassische Rechenaufgabe ist dafür das Beispiel auf der algebraisch-numerischen Ebene, wie überhaupt das Übergewicht der algebraisch-numerischen Ebene im Mathematikunterricht seinerseits schon eine Erscheinungsform der kognitiven Reduktion durchs Aufgabenlösen ist.

Das komplettierende Operieren findet sich auf 'elaborierter' Stufe auch in der algebraisch-symbolischen Ebene als 'Rechnen mit Buchstaben'. In beiden Fällen fehlt den Operationen die Vernetzung mit der alltäglich-allgemeinbegrifflichen Ebene ihres Inhalts. Meist fehlt auch die Vernetzung mit der mathematisch-begrifflichen oder -zeichnerischen und selbst mit der eigentlichen Bedeutung der algebraisch-symbolischen Ebene. Wenn die entsprechenden Vernetzungen nur terminologisch an der sprachlichen Oberfläche hergestellt werden, liegt *Pseudoverbegrifflichung* (vgl. Wygotski 1972) vor: Die ursprünglichen Standardproblemlösungen sind zu isolierten Schemata erstarrt.

Das fürs aufgabenlösende Rechnen verlangte Wissen beschränkt sich auf die komplettierende Anwendung der Grundrechenoperationen. Seine Richtigkeit wird nicht aus Übereinstimmung mit der vernetzten Problemgestalt, also letztlich aus der Evidenz der Alltagserfahrung gefolgert, sondern aus der *Zustimmung* des Lehrers. Die Überprüfung der Ergebnisse des komplettierenden Operierens an der außerschulischen Wirklichkeit ist kein integraler Bestandteil des Aufgabe-Lösungs-Musters, weil die Vernetzung nicht Bestandteil des Musters ist. Die charakteristische Eklektik, Widersinnigkeit und inhaltliche Leere des komplettierenden Operierens ist nur Ausdruck der ihres Kontexts beraubten Abstraktheit der algebraisch-numerischen bzw. symbolischen Ebene und führt in der Konsequenz zur Konstruktion einer algebraischen Scheinwelt.

Die kognitive Reduktion aufs komplettierende Operieren ist so weitgehend der Normalfall im mathematisch-naturwissenschaftlichen Unterricht, daß vom *operativen Unterricht* gesprochen werden kann. Aber auch wenn das Aufgabenlösen in Ausnahmefällen über dieses Niveau hinausgeht und das Begriffliche zu seinem Gegenstand macht, wird die kognitive Reduktion nicht überwunden, sondern bezieht im Gegenteil zusätzliche Bereiche in sich ein. Sie nimmt in den begrifflichen Ebenen jeweils spezifische Formen an. Solange die systematische Erarbeitung des alltäglich-allgemein- und des mathematisch-fachbegrifflichen Kontexts des Problems ausgeschlossen bleibt, muß auf neben der Sache liegende Mittel zurückgegriffen werden, um die Lösungen produzieren zu können. Die typische Erscheinungsform der kognitiven Reduktion in den begrifflichen Ebenen ist der Ersatzapparat der Funktionalisierung von Musterwissen. Evidenzen der Sprachlogik, der Prozeßlogik, des zeitlichen Nacheinanders, der Inszenierung sowie assoziative Verknüpfungen, Interpretation des Verhaltens, von Gestik, Mimik und Intonation, Suggestion, geschicktes Raten usw. werden im Aufgabe-Lösungs-Muster zum entscheidenden Instrumentarium der 'Wissens'-Produktion. Die *Funktionalisierung* von Musterwissen besteht in der Ausnutzung dieses Apparats durch die Schüler und in seiner Anregung und Ermöglichung durch den Lehrer. Ich gehe in den folgenden Kapiteln ausführlich auf diese Phänomene ein.

Ich rekapituliere: Als Lösung des Problems der akzelerierten Wissensweitergabe ist das Aufgabe-Lösungs-Muster eine *naturwüchsige* Form des schulischen Lehr-Lernprozesses. Die Naturwüchsigkeit besteht darin, daß der Widerspruch, der im Aufgabe-Lösungs-Muster gelöst wird, in ihm nicht reflektiert ist. Das Wissen um das Problem, das im Aufgabe-Lösungs-Muster gelöst wird, ist *nicht* Bedingung seines Funktionierens. Vielmehr drückt sich die Deproblematisierung des Problems (Trennung von Problemlösung und Problemlösungswissen) gerade darin aus, daß das Wissen um diese Trennung in der Bearbeitung verloren gegangen ist. Da diese Trennung von Problemlösung und Problemlösungswissen aber der zentrale Widerspruch des Aufgabe-Lösungs-Musters ist, bedeutet das Verlorengehen des Wissens um diese Trennung gleichzeitig, daß das wichtigste Instrument zur Überwindung des zentralen Widerspruchs dieses Musters in ihm wissensmäßig unzugänglich gemacht ist. Dies Instrument besteht in der Reflexion der Naturwüchsigkeit des Musters, d.h. in der gezielten Arbeit an den Defiziten, die aus der Trennung von Problemlösungsprozeß und Problemlösungswissen resultieren.

Die These lautet: Die Überwindung des Aufgabenlösens zu einem schulischen Problemlösen besteht in der Rekonstruktion der Verbindung zwischen Problemlösung und Problemlösungswisssen durch die Vernetzung der einzelnen Wissenselemente im Rahmen des gesamten Problemlösungsprozesses und in der Reproblematisierung der Dissoziierung des Problemlösens im Prozeß der schulischen Wissenserarbeitung durch die Reflexion der Prozessierung des Wissenserwerbs.

1.6. ELEMENTE SCHULISCHEN PROBLEMLÖSENS

Wenn in der Schule Problemlösen stattfinden soll, dann müssen die Veränderungen, die mit dem Übergang des Musters in die Schule verbunden sind, rückgängig gemacht, bzw. in ihrer Wirkung aufgehoben werden. Dafür stehen paradoxerweise nur schulische Mittel zur Verfügung. Die Veränderungen resultieren zum einen aus dem Praxisverlust und zum anderen aus der Dissoziierung, d.h. der Auslagerung wesentlicher Elemente des Problemlösens für den Schüler in den Lehrer. Beide Veränderungen können nicht real rückgängig gemacht werden, sondern müssen dadurch, daß der Prozeß seine Naturwüchsigkeit verliert, d.h. durch ihre bewußte Verarbeitung, in ihrer Wirkung aufgehoben werden. Diese bewußte Verarbeitung muß sich sowohl auf die mit dem Aufgabe -Lösungs -Muster erzeugten Inhalte, als auch auf die kommunikativen Formen beziehen, in denen die Inhalte realisiert werden.

(1) Praxisverlust

Die mentale Verarbeitung der Praxis muß weitgehend durch eine mentale Verarbeitung (sprachlich) vermittelten oder vergegenwärtigten Wissens ersetzt werden. Die Problemkonstellation muß also selbst weitgehend mental repräsentiert werden. Die Repräsentation der Problemkonstellation im Wissen der Schüler ist für die *Verankerung* des Wissens unerläßlich. Zur Verankerung kann auf außerschulisches praktisches Wissen der Schüler zurückgegriffen werden. Wenn auch ohne Verankerung das in der Folge erarbeitete Wissen gleichsam in der Luft schwebt, so ist dennoch nicht die Verankerung der Problemkonstellation, sondern ihre *Verarbeitung* der entscheidende schulische Prozeß[2]. Um das Alltagswissen in eine schulisch-fachliche Problemstellung

2 Pädagogische Moden, wie 'handlungsorientierter Unterricht', 'offener Unterricht', 'Projektunterricht' bestehen im wesentlichen aus einem Ausbau dieser Phase der Verankerung der Problemkonstellation und sind insofern ein Fortschritt gegenüber obsoleten Formen des Auswendiglernens ('verkopfter Paukunterricht'), lassen die Schüler dann allerdings in der entscheidenden Phase der Verarbeitung allein, bzw. greifen notgedrungen auf Formen traditionellen Aufgabenlösens zurück.

zu überführen, deren Handlungswiderstand ersichtlich ist, muß erhebliche Begriffsarbeit geleistet werden.

Das Handlungsinteresse an der Überwindung des Widerstands der Sache ist im Regelfall auch dann durch die Bereitschaft der Schüler gegeben, sich in das geschilderte Problem hineinzuversetzen, wenn sie keinerlei unmittelbaren persönlichen Bezug zu ihm haben. Die gegenläufige Erfahrung des Desinteresses an schulisch vermitteltem Wissen resultiert nicht aus einer grundsätzlichen Ablehnung von über die Erfordernisse der persönlichen Praxis hinausgehendem Wissen als solchem, sondern aus der Entwertung des Wisssens durch seine schulische Fragmentarisierung.

Als erstes konstitutives Element des schulischen Problemlösens ergibt sich damit die Überführung außerschulischen praktischen Wissens in die sprachliche Repräsentation und Verarbeitung der schulischen Problemstellung, d.h. die sprachliche Konstruktion eines Handlungsinteresses gegen den sprachlich vermittelten Widerstand der Sache (des fachlichen Problems).

(2) Dissoziierung

Die Auslagerung wesentlicher Problemelemente für den Schüler in den Lehrer muß im Kommunikationsprozeß durch die sprachliche Repräsentation dieser Elemente und ihre kognitive Verarbeitung, d.h. durch ihre Vernetzung zu einem von Anfang an sinnvollen - problematischen - Ganzen rückgängig gemacht werden.

Das Rückgängigmachen bezieht sich sowohl auf die Konsequenzen der Dissoziierung für die Inhalte als auch auf die Konsequenzen der Dissoziierung für die Formen der Bearbeitung der Inhalte, also auf die kommunikativen Muster und Verfahren, bzw. die Methoden des Lehrens und Lernens selbst. Die mentale Konstruktion eines sinnvollen -problematischen- Ganzen entsteht durch den Prozeß der *Vernetzung*, d.h. den Rückbezug jeder Einzelhandlung auf das bewußt gemachte Problemganze und durch die Einordnung jeder Einzelhandlung in den bewußt gemachten Gesamtprozeß. Erst diese Vernetzung verleiht den einzelnen Handlungen die Qualität, Bestandteile des Problems bzw. von dessen Lösung zu sein. Die Vernetzung ist der zentrale Vorgang beim schulischen Problemlösen.

Die Vernetzung zu einem sinnvollen Ganzen ist die Voraussetzung für den erfolgreichen Übergang von einem konstitutiven Element des Problemlösens zum nächsten. So folgt erst aus der Vernetzung der Problemkonstellation mit dem Alltagswissen der Schüler das eigentliche Problembewußtsein. Es tritt zunächst in Form der *Aporie* auf. Sie besteht in der Erkenntnis der Ausweglosigkeit, das gegebene Problem mit herkömmlichen Mitteln zu bewältigen.

Das Auftreten der Aporie ist zugleich Anzeichen für die erfolgreiche Aneignung der Problemkonstellation, d.h. der Erkenntnis des Widerstands der Sache gegen eigenes Handlungsinteresse. Die Aporie ist ein spezifisches konstitutives Element schulischen Problemlösens. Ihr entspricht im außerschulischen das Scheitern der gewünschten Praxis. Während das Scheitern unmittelbar evident ist, muß die Aporie als die mentale Repräsentation des Scheiterns aus dem Bezug der Problemkonstellation auf das außerschulische Wissen gefolgert werden. Auch die Aporie muß durch erhebliche Begriffsarbeit gewonnen werden.

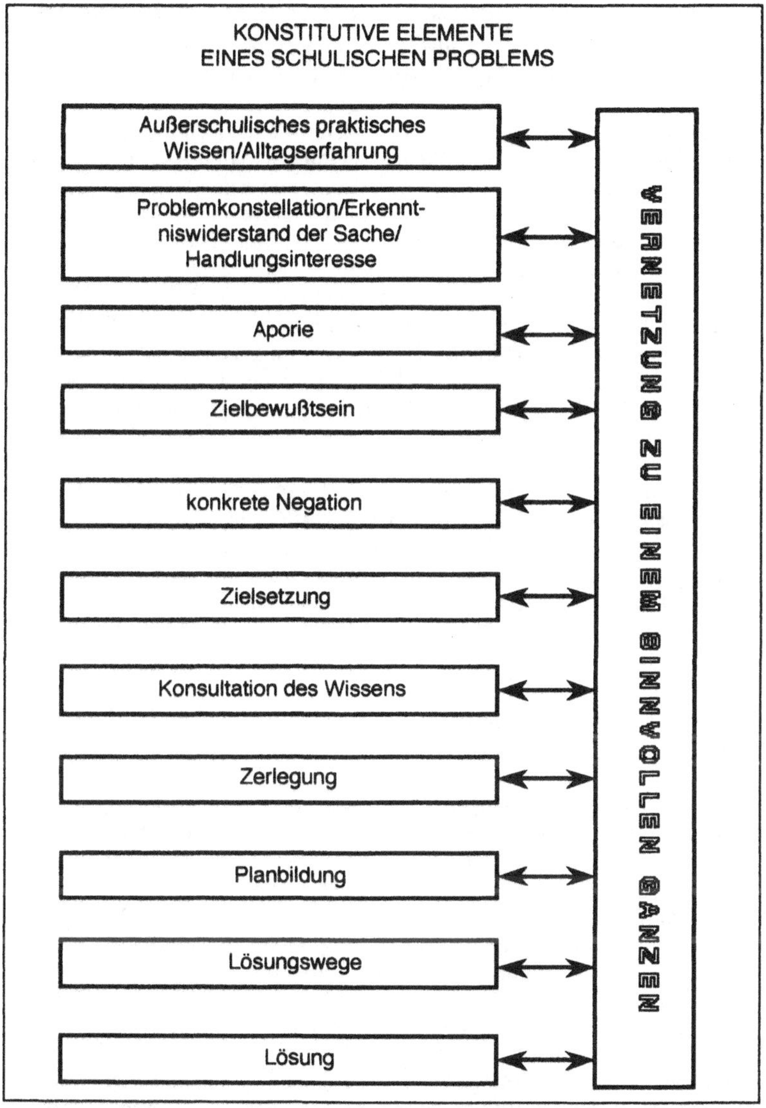

Figur 2: "Konstitutive Elemente eines schulischen mathematischen Problems"

Durch Vernetzungsprozesse müssen also sowohl der Praxisverlust als auch die Dissoziierung hinsichtlich der Inhalte und der Bearbeitungsformen und -methoden überwunden werden. Auch die Aussonderung der eigentlich unzugänglichen Teile des Problems (konkrete Negation) kann nur durch den Einbezug der Teile in den Gesamtkontext geleistet werden. Die Vernetzung zu einem sinnvollen Ganzen generiert das Zielbewußtsein, sie ist an der Zerlegung und Planbildung ebenso maßgeblich beteiligt, wie an der schrittweisen Vervollständigung der Lösung durch die korrekte Einordnung der durch die Zerlegung gewonnenen Teillösungen.

Die mentale Konstruktion eines sinnvollen Ganzen kann als die Repräsentation der in der außerschulischen Praxis gegebenen einheitlichen unmittelbaren Realität (Evidenz) des Problems beschrieben werden. Ein sinnvolles Ganzes über den Weg der Problemlösung hinweg ergibt sich jedoch nur dann, wenn die allgemeine und die fachlichen (mathematischen) Darstellungs- und Begriffsebenen untereinander vernetzt werden. In dieser kommunikativ vermittelten Vernetzung von Wissenselementen unterschiedlicher Darstellungs- und Begriffsebenen sehe ich den mentalen Kern des schulischen Problemlösens. Durch diesen Prozeß werden die beim Übergang in die Schule für den Schüler durch Praxisverlust und Dissoziierung verloren gegangenen konstitutiven Elemente des Problemlösens mental ersetzt. Dieser Vorgang des Ersetzens bezieht sich zunächst auf die Inhalte, beeinflußt aber auch wesentlich die Formen ihrer kommunikativen Bearbeitung.

Der folgende Abschnitt 1.7. soll eine klarere Vorstellung der Vernetzungsprozesse vermitteln, die angesichts der spezifischen Sachverhaltsstruktur mathematischer Probleme anfallen. Es wird dann anschließend im Abschnitt 1.8. die These vertreten, daß die Problemlösung in der Vernetzung der Aussagequalitäten der verschiedenen Begriffsebenen besteht, in denen sich mathematische Probleme systematisch darstellen lassen

1.7. BESONDERHEITEN MATHEMATISCHER BEGRIFFSBILDUNG

Mathematische schulische Probleme weisen eine Reihe von Besonderheiten gegenüber anderen schulischen Problemen auf. Die Sachverhalte, auf die sich der Mathematikunterricht bezieht, werden auf verschiedenen *Begriffsebenen* behandelt, die sich auf die Erfassung der verhandelten Probleme auf verschiedenen Stufen der Abstraktion, der Fachspezifik und der Symbolisierung beziehen. Grundlegend ist zwischen dem Begriff (Konzept) als der psychisch-mentalen Erfassung kognitiver Sachverhalte und dem Terminus (Fachwort) als sprachlichem Symbolfeldausdruck (vgl. Bühler 1965) zu unterscheiden. Die Zuordnung der jeweiligen sprachlichen Handlungen zu einer der Begriffsebenen ist nur bedingt terminologisch festzumachen, sondern erfordert die Analyse der ausgedrückten mentalen Konzepte. Z.B. kann die Verwendung von Fachtermini eine mathematisch-fachbegriffliche Konzeptualisierung von Sachverhalten vortäuschen, die in Wirklichkeit allgemeinbegrifflich oder algebraisch-numerisch konzeptualisiert sind (Pseudoverbegrifflichung) oder nicht fachspezifische Symbolfeldausdrücke (z.B. "Höhe", "Verhältnis", "teilen") können in stark unterschiedlichem Maße fachspezifische Konzepte in sich bergen. Ich stelle im folgenden fünf meist mehr oder weniger klar voneinander unterscheidbare Begriffsebenen vor, in deren jeder für den Problemlösungsprozeß bestimmte, unverzichtbare Leistungen erbracht werden:

I Die alltäglich-allgemeinbegriffliche Ebene [3]
Sie ist die Begriffsebene der "Lebenswelt", der (außerschulischen) praktischen Erfahrung, der unmittelbaren Evidenz, des gesunden Menschenverstandes, des Grundwissens, des allgemeinen Verstehens. Sie ist übergreifend, fachunspezifisch und allgemeinverständlich. Ihrem Ausdruck dient normalerweise die Alltagssprache als das allgemeine Medium der Verständigung.

Die mathematische Fachsprache ist gegenüber der Sprache der alltäglich-allgemeinen Erfahrung durch ein besonders hohes Maß an Abstraktheit, Eindeutigkeit und Mehrschichtigkeit (Mehrdimensionalität) ausgezeichnet, die ihrerseits aus der Forderung nach Allgemeingültigkeit, Exaktheit und Ökonomie ihrer Aussagen, sowie aus der Komplexität der Sachververhalte resultieren.

II Die mathematisch zeichnerische Begriffsebene
Am nächstenliegend an den Strukturen des Alltagswissens und der Alltagsbegriffe ist deren Reduktion auf die Ebene der mathematischen Zeichnung (z.B. der Planskizze vor allem in der Geometrie), des mathematischen Schemas oder der Funktionsgraphen. Die in der Mathematik seltenen praktischen Versuche und Demonstrationen gehören ebenfalls in diese Ebene. Meist ist die Planskizze der erste Schritt im schulischen Lösungsverfahren mathematischer Probleme. Die aus der Alltagserfahrung stammenden oder an diese anknüpfenden Bestandteile der Problemstellung werden mit Hilfe verschiedener Techniken und Prozeduren zeichnerisch in Bestandteile mathematischer Darstellungssysteme überführt:

> "Die steilste Zahnradbahn der Welt fährt auf den Pilatus (Schweiz). Auf einem Streckenabschnitt von 1130 m Länge überwindet sie gleichmäßig einen Höhenunterschied von 489 m (Fig. 49.1).
> a) Wie lang erscheint dieser Streckenabschnitt auf einer Karte im Maßstab 1 : 25 000 (Fig. 49.2)?" ("Gamma 9" Mathematik Realschule, 1982, S. 49)
>
> (Figur 49.1 zeigt eine Fotografie der Zahnradbahn am Berg, Figur 49.2 ist eine Zeichnung eines rechtwinkligen Dreiecks mit der Hypotenuse 1130 m (Streckenabschnitt am Berg) und einer Kathete von 489 m (Höhenunterschied).)
>
> Mit dieser Überführung geht einerseits ein Großteil der Realitätsbezüge der Problemstellung als für die eigentliche mathematische Aufgabe irrelevant verloren: 'Zahnradbahn', 'steilste der Welt', 'Pilatus (Schweiz)', 'überwindet', 'Höhenunterschied'. Andererseits treten erst mit der Zeichnung die mathematisch relevanten Bestandteile der Problemstellung zu Tage: rechtwinkliges Dreieck, Höhe, zwei bekannte und eine unbekannte Strecke(n), Verkürzung des tatsächlichen Streckenabschnitts in der Zeichnung wegen der Projektion auf die Ebene bzw. die Kathete.

Die spezifische Leistung der mathematisch-zeichnerischen Ebene im Unterricht liegt

---

3 vgl. Möhn & Pelka 1984, S. 141

in der hier vollziehbaren *Überführung* der Aussagen von (unter erheblichen Einschränkungen) alltäglich-allgemeinbegrifflichem Aufgabentext und Fotografie, d.h. der dokumentierten sinnlich-konkreten Anschauung der alltäglichen Realität, ins Mathematische durch vorfachbegriffliche, deiktische Prozeduren.

III Die mathematisch-fachbegriffliche Ebene
Im Fachbegriff ist die Vorstellung vom Wesen eines fachlichen Sachverhalts niedergelegt. Er setzt das Verstehen voraus. Die Qualität der Problembestandteile mathematisch korrekt festzulegen (z.B. als Strecken, als Hypotenuse bzw. Katheten im rechtwinkligen Dreieck) ist Funktion dieser, kurz mathematisch-begrifflich genannten Ebene. Ein unmittelbarer Zugriff zur fachbegrifflichen Ebene ist vom Alltagsbegriff aus nicht gegeben. Oft wirken die Alltagsbezüge oder -bedeutungen einzelner Fachbegriffe geradezu verwirrend und ablenkend statt erklärend. Das liegt bei Begriffen wie 'Verhältnis', 'Abbildung', 'Wurzel', bzw. 'Quadrat', 'Menge' oder 'Größe' recht klar auf der Hand, gilt aber auch für elementare Fachbegriffe wie 'Strecke' oder 'Fläche', 'Höhe' oder 'Steigung', 'geteilt' oder 'eins' deren Wohldefiniertheit in der Mathematik eine extensive und variable Konzeptualisierung in der Alltagserfahrung gegenübersteht (vgl. dazu Maier & Bauer 1978, Vollrath 1978, Winter 1978).

Der Abstand des Fachbegriffs vom Alltagsbegriff ist in der Schule im Fach Mathematik besonders groß[4] und es verlangt eine entsprechend ausführliche und sorgfältige Begriffsarbeit, um die eine in die andere zu überführen und zugänglich zu machen. Die Bedeutung dieser Arbeit im begrifflichen Vorfeld zwischen Alltagserfahrung und Mathematik kann nicht hoch genug eingeschätzt werden. In der gängigen Unterrichtspraxis fällt sie jedoch erfahrungsgemäß fast vollständig unter den Tisch.

IV Die algebraisch-symbolische Begriffsebene
In keinem anderen Schulfach wird so ausgiebig und teilweise auschließlich auf der Ebene von Symbolen gearbeitet, wie in der Mathematik: ($\mathbb{R}$, Σ, $\neq$, Δ, $\int$, $\sim$, π, a, $\approx$, $\sqrt{}$, cos, ( )-1, $a^{3/2}$, ... , {}, +, -, :, •, usw.). Die algebraischen Symbole dienen einer weiteren Steigerung der Exaktheit und Ökonomie der Darstellung von bereits in mathematischen Fachbegriffen gefaßten Sachverhalten. Die algebraisch-symbolische Ebene dient vor allem aber mit der innerhalb ihrer zu leistenden Darstellung der algebraisch-operativen Verknüpfungen zwischen den durch sie repräsentierten Sachverhalten dem mathematischen Zugänglichmachen der Beziehungen zwischen den Prozessen und Größen. Gerade in dieser Hinsicht findet eine ungeheure Reduktion unzähliger, sehr unterschiedlicher tlw. zur Alltagserfahrung sogar widersprüchlicher Verknüpfungen und Zusammenhänge der Lebenswelt in ein und dieselbe Operation statt. Das zeigt sich immer wieder an den enormen Schwierigkeiten, die Schüler mit einem Verständnis z.B. der 'geteilt durch'-Operation haben.

Die Aussagen der algebraisch-symbolischen Begriffsebene sind als exakt definierte Kondensate teilweise komplizierter mathematischer Sachverhalte und Beziehungen dem Zugriff vom und der Übersetzbarkeit zum Alltagswissen und seiner Sprache zunächst gänzlich entzogen. Den Bezug der mathematischen Symbole zur Welt der Alltagserfahrung zu rekonstruieren, erfordert noch mehr Begriffsarbeit als im Falle der mathematischen Fachsprache oder der Zeichnung. Schon die innermathematische

Rücküberführung der Symbole in die Begriffe der in ihnen kondensierten mathematischen Sachverhalte etc. erfordert erhebliche mentale und begriffliche Anstrengung. Dazu ein kleines Beispiel:

> Erklären Sie das Symbol '$\sqrt{}$' mit mathematischen (oder gar alltäglich-allgemeinen) Begriffen, d.h. ohne Zahlen zu benutzen!

V Die algebraisch-numerische Begriffsebene
In der Ebene des Numerischen schließlich ist die Entfernung zur Begriffswelt der außerschulischen Erfahrung am größten. Dem scheint die Erfahrung zu widersprechen, daß diese Ebene am ehesten Entsprechungen im praktischen Wissen der Schüler aufweist, von ihnen am ehesten mit 'konkreten' Vorstellungen verbunden wird. Im Bewußtsein der Schüler führt sie allerdings normalerweise ein weitgehend isoliertes und verselbständigtes Dasein, das nicht mit den anderen Ebenen der Begrifflichkeit vernetzt ist. Das Numerische wird im schulischen Normalfall des Aufgabenlösens nicht als äußerste Reduktion des sinnlich Erfahrbaren (Hegel spricht in diesem Zusammenhang von der "toten Eins"), als seine Abstraktion auf den Aspekt der Quantität der Bestandteile der Problemstellung aufgefaßt. Es tritt vielmehr als mathematische Scheinwelt neben und gegen die realen Objekte und Prozesse, die mathematisch entsprechend unaufgearbeitet bleiben.

Bedingt durch den mehrfachen Verbegrifflichungsprozeß, der zwischen der Alltagserfahrung und -sprache und der numerischen Ebene der Mathematik liegt, besteht zunächst einmal keinerlei evidenter Zusammenhang mehr zwischen den vielschichtigen Beziehungen der Objekte der Alltagswelt und den Zahlen einerseits und den Prozessen der Alltagswelt und den auf wenige Grundrechenarten reduzierten Operationen der numerischen Ebene andererseits. Von unmittelbarer Evidenz einer gegenseitigen Repräsentation kann genausowenig die Rede sein, wie von einer wechselseitigen Erhellung und Vertiefung.

So gewinnt die algebraisch-numerische Begriffsebene der Mathematik ein eigenständiges, von allen Bezügen zur Alltagswirklichkeit weitgehend befreites Dasein. Die Korrekturmöglichkeiten, die aus den Vernetzungen zur Alltagserfahrung und zum Allgemeinwissen stammen, sind weitgehend abgeschnitten. Das Resultat ist die charakteristische Beliebigkeit, Sinnlosigkeit und oft genug Widersinnigkeit, die nicht selten dem mathematischen schulischen Tun als komplettierendem Operieren auf Schüler- und auf Lehrerseite eignet.

Für das Problemlösen bedeutet dieser Sachverhalt, daß eine Vernetzung der spezifischen Wissensqualitäten aller mathematischen Begriffsebenen des Problems jeweils untereinander und mit dem außerschulischen Alltags- und Erfahrungswissen hergestellt werden muß. In der Begriffsarbeit, mit der dieses Bewußtsein hergestellt wird, besteht das eigentliche mathematische Problemlösen.

Eine weitere Besonderheit mathematischer Sachverhalte besteht oft in ihrer *Komplexität.* Das gilt in besonderem Maß für den Kernbereich der Beweisverfahren. So sind z.B für die im untersuchten Material zur Debatte stehende Ableitung des Pythagoras-

oder des Kosinussatzes eine erhebliche Anzahl einzelner Probleme zu lösen und miteinander zu synthetisieren: Für ihre Erarbeitung sind die Problemlösungen aus zwanzig und mehr Unterrichtsstunden zu integrieren. Bereits zu Standardproblemlösungen deproblematisierte Problemlösungen müssen reproblematisiert und neu kombiniert werden: So muß z.B. für die Herleitung des Kosinussatz eine Synthese aus einer Pythagoras- und einer Kosinusanwendung hergestellt werden; jede Standardproblemlösung für sich führt nicht zum Ziel.

Schließlich ist die *Exaktheit*, mit der Zeichnungen, Symbole, Zahlen und Fachbegriffe benutzt und miteinander in Beziehung gesetzt werden müssen, ein besonderes Kennzeichen mathematischer Probleme. Klassifizierungen und Zuordnungen unterliegen weitgehend einem kategorischen richtig : falsch- Dualismus. Der Raum für abweichende Sichtweisen ist im Vergleich zu z.B. den Übersetzungsmöglichkeiten einer Englisch-Vokabel oder gar den Interpretationsmöglichkeiten eines Gedichts äußerst gering. Auch auf anderen Wissensgebieten zeichnet sich die fachsprachliche Begriffsbildung durch Exaktheit aus, aber bei keiner anderen schulischen ist der Gegensatz zur Offenheit, Unbestimmtheit und Reichhaltigkeit der Alltagsbegriffe so ausgeprägt.

Exaktheit, Ökonomie, Komplexität, Abstraktheit und Mehrschichtigkeit sind also Besonderheiten mathematischer Begriffsbildung, denen für die Problemlösung Rechnung getragen werden muß.

1.8. REALISIERUNG DES MATHEMATISCHEN PROBLEMLÖSENS IM UNTERRICHT

In den folgenden Abschnitten stelle ich am Beispiel mathematischen Problemlösens die kognitiven (1) und kommunikativen (2) Strukturen vor, denen schulisches Problemlösen Rechnung tragen muß. Es handelt sich dabei um eine idealtypische Rekonstruktion und Vorwegnahme der aus der Analyse des Materials gewonnenen Ergebnisse, - teilweise realisierten sich die betr. Strukturen im untersuchten Unterricht, teilweise wurden sie in Konturen deutlich, teilweise sind sie aus der Negation defizitärer Prozesse zu rekonstruieren. Für die Ableitung der Ergebnisse im einzelnen verweise ich auf die konkreten Untersuchungen der späteren Kapitel.

(1) kognitive Strukturen mathematischen Problemlösens
Ich habe im letzten Abschnitt 1.7. die Mehrschichtigkeit des mathematischen Problemlösens geschildert. Beim mathematischen Problemlösen finden auf jeder der fünf Ebenen charakteristische und unverzichtbare mentale Prozesse statt.

Auf der alltäglich-allgemeinbegrifflichen Ebene muß die Verankerung des schulischen Wissens insgesamt geleistet werden, indem die entsprechende Problemkonstellation subjektiv so vermittelt wird, daß sie den Widerstand der Sache repräsentiert und das Erkenntnisinteresse an seiner Überwindung generiert. Die Begriffsarbeit, die dem Bewußtmachen der kommunikativen und kognitiven Formen der Bearbeitung der Inhalte dient, ist alltäglich-allgemeinbegrifflich.

Auf der mathematisch-zeichnerischen Ebene findet ein teilweise averbaler vorfachbegrifflicher Übergang von der Alltagssprache und Alltagserfahrung in zeichnerisch repräsentierte mathematische Darstellungsweisen und -strukturen statt. Zeichnerisch präsente Sachverhalte und Prozesse können über deiktische Prozeduren repräsentiert und fachbegrifflich zugänglich gemacht werden.

Auf der mathematisch-begrifflichen Ebene wird den Alltagsbegriffen und -strukturen ihre fachspezifische Qualität in ihrer Funktion als einzelner Bestandteile des Problems zugeordnet und werden die spezifischen Beziehungen der Größen und Prozesse erfaßt.

Die algebraisch-symbolische Ebene dient zum einen der Ökonomisierung der Darstellung der fachlich definierten Problematik, zum anderen werden auf ihr die spezifischen algebraisch-operativen Verknüpfungen der Problembestandteile dargestellt.

Auf der algebraisch-numerischen Ebene wird der quantitative Aspekt der Problembestandteile operativ hinzugefügt; sie dient normalerweise der Durchführung der Operationen.

Die mathematische Problemlösung besteht in der Vernetzung der fünf Ebenen. Die konstitutiven Elemente des Problems, ihre strukturellen Verknüpfungen und das Problemganze der verschiedenen Ebenen müssen erkenntnismäßig miteinander verbunden werden. Die entsprechende kognitive Leistung nenne ich Vernetzung. Durch die Vernetzung wird der Übergang einzelner konstitutiver Elemente des Problems, struktureller Verknüpfungen oder des Problemganzen von einer Begriffsebene zur nächsten hergestellt. Der neue, vernetzte Zustand unterscheidet sich vom alten dadurch, daß die jeweiligen Elemente nun gleichzeitig die Aussagequalitäten beider Ebenen in sich tragen.

Die Vernetzung ist immer ein doppelseitiger Vorgang, der, wenn die Verbindung einmal hergestellt ist, stets in beiden Richtungen sowohl die Übergänge wie die Rückbezüge sicherstellt. Die mentale Arbeit der Vernetzung ist der kognitive Kern des mathematischen Problemlösens. Ihrer Bewältigung dienen eine Reihe verschiedener Aktivitäten, auf die noch einzugehen sein wird.

Durch die Vernetzung aller Begriffsebenen des Problems sind dessen Bestandteile (konstitutive Elemente, Strukturen, Problemganzes der entsprechenden Ebenen) im dialektischen Sinne ineinander aufgehoben:

> Sie sind '*vernichtet*', indem ein beliebiges Bestandteil in einer Ebene an die Stelle des entsprechenden Bestandteils aller anderen Ebenen tritt.
> Sie sind '*bewahrt*', indem jedem beliebigen Bestandteil einer Ebene das entsprechende Bestandteil jeder anderen zugeordnet werden kann.
> Sie sind '*weiterentwickelt*', indem jedes beliebige Bestandteil einer Ebene nunmehr potentiell die Aussagequalitäten aller anderen Ebenen des entsprechenden Bestandteils enthält und indem es mit der Vernetzung eines Problemganzen über alle Ebenen hinweg zu einer ganzheitlichen Wahrnehmung des Problems auf erweiterter Bewußtseinsstufe kommt.

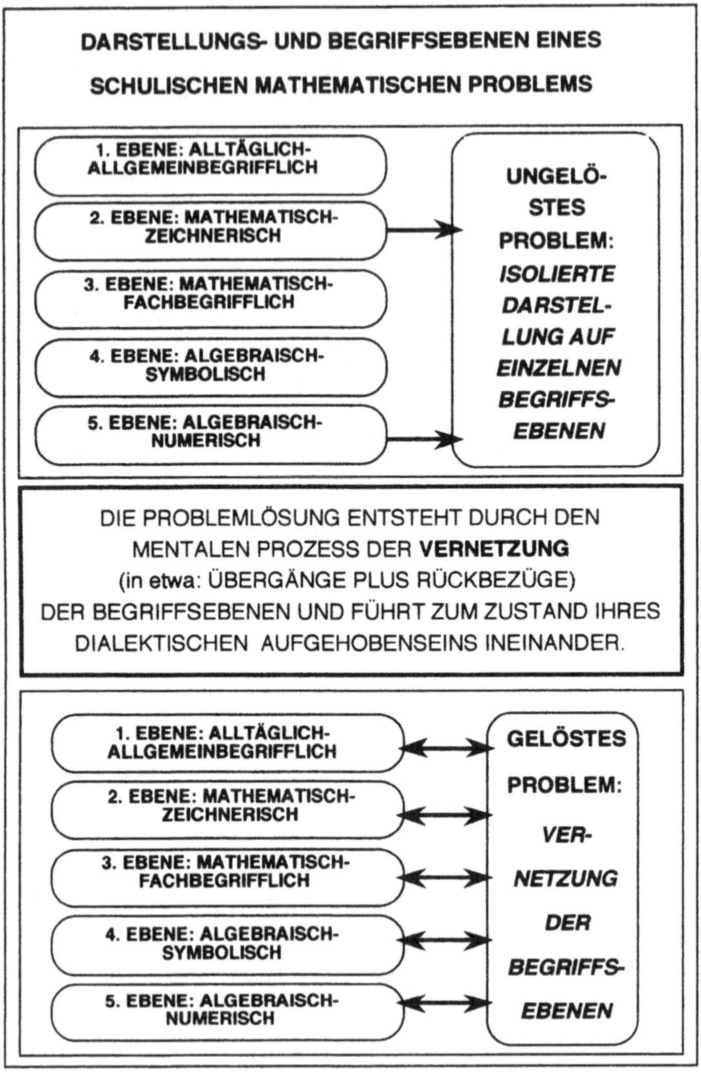

Figur 3: "Darstellungs- und Begriffsebenen eines mathematischen schulischenProblems"

Das Problem der spezifischen Verknüpfung der Bestandteile stellt sich natürlich innerhalb jeder Ebene neu bzw. anders und muß entsprechend gelöst werden. Die entsprechende kognitive Leistung nenne ich *Komplettierung*. Durch die Komplettierung wird das Problem *innerhalb* einer Begriffsebene vervollständigend gelöst. Die Komplettierung kann so im Finden noch fehlender einzelner konstitutiver Elemente des

Problems oder noch fehlender Teile von Verknüpfungsstrukturen innerhalb der betreffenden Ebene bestehen. Durch die Komplettierung werden im Normalfall noch fehlende Wissenselemente *unter Ausnutzung bereits gegebener Strukturen* ergänzt. Selten werden auch Teile noch fehlender Strukturen der Verknüpfung bereits vollständig vorhandener Wissenselemente durch Komplettierung ergänzt.

Es findet kein Übergang zwischen Ebenen statt; Teile werden an ein noch lückenhaftes Ganzes angekoppelt. Insofern kann man bei dieser kognitiven Leistung auch von einer 'Koppelung' sprechen. Gegenüber der Vernetzung ist die Komplettierung eine mindere kognitive Leistung, weil sie auf das Vorhandensein des begrifflichen und strukturellen Inventars der betreffenden Ebene zurückgreifen kann und dadurch oft weitgehend evident ist. Ihrer Realisierung dienen entsprechend weitgehend automatisierte Standardaktivitäten und -prozeduren. So ist z.B. auf der algebraisch-numerischen Ebene das 'Ausrechnen' mit Hilfe der Grundrechenarten typisches komplettierendes Operieren.

Mathematische Probleme können wegen ihrer Mehrschichtigkeit nur durch eine Kombination von Vernetzung und Komplettierung gelöst werden. Sie werden im schulischen Problemlösen interaktiv vom Lehrer, der über sie verfügt und von den Schülern, die sie sich aneignen sollen, erarbeitet.

(2) *kommunikative Strukturen mathematischen Problemlösens*
Problemlösendes Lernen besteht in der kommunikativen Erarbeitung der Vernetzungen und Komplettierungen, die für die Gewinnung der konstitutiven Elemente des Problems, seiner Strukturen und des Problemganzen in den verschiedenen Ebenen eines oder bei komplexen Sachverhalten mehrerer Probleme notwendig sind. Jede Vernetzung oder Komplettierung verlangt einen oder mehrere Durchläufe durch das Handlungsmuster schulisches Problemlösen.

Die Hauptschwierigkeit dieser kommunikativen Realisierung besteht im Rückgängigmachen der Dissoziierung des Problemlösens, d.h. in der Aufhebung der Auslagerung wesentlicher konstitutiver Elemente für den Schüler in den Lehrer. Die Vernetzung der gegebenen Wissenselemente des bislang erarbeiteten Problemzusammenhangs durch die Schüler ist eine unabdingbare Voraussetzung für diese Aufhebung der Dissoziierung des Problemlösens. Durch diesen Vorgang wird in jedem Entwicklungsstadium der Problemlösung das gesamte vorhandene Wissen zu einem einheitlichen Ganzen integriert, das seinerseits die Grundlage für die Bestimmung der jeweiligen Folgeschritte ist. Die Offenlegung der Methode macht den Prozeß für nicht unmittelbar an der Vernetzung beteiligte Schüler nachvollziehbar.

Die Vernetzung der gegebenen Wissenselemente durch die Schüler ist die Schlüsselposition des sprachlichen Handlungsmusters schulisches Problemlösen, weil sie denjenigen mentalen Prozeß umfaßt bzw. ermöglicht, der erst die verschiedenen konstitutiven Elemente des Problemlösens erzeugt. Problemlösender Unterricht kann insofern als ein Unterricht gekennzeichnet werden, der interaktiv die Realisierung dieser Musterposition durch die Schüler sicherstellt, während die Interaktion des aufgabenlösenden Unterrichts von der Art ist, daß sie die zur komplettierenden Vervollständigung

('Lösung') der anstehenden Aufgaben notwendigen Handlungen den Schülern zur Verfügung stellt, *ohne* daß sie diese Vernetzungsarbeit bewältigen müssen. Dieser Grundwiderspruch des Aufgabenlösens, d.h. Lösungen produzieren zu müssen, ohne die dafür erforderliche Vernetzungsarbeit geleistet zu haben, wird in zahlreichen spezifischen Handlungsformen (Metamustern, Techniken, Taktiken und Strategien) abgearbeitet.

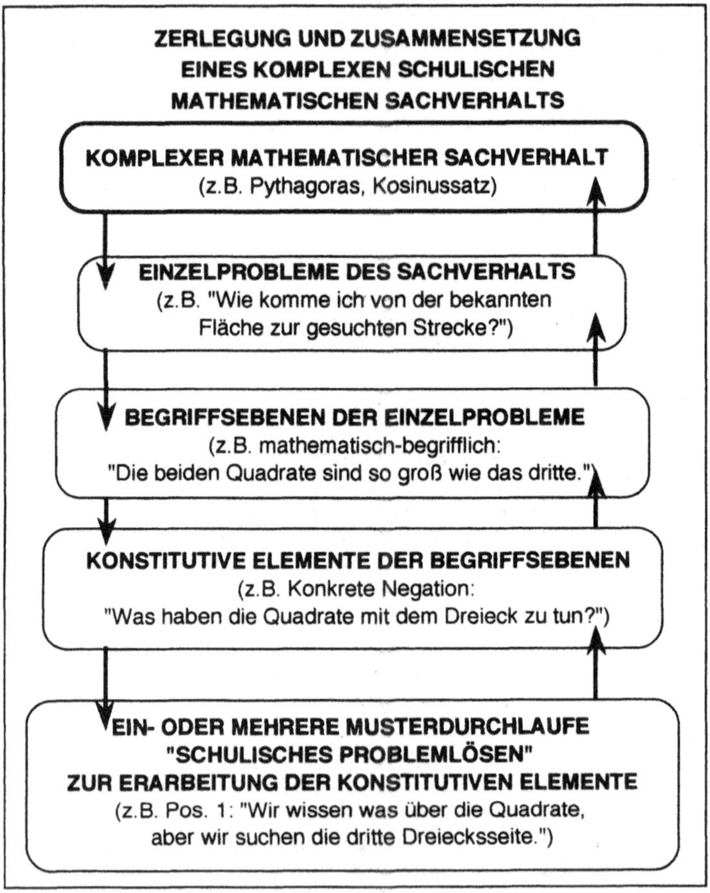

Figur 4: "Zerlegung und Zusammensetzung eines komplexen mathematischen Sachverhalts"

Scheinbar paradoxerweise findet der Prozeß der Vernetzung durch die Schüler im Normalfall unter Lehreranleitung statt. Der Bewältigung dieses Scheinparadoxons dient das Handlungsmuster des schulischen Problemlösens.

1.9. SCHULISCHES PROBLEMLÖSEN UND AUFGABENLÖSEN ALS HANDLUNGSMUSTER

(1)
Die kommunikative Form, in der sich das Problemlösen im Unterricht realisiert, ist das sprachliche Handlungsmuster schulisches Problemlösen. Um das Muster darzustellen, benutze ich eine Diagrammform, die sich an die Darstellung des Musters Aufgabe-Stellen/Aufgabe-Lösen anlehnt (Ehlich & Rehbein 1986, S. 16). Im sprachlichen Handlungsmuster des schulischen Problemlösens findet, -genau wie beim Aufgabe-Lösungs-Muster

> "ein systematischer Wechsel in der Aktivität der beteiligten Aktanten statt. Deshalb handelt es sich hier um ein Sequenzmuster" (ebd. S. 17).

Die Handlungen des Lehrers und der Schüler gliedern sich in bestimmte Einheiten, die Musterpositionen genannt werden. Die Musterpositionen der VERNETZUNG der Wissenselemente auf der Schülerseite oder der REZEPTION durch den Lehrer sind Beispiele solcher komplexer Handlungen im mentalen Bereich, die Musterpositionen des VORSCHLAGS des Schülers oder der HILFE des Lehrers sind komplexe Handlungen im interaktiven (sprachlichen) Bereich. Diese Handlungen sind sequenziell aufeinander bezogen bzw. ineinander verschränkt.

Die Rolle des Lehrers im Muster schulisches Problemlösen ist im Idealfall die eines hilfsbereiten Begleiters der vollständigen Abarbeitung der Musterpositionen durch die Schüler. Das Erarbeitete wird durch professionelle Techniken des Lehrers (z.B. Lehrerregiefrage, Zusammenfassungen) so aufbereitet, daß die Schüler den jeweils nächsten Schritt vollziehen können. Durch den Lehrer vorgegebene Hilfen werden durch Techniken ihrer anschließenden Aneignung durch die Schüler (Begründungen, Erklärungen, Verweisungen usw.) in ihrer Funktion transparent und damit zu Bestandteilen des Lösungswissens der Schüler gemacht. Durch andere Techniken (Rephrasierungen, Wiederholungen, Absicherungsverfahren usw.) wird sichergestellt, daß die Lösungsprozesse von allen Schülern nachvollzogen werden können.

Auf Schülerseite befinden sich all diejenigen Handlungen, die Realisierungen von konstitutiven Elementen des Problemlösens sind, auf Lehrerseite diejenigen, die zur Anregung, Herbeiführung und Kontrolle dieser Realisierungen notwendig sind. Diese Verteilung der Handlungen gilt nicht nur im einzelnen Handlungsmuster, sondern auch für die Problembearbeitung als Ganze in den verschiedenen Ebenen des Problems.

Zentrales Kennzeichen des Problemlösens ist nicht die *richtige* Realisierung eines konstitutiven Elements -die können Schüler auch auf Ersatzwegen erreicht werden-, sondern seine *selbständige Verarbeitung*, d.h. seine Vernetzung im und Überprüfung durch den Problemzusammenhang (Pos 1) und, durch Folgerungen daraus, die selbständige Weiterführung zum nächsten konstitutiven Element (Pos 5/6).

Beim Problemlösen liegt der Übergang zum nächsten Schritt der Problembearbeitung -sei es zum folgenden konstitutiven Element oder zur nächsten Begriffsebene des Gesamtproblems- auf Seiten des Schülers und nicht des Lehrers. Die Vernetzung

(Pos.1), ist das Mittel, mit dessen Hilfe diese Leistung vollbracht wird. Die Vernetzungsarbeit führt über ihren methodischen Extrakt zur Transferkompetenz.

In (Pos.1) findet die mentale Verarbeitung der bis zum gegebenen Zeitpunkt bekannten Wissenselemente statt, ihre Vernetzung zu einem sinnvollen Ganzen. Hier kann z.B. aus der anfänglichen mentalen Repräsentation der Problemkonstellation der Handlungswiderstand der Sache gegen das eigene Erkenntnisinteresse in Form der Aporie erarbeitet werden. In diesem Fall wäre das konstitutive Element der Aporie der folgende Schritt in der Problemlösung. Grundsätzlich kann jedes konstitutive Element des schulischen Problemlösens zum nächsten Schritt der Problemlösung werden. Das gilt im mathematischen Problemlösen wiederum für alle Ebenen. Das Muster muß unter Umständen also für jedes konstitutive Element in jeder Begriffsebene jedes Teilproblems (bei komplexen Sachverhalten) bis zum Erfolg durchlaufen werden.

Mit dem Durchlaufen von Position 1 des Musters wird dieser komplizierte analytische Prozeß umgekehrt. Hier wird das neue Wissenselement des letzten Schritts mit dem Ergebnis aller vorigen Musterdurchläufe zu einer neuen Einheit synthetisiert und auf den Kontext des Gesamtproblems abgebildet. Durch den Vernetzungsprozeß wird sichergestellt, daß der Fokus nicht in einer Vielzahl von Einzelproblemen verloren geht, sondern sich vom Gesamtverständnis aus auf das Weitere richtet. Daraus ergibt sich im Entscheidungsknoten (Pos.2/3) entweder eine LÖSUNGSVERMUTUNG (Pos.5) oder in (Pos.4) explizit (verbal) oder implizit (durch Schweigen o.ä.) die KUNDGABE DER UNAUFFINDBARKEIT DES FOLGESCHRITTS.

Die Lösungsvermutung wird als Vorschlag des Schülers (Pos.6) geäußert und muß auf der Lehrerseite zunächst als solche rezipiert werden (Pos.7). Diese Rezeption darf nicht verwechselt werden mit einer einfachen richtig/falsch-Kategorisierung. Die Rezeption besteht auch nicht darin, daß der Lehrer den Schüler-Vorschlag -im Sinne seiner Verwertbarkeit für die Abwicklung des eigenen Gesamtplans- lediglich mit dem von ihm vorgesehenen Lösungsweg abgleicht. Vielmehr ist die Rezeption der analoge Prozeß zur Vernetzung auf der Schülerseite, indem der Lehrer hier aus der sprachlichen Äußerung die vom Schüler bislang erarbeitete Problemrekonstruktion und seinen Lösungsplan (Zielsetzung) zu erschließen versucht.

Anschließend an die Lehrer-Rezeption wird der Schüler-Vorschlag im Entscheidungsknoten (Pos.8/9/10) einer BEWERTUNG unterzogen. Das führt im positiven Fall (Pos.21) zu einer BESTÄTIGUNG des Vorschlags (Pos.22) als Lösung. Die Lösung wird in (Pos.23) auf Schülerseite ZUR KENNTNIS GENOMMEN und über (Pos.24) im nächsten Musterdurchlauf ihrerseits zum neuen Wissenselement, das es im Problemkontext zu vernetzen gilt (Pos.1).

Die Kundgabe der Unauffindbarkeit des Folgeschritts (Pos.4) dagegen führt auf Lehrerseite über Rezeption (Pos.7), Entscheidungsknoten (Pos.8/9/10) zur negativen Bewertung (Pos.13). Im Entscheidungsknoten (Pos.14/16/18) ergeben sich nun für den Lehrer zwei Möglichkeiten: Entweder behandelt er (Pos.4) als Vorschlag, den er als solchen ABLEHNT (Pos.15), weil er der Meinung ist, daß auf Schülerseite mehr geleistet werden kann, worauf der bisherige Durchlauf auf Schülerseite von neuem beginnt, oder er bildet eine bestimmte DEFIZITVERMUTUNG (Pos.19) darüber aus,

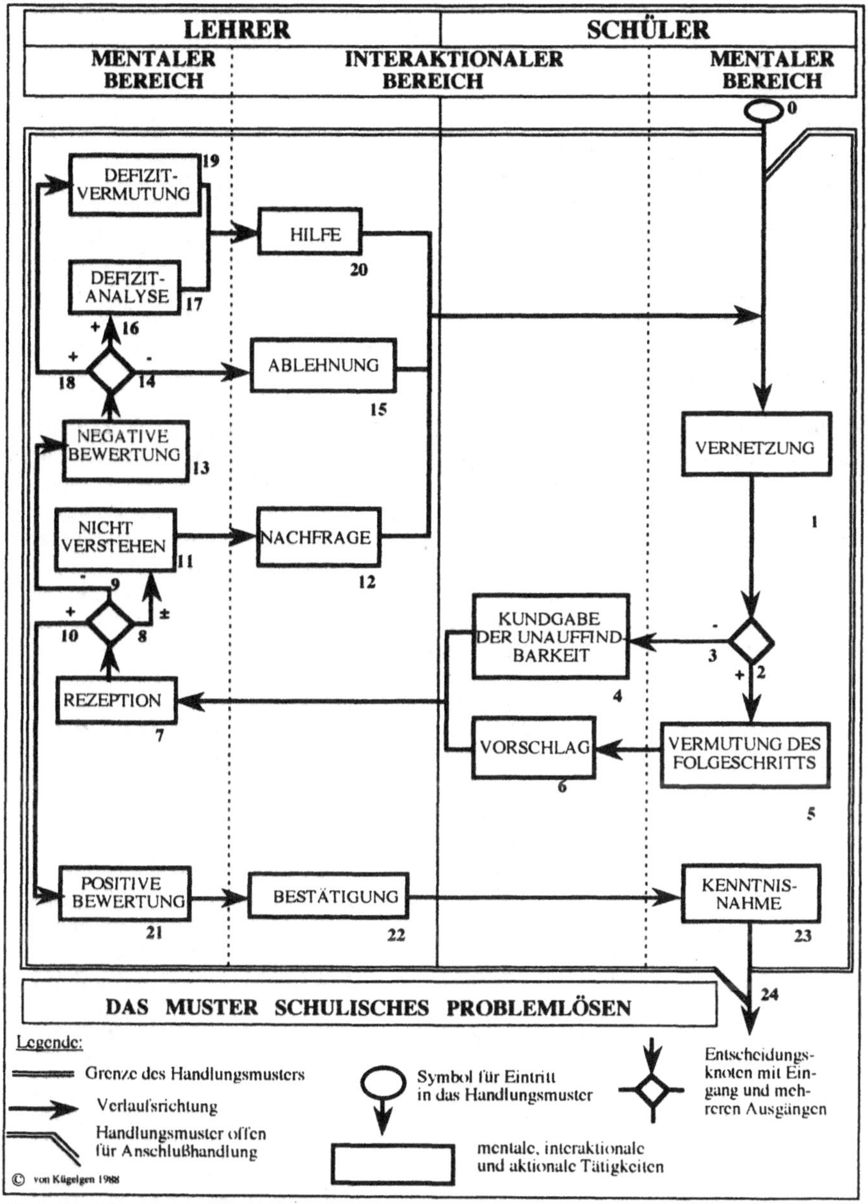

Figur 5: "Das sprachliche Handlungsmuster schulisches Problemlösen"

was die Schüler an der Produktion eines Vorschlags hindert. Die Ausbildung dieser Vermutung ist ihrerseits ein komplizierter Vorgang, der sich auf das Wissen des Lehrers über das Vorwissen der Schüler und auf seine Antizipation derjenigen mentalen Prozesse stützt, die für die Produktion eines Vorschlags auf Schülerseite erforderlich sind (vgl. dazu Rehbein 1980).

Wird nun von Schülern ein Vorschlag (Pos.6) geäußert, der über (Pos.7) und (Pos.8/9/10) als falsch bewertet wird (Pos.13), so kann er vom Lehrer entweder ohne weitere Ausführungen abgelehnt werden (Pos.15), weil er der Meinung ist, daß die Schüler ohne Hilfe einen richtigen Vorschlag produzieren können, oder er unterzieht ihn einer DEFIZITANALYSE (Pos.17). Im ersten Fall, (Pos.15), müssen die Schüler erneut die gegebenen Wissenselemente, die nun um das Wissen der Falschheit des erbrachten Vorschlags angereichert sind, verarbeiten und in den Kontext des Problems einordnen (Pos.1) usw. Im zweiten Fall, (Pos.17), ergibt sich eine ähnliche Situation, wie mit (Pos.19), nur daß der Lehrer jetzt um das Defizit auf Schülerseite weiß, statt es zu vermuten.

Beide Positionen münden in eine HILFE (Pos.20) für die Schüler, deren Verarbeitung als neues Wissenselement dem schon geschilderten Prozeß folgt. Die Hilfe kann nicht in der *Vorgabe* des gesuchten Wissenselements bestehen: In diesem Fall würden die Positionen (5) und (6) in Gestalt der Preisgabe der Lösung auf die Lehrerseite wechseln und damit das Muster verlassen und durch ein anderes -das des Lehrervortrags- ersetzt. Die Bereitstellung problemlösungsförderlicher Hilfen ist ein wichtiger Bestandteil pädagogisch-didaktischer Kunst; eine Reihe professioneller Strategien, Techniken und Taktiken, auf die noch im einzelnen einzugehen sein wird, dienen dazu. Sie kann z.B. in dem Versuch bestehen, die Schüler zu einer Korrektur des Lösungsversuchs zu veranlassen, indem entweder das Augenmerk auf bestimmte inhaltliche oder methodische Bestandteile oder Merkmale des Kontexts gelenkt wird, die nicht oder falsch berücksichtigt wurden, die also Voraussetzung des Defizits sind, oder indem das Augenmerk auf bestimmte inhaltliche oder methodische Konsequenzen des Defizits gelenkt wird, die mit dem Kontext unvereinbar sind.

Für den Lehrer besteht die zentrale Leistung im Problemlösungsmuster in seiner Rezeption der Lösungsvorschläge der Schüler. Die Rezeption ist, wie schon gesagt, Voraussetzung der Defizitanalyse und -vermutung sowie der Hilfe. Im Problemlösungs-Muster organisiert die Entfaltung der Lösungsvorschläge der Schüler das Geschehen. Daher kommt der Nachfrage des Lehrers (Pos.12) im Problemlösungs-Muster erhebliche Bedeutung zu. Mit der Nachfrage stellt er, falls notwendig, die Rezeption, also sein Verständnis des Vorschlags und von dessen Hintergrund und Umfeld, sicher. Ohne wirkliches Verständnis der Schülerlösungsversuche verkommen die Hilfen auf Lehrerseite zu Maßnahmen, deren Zweck sich in der Funktionalisierung der Schülerbeiträge zur Vervollständigung eines Lehrervortrags mit verteilten Rollen (vgl. Ehlich & Rehbein 1986, S. 59 ff) erschöpft.

(2)
Im folgenden vergleiche ich das Handlungsmuster Aufgabe-Stellen/Aufgabe-Lösen

nach Ehlich & Rehbein mit dem des schulischen Problemlösens und skizziere einige der wichtigsten Folgen, die sich aus der Ersetzung des letzteren durch das erstere ergeben.

Das Aufgabe-Lösungs-Muster resultiert aus Praxisverlust und Dissoziierung der konstitutiven Elemente des Problems beim Übergang in die Schule. Es ist der naturwüchsige Ausdruck dieses Übergangs. Alle Prozesse der Wissensvermittlung, die spontan ablaufen, d.h. den Gegebenheiten der Institution Schule nicht bewußt Rechnung tragen, sind daher vom Aufgabe-Lösungs-Muster geprägt.

> "Trotz der erheblichen Differenzen zwischen beiden Mustern steht in der Institution Schule das Aufgabe-Lösungs-Muster faktisch oft für das Muster (außerschulisches-R.v.K.) Problemlösen. Das gilt sowohl für den Lehrer und sein schulisches Handeln wie für den Schüler wie auch für das Gesamtverständnis der Institution Schule. Indem die spezifische Differenz zwischen beiden Mustern nicht bewußt ist, kann eine Ersetzung, ein quid pro quo, eintreten. Das heißt: es wird unterstellt, durch den Durchlauf des Musters AufgabeStellen/Aufgabe-Lösen sei das Muster Problemlösen durchlaufen und so der Zweck des letzteren, Vermittlung von gesellschaftlich erarbeiteten Problemlösungen in akzelerierter Form, erreicht worden." (Ehlich & Rehbein 1986, S.20)

Zunächst fällt beim Vergleich beider Handlungsmuster ins Auge, daß beim Aufgabe-Lösungs-Muster Beginn (Pos.1) und Abschluß (Pos.19) beide auf Lehrerseite liegen, beim Problemlösungs-Muster aber auf Schülerseite (Pos1) bzw. (Pos.24). In diesem Unterschied drückt sich die kommunikative Vorherrschaft des Lehrers bzw. der Durchsetzung seines Plans beim Aufgabenlösen aus. Grundsätzlich muß der Schüler sich an den Gesamtplan des Lehrers anpassen und nicht umgekehrt, wie beim Problemlösungs-Muster. Weiter:

> "Die initiale Sequenzposition (1) wird durch das Ergebnis komplexer Tätigkeiten des Lehrers eingenommen. In ihnen geschieht die unterrichtliche Detailplanung für die im nächsten Schritt zu verbalisierende Aufgabenstellung" (ebd. S.17).

Auf Schülerseite fehlt eine solche komplexe Tätigkeit im Aufgabe-Lösungs-Muster vollständig. Zwar verbleiben auch beim Aufgabenlösen auf der Schülerseite komplexe mentale u.a. Tätigkeiten, doch beziehen sich diese nicht auf den zu lösenden problematischen Sachverhalt und dessen inhaltliche und methodische Qualitäten, sondern auf diejenigen Handlungen, die zum erfolgreichen Musterdurchlauf zu bewältigen sind (Prozessierung des Wissenserwerbs im Aufgabe-Lösungs-Muster über Metamuster): Ein gewaltiger Unterschied, wie noch im einzelnen zu zeigen sein wird! Der diesbezügliche Unterschied zum schulischen Problemlösen liegt in der Entsprechung dieser "komplexen Tätigkeiten des Lehrers" durch die Vernetzung der gegebenen Wissenselemente des Problems (Pos.1) durch den Schüler.

Auf Lehrerseite bleiben beim Problemlösungs-Muster die "komplexen Tätigkeiten" der Planung in Gestalt von Rezeption (Pos.7), Defizitvermutung (Pos.19) bzw. Defizitanalyse (Pos.17) und Hilfe (Pos.20) erhalten. Gleichzeitig werden die der Wissensprozessierung dienenden Metamuster transparent gemacht (Offenlegung und Kritik der Methode). Die entscheidende Etappe der vernetzenden Verarbeitung des Bisherigen und seine Weiterentwicklung wird also beim Aufgabe-Lösungs-Muster ersatzlos vom Schüler auf den Lehrer ausgelagert.

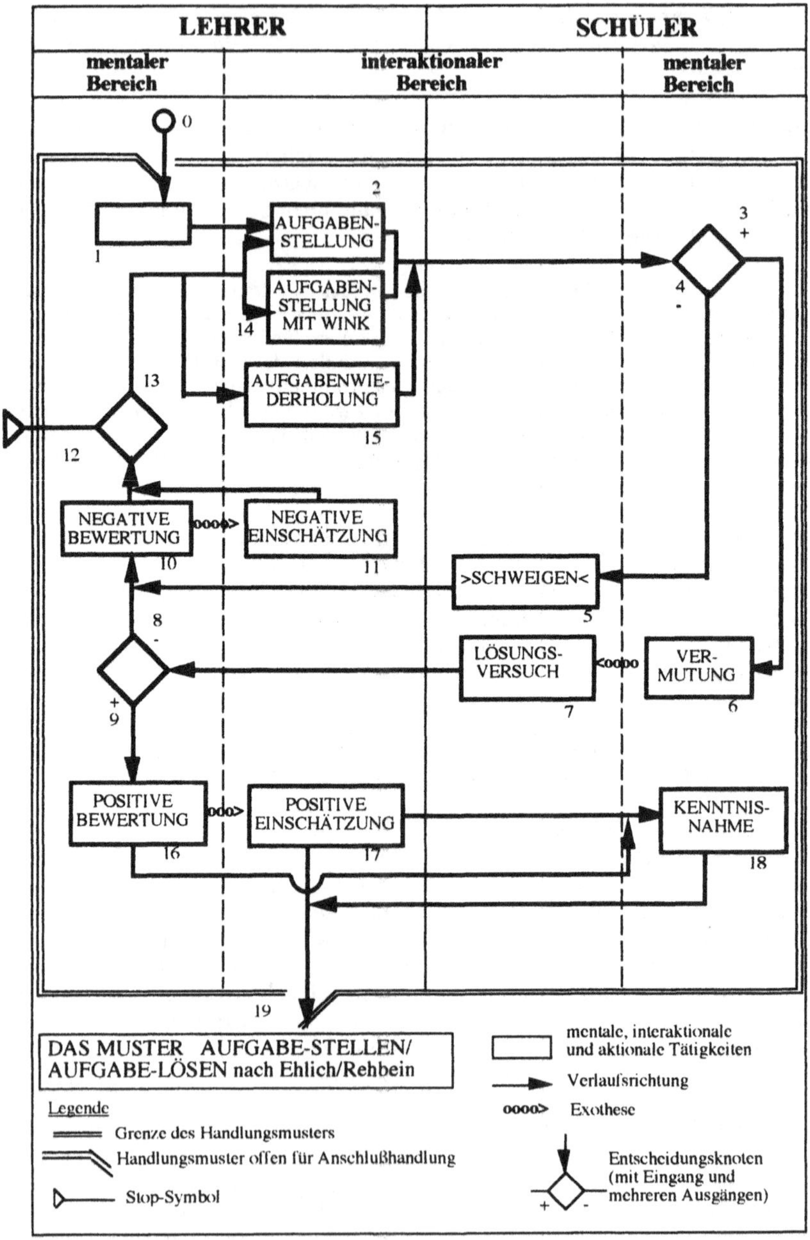

Figur 6: "Das sprachliche Handlungsmuster Aufgabe-Stellen/Aufgabe-Lösen nach Ehlich & Rehbein (1986, S.16)"

1.10. METAMUSTER DER WISSENSPROZESSIERUNG

Die gesellschaftliche Praxis bildet zur Lösung bestimmter gesellschaftlicher Probleme repetitive Handlungsformen, Muster, aus. Das heißt nicht, daß die jeweils anstehenden Probleme schematisch in der gleichen Weise zu bewältigen sind. Handlungsmuster stellen den Mitgliedern einer Gesellschaft vielmehr Potentiale möglicher Handlungen zur Verfügung, die die Aktanten entsprechend ihren jeweiligen Handlungszielen aktivieren. Das ist die Ursache für ein in doppelter Hinsicht flexibles (und für seine verstehende Rekonstruktion der konkreten Analyse bedürfendes) Verhältnis: einerseits zwischen den sprachlichen Oberflächenelementen und den zu Grunde liegenden Musterpositionen (1) und andererseits zwischen den einzelnen Musterdurchläufen und den jeweils durch sie realisierten komplexen Gesamtzwecken (2)-(4). Ich wende mich zunächst dem ersten dieser Verhältnisse, dem zwischen sprachlichen Oberflächenelementen und zu Grunde liegenden Musterpositionen zu.

(1)
Sprachliche Handlungsmuster sind analytische Tiefenstrukturen, d.h. daß sie sich an der sprachlichen Oberfläche nicht mechanisch in der Art eines eins-zu -eins-Verhältnisses abbilden. Vielmehr erfordert die Zuordnung von sprachlichen Oberflächenelementen -z.B. der Segmente der Transkriptionen- zu den jeweiligen Musterpositionen eine Rekonstruktion des Konkreten auf einer begrifflichen Ebene, die Voraussetzung einer funktionalen Interpretation ist.

Die Analyse des Verhältnisses von Musterpositionen einerseits und sprachlichen Oberflächeneinheiten andererseits ergibt, daß

> "die sprachliche Wirklichkeit dem Analytiker- wie dem sprachlich Handelnden - eine Oberfläche darbietet, deren Systematik, obwohl sie die Oberfläche bestimmt, aus ihr nicht einfach abgelesen oder durch das eine oder andere schematische Klassifikations- oder Etikettierungsverfahren eingefangen werden kann (...) Die komplexe Verhältnisbestimmung von Oberflächensukzession und zu Grunde liegender struktureller Sukzession kennzeichnet sprachliches Handeln allgemein (...)."(Ehlich & Rehbein 1986, S. 133).

Beide Seiten, Musterpositionen und Oberflächeneinheiten können Realisierungen nicht paralleler Elemente sein: Eine Musterposition kann durch mehrere aufeinanderfolgende sprachliche Oberflächeneinheiten realisiert werden und umgekehrt. Aufeinanderfolgende Oberflächeneinheiten können nicht-aufeinanderfolgende Musterpositionen realisieren usw. Die funktionale Zuordnung der sprachlichen Oberflächeneinheiten erfordert die jeweils konkrete Analyse.

(2)
Was Ehlich & Rehbein für die Positionen innerhalb eines Musters festgestellt haben, gilt auch im Großen für die Abfolge der Musterdurchläufe insgesamt: An der sprachlichen Oberfläche in der geschilderten Weise aufeinanderfolgende vollständige Muster oder Ketten von Musterdurchläufen verhalten sich zur Abfolge in der Tiefenstruktur der jeweils verfolgten Handlungszwecke genauso wie die einzelnen Musterpositionen sich zu den sprachlichen Oberflächeneinheiten verhalten.

In der Tiefenstruktur gemäß der verfolgten Sachlogik aufeinanderfolgende Einheiten, d.h. vollständige Musterdurchläufe oder -ketten können an der sprachlichen Oberfläche durch mehrere Musterdurchläufe oder -ketten, die sich auf andere Handlungszwecke beziehen, getrennt sein, mehrfach oder garnicht realisiert werden.

Sprechen geschieht im zeitlichen Nacheinander. Seine Oberflächenstruktur ist charakterisiert durch das Axiom der zeitlichen Linearität seiner Elemente. Demgegenüber ergibt sich die Tiefenstruktur aus der Interaktion zwischen den jeweils verfolgten Handlungszwecken der Koaktanten einerseits und den für ihre Realisierung zur Verfügung stehenden sprachlichen und kognitiven Mitteln andererseits. Diese Interaktion läuft ab innerhalb der unterrichtlichen Kommunikation und ihrer Rahmenbedingungen: problemlösendes oder aufgabenlösendes Lernen. Die Tiefenstruktur folgt in ihrer Komplexität der sie ausdrückenden Interaktion. Die Aufeinanderfolge der Elemente der Tiefenstruktur und der Grad der Tiefe selbst ist abhängig von ihrer Funktion. Diese ist nicht evident bzw. widerspricht dem Anschein der Oberflächenstruktur und erfordert zu ihrer Rekonstruktion die konkrete Analyse.

Zur Bewältigung dieses flexiblen und problematischen Verhältnisses haben sich ebenfalls Strukturen ausgebildet, die seiner Bewältigung dienen, Metamuster. Für die Wissenserarbeitung in den Handlungsmustern des Aufgabenlösens bzw. des schulischen Problemlösens gewendet, bedeutet das, daß die Bewerkstelligung des Wissenserwerbs im jeweiligen Muster ihrerseits ein Problem darstellt, zu dessen Lösung repetitive Handlungsformen zweiter Stufe, Metamuster der Wissensprozessierung, ausgebildet werden. Solche Metamuster sind z.B. bestimmte Strategien der auf die Erarbeitung eines komplexen mathematischen Sachverhalts bezogenen Gesamtargumentation (vgl. 2.4.) oder Techniken der Synthese von Teillösungen (vgl. 4.3.). Sie haben je nach dem Primärmuster, auf dessen Prozessierung sie sich beziehen, verschiedene Gestalt.

(3)
In der Analyse des Materials zeigt sich, daß der argumentative Gesamtablauf der Problemlösung über die zahlreichen einzelnen Musterdurchläufe hinweg (vgl. 4.4.) eine bestimmte Struktur aufweist. Es werden also weder wahllos noch singulär oder additiv-linear nur solche Teilaspekte abgearbeitet, die einzelnen Schülern problematisch erscheinen, sondern es läßt sich das Metamuster einer bestimmten Lehrer-Strategie der Problembearbeitung erkennen, die ich im folgenden vorstellen möchte:

In der außerschulischen Problemkonstellation sorgt der unmittelbar evidente Widerstand der Sache gegen das Handlungsinteresse für die Generierung des Zielbewußtseins, das den Problemlösungsprozeß steuert. In der schulischen mentalen Repräsentation der Problemkonstellation tritt die *Aporie* an die Stelle dieses Widerstandes. Aus ihrer Verarbeitung entsteht in der Unterrichtskommunikation das Zielbewußtsein. In jeder Ebene des Problems muß die Aporie in entsprechender Gestalt wieder auftreten und mit den spezifischen Methoden bearbeitet werden.

Im Idealfall (und wenn die benötigten Wissenselemente vollständig zur Verfügung stehen) besteht die Rolle des Lehrers also nur in der Sicherstellung der anfänglichen

Aporie der Problemstellung auf der alltäglich-allgemeinbegrifflichen Ebene, während die folgenden Etappen der Problembearbeitung bis zur Lösung hin in einem sich selbst organisierenden und korrigierenden Prozeß ablaufen, der vom Lehrer nur noch in der Richtigkeit seiner Ergebnisse bestätigt werden muß. Die Sicherstellung der Aporie ihrerseits hängt ab vom Erreichen einer möglichst weitgehenden Gleichwertigkeit der mentalen Repräsentation der Problemkonstellation mit ihrer außerschulisch-praktischen. Die Grenzen, die der Möglichkeit einer sprachlich vermittelten Repräsentation unmittelbarer Erfahrung gesetzt sind, bilden auch die Grenzmarken schulischen Problemlösens. Der Rückzug des Lehrers von der Rolle des Stoffvermittlers drückt sich in einer Umkehrung der traditionellen Arbeitsteilung des Aufgabenlösens aus: Die Schüler leisten nicht mehr nur operative Hilfsdienste im Rahmen des inhaltlich und methodisch vorgegebenen Lehrergesamtplans, sondern bewältigen mit den anstehenden Vernetzungen eine mentale Arbeit, die weitgehend identisch mit der Überwindung des Widerstandes ist, den die Sache dem Erkenntnisinteresse entgegensetzt. Dadurch wird die Strukturierung des Lernprozesses tendenziell wieder auf die Handlungsseite der Schüler zurückverlagert. Der Lehrer beschränkt sich entsprechend auf die Rolle des Beratens, d.h. auf die Beschleunigung eines Prozesses, dessen Inhalte, Strukturen und Richtung schülerseitig entwickelt werden.

Die Überführung der Begriffe und Strukturen des Alltagswissens und der Alltagserfahrung in die Problemkonstellation, von der aus die Abarbeitung der mathematischen Ebenen des Problems startet, stellt bereits die erste Problemlösung auf der alltäglich-allgemeinbegrifflichen Ebene dar. Es ist unschwer ersichtlich, daß es sich bei dieser Überführung um Vernetzungsarbeit handelt. Die Überführung des Alltagswissens in die Problemkonstellation kann ihrerseits an einzelnen konstitutiven Elementen zum Problem geraten, das eine ausführliche Bearbeitung verlangt usw. So kann es zu einer Zerlegung und Vervielfältigung der Problemstellungen in das Vorfeld der Problemkonstellation hinein kommen. Dieser Prozeß der Zerlegung kann grundsätzlich bei der Arbeit an jedem konstitutiven Element auf jeder Ebene des Problems auftreten, weil wegen der fehlenden Evidenz des Scheiterns, d.h. seiner mentalen Repräsentation in der Aporie, das Abweichen der Problemlösung vom Faktischen selbst durch Begriffsarbeit festgestellt werden muß.

Kontrolle und ggf. Korrektur der Resultate der Begriffsarbeit geschieht durch deren Projektion auf den aktuellen Stand des Problemlösungsprozesses, d.h. durch Vernetzungsarbeit. Korrekte Resultate eröffnen dabei den Weg zu weiteren Schritten der Problemlösung, nicht-korrekte versperren ihn und müssen bis zur Erkenntnis ihrer Untauglichkeit weiterverfolgt werden.

Die Projektion der Ergebnisse auf den erreichten Stand der Problemlösung, d.h. die Vernetzung der gegebenen Wissenselemente, (Pos.1) des Musters schulisches Problemlösen, verhindert den Verlust der Orientierung durch die eben skizzierte immer weitergehende Zerlegung des Problems. Die Rückführung und Projektion der Ergebnisse bewirkt eine Klärung der Problemstellung durch die Erweiterung ihrer Kontextbezüge. Dieser Prozeß muß so oft durchlaufen werden, bis der Übergang zum nächsten Schritt der Problemlösung gelingt.

Eine praktikable kommunikative Strategie der Bearbeitung des Problems besteht in seiner Zerlegung bis zur Lösbarkeit einzelner Schritte und im anschließenden Rückgängigmachen der Zerlegung, d.h. in der Synthese der Lösungen, also durch ihre Vernetzung mit dem bereits erarbeiteten Stadium der Vervollständigung der Problemgestalt. Mit der Zeit werden immer weitere Teile des Problems auf diese Weise bearbeitet, d.h. zu einem einheitlichen Zwischenstadium der Problemlösung vernetzt. Die behandelten Teilprobleme bauen aufeinander auf und ergänzen sich, so wie die Zusammenfassungen der Lösungen der Teilprobleme ineinander aufgehoben sind und die Lösung vervollständigen.

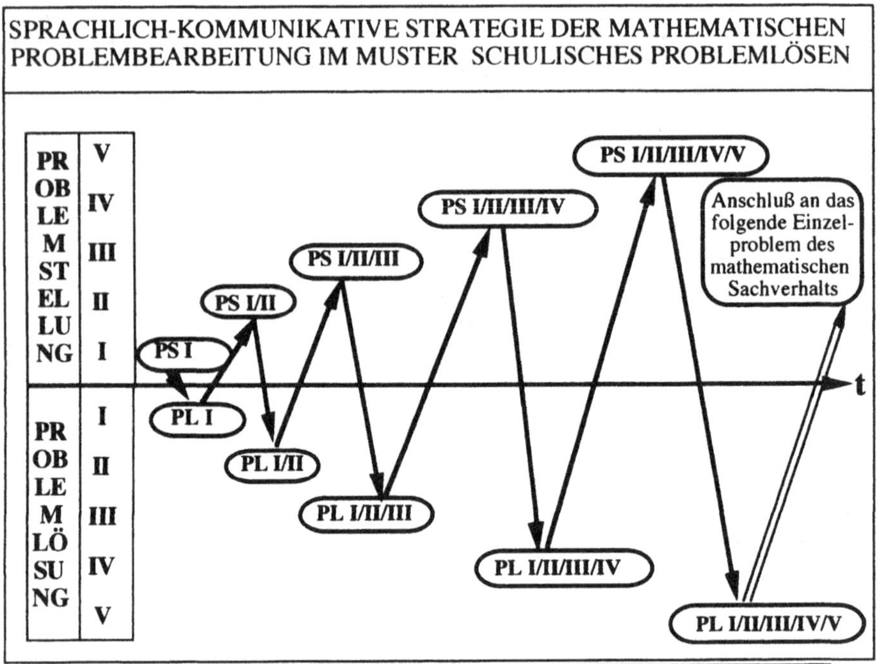

Legende:
I-V Begriffsebenen des Problems
I alltäglich-allgemeinbegrifflich
II mathematisch-zeichnerisch
III mathematisch-fachbegrifflich
IV algebraisch-symbolisch
V algebraisch-numerisch

PS I/II Problemstellung auf Begriffsebene II mit vernetzter Begriffsebene I
PL I/II: Problemlösung auf Begriffsebene II mit vernetzter Begriffsebene I
→ ein- oder mehrfacher Durchlauf durch das Muster schulisches Problemlösen
t Zeit

Figur 7: "Strategie der mathematischen Problembearbeitung im Handlungsmuster schulisches Problemlösen"

Die Problemlösung wird in einem zwischen Teilproblemen sich aufgliedernden und in

Zusammenfassungen sich vervollständigenden Prozeß realisiert, in dessen Verlauf das Problemganze von der ursprünglichen Problemkonstellation auf der alltäglich-allgemeinbegrifflichen Ebene Schritt für Schritt mit den Aussagen der mathematischen Ebenen des Problems ergänzt wird. Das Charakteristische dieses Prozesses ist, daß die einheitliche Problemgestalt über den gesamtem Lösungsvorgang hinweg immer wieder kommunikativ rekonstruiert wird.

Die Problemgestalt unterliegt durch die Vernetzung der spezifischen Aussagen der jeweiligen Ebenen einer dynamischen Erhellung und Vervollständigung, die ihrerseits das Zielbewußtsein dynamisch schärft, mit dem an die nächstfolgenden konstitutiven Elemente wie auch an gesamte nachfolgende Ebenen herangegangen wird. Problem und Lösung kristallisieren sich durch die Anlagerung jedes weiteren konstitutiven Elements und jeder weiteren Ebene immer klarer heraus.

Für die schulische Lösung eines mathematischen Sachverhalts müssen also alle konstitutiven Elemente in allen Ebenen aller Einzelprobleme kommunikativ so bearbeitet werden, daß für die Schüler in dem oben geschilderten Prozeß der gegliederten Problemstellung, Vernetzung und Zusammenfassung bzw. Lösung die Auslagerung wesentlicher konstitutiver Elemente des Problemlösens in den Lehrer mental rückgängig gemacht wird.

(4)
Wenn im Aufgabe-Lösungs-Muster die Vernetzung des Problems -bedingt durch die kognitive Reduktion aufs Komplettieren- allein vom Lehrer vollzogen wird, so stellt sich die Frage nach dem Zusammenhang der Wissenselemente, der für die Schüler unter diesen Bedingungen noch ersichtlich ist. Kommunikativ bedeutet das Aufgabenlösen die Bewältigung aller Problembestandteile, die sich auf die Mehrschichtigkeit und Komplexität mathematischer Probleme beziehen, durch den Lehrer und die Produktion von Wissensfragmenten auf Schülerseite. Die Erzeugung dieser Fragmente ist vom Gesamtplan des Lehrers gesteuert. Sie werden vom Lehrer in den Problemzusammenhang eingeordnet.

Entsprechend ergibt sich für den aufgabenlösenden Unterricht eine andere sprachlich-kommunikative Strategie als Metamuster der Prozessierung des Wissenserarbeitung. Sie muß vor allem der Gegebenheit Rechnung tragen, daß die Wissenselemente von den Schülern -gemäß ihrer Erarbeitung- nicht mental ihrer systematischen Ordnung entsprechend als aufeinander aufbauende, einander voraussetzende und ineinander aufgehobene in das Problemganze eingeordnet werden können. Naturwüchsig erscheint der einzige den Schülern zugängliche Zusammenhang der Wissenselemente daher als Widerspiegelung desjenigen Prinzips, das ihr Auftreten organisierte, nämlich des zeitlichen Nacheinanders.

Die einfache Addition der Wissenselemente im zeitlichen Nacheinander ist das Strukturierungsprinzip des Aufgabenlösens. Eine über zeitliches Nacheinander hinausgehende Kohärenz der Kommunikation, insbesondere durch den fachlogischen Kontext, ist nicht gegeben. Dem entsprechen Bewußtseinsformen, die hinsichtlich des inneren Zusammenhangs der Problembestandteile durch deren konturlose Reihung bzw.

Addition als prinzipiell gleichwertiger -oder besser: gleich wertloser- Elemente charakterisiert sind. Die Vervollständigung der Problemgestalt findet lediglich im Kopf des Lehrers statt, für die Schüler folgt ein Musterdurchlauf durchs Aufgabenlösen unterschiedslos dem nächsten.

Da die Verknüpfung der einzelnen Handlungssequenzen mustergemäß auf der Handlungsseite des Lehrers liegt, erscheint der Unterricht den Schülern als Addition in sich abgeschlossener Handlungen. Das vom Lehrer konstatierte Erreichen der letztendlichen Lösung stößt entsprechend oft auf die Überraschung der Schüler. Dementsprechend erlischt auch ihr Interesse an der Sache mit jeder Aufgabenlösung und muß zu Beginn der Folgeaufgabe erneut 'induziert' werden. Wird die Erzeugung des Interesses an der Weiterführung des Problems selbst vom Lehrer zum Gegenstand einer Aufgabe gemacht, unterliegt das Produkt, die 'Motivierung', als Aufgabenlösung demgleichen, nun als Paradox des Aufgabenlösens deutlich werdenden Mechanismus der Verkehrung und Entwertung.

Die Prozesse, die bei der Bearbeitung eines mathematischen Problems durch das Aufgabe-Lösungs-Muster in der Kommunikation ablaufen, sind, wie Figur 8 zeigt, also nicht identisch mit denen, die für die tatsächliche Lösung erforderlich sind, aber nur im mentalen Bereich des Lehrers existieren (und auch dort verbleiben).
Die kommunikativen Abläufe werden im mentalen Bereich des Lehrers auf die für die Problemlösung notwendigen projiziert und erhalten von hier ihren Stellenwert im Rahmen der Gesamtproblematik. Als Ergebnis dieser Projektion ergibt sich für den Lehrer über die entsprechende Planungsarbeit die Organisation und kommunikative Realisierung der weiteren Teilaufgabenstellungen.

Auch für die Schüler ist der kommunikativ realisierte Ablauf nicht identisch mit dem tatsächlich von ihnen mental verarbeitbaren. Denn während die Aufgabenstellungen untereinander durch die skizzierten Techniken und Taktiken des 'Motivierens' und 'schülernahen Einpackens' scheinbar inhaltlich verbunden sind, ergibt sich faktisch doch nur ihre additive Verknüpfung im zeitlichen Nacheinander. Hinsichtlich des Problemkontexts kann die Berücksichtigung von 'Verpackungen' und 'Motivierungen' sogar zusätzliche Verwirrung stiften.

Für die Darstellung der sprachlich-kommunikativen Strategie der Wissenserarbeitung durch das Aufgabe-Lösungs-Muster müssen also wegen ihrer Verschiedenheit der mentale und der interaktionale Bereich gesondert berücksichtigt und dargestellt werden. Die Kennzeichen dieser Strategie ergeben sich gerade aus der Differenz zwischen diesen in beiden Bereichen auf Schüler- bzw. Lehrerseite ablaufenden Prozessen. Bei der Darstellung der sprachlich-kommunikativen Strategie der Wissenserarbeitung durchs Problemlösungs-Muster (vgl. Figur 6) kann dies entfallen, weil die kommunikativen Prozesse die mentalen bzw. für die Problemlösung erforderlichen nachzeichnen.

Aus der kognitiven Reduktion aufs komplettierende Operieren folgt für die Schüler eine Fragmentarisierung des Wissens sowie für Lehrer und Schüler eine Installierung divergierender Kategorisierungen der die Aufeinanderfolge der Handlungen organisierenden Wissenselemente als inhaltlich-logischer bzw. zeitlich-additiver. Diese Verschiebung in der jeweiligen Handlungsqualität, die den Aktanten aber durch ihren Bezug auf identische Oberflächenphänomene verborgen bleibt, belastet den aufgabenlösenden Unterricht permanent mit der Gefahr einer Scheinkommunikation.

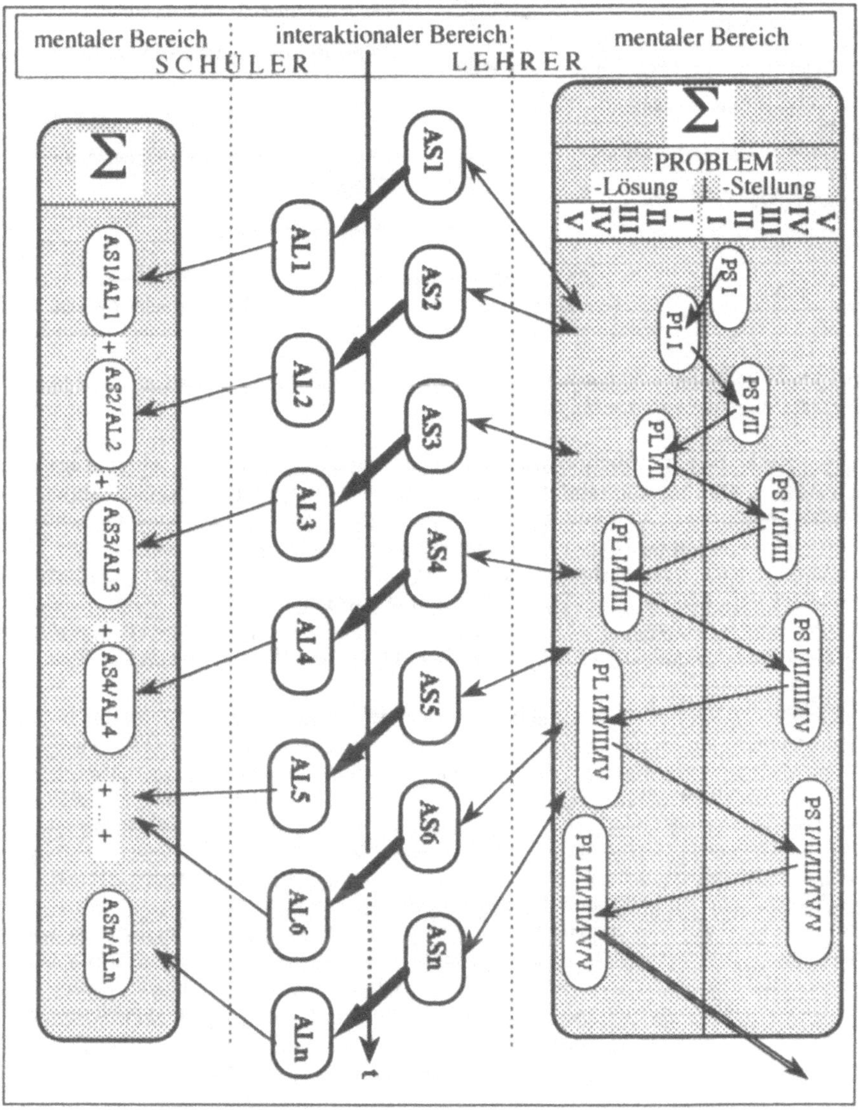

Legende:

I-V Begriffsebenen:	⇄	(dünne Pfeile): mentale Verarbeitung
I alltäglich-allgemein-begrifflich	➡	(dicker Pfeil): kommunikative Verarbeitung über einen Aufgabe-Lösungs-Muster-Durchlauf
II mathematisch-zeichnerisch	⟹	(Doppelpfeil): Anschluß an das Folgeproblem
III mathematisch-fachbegrifflich	Σ	mentale Verarbeitung der Kommunikation gemäß Schema Σ
IV algebraisch-symbolisch		
V algebraisch-numerisch	+	zeitliches Nacheinander

t Zeit	**AS** Aufgabenstellung	**PS** Problemstellung	
	AL Aufgabenlösung	**PL** Problemlösung	

Figur 8: "Sprachlich-kommunikative Strategie der Wissenserarbeitung im Muster Aufgabe-Stellen/Aufgabe-Lösen"

Die typische mentale Aneignungsweise einer Lösungsschrittabfolge, wie sie für komplexe Probleme nötig ist und sich aus dem additiven, zeitlichen Nacheinander der Verknüpfungen dieser kommunikativen Strategie ergibt, ist das Auswendiglernen eines Lösungsschemas (vgl. 3.4. "Vom Lösungsschema zur Handlungsroutine"). Es tritt an die Stelle der mit dem problemlösenden Vernetzen erworbenen Transferkompetenz. Die Kontrolle des Ergebnisses besteht in der Addition eines weiteren linearen Gliedes der Verknüpfung, d.h. die Kontrolle besteht im internen Funktionieren des Ergebnisses im Rahmen des Aufgabenlösens, d.h. in der Bestätigung des Lehrers.

Die Rolle der Schüler beim Aufgabenlösen besteht im Zuliefern von Fragmenten und im Auswendiglernen der operativen Schemata, mit deren Hilfe sie zum verlangten Endprodukt zusammengesetzt werden. In der Tendenz reduziert sich die Schülerrolle auf eine minimale mentale Beteiligung an der vom Lehrer bewältigten Lösung des Problems. Sie dient letztlich nur noch dem Zweck der formalen Einbindung seiner Aktivität in einen gemeinsamen Handlungsrahmen. Der Unterschied zum Lehrermonolog ist inhaltlich minimal, aber kommunikativ erheblich, wegen der interaktiven Sequenzierung. So betrachtet besteht die Funktion des Aufgabe-Lösungs-Musters in der kommunikativen Vermittlung der Kontrolle einer minimalen mentalen Teilnahme und einer sozialen Einbindung der Schüler sowie in der Kaschierung des Monologs des Lehrers. Das Unterrichtsgeschehen wird von der Alternative, ob die Vernetzung der Wissenselemente aufgabenlösend nur auf der Lehrerseite oder problemlösend auch auf der Schülerseite erarbeitet wird, so entscheidend geprägt, daß umfassend von aufgabenlösendem oder problemlösendem Unterricht gesprochen werden kann.

2. KONKRETIONEN DES AUFGABENLÖSENS

Ich beginne in diesem Kapitel mit der Interpretation des sprachlichen Materials. In der Interpretation wird auch das Analyseinstrumentarium überprüft und weiterentwickelt, mit dem Ziel, das Geschehen in seiner Funktionalität auf den Begriff zu bringen, d.h. die dem konkreten Geschehen zu Grunde liegenden Strukturen herauszuarbeiten. In der Anwendung der Ergebnisse auf das Material wird in einem hermeneutischen Prozeß ihre Tauglichkeit überprüft und ihre Gültigkeit vertieft.

Als in sich mit dem Widerspruch des Praxisverlusts und der Dissoziierung belastete Handlungsform greift die im Aufgabe-Lösungs-Muster organisierte Kommunikation zum Ersatz fachlogischer Entwicklung auf memorierendes operatives Handeln zurück. Die Dissoziierung des Problemlösens im Aufgabenlösen führt zu divergierenden Kategorisierungen auch einzelner Wissenselemente. Im großen Maßstab reproduziert sich dieses Phänomen als Etablierung divergierender Kontexte, als Aneinander-Vorbeiarbeiten im Rahmen verschiedener Handlungsmuster (Musterkonfluenz) und als Scheinkommunikation (2.1.). Die Zerlegung des kognitiven Sachverhalts in immer kleinere Subaufgaben (Fragmentarisierung des Wissens, 2.2.) ist begleitet von einer exponentiellen Einengung des verfügbaren Zusammenhangs und findet ihren Endpunkt in vielfach vorgebahnter Evidenz (Einschrittigkeit). An der sprachlichen Oberfläche entstehen 'Trichtermuster'. In der Rekonstruktion des Unterrichts als reiterierendem Durchlauf durchs Aufgabe-Lösungs-Muster (2.3.) wird die Beziehung zwischen sprachlicher Oberflächenstruktur und strukturell-fachlogischer Tiefenstruktur als Ausdruck der Bewältigung der anstehenden kognitiven Sachverhalte mit den zuhandenen sprachlich-kommunikativen Mitteln analysiert(2.4.).

2.1. MEMORIEREN, MUSTERKONFLUENZ, SCHEINKOMMUNIKATION

Dem im folgenden interpretierten Unterrichtsabschnitt Nr. 1 "Subtraktion von Restflächen" ging eine Phase voraus, in der die Aussage "Alle Dreiecke mit dem Streckenverhältnis drei zu vier zu fünf sind rechtwinklig" entwickelt wurde. Dann war das 'chinesische' Beweisverfahren für den Satz des Pythagoras (s. Figur 9) vom Lehrer in Form einer geometrischen Arbeitsanweisung vorgegeben worden. Die dabei anfallende Subtraktion von Restflächen war durch einfaches Wegwischen der entsprechenden Dreiecks- bzw. Rechtecksflächen ausgeführt worden. Im folgenden Unterricht geht es nun um die Wiederholung und mathematische Aufarbeitung dieses Beweisverfahrens, d.h. besonders um die Erkenntnis des Wischvorgangs als Subtraktion gleicher Flächen in gleichgroßen Rahmenquadraten, die die pythagoräischen Quadrate als flächengleiche übrigläßt.

Zu Beginn soll die zweite Hälfte des Satzes: "Wenn alle Dreiecke mit dem Streckenverhältnis drei zu vier zu fünf rechtwinklig sind,..." erarbeitet werden. Dazu soll der Satz umgedreht werden (s3). Dann heißt er: (s9)[4] "...dann haben alle rechtwinkligen

4 Die Zahlen in Klammern geben die fortlaufende Nummer der Segmente (Äußerungen) der

Dreiecke das Verhältnis drei zu vier zu fünf" .So zu Ende geführt ist der Satz aber falsch. Das kann durch die Skizze von rechtwinkligen Dreiecken mit ganz anderen Streckenverhältnissen bewiesen werden (s26). Deswegen soll der Satz in Form einer Frage nach dem Vorliegen überhaupt irgendeiner Gesetzmäßigkeit vervollständigt werden: (s53) "...haben dann auch alle rechtwinkligen Dreiecke ein bestimmtes Streckenverhältnis?" Keines der bekannten Streckenverhältnisse gilt ja für alle übrigen mit.

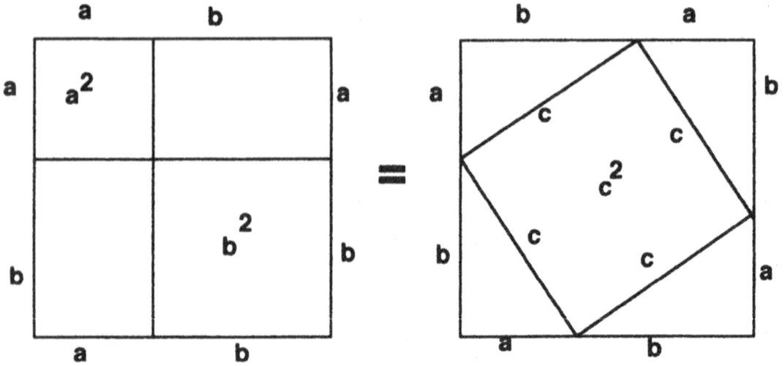

Figur 9: "Satz des Pythagoras, der 'chinesische' Beweis"

Im Anschluß soll das 'chinesische Beweisverfahren' für den Satz des Pythagoras gemäß der Lehrerkennzeichnung als (s70) "Geschichte mit den Quadraten mal eben eingezeichnet" werden. Das geschieht auch und durch Wischen bekommt man so: (s146) "a-Quadrat plus b-Quadrat ist gleich c-Quadrat" Von nun an geht es im Unterricht darum, die mathematische Funktion, Bedeutung und Zulässigkeit dieser Wischhandlung als Subtraktion gleicher Restflächen zu erkennen (s149-421). Auf Grund divergierender Kategorisierungen identischer Phänomene durch Lehrer und Schüler kommt es dabei zu erheblichen Schwierigkeiten, die der Lehrer durch eine Kette kleinschrittiger Aufgabe-Lösungs-Muster zu bewältigen sucht: Der Schüler Harun identifiziert die zu entfernenden Strukturen als (s158) "Strecke" bzw."Winkel", für den Lehrer aber sind links vier Dreiecke (s218) und rechts zwei Rechtecke (s262) auszulöschen. Von der Rechtecks-Konzeption der Restfläche ausgehend sind für den Lehrer mit den Diagonalen zunächst vier rechtwinklige Dreiecke zu erzeugen (s355), wodurch nun im rechten und im linken Rahmenquadrat vier gleichgroße rechtwinklige Dreiecke vorhanden sind (s375), deren Wegwischen so als (s421) "links und rechts vom Gleichheitszeichen minus vier rechtwinklige Dreiecke rechnen" ausgewiesen wird.

(1) Memorierendes operatives Handeln

Die sich unmittelbar an die Leitfrage (*"Wenn alle Dreiecke mit dem Streckenverhältnis drei zu vier zu fünf rechtwinklig sind, haben dann auch alle rechtwinkligen Dreiecke ein bestimmtes Streckenverhältnis?"*) anschließende Überleitung des Lehrers (L) zur geometrischen Beweisführung nach dem 'chinesischen' Verfahren verdient besondere Beachtung:

*(s64, 65) "Damit haben wir angefangen und dann kam unsere ((*zeichnet an der Tafel die zwei großen Rahmenquadrate*))5 Geschichte hier ((*zeichnet weiter*))".*

jeweiligen Transkriptionen wieder.

5 Kommentare (z.B. zum nonverbalen Handeln) stehen in Doppelklammern und sind im Schriftstil

was von Yirgalem performativ begleitet wird:

(s66) "mit den Quadraten".

An dieser Stelle sind mehrere wesentliche Gedankenschritte (Erkenntnisstationen) zu überwinden[6], darunter der geniale Kern des pythagoräischen Satzes. Sie werden hier von L durch ein inhaltlich unverbundenes Nebeneinander repräsentiert; der Zusammenhang, der sich für die Schüler ergibt, kann kein anderer sein, als das zeitliche Nacheinander der vom Lehrer gegebenen Arbeitsanweisungen.

An dieser Stelle im Problemlösungsprozeß müßte sich das entscheidende konstitutive Element der Aporie anschließen. Sie könnte mit den Schülern etwa über folgende Schritte abgearbeitet werden:

*>*Wie kommt man von der Erkenntnis, daß es eine bestimmte Gesetzmäßigkeit geben muß -oder gibt es womöglich gar keine?- zur Bestimmung dieser Gesetzmäßigkeit? Die bisherige Vermutung, daß es am Verhältnis drei zu vier zu fünf liegen muß, erwies sich ja als falsch. Es gilt nicht immer so. Wie weiter?<* [7]

Die Funktion der Aporie liegt darin, daß ihre Bearbeitung die Überführung von der Erkenntnis der vorläufigen Ausweglosigkeit zur konkreten Negation mit ihrer das Zielbewußtsein dirigierenden Kraft sicherstellt. Die konkrete Negation wäre etwa über folgende Etappen zu entwickeln:

*>*Es gilt nicht immer so (wie drei zu vier zu fünf), aber es gilt auch hier. - Was ist das Besondere an den Zahlen drei, vier, fünf, das auch in den völlig andersartigen Zahlen enthalten ist? -Welcher innere Zusammenhang besteht zwischen all diesen so verschiedenen Zahlen, daß sie alle Streckenverhältnisse rechtwinkliger Dreiecke beschreiben?<*

Die Arbeit an diesen zentralen Fragen des Problems fehlt hier. An ihre Stelle tritt eine Arbeitsanweisung:

Was haben wir da dann gemacht? ((--2 Sek--)) Wer kann das mal eben einzeichnen? (s69,70)

---

typographisch abgehoben.

6 Mögliche Erkenntnisstationen des Sachverhalts "Pythagoras": (1) Alle Dreiecke vom Streckentyp drei zu vier zu fünf sind rechtwinklig. (2) Nicht alle rechtwinkligen Dreiecke haben das Streckenverhältnis drei zu vier zu fünf, möglich sind auch ganz andere. (3) Das Streckenverhältnis drei zu vier zu fünf hat den Zusammenhang drei mal drei plus vier mal vier gleich fünf mal fünf. (3.1) Zeichnerisch dargestellt lassen sich in zwei gleichgroße Rahmenquadrate mit der Seite sieben je vier Dreiecke mit den Seiten drei, vier, fünf, so einzeichnen, daß einmal zwei Quadrate von drei mal drei bzw. vier mal vier und einmal ein Quadrat von fünf mal fünf entsteht. (4) Zwei gleichgroße Rahmenquadrate, deren Seiten aus beliebigen Katheten klein a und klein b eines rechtwinkligen Dreiecks mit den Seiten a, b und c bestehen, lassen sich so aufteilen, daß einmal zwei Quadrate von a mal a bzw. b mal b und einmal ein Quadrat von c mal c entsteht. Die Restflächen in beiden Rahmenquadraten bestehen aus vieren dieser rechtwinkligen Dreiecke mit den Seiten a, b und c. (4.1) Subtrahiert man in beiden Rahmenquadraten die vier rechtwinkligen Dreiecke, so erhält man gleichgroße Flächen, im einen a-Quadrat und b-Quadrat und im anderen c-Quadrat. (4.2) Also gilt für rechtwinklige Dreiecke mit beliebigen Seiten a und b die Gesetzmäßigkeit: "a-Quadrat plus b-Quadrat gleich c-Quadrat". (5) In jedem beliebigen rechtwinkligen Dreieck ist die größte Seite so groß wie die Wurzel aus der Summe der Quadrate der kleinen Seiten. Die kleinen Seiten errechnen sich aus den entsprechenden Differenzen.

7 Mit * versehene, *kursiv* gesetzte Passagen in >Anführungszeichen< geben hypothetische Verbalisierungen mentaler Prozesse wieder.

Die zur Fortentwicklung des Unterrichts nötigen Prozesse werden von L hier als etwas bezeichnet, was man "machen" kann bzw. sogar nur "mal eben einzeichnen" muß. Es liegt auf der Hand, daß der Lehrer für die Steuerung der Schülerhandlungen im Aufgabenlösen wegen des Verzichts auf die Diskussion der Aporie auf eine Strategie zurückgreifen muß, die auch ohne Einsicht in die inneren Zusammenhänge die Produktion von Lösungsbestandteilen des Problems erlaubt.

Eine solche Strategie ist das Abrufen der Erinnerung der Schüler an früheres operatives Handeln und die damit verbundenen sprachlichen Oberflächenelemente, das *Memorieren.* Ergebnisse aus dem Bewegungs- oder Formengedächtnis haben nichts mit einer begrifflichen Erfassung des zur Debatte stehenden mathematischen Problems zu tun. Das Memorieren dient hier dem Ersatz der Aporie des Problemlösens (ihrer Erarbeitung und weiterführenden Diskussion).

Ich habe oben (vgl. 1.6.) die Aporie als spezifisches Element des schulischen Problemlösens, nämlich als die mentale Repräsentation des Scheiterns bei einer außerschulischen Problemlösung bezeichnet. Als solche ist ihre Er- und Verarbeitung zentral für das Zielbewußtsein, d.h. für die Kennzeichnung und Aufschließung der eigentlich unzugänglichen Teile des Problems und damit für den Übergang von einer Erkenntnisstation des Problems (einem seiner wesentlichen Gedankenschritte) zur nächsten. In der Kommunikation kann sich die Aporie durch die grundsätzliche Infragestellung der Existenz einer Lösung äußern: So führt z.B. von der Erkenntnisstation >Nicht alle rechtwinkligen Dreiecke haben das Streckenverhältnis drei zu vier zu fünf< die Aporie >Gibt es überhaupt eine Gesetzmäßigkeit der Streckenverhältnisse für alle rechtwinkligen Dreiecke oder gibt es die nicht?< erst zur konkreten Negation: >Was ist das Besondere am Streckenverhältnis drei zu vier zu fünf, das auch in allen anderen Streckenverhältnissen enthalten ist?<.

Der Alltag des Schulbetriebs lehrt die Bedeutung der Erfahrung der Ausweglosigkeit. Nur die Ausweglosigkeit mit den bislang verfügbaren Mitteln erzeugt das Bemühen, das Wissen neu zu organisieren und auf das Problem anzuwenden. Ohne die Erfahrung der Ausweglosigkeit verkommt auch die konkrete Negation - von guten Didaktikern in ihren Plan eingebaut - schnell zu einem weiteren 'Paukelement' des Aufgabenlösens.

Im Unterrichtsabschnitt "Subtraktion von Restflächen" ist der Übergang von einer Erkenntnisstation zur nächsten in keinem Fall durch die Abarbeitung einer zugehörigen Aporie vermittelt und nur in einem Fall scheinbar von einer konkreten Negation gesteuert. Stattdessen weisen die im Unterrricht vollzogenen Übergänge bestimmte, fürs Aufgabe-Lösungs-Muster typische Ersatzmechanismen auf. Ich ordne den Erkenntnisstationen (E.S.)[8] und den als Übergänge zwischen ihnen dazugehörenden Aporien bzw. konkreten Negationen (in möglichen Kurzversionen) die im Unterricht realisierten Ersatzformen zu:

E.S. (1):	Alle Dreiecke vom Typ drei zu vier zu fünf sind rechtwinklig. (Tafelanschrieb)

8 vgl Anm. 6

Aporie:	Haben alle rechtwinkligen Dreiecke dieses Streckenverhälnis?
Ersatz:	(s9.11b) Ist der umgekehrte Satz richtig?
E.S. (2):	Nicht alle rechtwinkligen Dreiecke haben das Streckenverhältnis drei zu vier zu fünf.(s13)
Aporie:	Gibt es überhaupt ein gemeinsames Gesetz für die Streckenverhältnisse aller rechtwinkligen Dreiecke?
Ersatz:	(s28-49) Wir machen eine Frage: ((sprachlogischer Analogieschluß)) Haben dann alle rechtwinkligen Dreiecke auch ein bestimmtes Streckenverhältnis?
E.S. (3):	(fehlt)
Aporie:	(fehlt)
Ersatz:	(s64-70)... und dann kam..... mal eben einzeichnen...
E.S. (3.1):	(fehlt)
Aporie:	(fehlt)
Ersatz:	((operative Arbeitsanweisung/zeitliches Nacheinander/Memorieren))
E.S. (4):	(Zeichnung geometrische Beweisführung/Rahmenquadrate mit beliebigem a und b)
Aporie:	Wo und wie ist der Zusammenhang zwischen den Quadraten aus den Dreiecksseiten?
Ersatz:	(s134) (Wischen)
E.S. (4.1):	(Subtraktion von Restflächen)
Aporie:	Was bedeutet das für die Quadrate aus den Dreiecksseiten?
Ersatz:	(s142,145) Und dann wir bekommen ... a-Quadrat plus b-Quadrat ist gleich c-Quadrat
E.S. (4.2):	Für alle rechtwinkligen Dreiecke mit beliebigen Seiten a und b gilt: a-Quadrat plus b-Quadrat ist gleich c-Quadrat.

Während mit Ausnahme von E.S. (3) und E.S. (3.1) alle Erkenntnisstationen realisiert wurden, gilt dies für die dazugehörigen Aporien/konkreten Negationen nur im Falle E.S. (1). Diese Bevorzugung vorzeigbarer Ergebnisse zu Ungunsten von problemlösungsorientierten Prozessen ist bezeichnend für die Ertragsfixiertheit des Aufgabenlösens im Sinne des 'Abhakens' der Lernziele des Lehrplans. Mit Ausnahme des Übergangs von E.S. (1) zu E.S. (2) sind alle Erkenntnisstationen im Wege des Aufgabenlösens erreicht worden. Von (s28) bis zum Ende des Transkripts verbleibt der Unterricht innerhalb der Strukturen des Aufgabenlösens.

Nur der im Unterricht realisierte, zu E.S. (2) gehörige Ersatz (Haben dann alle rechtwinkligen Dreiecke auch ein bestimmtes Streckenverhältnis?) scheint eine Ausnahme zu bilden, da er sprachlich identisch mit der entsprechenden Aporie ist. Er vermag aber nicht, den weiteren Erkenntnisprozeß problemlösend zu strukturieren.

Der Grund für die Unfruchtbarkeit dieses Ersatzes liegt in der geschilderten Methode seines Erwerbs mit Hilfe sprachlogisch evidenter Analogiemechanismen. Auf der Ebene memorierenden operativen Handelns gemäß dem Bewegungs- oder Formengedächtnis, wie sie mit

> *(s64-70): Damit haben wir angefangen und dann kam unsere ((*zeichnet an der Tafel die zwei großen Rahmenquadrate*)) Geschichte hier* ((zeichnet weiter)) *... mit den Quadraten ... Was haben wir da dann gemacht?* ((--2 Sek--)) *Wer kann das mal eben einzeichnen?*

betreten wurde, läßt sich dieses der sprachlichen Form nach zum mathematischen Problemlösen gehörende isolierte Ersatzelement nicht integrieren.

(2) Divergierende Kategorisierungen

Die handwerkelnd-operative Einführung des geometrischen Beweisverfahrens führt dazu, daß die im folgenden an der Tafel bearbeiteten Elemente der Zeichnung (Figur 11, S. 53) für L und für die Schüler divergierenden Charakter haben:

-Für L ist die Flächengleichheit der Rahmenquadrate der Ausgangspunkt des Ableitungsgeschehens. - Für die Schüler ist sie eine äußerliche, formale, nicht weiter beachtenswerte Gegebenheit.

-Für L sind die kleinen Quadrate im Inneren von vornherein wesentlich Quadrate aus den jeweiligen Seiten des anliegenden rechtwinkligen Dreiecks. - Für die Schüler sind sie irgendwelche, nicht näher spezifizierte Quadrate.

-Für L sind die vier Dreiecke links und die zwei Rechtecke rechts identische Restflächen, die nach Art einer Gleichung abgezogen werden können. - Für die Schüler sind sie Beiwerk, bzw. störende Strukturen, die an einer gewissen Stelle durch Wischen zu entfernen sind, damit das Gesuchte hervortreten kann.

Für die Schüler ist der Zusammenhang des Ableitungsgeschehens mit der Erkenntnis abgerissen, daß nicht alle rechtwinkligen Dreiecke das Streckenverhältnis drei zu vier zu fünf haben (E.S. 2.2.). Ihre gegenwärtigen Handlungen können also im günstigsten Fall erst dann einen Sinn für die Problemlösung bekommen, wenn sie sie hinter sich haben, also vom Ergebnis her. L verlangt aber von ihnen, daß sie dies Ergebnis zielgerichtet und selbständig mit diesem Ziel vor Augen entwickeln.

Kevin erklärt sich bereit, die Aufgabe anzugehen. Er umschreibt sein Vorhaben:

> *(s72) "Ja, äh .. mit a und b oder was?"* .

Die Präposition 'mit' hat hier die Funktion, das assoziative Umfeld um den Schlüsselbegriff -hier klein-a und klein-b, die an der Oberfläche des Zeichnerischen die entscheidende Rolle zu spielen scheinen-, zu beschreiben. Sein Nachsatz "oder was?" charakterisiert ebenfalls die Beliebigkeit, die er den von ihm auszuführenden Handlungen beimißt. Damit spiegelt er nur die Kennzeichnung der Aufgabe als handwerklich-operative durch L. Die Aufgabe könnte in seinem Bewußtsein in etwa die folgende Gestalt haben:

> *>Eine Zeichnung von zwei Quadraten, die merkwürdig aufgeteilt waren und wo ziemlich oft a und b dran stand. Das will L an der Tafel haben.<*

Die Ausführung von L:

> *Ja, mach mal nur die Zeichnung ... erstmal. (s73)*

macht deutlich, daß L an dieser Stelle im Sinne der Maxime >REDUZIERE SCHWIERIGKEITEN!<[9] eine weitere Zerlegung der Ableitung in Einzelschritte anstrebt, nämlich in Erstellung und Auswertung der Zeichnung. Er scheint hier bewußt Lücken im systematischen Ablauf in Kauf zu nehmen, um sie später wieder zu schließen. Möglicherweise ist aber auch L nicht inhaltlich-problemorientiert, sondern folgt Abläufen, die unreflektierten Gewohnheiten der eigenen Ausbildung, der Lehrbücher oder der Arbeit mit früheren Schülerjahrgängen entspringen. Dem könnte die Einschätzung zu Grunde liegen:

*>*Pythagoras? Was gibt's da schon für Probleme, das ist doch ein Kinderspiel!*<*

Für die Annahme einer solchen Unterschätzung der Komplexität der Anforderungen spricht die Trägheit des Alltagsverstandes, zu dessen Selbstverständlichkeiten für einen Mathematiklehrer 'natürlich' der Pythagoras zählt. Die Schwierigkeiten liegen verschüttet und es bedarf der Erschütterungen durch scheiternde Unterrichtsinteraktionen, um ihrer wieder gewahr zu werden.

Das Aufgabe-Lösungs-Muster ist auf Schülerseite mit dem Abliefern der richtigen Lösung beendet. Die Vernetzung der Lösung und ihre Weiterverarbeitung findet sich auf der Handlungsseite des Lehrers (vgl. 1.8., 1.9.). Für ihren Nachvollzug durch die Schüler im Rahmen des Aufgabe-Lösungs-Musters reicht es nicht aus, daß der Lehrer den Ableitungszusammenhang wie in einer Vorlesung vorträgt. Er muß sich vielmehr um die verborgenen Defizite beim Addresssaten kümmern, die Methoden ihrer Beseitigung entwerfen und handelnd umsetzen, gleichzeitig die Auswirkungen dieser Aktivitäten auf die Unterrichtsinteraktion registrieren und analysieren und ihr gemäß reagieren. Dies müßte im Prinzip für alle Schüler geschehen, obwohl sich diese teilweise auf verschiedenen Ebenen des Problemzusammenhangs und innerhalb dieser in verschiedenen Phasen befinden. Es liegt auf der Hand, daß eine solche Leistung von keinem Lehrer erbracht werden kann, selbst wenn ihm ihre Notwendigkeit bewußt wäre. So ist es unvermeidlich, daß die Schüler im Aufgabe-Lösungs-Muster an jeder Stelle den fachlichen Überblick verlieren, wo der Lehrer-Gesamtplan ihren persönlichen Problemlösungszusammenhang nicht genau nachzeichnet. Für die selbständige Vernetzung der gegebenen Wissenselemente in den eigenen Problemlösungszusammenhang kann kein noch so ausgefeilter didaktisch-stofflicher Gesamtplan des Lehrers ein Ersatz sein.

Die bisherigen Aufgaben dieser Stunde finden sämtlich ihre Lösung in der unmittelbaren Umgebung. Sie erscheinen gelöst durch das Vollziehen weniger Arbeitsschritte: Anzeichnen, Streckenverhältnisse elizitieren, Erinnerungen bestätigen. Jede Einzellösung bedarf noch ihrer Einordnung in den Gesamtkontext. Auf diese Einordnung, die gegenüber der Teillösung die schwerere Arbeit ist, wird hier verzichtet. Das im Problemzusammenhang isolierte Operieren tritt in (s74ff) in Kevins Versuchen, die Zeichnung für die geometrische Beweisführung aus dem Bewegungs- und Formengedächtnis heraus zu rekonstruieren, als Handwerkeln zu Tage.

Mit

Ein'n Strich hab ich schon gemacht da, Kevin.(s75)

---

9 In KAPITÄLCHEN gesetzte Passagen in >Anführungszeichen< sind Maximen oder Sentenzen.

verstärkt L seinen 'stummen' Impuls zu einem sprechenden, um Kevin die Gelegenheit zur Selbstkorrektur zu lassen. Das reicht Kevin aber noch nicht aus (s76). Seine Aufmerksamkeit ist auf eine Einteilung der Rahmenquadrate gerichtet und nicht auf die Markierung der Stelle, an der diese Einteilung beginnen soll. Auch die genaue Beschreibung

"links oben" (s77)

hilft Kevin noch nicht weiter, sie scheint ihn eher zu verwirren:

((schaut zur Tafel)) *Was heißt denn links? (s78).*

Er wartet auf weitere Vorgaben von L:

((schaut zu L)) *(s79)*

und versucht es dann noch einmal selber:

((schaut wieder zur Tafel)) *(s80).*

L vermutet erst, daß Kevin seine Markierung nicht finden kann und wiederholt seine Deixis von (s77) in anderer Version:

Einen kleinen Strich habe ich doch gemacht an der Seite. (s81).

Es folgt ein Nullelement von Kevin (s81a). So bemerkt L, daß Kevins Schwierigkeit nicht im Finden seiner Markierung besteht, sondern darin, daß er sie nicht deuten kann, d.h. sie irgendwie anders kategorisiert hat.

Erst nachdem er diese seine Kategorisierung explizit gemacht hat:

Das soll a sein. (s82),

kann Kevin auf die Lehrerfokussierung umschwenken, allerdings nicht ohne sich nochmals ihrer richtigen Adaptation zu vergewissern:

A'h, só ... Hier, ne? Aha. (s83,85).

Anschließend versucht er, diese Information weiter zu verarbeiten. Dabei geht er zunächst auch formal richtig vor, indem er links oben im ersten Rahmenquadrat ein a-Quadrat einzeichnet.

Auch die Fortführung der Linie von oben nach unten über a-Quadrat hinaus ist richtig, es fehlt nur die Verlängerung der unteren Quadratseite über a-Quadrat hinaus (gestrichelt) und Kevin hätte ein Rahmenquadrat korrekt aufgeteilt.

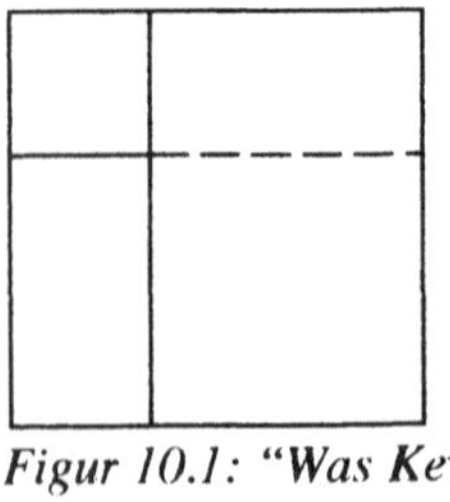

Figur 10.1: "Was Kevin tut (s85)"

Auffallend sind zum einen die ungewöhnlich starken Impulse, die er braucht, um seine ebenso starke Unsicherheit bezüglich Seite a zu überwinden, sein zögerliches, von keiner Zielvorstellung getragenes Vorgehen. Zum anderen ist es kein Zufall, daß er mit dem zweiten Rahmenquadrat beginnt, das sich wegen der "leichten", nämlich senk- und waagerechten Aufteilung besser einprägt als das erste, mit seiner schiefen, komplizierter einzutragenden Linienführung. Dieser Anfang gibt aber im Kontext des Problemlösungszusammenhangs keinerlei Sinn, denn er enthält die Dreiecke, um die es ja geht, gar nicht mehr:

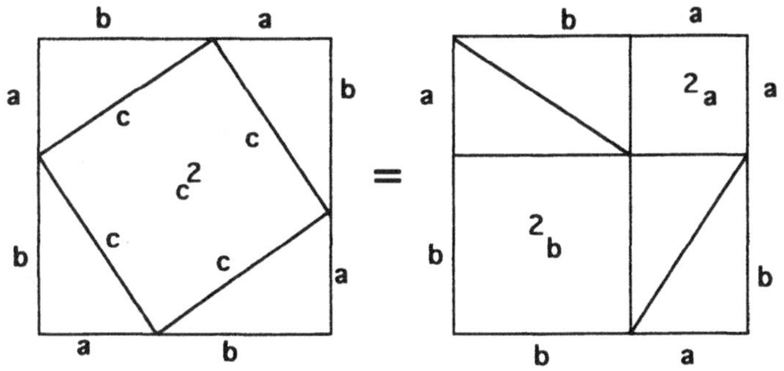

Figur 11: "Aufteilung der Rahmenquadrate gemäß Ableitungsgang"

Somit hat für Kevin ein Unterrichtsabschnitt begonnen, der mit dem vorigen ohne Zusammenhang ist. Für L sind die auszuführenden Handlungen Details mit einem vom Gesamten definierten Stellenwert, für Kevin sind sie eigenständige Ganze.

Für eine Reihe anderer Schüler ist der Zusammenhang genauso verloren gegangen wie für Kevin, denn sie beginnen, die Aufteilung der Quadrate in ihren Heften zu suchen. Damit reduzieren sie die ihnen von L in (s64-70) abverlangte Leistung der Erinnerung auf ihren kognitiv unbedeutenden Kern. Die Reaktion von L:

> *"Hört mal auf im Heft zu blättern jetzt! .. Wir wollen das aus dem Kopf wiederholen. ... Mach das* ((deutet auf ein Heft)) *mal weg!" (s86,86a,86b)*

ist ein Beleg des didaktischen Dilemmas, in dem er sich befindet: Einerseits hat er den Anspruch an die Schüler, daß sie das erforderliche Wissen fachlich adäquat entwickeln und das heißt eben nicht aus dem Heft abgucken, andererseits kann er ihnen im Rahmen des Aufgabe-Lösungs-Musters das dafür nötige Rüstzeug nicht zur Verfügung stellen, sondern nur einen minderwertigen Ersatz. Wenn die Schüler sich jetzt in Konsequenz dieses Ersatzes verhalten und sein Dilemma offenkundig machen, greift er auf der Erscheinungsebene zum Mittel der Unterdrückung ihres Unverständnisses. Damit werden die Schüler genötigt, zur Erfüllung des Unerfüllbaren auf andere, weniger offensichtliche Ersatzmechanismen auszuweichen

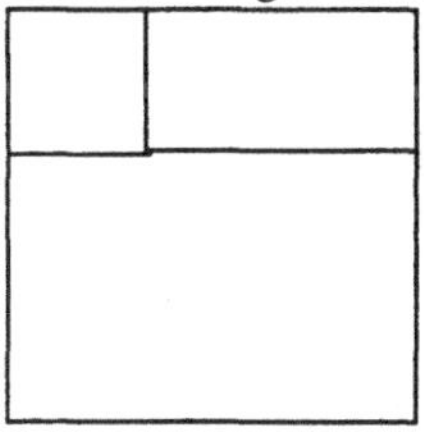

Figur 10.2: "Was Kevin tut (s87)"

Kevin bezieht die Aufforderung "Mach das mal weg!" (s86b) aber sofort auf sein

Tun und löscht einen Teil der richtigen Linie von oben nach unten aus und ergänzt dafür die fehlende Verlängerung von links nach rechts (s87).

Die darin aufscheinende Beliebigkeit, die Lösungselementen im Rahmen des Aufgabenlösens allgemein eignet, ist hier speziell Ausdruck von Kevins Kategorisierung des Einzuzeichnenden nicht als Seiten von zur Debatte stehenden rechtwinkligen Dreiecken, bzw. von aus deren Seiten gebildeten Quadraten oder Rechtecken, sondern als *>*Aufteilungslinien*< o.ä. Da die Geduld von L durch das Zwischenspiel mit dem Abgucken schon leicht strapaziert ist, quittiert er Kevin nun mit einer gewissen Schroffheit ohne die Chance eines weiteren Reparaturversuchs dessen Scheitern:

"Kevin, das wird nix. ... Nee, das wird nix." (s88a,90)

L tut das nicht ohne eine gewisse Genugtuung, mit der er Kevins Protest von (s50) nun nachträglich als unberechtigt nachgewiesen zu haben glaubt. Dieser Nachweis war natürlich auch der unausgesprochene Grund der Turn-Zuweisung an Kevin in (s71). Dem Niveau des handwerkelnden Operierens entsprechend verharmlost L das mit Kevins Scheitern aufgetauchte Defizit als:

(s95a) "Da hast du irgendwas durch den Tüdel gekriegt."

Kevins Beginn eines Rechtfertigungs- oder Erklärungsversuchs seiner Schwierigkeiten:

Ja: ich hab/ (s95a)

beendet L als überflüssig:

Macht nix! (s97).

Es geht ihm nicht um die inhaltliche Aufklärung, sondern nur darum, Kevin bei Laune zu halten, d.h. um eine an der Verhaltensoberfläche angesiedelte Anwendung der Maxime >**Frustriere die Schüler nicht!**<. Beide Maßnahmen, die Rüge wegen des Abguckens und die Verharmlosung des Scheiterns, sorgen dafür, daß das Interaktionsniveau genau auf dem von L geplanten Level des handwerkelnden memorierenden Operierens gemäß dem Bewegungs- oder Formengedächtnis bleibt und weder nach unten, zum Zitieren hin, noch nach oben, zum Problemlösen hin, davon abweicht.

Im weiteren (s101-132) erledigt Daud die Aufgabe des Anzeichnens im gewünschten Sinne, wobei er sein Tun sprachlich performativ begleitet. Abschließend wird er von L gelobt:

Prima ... Ganz Klasse. Ja. (s133,133a).

Daud versteht diese Bestätigung aber nicht als Abschluß des Musters, sondern möchte sein erfolgreiches Tun fortsetzen:

Ja, und das ((macht eine Bewegung des Wischens über die Rechteckflächen hinweg)) auch noch? (s134).

Damit stellt er unter Beweis, daß er zur Fortsetzung des 'Beweis'-verfahrens auf handwerklich-operativer Ebene in der Lage ist. Nach dem Plan von L soll aber an dieser Stelle, - der Entfernung der Restflächen nach der handwerklich korrekten Vollendung der Zeichnung, - der Übergang zur mathematischen, genauer gesagt zunächst zur algebraisch-symbolischen Ebene der Ableitung stattfinden. Der Moment der Vollendung der Zeichnung wird also von L und von den Schülern in einen verschiedenen Zusammenhang gestellt: Während er für L die entscheidende Zäsur der Unterrichtsstunde darstellt, ist er für die Schüler gemäß der in (s64-70) gestellten Aufgabe nur der Übergang zum eigentlichen Clou der Sache, nämlich der durch Wischen herauszuarbeitenden Formel.

Daud kann sich dieser von L geplanten Zäsur natürlich nicht bewußt sein und widersetzt sich daher neun aufeinanderfolgenden Turnentzugsversuchen von L:

(s133-141a) "Prima ... Ganz Klasse. Ja. ... Gùt. ... Nee, das reicht jetzt erst mal. ...Das reicht erst mal. ... Dankeschön. ... Das hast du gut gemacht. ... Setz dich mal wieder hin. ... Jà."

Daud besteht zumindest darauf, sein Wissen über das Ziel der ganzen Prozedur, d.h. die Aufgabenlösung, noch bekannt zu geben:

(s142) "Und dann wir bekommen äh, a-Qua/ a plus b gleich c."

und er verbessert sich auf Nachfrage von L:

(s143) "a plus b gleich c? "

zusammen mit Ataschin und Yirgalem in einer Antwortbatterie:

(s144-146) "a-Quadrat ... b-Quadrat gleich c-Quadrat."

Erst nachdem er so die in (s64-70) gestellte Aufgabe adäquat, d.h. memorierend auf der handwerklich-operativen Ebene gemäß dem Bewegungs- und Formengedächtnis, auf der sie gestellt wurde, gelöst hat, darin von L kurz bestätigt wird:

(s147) "Ahà! Ja, ja."

und L eine deutlich verschiedene Folgeaufgabe gestellt hat:

(s148) "Wer kann das zeigen, an der Tafel, wie wir da hinkommen?",

ist er bereit, einer erneuten Aufforderung von L, den Turn abzugeben, nachzukommen. Dies nicht zuletzt, weil sie außerdem die Form einer Begründung mit Hilfe der auch von Schülerseite akzeptierten Maxime >Jeder soll drankommen!< annimt:

(s149). "Ja, du hast nun schon ganz viel gemacht, Daud, jetzt soll mal jemand anders."

Daraus erhellt u.a., daß ein Turnentzug innerhalb eines Aufgabe-Lösungs-Musters von Schülerseite mit einer negativen Leistung identifiziert wird. Ein Turnentzug bei erfolgreicher Leistung innerhalb des Musters verstößt gegen diese unausgesprochene aber im Musterwissen der Schüler wohl verankerte Norm und wird von ihnen nicht akzeptiert, auch wenn er vom Lehrer an der sprachlichen Oberfläche mit Elementen begleitet wird, die normalerweise eine richtige Lösung der Aufgabe bestätigen. Bestätigungen, die sich auf erfolgreiches Handeln innerhalb des gerade abzuarbeitenden Musters beziehen, bekräftigen im Gegenteil normalerweise das Anrecht der Schüler auf den Turn; auch dieser Vorgang ist im Musterwissen der Schüler eingetragen. Erst mit dem auch für die Schüler deutlichen Beginn eines neuen Aufgabe-Lösungs-Musters verliert der Turnentzug die Funktion einer automatischen negativen Bewertung und beginnt auch ein neuer Bewertungsmechanismus.

(3) Musterkonfluenz

In der anschließenden Unterrichtsphase, von (s152-424), d.h. bis zum Ende des Transkripts, mühen L und Harun sich an den Mißverständnissen ab, die aus den divergierenden Kontexten und Kategorisierungen resultieren.

Inhaltlich wird dabei folgendes erarbeitet: "Wir wischen im linken und rechten Rahmenquadrat vier gleiche rechtwinklige Dreiecke weg, d.h. wir subtrahieren sie." Das entspricht nur einem Teil der Erkenntnisstation 2.4.1. ("Subtrahiert man in beiden Rahmenquadraten die vier rechtwinkligen Dreiecke, so erhält man gleichgroße Flächen, einmal a-Quadrat und b-Quadrat und einmal c-Quadrat."), denn es wird nicht thematisiert, daß diese Dreiecke aus den Seiten klein-a, klein-b und klein-c bestehen und welche Beziehung sie daher zu den übrigbleibenden Quadraten haben. Während in den ersten 152 Segmenten so scheinbar fünf Erkenntnisstationen bewältigt wurden, verfilzt sich der Unterricht nun in weiteren 272 innerhalb einer einzigen.

Harun benennt in

(s154) "Hier ... a-Quadrat, ne?"

zunächst dasjenige Element an der Tafel, auf dessen Gestalt es ihm ankommt, um sodann sein Tun mit

(s155): "((wischt ein Dreieck im rechten Rahmenquadrat ab)) Äh, ... de/ Strecke, Winkel."

performativ zu begleiten. Auf die Nachfrage von L:

(s156) "Was machst du weg?"

macht er erneut klar, daß die entfernten Teile für ihn in die Kategorie der Strecke, bzw. des Winkels, nicht aber der Fläche fallen:

(s157,157a) "((hört auf zu wischen)) De ... Die Strecke."

Diese unterschiedliche Kategorisierung der zu entfernenden Teile bei L und Harun ist ihrerseits Ausdruck eines divergierenden Problemkontexts: Geht man wie L nur von der sichtbaren Gleichheit der beiden Rahmenquadrate aus, so ist klar, daß auch nach der Entfernung gleicher Dreiecke die übrig bleibenden Flächen gleich sein müssen, was, wenn man diese nur für sich betrachtet, nicht sichtbar ist. Die Fokussierung auf die Entfernung gleicher Flächen ergibt sich also aus dem Kontext der erst noch zu leistenden Größenbeurteilung der zunächst noch verborgenen dann aber auftauchenden pythagoräischen Quadrate.

Geht man aber wie die Schüler von der soeben (s142-146) bereits zur Verfügung gestellten Formel aus, so sind an der Tafelzeichnung nur noch störende Strukturen, eben 'Strecken' bzw. 'Winkel' zu beseitigen, die vom schon fertigen Produkt ablenken. Die Schüler sind schon da, wo sie nach dem Willen von L erst nach der Bearbeitung der Leitfrage des Unterrichts hindürfen:

(s148) "Wer kann das zeigen, an der Tafel, wie wir da hinkommen?"

nämlich bei der Lösung. Für L zählt das Zitat der Formel nichts, weil es nicht gemäß seinem Plan zu Stande gekommen ist. Er möchte die Leitfrage (s148) so verstanden wissen, als sei der mathematisch korrekte Weg der einzige, der zur Lösung führt.

Im Aufgabe-Lösungs-Muster unterliegt aber die Art und Weise, in der die Lösung zu Stande kommt, keiner Beurteilung. Das Muster endet mit dem Abliefern der richtigen Lösung. Deren Vernetzung und Weiterverarbeitung will L mit (s148) von seiner Handlungsseite auf diejenige der Schüler auslagern. Damit hat er ein eigenständiges Verlassen des Aufgabe-Lösungs-Musters durch die Schüler zum Problemlösen hin impliziert, was für diese aber in keiner Weise einsichtig ist. Ein- und dieselbe zu vollziehende Handlung wird ohne Bewußtsein der Koaktanten von ihnen verschiedenen Mustern zugeordnet. Diese Musterkonfluenz ist in der analytischen Tiefenstruktur eine Ursache der divergierenden Kategorisierungen an der sprachlichen Oberfläche.

Im Rahmen des Aufgabenlösens muß der Versuch der mathematischen Aufwertung der Lösung durch ihre nachträgliche Begründung den Schülern als Ritual (vgl. Heeschen 1985) erscheinen, an dessen Ende sie da ankommen, wo sie schon sind: bei der Formel. L dagegen begreift Haruns Äußerungen nicht als performatives Sprechen, das den Zugriff auf dessen Fokussierung erlaubt, sondern vor dem Hintergrund seiner Ausrichtung als in sich widersprüchliches, unwichtiges Gestammel.

Auf seine Nachfrage:
(s158) "Die Strecke?"
erhält L statt der gewünschten Antwort * >*Nein, rechtwinklige Dreiecke*< die Auskunft:
(s159) "Nee, Quadrate/".
Der Abbruch läßt vermuten, daß Harun andeuten will, worauf es ihm ankommt, nämlich a-, b- und c-Quadrat, wie er es schon mit:
(s154) "Hier ... a-Quadrat, ne?"
versucht hatte. L wehrt (s161) einen Vorsageversuch (s160) ab und Harun bekräftigt seine Fokussierung auf die erneute Nachfrage:
(s162) "Was .../ Was machst du da weg?"
zuerst in der Form:
(s163) "Diese Quadrat ((zeigt c-Quadrat))"
und auf das Erstaunen von L:
(s164) "Das Quadrat?"
abermals:
(s165) "De erste."
Bis hier wären Haruns Äußerungen folgendermaßen zu paraphrasieren:

> *>Hier ist schon a-Quadrat. Wenn ich diese Strecken und Winkel wegwische, erkennt man die Quadrate, auf die es ankommt, jetzt z.B. dieses erste, nämlich c-Quadrat<[10]

L gibt an dieser Stelle aber den Versuch auf, aus Haruns Worten die Vorgänge in seinem Kopf zu erschließen:
(s166) "Na, mach mal!"
Er möchte aus Haruns weiteren Handlungen auf den Sinn seiner Worte schließen, wobei er diese Handlungen natürlich im Sinne seines Kontexts beurteilt. So wiederholt sich der Durchgang:
(s167) Harun wischt , L fragt:
(s168) "Istes ein Quadrat, was du da wegmachst, Harun?",
Harun bekräftigt seine Fokussierung:
(s169-169b) "Nein ... ((deutet auf c-Quadrat)) ... Das ((zeigt c-Quadrat))."
In der dritten Wiederholung des Durchgangs versucht Harun der Anforderung von L:
(s173) "Harun .. rede bitte zu dem, was du da machst."
mit aller Deutlichkeit nachzukommen, was sich folgendermaßen paraphrasieren läßt:

> (s175-186) * >Hier, bei c-Quadrat, hatten wir vorhin Dreiecke hingeschrieben (s175), die habe ich weggewischt (s177,180), weil sie ein Rest sind (s182), der weggemacht werden muß (s182a,184), denn nur so sehen wir: Hier ist c-Quadrat.(s186)<

---

10 Mit * versehene Passagen in >Anführungszeichen< und Normalschrift geben Paraphrasierungen von Passagen aus den Transkripten wieder.

Das "Hm`."(s187) von L erneuert seine Einschätzung von oben (s166): Er verspricht sich nun vom analogen Durchgang für das rechte Rahmenquadrat:

(s187a) "Und was hast du bei dem anderen Quadrat gemacht?"

Aufklärung über Haruns Absichten, etwa in der Form:

**>Hier entferne ich zwei rechteckige Flächen, die genauso groß sind, wie die vier Dreiecke links.<*

Für Harun ist aber seinen Ausführungen aus dem dritten Durchgang nichts hinzuzufügen:

(s188,190) "Diese aùch. ... Diese .. habe ich gleiche ((zeigt rechts die weggewischten Stellen))".

Harun erhält sowohl seine Quadrat-Fokussierung als auch sein Rest-Verständnis aufrecht. Er will eigentlich auch gar nichts machen, sondern etwas zeigen, was schon da ist:

(s186) "Hier ist .... ce-Quadrat."

Nun ist L mit dem Latein am Ende. Erregt verlangt er von Harun:

(s191-193a) "Warum machst du die denn da weg? Was soll das? Erst zeichnet Daud das hin und du löschst die wieder aus! Was soll das?".

Auf Grund der Musterkonfluenz wird das, was für L hier die energische Anforderung einer fachlich-mathematischen Begründung ist, von Harun als Vorwurf aufgefaßt. Harun zeigt hierauf deutlich seine Ratlosigkeit und bringt sie prägnant auf den Punkt:

(s194,195) "((läßt die Arme hängen)) *Wir ((---3 Sek---)) / Wir tun eben ...*" .

In der für die Schüler nach wie vor gültigen handwerklich-operativen Ebene läßt sich allerdings schwer eine über die von Harun bereits wiederholt geschilderten Zusammenhänge hinausgehende Begründung finden. Die Handlungen an der Tafel haben ihre Begründung in ihrem Ergebnis. Die Ratlosigkeit, die Harun angesichts der heftigen Forderung von L befällt, ist im Rahmen des Aufgabe-Lösungs-Musters das Äquivalent der Aporie des Problemlösens. Im Gegensatz zu jener ist sie bleiern und unkreativ. Das Erraten des Lehrerwillens tritt an die Stelle der Aussonderung der eigentlich unzugänglichen Teile des Problems und ihrer wissensmäßigen Zugänglichmachung nach dem eigenen Handlungsinteresse.

(4) Scheinkommunikation

Von (s377-s424/Ende des Transkripts Nr. 1) soll die algebraische Operation 'minus' für die Tätigkeit des Wischens eingesetzt werden. Durch die Formulierung der Aufgabe (s377): Was hast du dann gemacht? wird nochmal die ganze Phase des Wegwischens zusammengefaßt (s378-388), um sie danach insgesamt auf die algebraisch-operative Ebene zu befördern: (s389-391). *"Wie hatte er gerechnet?* ((Beide Arme auffordernd zur Klasse)) *Weggewischt hat er mit der Hand. Und wie hat er gerechnet?"* Mit dieser Aufgabe wird die Leitfrage: (s148) *"Wer kann das zeigen, an der Tafel, wie wir da hinkommen?"* nun zum dritten Mal reetabliert (erste Reetablierung: (s191-193), zweite Reetablierung (s257-264)).

Gleichzeitig wird mit der dritten Reetablierung die ursprünglich geplante Absicht einer mathematisch-korrekten Ableitung im Sinne ihrer Anpassung an die so mühsam vollzogenen handwerklichen Prozeduren revidiert: Nicht das Wegwischen erscheint als operative Durchführung der Subtraktion, sondern das 'minus rechnen' wird zur Sprachregelung für den Wischvorgang. In diesem Kompromiß existiert die aus den divergierenden Kontexten resultierende Musterkonfluenz als Scheinkommunikation bis ins Endergebnis des Unterrichts hinein weiter fort.

Bezeichnenderweise kommt Yirgalem mit seinen elaborierten Beiträgen nicht zum Zuge:

(s392,395) "Also, von beide Quadrate muß ... die gleichen/ äh, also die gleichen rechtwinkliges Dreieck muß weg sein. ... "

Und auf die L-Frage:

"'Weg sein' - wie rechnet man dann, wenn man 'weg sein' redet?" (s393,394)

fährt er fort:

"((seufzt))... Das verglichen, wieviele rechtwinkelige/ ((räuspert sich))".

Er behandelt einerseits algebraisch korrekt beide Rahmenquadrate wie die links und rechts vom Gleichheitszeichen befindlichen Terme einer Gleichung, erhält aber andererseits die begriffliche Kategorisierung der zu entfernenden Teile als rechtwinkliger Dreiecke aufrecht, die als identische Strukturen in beiden Rahmenquadraten zu vergleichen sind. Damit setzt er als einziger tatsächlich dazu an, die mathematisch-begriffliche und die algebraisch-symbolische Ebene des Problems zu beschreiben und zu vernetzen, d.h. entsprechend dem ursprünglichen Plan von L vom handwerklich-operativen Memorieren gemäß dem Bewegungs- und Formengedächtnis den Sprung zum mathematisch korrekten Problemlösen zu machen.

Auf Grund der Musterkonfluenz ist sich L der differierenden Qualität von Yirgalems Beitrag gegenüber dem Restgeschehen aber nicht bewußt. Er hält dessen problemlösenden Kern in der Reinstallierung seiner Leitfrage für besser und klarer aufgehoben und geht deswegen ab dem Moment nicht weiter darauf ein, als er von Kevin mit

(s396) "minus"

das angestrebte Lösungselement geliefert erhält. Um an dieser Stelle angemessen auf Yirgalems Beitrag einzusteigen, müßte L aber seinen inzwischen an die stagnierende Interaktion angepaßten Plan erneut revidieren, das gerade laufende Aufgabe-Lösungs-Muster abbrechen und dafür sorgen, daß die übrigen Schüler ebenfalls entsprechend das Muster wechseln. Das wäre mit dem Risiko einer Verwirrung verbunden, das L auf Grund der Zähflüssigkeit der zurückgelegten Arbeit scheut. Die sachfremden und kleinschrittigen Ergebnisse der Trichtermuster wären, selbst bei Erkenntnis des problemlösenden Charakters von Yirgalems Beitrag gar nicht tragfähig für ein unmittelbares Umschwenken auf das Problemlösungs-Muster gewesen. Wider die didaktisch und kognitiv bessere Alternative setzt sich so die Trägheit des Aufgabe-Lösungs-Musters durch. Die isolierten problemlösenden Elemente (s392, 395) können nicht in den von der Methodik des Aufgabenlösens geprägten Lehrergesamtplan integriert werden.

Die divergierenden Kategorisierungen und Kontexte führen über ihre Unbewußtheit und die Musterkonfluenz zu einer Scheinkommunikation. Harun versteht bis zuletzt nicht, was L von ihm will, L versteht bis zuletzt nicht, was Harun ihm eigentlich mitteilen will, beide wissen nicht, warum sie der andere nicht versteht, beide sind fälschlich der Ansicht, sich verständlich gemacht zu haben.

2.2. FRAGMENTARISIERUNG DES SCHÜLERWISSENS

In diesem Abschnitt befasse ich mich mit einer Anordnung der sprachlichen Oberflächenelemente, die Ausdruck einer naturwüchsigen aufgabenlösenden Analysetechnik ist. Es handelt sich um eine im Verlauf einer Aufgabensequenz exponentiell einengende und kleinschrittiger werdende Fragestrategie des Lehrers (Trichtermuster), die auf eine Fragmentarisierung des Schülerwissens hinausläuft.

Die aufgabenlösende Analysetechnik besteht in der fortschreitenden Zerlegung des Sachverhalts bzw. der Leitfrage, die die Problematik des Sachverhalts im Unterricht widerspiegelt, in Subaufgaben. Bei Bedarf, d.h. wenn die Subaufgaben für die Schüler unlösbar bleiben, werden sie in weitere Subaufgaben zweiter, dritter usw. Ordnung zerlegt. Bei den so entstehenden Subaufgabenhierarchien kommt es eigengesetzlich zu einer von Ordnung zu Ordnung exponentiell zunehmenden Kontexteinengung. Die entsprechende Synthesetechnik besteht in der Vorgabenlieferung des jeweiligen Zusammenhangs, also in der Vorgabe der Vernetzung der Wissensfragmente mit dem Gesamtproblem durch den Lehrer. Im Problemlösen ist die Zerlegung des Sachverhalts vom erhaltenen Zielbewußtsein gesteuert und können daher die Einzelergebnisse gemäß Position 1 des Musters schulisches Problemlösen vom Schüler mit dem Gesamtproblem vernetzt werden. Als eine Mischform, mit der bestimmte Syntheseleistungen vom Lehrer angeregt werden können, erweist sich die Kennzeichnung zusammengehörender Einheiten mittels der Verdichtungstechnik (vgl. 4.3.).

(1) Trichtermuster

> Angesichts der im letzten Abschnitt beschriebenen Aporie entlädt sich bei L die Spannung zwischen seinem kognitiven Ziel und der handwerklerischen Realität in einem Lachen (s196), das auch Ausdruck einer die Defizite herabspielenden Rezeption von Haruns Beiträgen ist. Gleichzeitig schwenkt er in seiner Planung von der relativen Offenheit der in (s166) mit: *"Na, mach mal!"* eingeleiteten Phase um auf das nun folgende extrem kleinschrittige Dirigieren.

Als erstes ist dafür Haruns

> *"Rechtwinkel" (s200),*

mit dem er abermals die entfernte Struktur beschreibt, in ein rechtwinkliges Dreieck umzudefinieren:

> *"Was denn? Rechtwinkliges Was?" (s201).*

Durch diese Behandlung von (s200) als Anakoluth in Kombination mit der Vorgabe des neutralen Genus für das einzusetzende Wort evoziert L die Ergänzung

> *"Dreieck" (s203)*

durch Harun. Die mentale Leistung, die Harun für die Produktion von (s203) vollbringen muß, ist eine Mischung aus Sprachlogik, Assoziation und Interpretation verbaler und averbaler deiktischer Vorgaben:

> *(s198) "Was hast du hier* ((bedeutet mit dem Finger ein Dreieck am linken Rahmenquadrat)) *weggemacht?".*

Sie wäre so auch ohne das Vorsagen (s201a,202) von hoher Evidenz. Sie hat nichts mit einer tatsächlichen Umkategorisierung von "Strecke, Rechtwinkel" zu Dreiecksflächen zu tun, sondern überlagert die alte Kategorisierung nur an der sprachlichen Oberfläche durch eine neue Sprachregelung. Diese wird nun auch von (s204-219) für jedes einzelne der links wegewischten Dreiecke wiederholt und eingeschliffen.

Von (s220-295) soll nun diegleiche Prozedur für die zu entfernenden Rechtecke im rechten Rahmenquadrat bewältigt werden, die dafür zunächst in je zwei rechtwinklige Dreiecke zu zerlegen sind. Harun behauptet sofort:

(s221) "Hier auch rechtwinkelige Dreiecke.",

ohne eine solche Zerlegung vorgenommen zu haben. Der offenkundige Widerspruch dieser Äußerung zu den damit bezeichneten Rechtecken zeigt, daß er die Umkategorisierung nur an der sprachlichen Oberfläche übernommen hat, während das zu Entfernende für ihn inhaltlich unverändert in erster Linie eine störende Struktur bleibt, deren Beschreibung als "Strecke, Rechtwinkel" oder als "rechtwinkelige Dreiecke" in seinem Problemzusammenhang nebensächlich ist. Er übernimmt die für L aus unerfindlichen Gründen scheinbar so zentralen Begriffe natürlich auch, um einem erneuten Einhämmern wie von (s198-219) zu entgehen.

Bei der anschließenden Sequenz (s220-230) sind, wie schon bei der vorigen (s198-219) die einzelnen Schritte durch immer kleinere, d.h. unmittelbarer evident werdende mentale Leistungen zu bewältigen:

-Auf die Aufgabenversion

(s220): "Und was hast du hier ((zeigt aufs rechte Rahmenquadrat)) weggemacht?"

hätte für die Lösung mental noch der gesamte Analogieprozeß zu (s198-219) inklusive der Zerlegung der Rechtecke in Dreiecke bewältigt werden müssen.

-Auf die Version

(s222-222b): "Hier hast du rechtwinklige Dreiecke weggemacht? Sehe ich nicht. Zeig mir das!"

die Zerlegung der Dreiecke.

-Auf

(s224): "Wo sind denn da rechtwinklige Dreiecke?" ihre Einbeschreibung in die Rechtecke.

-Auf

(s226,227): "((ergänzt rechts die weggewischten Rechtecke nochmal -4 Sek -)) *Das hast du weggelöscht. Was ist das?* ((Umreißt das Rechteck mit dem Finger))"

die Benennung der Form "Rechteck".

-Auf

(s229): "Das ist ein Rechteck?"

schließlich nur noch eine sprachlogisch evidente Verneinung.

Eine solche Abfolge bezeichnet Bauersfeld (1977) als Trichtermuster. Ich übernehme den Begriff, weil er die Strukturierung der Interaktion, die durch die fortschreitende Reduzierung der kognitiven Anforderungen an den Aufgabenlöser gekennzeichnet ist, treffend charakterisiert. Allerdings handelt es sich beim Trichtermuster nicht um ein Handlungsmuster im Sinne der Musteranalyse, sondern um eine spezifische Anordnung sprachlicher Oberflächenelemente. In einer nach Art des Trichtermusters strukturierten Interaktionssequenz werden steigende Anteile des schülerseitig zu produzierenden Wissens vom Lehrer vorgegeben oder evident gemacht. Mit Hilfe der nach dem Trichtermuster organisierten Interaktion wird der Schüler unter Einsatz deiktischer und anderer Vorgaben und von Evokationstechniken (Einsatz von Musterwissen, sprachlogische Evidenz, Suggestion, Affirmation usw.) dahin geführt, bestimmte Wissenselemente auch gegen eigene divergierende Kategorisierungen und ohne Kontext zu produzieren. Diese im Verlauf der Trichtermuster-Sequenz minimalisierten Wissenspartikel stehen dann durch eine bestimmte Diskurstechnik stellvertretend für die Gesamtlösung der betreffenden Aufgabe. Indem nämlich die anwachsenden Vorgaben des Lehrers z.B. hinter Fragefolgen verschwinden oder indem sie sich als bloße Auslegungen des Schülerbeitrags geben, oder durch bestimmte andere didaktische Kunstgriffe nicht mehr als Vorgaben deutlich sind, wird die Ersatzfunktion der evozierten Wissenselemente für das anstehende Gesamtwissen verborgen.

Von (s231-256) folgt ein phonetischer Exkurs über den Unterschied von "richtig" und "Rechteck", der sich wie eine unfreiwillige Parodie auf die Theorie vom (separaten) 'Sprachunterricht im Fachunterricht' [11] liest.

Mit den beiden Trichtermustern im Rücken wird nun die Leitfrage des Unterrichts (vgl. (s148) und (s191-193)) zum dritten Mal aufgestellt:

> *(s257-264) "Warum löscht er rechts ein Rechteck weg?* ((---3 Sek---)) *Und links Dreiecke? Was soll das?* ((--------------------------------18 Sek-----------------------------))"

Insgesamt finden sich hier achtundzwanzig Sekunden Pause, ein außergewöhnlich langer Zeitraum 12, der L drastisch die für ihn gleichwohl unbegreiflich bleibende Unlösbarkeit dieser Aufgabe vor Augen führt. Andererseits ist sein didaktisches Repertoire nunmehr weitgehend erschöpft: Nach der Pause greift L daher zu der Strategie, als zusätzliche Hilfe Haruns Erinnerung zu beschwören:

> *(s267) "Das weiß er. Letzte Stunde hast du das, glaube ich, sogar gesagt.* ((-----5 Sek----))"

Als auch das nichts hilft, läßt L die Trichtermuster von Yirgalem auswerten:

> *(s270)"Von einer Rechte/ Rechteck können wir zwei rechtwinklige Dreiecke machen.".*

L möchte diese Aufgabe nach einer Wiederholung (s274-295) an Harun delegieren, um diesen so in den Fortgang der Ableitung zu integrieren:

> *(s296)"W i e ? Zeig das mal! Wie machen wir das?"*

Diese Aufgabe ist der Leitfrage untergeordnet, dient deren didaktischer Aufschließung im Sinne der Maxime >REDUZIERE SCHWIERIGKEITEN!<. Es handelt sich also um eine subordinierte Aufgabe erster Ordnung: Sub 1.

Von (s296-327) dauert es, bis Harun Sub 1 erledigt hat, allerdings nicht gleich im rechten Rahmenquadrat, sondern nach seiner abermaligen Desorientierung (s305,309), die ihn den Vorgang im linken ansetzen läßt (s312), in einem separat gezeichneten

---

11 Nach einer Beobachtung von I. Kurth & A-K. Menk (1979) sind für das "'Lernen in der Fremdsprache' (...) grundsätzlich zwei Verfahren denkbar (...): 1. Ein Verfahren ist die Vorschaltung einer Phase des Spracherwerbs. 2. Eine zweite Möglichkeit ist die Ausrichtung des Fachunterrichts auf die spezielle sprachliche Problematik der Lernenden. Bisher ist in der Regel die erste Möglichkeit gewählt worden" (S. 3 f.)

12 Die kommunikative Dichte der Sprechhandlungen im fragend-entwickelnden Unterricht ist so ausgeprägt, daß sie an einen *horror vacui* grenzt. Erfahrungsgemäß sind Pausen meist Anzeichen für bedeutsame mentale Vorgänge.

Rechteck (s314-326). An den entscheidenden Stellen benötigt er es dabei, von Ataschin und Abdul zweimal auf Deutsch und Persisch vorgesagt zu bekommen (s306,306a,325,325a). Die kontinuierliche kognitive Reduzierung korreliert dabei mit einer fortschreitenden Verwirrung Haruns, die Ausdruck des parallel zur Kleinschrittigkeit zunehmenden Kontextverlusts ist. Beide Prozesse bilden im Aufgabe-Lösungs-Muster den Fehlerkreis des Paradoxons des Aufgabenlösens.

Von (s328-360) soll Harun den Teilungsvorgang vom separaten Rechteck auf die des rechten Rahmenquadrats transferieren. Es ist eine weitere Verschärfung der in der zuvorgehenden Sequenz beschriebenen Situation zu beobachten, so wenn L Harun schon fast die Hand führt:

(s347-347a) "Nää, nicht mit dem Schwamm, ... mit der Kreide sollst du das machen!"

und trotzdem noch vorgesagt werden muß:

(s349a) "Zeichne eine Diagonale!" .

In der dritten Sequenz der Bearbeitung von Sub1 (s361-376) soll Harun die Dreiecke, die nun in beiden Rahmenquadraten entstanden sind, zählen. Das entsprechende Trichtermuster (s361-371) (s.u.) ist ein Beleg für die extreme kognitive Reduzierung, die am Ende dieser Phase unter den unverändert divergierenden Kontexten und Kategorisierungen erreicht ist:

-*Was haben wir jetzt auf der rechten Seite?* ((zeigt))-
-((1 Sek))-
-*Was haben wir jetzt hier?* ((zeigt rechts))-
-((2 Sek))-
-*Da und da?* ((klopft auf die Rechtecke))-
-*Rechtwinkelige*-
-*Wieviel?*-
-*Zwei und zwei.*-
-*Insgesamt?* -
-*Vier*-
-*Ja*-
-

(2) Subaufgaben-Hierarchien und Bahnungen

Im Unterrichtsabschnitt Nr. 2[13]. "Quadrat, Dreieck, Streckenverhältnis, Wurzelmaschine", der inhaltlich genau an den Abschnitt "Subtraktion von Restflächen" anschließt, geht es um die Rekonstruktion desjenigen Kontextes, in dem die zuvor algebraisch-operativ gewonnene Pythagoras-Formel im Gesamtproblem steht. Die Leitfrage des Unterrichts lautet:

*(s81) "Nützt uns das ((*zeigt auf die Tafelzeichnung (s2) mit $a^2 + b^2 = c^2$*)) was für unsere Frage ((*nach dem gesuchten Streckenverhältnis*)) hier ?"*

Obwohl die Formel bereits zur Verfügung steht, zeigen sich die Schüler außer Stande, die Größe einer mit 'x' bezeichneten Hypotenuse eines rechtwinkligen Dreiecks

13 Bis zur Angabe eines anderen Unterrichtsabschnittes stammen alle Segmentverweise aus dieser Transkription.

zu bestimmen, dessen Katheten algebraisch-numerisch mit "zwei" bzw. "sieben" ausgewiesen sind. Diese Aufgabe, (Sub 3), dient ihrerseits der Aufschließung der Leitfrage des Unterrichts.

Der Versuch, die Größe von x im direkten Zugriff zu bestimmen, scheitert dreimal:

1. (s278) Daud: "Hm. Messen wir."
2. (s282) Daud: "Höhe mal Breite."
3. (s291) Yirgalem: "Wenn wir die beide Strecke fest haben, die dritte bräuchen wir nicht .. zu messen .. auch."

Die vorläufige Unlösbarkeit kommt anschließend klar heraus[14]:

|L Wie groß ist das ((*zeigt auf Strecke x, - die Hypotenuse-, des rechtwinkligen Dreiecks (Sub 3.)*
|_83

|L *mit den Katheten "2" und "7"*))? 279 Messen.. klàr. 280 Aber wir **wollen** nicht mehr messen.281
|Da 278 H`m. Messen wir.
|_84

|L Dieses hier sind... zwei Kilometer... und das sind sieben Kilometer. 281a Unddu hast bloßein
|_85

|L Geodreieck. 281b **Können** wir nicht messen. 284 ((*schnalzt*)) `Oh, Mànn! ((*zu Daud*))
|Da 282 Höhe mal Breite. Hö/
|Yi 283 Also...wenn wir die.../ 286 Wenn
|Ab 285 Jà!
|Ha 287 Nein! Nein!
|_86

|L 287a Das will ich nicht gehört haben! 288 ((*--lacht--, zu Daud:*)) 289 Das war was anders, was du
|Yi wir die beide fest haben, dann ist doch/ ... brauchen wir nicht zu messen.
|_87

|L jetzt/ Das war Flächen ausrechnen. 290 Bitte?...((*zu Yirgalem*))
|Yi 291 Wenn wir die beide Strecke fest haben, die dritte
|_88

|L 293 Die liegt fest. 294 Ich will aber wissen, wie
|Yi **b r á u c h e n** wir nicht... zu messen ...auch!
|_89

|L **g r ó ß** die ist. ((*klopft auf "x" an der Tafel*)) 296 Ich will das wissen! 298 Já? 298a Wie groß ist
|Ha 295 Jà.
|Ab 295a Höhe mal Breite ist.../
|Da 297 Wenn m á n
|_90

|L ix? 300 Weiß du nicht. ||
|Ha 299 **Wéiß** ich nicht. 299a Ja. ||
|_91

14 Im folgenden handelt es sich um einen Ausschnitt aus der Originaltranskription, d.h. in einer Partiturklammer Untereinanderstehendes ist synchron, wörtliche Äußerungen sind in Standardschrift gesetzt und Kommentare etc. kursiv in Doppelklammern abgegrenzt. Fettgedrucktes ist mit Emphase gesprochen, größer Geschriebenes lauter, kleiner Geschriebenes leiser, Zusammengerücktes schneller, Gesperrtes langsamer als normal. Segmentnummern stehen vor den Äußerungen.

Da sogar für den geübten Algebraiker Harun die Aufgabe (Sub 3) (Bestimmung der Hypotenuse x) unlösbar ist, entscheidet sich L, sie weiter aufzuschließen:

|L 301 Sò, jetzt mal ich dir das s`o´: ((*zeichnet das Quadrat über Seite* "2")) 302 Was ist das?
|_92

|L 304 **Was** ist das? 308 Aha! 309 a-Quadrat, ne?
|Da 303 Höche, oder/ 306 a-Quadrat
|Ha 305 a-Quadrat.
|At 307 a-Quadrat
|_92

|L 310 Wie groß ist das hier? 313 Wie groß ist das, wenn das **zwei** ist?
|Da 306a Ja.
|At 311 a-Quadrat.
|S 312 a-Quadrat.
|_93

|L 318 Rechne das mal aus! 320 Vier. 321 Und das
|At 314 Zwww/zwei Quadrant.
|Ab 315 Zwei mal zwei. 319 Ja.
|Ha 316 Vier. 316a Vier.
|Da 317 Zwei mal/ 319a Ja.
|_94

|L hier, wie groß ist das? ((*zeichnet das Quadrat über* "7")) 325 Neunundvierzig.
|At 322 ( )vierzig 324 vierzig.
|Ha 323 Neunund/neunundvierzig.
|_95

Das Quadrat über der Seite zwei ist Sub 3.1. Die Auswertung dieser Zusatzhilfe erfolgt aber nicht direkt, sondern ohne innezuhalten in weiterer Aufschließung durch ein subordiniertes Element dritter Ordnung:

(s302) "Was ist das?" (Sub 3.1.1.).

Dies Vorgehen widerspricht dem obigen. Dort sollen die Schüler eine Subaufgabe erster Ordnung (nämlich Sub3: "Wie groß ist x?" (s277)) direkt lösen, hier wird eine zweiter Ordnung (nämlich Sub 3.1.) von vornherein durch eine dritter Ordnung (nämlich Sub 3.1.1.) weiter aufgeschlossen. Vorstellbar wäre ja auch, daß L von Sub 3.1. gleich wieder zu Sub 3. zurückkehrt:

**>Sò, jetzt mal ich dir das s`ó: ((*zeichnet das Quadrat über der Kathete "2"*))
Wie groß ist x?<*

Für die präventive Zerlegung von Sub 3.1. gibt es keine durch Schülerfehlleistungen belegte Notwendigkeit. L überprüft gar nicht erst, ob nicht schon Sub 3.1. zur Lösung von Sub 3. ausreicht. Oben, -Sub 3.-, beabsichtigte L scheinbar noch, die Schüler selbständig einen Lösungsweg über mehrere noch nicht vorgebahnte Stationen entwickeln zu lassen. Hier dagegen setzt die den Schülern abverlangte Arbeit auf einem sehr viel tieferen Niveau an einer leichteren Aufgabe ein. Der Widerspruch löst sich dadurch auf, daß Sub 3 nicht eine unmittelbar zu lösende Aufgabe sein soll, sondern die Ableitung der Problemstellung auf algebraisch-numerischer Ebene ist, deren Etablierung von der konkreten Negation

L: "Wie groß ist x?"
Harun: "Wéiß ich nicht."
L: "Weiß du nicht."

Harun: "Ja."
gefolgt wird. Die Absicht von Sub 3 in (s294-298a) ist gerade die Erkenntnis der vorläufigen Unlösbarkeit als Hintergrund der anschließenden Analysesequenz. Auch nach dem erfolgreichen Abschluß der Sequenz, sechsundzwanzig Segmente später, erwartet L ja noch gar nicht die Lösung von Sub 3, auf die er mit (s327,331) zurückkommt, sondern ist von Haruns Pythagorasanwendung ("Äh Wurzel äh ((--2 Sek--)) dreiund äh fünfzig") überrascht und integriert sie erst später, nämlich nach der plangemäßen Abarbeitung der Sequenz Sub 3.3 (s337-352), in den Unterricht.

Mit
(s302) "Was ist das?" (Sub3.1.1.)
ist hier also das Niveau erreicht, auf dem L die Fortsetzung des Lösungsweges für sinnvoll hält. Um die Charakteristika dieses Niveaus zu erkennen, müssen die für die Aufgabenlösung erforderlichen mentalen Akte analysiert werden: Die Frage zielt auf die Klassifizierung des Quadrats, die durch die deiktische Prozedur ausgespart bleibt. Während die Seite mit "2" aus der Zeichnung vorgegeben ist, bleiben für das Quadrat mehrere Möglichkeiten offen:
(1) "vier"
(2) "a-Quadrat"
(3) "Quadrat" (aus einer Dreiecksseite)
(4) "Fläche".
Die Schüler bevorzugen (2) "a-Quadrat" in einer Antwortbatterie (s305-307). Für diese Antwort sprechen mehrere Gründe:

(a) Sub 3. ist unmittelbar nach einer Wiederholung der Formel ("*Wir wissen: a-Quadrat plus b-Quadrat gleich c-Quadrat* ((zeigt entsprechend an der Tafelzeichnung (s2))) *Wir suchen abér: Wie groß ist denn* ...((zeichnet 5 Sek ein Dreieck)) *Zwèi. .. zwo, vier, sechs, sieben* ((----4 Sek----)) *Wie groß ist das?* ((zeigt auf Strecke x)) *Já?*" (s273-277) (Sub 3.)) eingeführt worden.
(b) Im gegebenen Dreieck sind "2" und "7" bekannt; bei den Quadraten sind a- und b-Quadrat bekannt.
(c) "2" ist kleiner als "7", a-Quadrat war immer kleiner als b-Quadrat.
(d) Die Lage des mit "das" bezeichneten Quadrats entspricht der bisher üblichen von a-Quadrat.
(e) L zeigt "das" als erstes; a-Quadrat ist das erste.

"Das" muß also für seine Klassifizierung als "a-Quadrat" nicht neu in die algebraisch-symbolische Ebene eingeordnet oder mit ihr vernetzt, sondern nur auf ihr aufgefunden werden. Die Zuordnung ist mehrfach vorgebahnt, sie führt weder durch unbekannte Wissensgebiete, noch betritt sie solche. Sie folgt ausgetretenen Wegen von einem deiktisch vorgegebenen zu einem wohlbekannten und abgesicherten Ort.

Je mehr Bahnungen zwischen Aufgabe und Lösung bereits angelegt sind, desto leichter ist die Aufgabe. Auf dem Weg von "das" zu "a-Quadrat" ist keine Zwischenstation zu überwinden: Die Aufgabe ist in einem Schritt zu bewältigen. An jeder Zwischenstation müssen die bahnenden Verbindungen einen Filter passieren und diejenigen ausgesondert werden, die nicht hindurchpassen. Bestimmte Wissensimpulse entfallen, andere müssen aktiviert werden. Je weniger Zwischenstationen, desto leichter die Aufgabe. Sub 3.1.1. ist eine mehrfach vorgebahnte einschrittige Aufgabe.

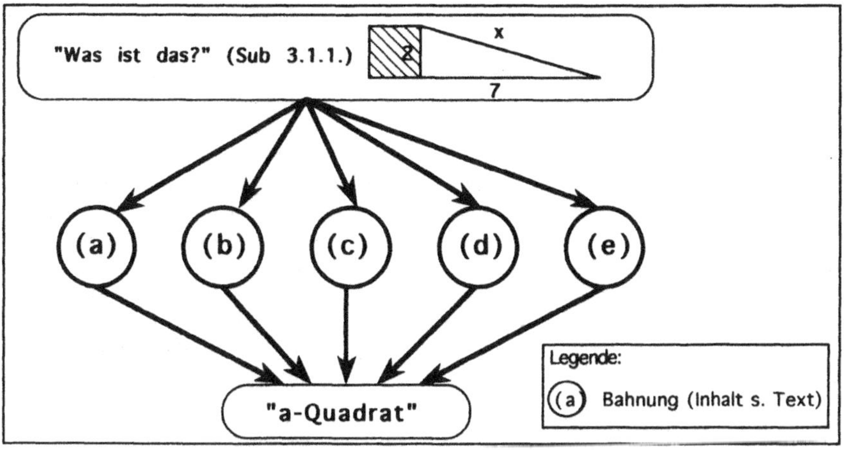

Figur 12: "Bahnungen zwischen Aufgabe (Sub 3.1.1.) und Lösung"

(3) kognitive Reduktion

Die nächste Aufgabe der Sequenz lautet:

(s310) "Wie groß ist das hier?" (Sub 3.1.2.).

Die Klassifizierung von "das" als "a-Quadrat" geht als kontextuelle Vorgabe mit in die Aufgabe ein, die damit eigentlich

*>Wie groß ist a-Quadrat hier?<

lautet. Sie zielt auf die Vernetzung der algebraisch-numerischen Ebene mit der vorgegebenen algebraisch-symbolischen. Die Schwierigkeit der Aufgabe liegt nicht in der Operation des Quadrierens, die mehrfach vorgebahnt ist: Durch den Begriff "Quadrat" selbst, durch das geometrische Grundwissen "Quadratfläche gleich Seite mal Seite", durch sinnliche Wahrnehmung (Kästchen an der Tafelzeichnung zählen). Die Schwierigkeit liegt in der Rezeption der Frage. Aus den Antworten der Schüler

(s311,312) Ataschin, S1: "a-Quadrat."

geht hervor, daß sie sie als Wiederholung bzw. Variante von Sub 3.1.1. ("Was ist das?" (s302)) auffassen. Dieser Auslegung widerspricht aber die kommunikative Evidenz der Situation: Die vorangehende Aufgabe Sub 3.1.1. wurde ja deutlich abgeschlossen:

(s308,309) L: "Aha! a-Quadrat, ne?".

Damit wird die Folgeaufgabe als neue, nicht als Wiederholung ausgewiesen. Um (s310) "Wie groß ist das hier?" (Sub 3.1.2.) als neu zu rezipieren, muß sowohl die vorige Aufgabe wie ihre Lösung noch aktiviert sein und jetzt in Zusammenhang mit der neuen gesetzt werden. Aus dem Abgleich beider Aufgaben muß der entsprechende Anteil des Gesamtplans synthetisiert werden. Ohne diese Syntheseleistung kommt es zur fälschlichen Auffassung von Sub 3.1.2. als Wiederholung von Sub 3.1.1. Die Rezeption von Sub 3.1.2. im Sinne der anstehenden Vernetzung von algebraisch-symbolischer und algebraisch-numerischer Ebene des Quadrats über der Kathete zwei erfordert die Erschließung der *Gerichtetheit* der Aufgabensequenz im Sinne des Lehrergesamtplans. Offensichtlich ist für Ataschin und S1 der sequenzielle Charakter der beiden Aufgaben durch die Bestätigung “Aha! a-Quadrat, ne?” (s308,309) unkenntlich gemacht worden. Diese Bestätigung setzt nämlich als eigenständige Sprechhandlung das entscheidende Funktionsprinzip der Verdichtungstechnik (vgl. 4.3.) außer Kraft.

Eine Verbindung der beiden Aufgaben zu einer gerichteten Sequenz kann sich augenblicklich also nicht auf Signale aus dem Musterwissen stützen, sondern ist allein auf eigenständiges Problembewußtsein angewiesen. Deswegen setzt sich naturwüchsig die Logik des Aufgabe-Lösungs-Musters durch, nach der eine Vernetzung der gegebenen Wissenselemente auf der Handlungsseite der Schüler nicht existiert. Das selbständige Aufbewahren und Weiterverarbeiten der Lösungen ist nicht Bestandteil des Musters, das für die Schüler mit dem Abliefern der Lösung bzw. ihrer Kenntnisnahme als richtig abgeschlossen wird. Ataschin und S1 verhalten sich konsequent musteradäquat. Die Rezeption der Aufgabe Sub 3.1.2. erfordert eine Leistung, die durch ihren Aufgabencharakter verstellt wird.

Der für die Vernetzung erforderliche Rückbezug, die Synthese zwischen der algebraisch-symbolischen und algebraisch-numerischen Ebene wird durch die Fragmentarisierung der Vernetzungsarbeit in zwei isolierte Aufgaben für je eine dieser Ebenen blockiert. Ohne Gegensteuerung etwa durch eine erfolgreiche Verdichtungstechnik oder durch eigenständige Vernetzungsarbeit der Schüler bleibt die Aufgabe unlösbar. Daran wird ein Kernproblem des Aufgabe-Lösungs-Musters deutlich: Ein komplexes Problem kann zwar fragmentarisiert, d.h. in Subaufgaben aufgelöst werden, weil aber mit Eintritt in das Aufgabe-Lösungs-Muster der systematische Rückbezug auf außerhalb liegende Wissenselemente aufgegeben wird, sind darin nur solche Subaufgaben lösbar, deren erforderlicher Kontext in Form einer Vorgabe dem propositionalen Gehalt der Aufgabe beigesellt wird.

Mit Sub 3.1.1. liegt eine Aufgabe vor, die ihren erforderlichen Kontext in sich trägt, mit Sub 3.1.2. eine ohne weiteren Kontext, hier in Form des Rückbezugs auf Sub 3.1.1. unlösbare Aufgabe. Auf diese Weise ist L gezwungen, den Kontext portionsweise vorzugeben, um seinen Gesamtplan zu realisieren. Die Strategie der Vermeidung von Vorgaben (vgl. 3.3.) gerät in einen schwer lösbaren Konflikt mit dem verfügbaren Instrumentarium: Die Zerlegung in Subaufgaben-Sequenzen, die der Erschließung des Kontexts dienen soll, wird zum Hindernis dieser Erschließung, ja zur Ursache der Kontextzerstörung. Als scheinbaren Ausweg aus diesem Paradox des Aufgabenlösens verpflichtet der Lehrer die Schüler zunehmend zu operativen Hilfsdiensten im Rahmen kontextueller Vorgaben seines Gesamtplans. Die Strategie der Vermeidung von Vorgaben verwirklicht sich in einer formalisierten, inhaltlich auf operative Hilfsdienste reduzierten Beteiligung der Schüler. Um die Aufgabe Sub 3.1.2. zu lösen, muß das Muster, in dessen Rahmen sie gestellt wird, überschritten werden, d.h. die Lösung der Aufgabe kann nur gegen den Strom der Musterstrukturen gelingen.

Der Logik des aufgabenlösenden Lehrens entspricht in dieser Situation nun keineswegs, daß L Hilfen für die Überwindung des Musters liefert, sondern vielmehr ein weiteres kontextreduzierendes Versinken in Vorgaben, d.h. in zunehmender Kleinschrittigkeit. Auch L ist ein Gefangener dieser negativen Dynamik des Aufgabenlösens.

Mit der nächsten Aufgabe:

(s313) "Wie groß ist das, wenn das ((zeigt auf eine Kathete des Quadrats über "2")) *zwei ist?" (=Sub 3.1.3.)*

wird die algebraisch-numerische Zielebene der mit Sub 3.1.2. angeforderten Vernetzung vorgegeben. Rezeptionsarbeit, Zielebene und Ausgangsebene sind vorgegeben. Ein Bündel von Bahnungen macht den Übergang zur Selbstverständlichkeit. Zwischen Aufgabe und Lösung liegt nurmehr die nackte Operation.

Mit der nächsten Aufgabe:

(s318) "Rechne das mal aus!" (=Sub 3.1.4.)

wird sogar noch die Durchführung der Operation zum Gegenstand einer Subaufgabe gemacht. Die Absurdität dieses Vorgangs macht das Maß der kognitiven Reduktion dieser operativen Einschrittigkeit deutlich. Alle Subaufgaben der Sequenz Sub 3.1. können durch einen einzigen mentalen Akt bewältigt werden:

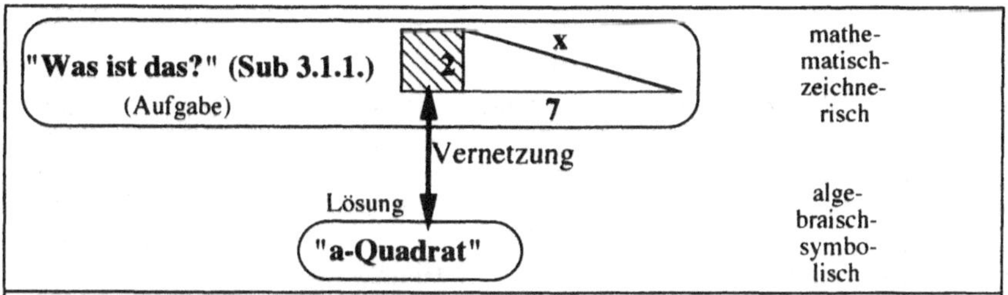

Sub 3.1.1.: Eine Vernetzung (mehrfach vorgebahnt) zur Lösung erforderlich.

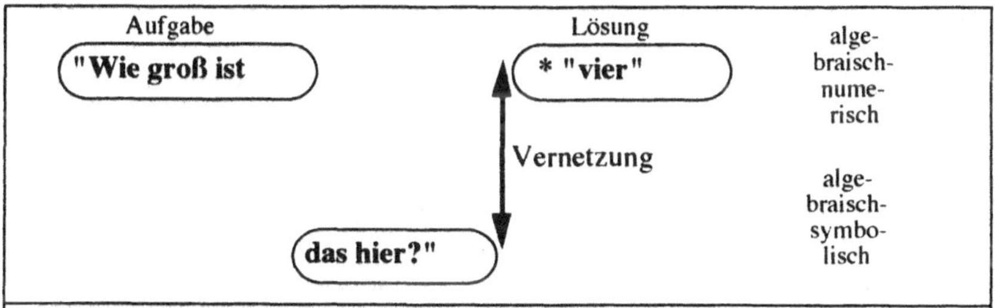

Sub 3.1.2.: Eine Vernetzung (* = nicht vollzogen) zur Lösung erforderlich.

Auch die nicht bewältigte Aufgabe Sub 3.1.2. ist einschrittig. -Sie unterscheidet sich dadurch von den anderen, daß ihre Zielebene nicht vorgegeben, sondern durch eine Vernetzung zu bestimmen ist, die den Rückbezug auf Sub 3.1.1. erfordert. Einschrittigkeit ist die Erscheinungsform der Kommunikation in der engsten Phase des Trichtermusters. Ihr Wesen ist die Vorgabe des Kontexts durch den Lehrer sowie sein Verlust und die Reduktion auf operative Hilfsdienste auf Seiten der Schüler.

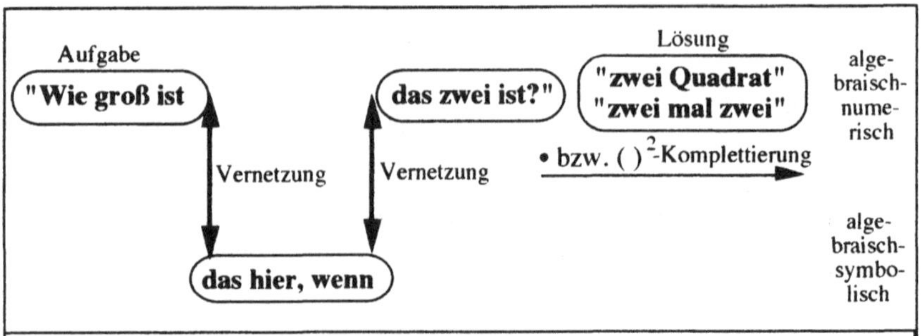

Sub 3.1.3.: Zwei Vernetzungen in der Aufgabe vorgegeben, eine "mal"- bzw. "Quadrat"-Komplettierung zur Lösung erforderlich.

Figur 13: "Negative Dynamik des Aufgabenlösens (kognitive Reduktion) bei der Bearbeitung der Subaufgaben-Sequenz Sub 3.1.1. - Sub 3.1.3."

(4) Einschrittigkeit

Fehlende Motiviertheit angesichts entfremdeter Aufgaben ist ein Einstieg in die Einschrittigkeit. Jede Zerstörung des Problemcharakters führt zu einem abnehmenden Ausmaß der Quantität, vor allem aber Qualität der erforderlichen mentalen Arbeit. Die Einschrittigkeit ist nur der Endzustand dieses Prozesses, in dessen Verlauf der Hintergrund und die Bezüge zu anderen Ebenen der Problemgestalt aufgelöst werden. Einschrittigkeit ist als Ergebnis fehlender Motiviertheit auch Folge schlechten Unterrichts, in dem der Lehrer es nicht mehr versteht, Hintergründe und Zusammenhänge klar zu halten, die während ihrer Erklärung schon wieder in der additiven Beliebigkeit des Aufgabenlösens verschwinden. Einschrittigkeit ist insofern eine Erscheinungsform des Paradoxons des Aufgabenlösens.

Die Frage, wer mit der Einschrittigkeit anfängt, Lehrer oder Schüler, ist im Bezug auf ihre Ursachen müßig. Egal, ob beim Eintritt in den Fehlerkreis die Schüler von vornherein nicht gewillt sind, mehr als das knapp oberhalb der Sanktionsschwelle Liegende zu leisten, oder ob der Lehrer in Erwartung dieser Einstellung bereits präventiv mit Minimalforderungen beginnt und in ihnen die Reste von Kontextverständnis zum Verschwinden bringt, ist das Ergebnis die gleiche negative Dynamik. Die Einschrittigkeit hat eine naturwüchsige Tendenz zur Selbstreproduktion.

Damit ist die Frage nach den Bedingungen aufgeworfen, unter denen die Einschrittigkeit überwunden werden kann. Ohne ihre Überwindung können komplexere Einheiten nicht bewältigt werden. Einschrittigkeit ist Bestandteil einer bestimmten Analysestrategie: Ein komplexer Sachverhalt, der das Gesamtproblem widerspiegelt, wird entsprechend bestimmten, gemäß dem professionellen Wissen des Lehrers festgelegten Fragestellungen -den Leitfragen und ihren Ableitungen- in subordinierte Einheiten aufgespalten. Diese, subordinierte Einheiten erster Ordnung, werden ihrerseits in solche zweiter und dritter Ordnung zergliedert, bei deren Lösung dann die Einschrittigkeit erreicht ist. Die Hierarchie der Subaufgaben-Sequenzen weist nicht eine lineare, sondern eine exponentielle Einengung des kontextuellen Hintergrundes auf.

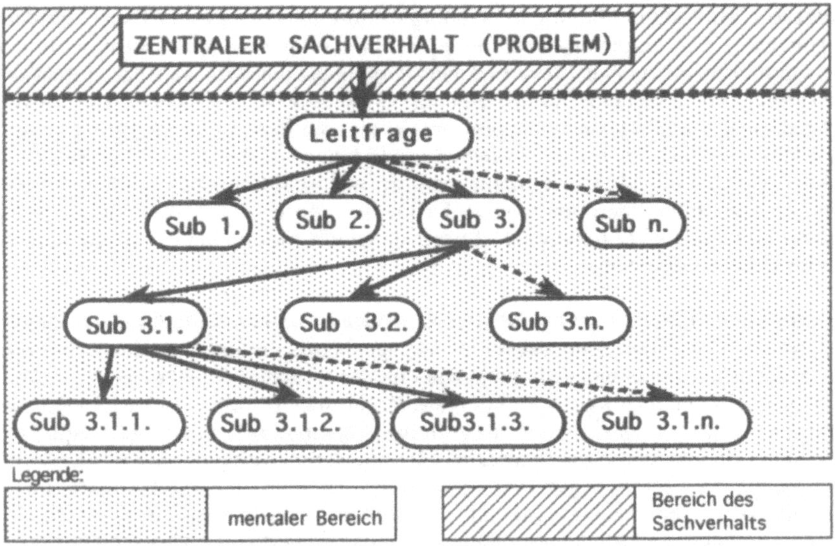

Figur 14: "Aufschließung eines Problems durch Leitfrage und subordinierte Aufgaben erster, zweiter und dritter Ordnung"

Die Zerlegung in Subaufgaben-Sequenzen, die der Erschließung des Kontexts dienen soll, wird paradoxerweise zum Hindernis dieser Erschließung, ja zur Ursache der Kontextzerstörung, weil sie nach der Art des Trichtermusters zu Aufgaben führt, zu deren Lösung immer geringere Kontextanteile ausreichen. Als scheinbaren Ausweg aus diesem Paradox des Aufgabenlösens verpflichtet der Lehrer die Schüler zunehmend zu operativen Hilfsdiensten im Rahmen kontextueller Vorgaben seines Gesamtplans.

Dazu gehört auch der Einsatz von Bahnungen für Analogieprozesse oder das Einsprechen der Schüler in Lücken, die der Lehrer in Beiträgen läßt, die inhaltlich, methodisch und syntaktisch von ihm vorgegeben sind. Das Einsprechen kann mit der Reißverschlußtechnik innerhalb eines Satzes sogar fast alternierend werden, ohne daß sich etwas an diesen Gegebenheiten ändert.

Einschrittigkeit ist die Erscheinungsform der Kommunikation in der engsten Phase des Trichtermusters. Ihr Wesen ist die Vorgabe des Kontexts durch den Lehrer sowie sein Verlust und die Reduktion auf operative Hilfsdienste auf Seiten der Schüler. Größe und Anzahl der Vorgaben-Portionen bemessen sich nach den Abschnitten, die operative Hilfsdienste in den Lehrergesamtplan einfräsen. Einschrittigkeit ist das Ergebnis einer aufgabenlösenden, d.h. kontextreduzierenden Analyse nach der Strategie der Vermeidung von Vorgaben (vgl. 3.3).

Um einen komplexen Sachverhalt wissensmäßig zu vermitteln, wird er vom Lehrer gemäß seinem Plan in Teile, d.h. einzelne Aufgaben, zerlegt. Dieser Prozeß wird mit der Bearbeitung der Aufgaben durch Subaufgaben erster, zweiter und dritter Ordnung fortgesetzt. Die Hierarchie dieser Subaufgabenordnungen ist nicht linear, sondern exponentiell. Die Fragmentarisierung gipfelt bei völliger Kontextzerstörung in der Einschrittigkeit, d.h. in Aufgaben, zu deren Bewältigung nur noch ein einziger mentaler Arbeitsakt, etwa eine "plus"-Komplettierung notwendig ist. In einschrittige Aufgaben geht wesensgemäß kein Kontextanteil mehr ein, sie haben ihren Kontext in sich selbst und sind ohne Bezug auf Vorgänger- und Folgeaufgabe lösbar. Ihr Bindeglied ist die Zeit, d.h. die additive Reihung. Jenseits der Einschrittigkeit beginnt mit dem Monolog des Lehrenden eine andere Diskursart, die unter den Bedingungen der Institution Schule nicht funktional ist, weil sie zu ihrer Rezeption das Eigeninteresse der Lernenden voraussetzt.

Einschrittige Aufgabe-Lösungs-Muster-Sequenzen sind eine Form, die Aneignung des Lernstoffs bei fehlendem oder teilweise gegenläufigem Interesse durchzusetzen. Die Schüler werden in einer Art und Weise an der mentalen Arbeit beteiligt, daß sie sich ihr nicht entziehen können, ohne die Regeln der Institution zu verletzen und Sanktionen auf sich zu nehmen. Einschrittige Aufgabe-Lösungs-Muster- Sequenzen sind eine Form mentaler Arbeit unter den Bedingungen institutioneller Zwangskommunikation. Der Protest gegen die Aufbürdung unerwünschter Arbeit äußert sich individuell auf Schülerseite darin, daß versucht wird, das Ausmaß dieser Arbeit so gering wie möglich zu halten: das Ergebnis ist mit der Stabilisierung der Einschrittigkeit eine Erscheinungsform der negativen Dynamik des Aufgabenlösens.

In der Einschrittigkeit dient die Schülerbeteiligung am Unterrichtsprozeß der Verschleierung der Lehrer-Dominanz in der Problemableitung, der Kontrolle der Adaptation des Lehrer-Vortrags durch die Schüler sowie der Verhinderung ihrer Beschäftigung mit anderem durch die Beschlagnahme rudimentärer mentaler Aktivitäten. Sie dient allem möglichen mit einer Ausnahme: Der Problemlösung. Die Einschrittigkeit ist die Reproduktion des Monologs unter den Bedingungen der Institution Schule. Sie gewährt zwar keine Erkenntnisarbeit auf Schülerseite, sorgt aber für ihre formale Einbindung ins Geschehen. Sie entspringt nicht kognitiven, sondern eher disziplinären Ursprüngen. Die Einschrittigkeit ist die Erbin des Rohrstocks; sie ist effizienter als jener, da sie sich auf empfindlichere Körperteile richtet. Durch einschrittige Aufgabe-Lösungs-Muster-Sequenzen wird der Lehrermonolog in eine Interaktionsform inquisitorischer Qualität transformiert.

Nach der Zergliederung des Gesamtproblems entsprechend der dem Lehrer wesentlich erscheinenden Problemstellungen stellt sich für ihn die Notwendigkeit der Rekonstruktion des Zusammenhangs. Dabei handelt es sich um einen Syntheseprozeß, der in seiner Minimalform die Kombination zweier einschrittiger Teilaufgaben voraussetzt.

Mit der Quantifizierung und Klassifizierung der nötigen mentalen Akte für die Lösung der Einzelaufgaben einer Sequenz, wie z.B. Sub 3, kann man zwar aufgabenlösende Analyseprozesse genau beschreiben, aber die Qualität der fürs Problemlösen erforderlichen Syntheseleistungen kann so nicht erfaßt werden. Es wäre z.B. sinnlos, aus

Haruns Pythagorasanwendung (s332,334) den mentalen Prozeß, der zu seiner Abgrenzung von "ix" als Strecke von der Rezeption der anderen Aufgabenbestandteile als Flächen führt, isoliert zu betrachten, denn diese Abgrenzung macht nur einen Sinn im weiteren Lösungsverlauf, d.h. wenn Harun mit ihr noch etwas vorhat. Die Präfiguration dieses weiteren Verlaufs geht als vorantreibender Impuls bereits in die Klassifizierung von "ix" ein, kann aber in diesem Teilbereich nicht isoliert nachgewiesen werden. Genauso ist z.B. die Addition von "vier" und "neunundvierzig" zu "dreiundfünfzig" für sich genommen müßig und erhält ihren Sinn nur aus der Weiterverarbeitung über die Wurzeloperation. Der Raum zwischen der Aufgabe "Wie groß ist x?" und der Lösung "Wurzel dreiundfünfzig" kann nur als Ganzer in seiner Qualität erfaßt werden. Bei der isolierten Betrachtung von Teilen dieser Einheit gerät die entscheidende qualitative Dimension der Leistung aus dem Blickfeld.

Für alle problemlösenden Syntheseleistungen gilt, daß ihre Qualität durch die Summe ihrer Einzelbestandteile nicht zu erfassen ist, sondern nur durch den Rückbezug der Leistung aufs Problemganze und ihre Funktion im Lösungsprozeß. Die Qualität von ein- und mehrschrittigen Aufgaben dagegen erschöpft sich in den für ihre Lösung zu durchlaufenden Einzelakten, die unvernetzt in sich selber ruhen. Lösungsversuche, zu deren Realisierung viele Schritte zurückgelegt werden müssen, können durchaus von geringerer Erkenntnisqualität sein als solche, die mit wenigen Schritten entscheidende Vernetzungen vollziehen. Schematisch-operative Aufgabenlösungen können ohne den geringsten Erkenntniswert über viele Stationen laufen, ohne daß die Begriffsebenen des Problems durchdrungen werden.

Die reduzierteste Form der Synthesetechnik ist ihre Vorgabe im Lehrervortrag, indem der Lehrer die durch die operativen Hilfsdienste der Schüler vervollständigten Teile seines Gesamtplans selbst zusammenfügt. Die fortgeschrittenste Form der Synthese ist die selbständige Vernetzung des gegebenen Wissens in den Zusammenhang des Gesamtproblems und die daraus folgende Weiterverarbeitung gemäß Position 1 des Musters schulisches Problemlösen. Ich analysiere weiter unten (vgl. 4.4.) eine Synthesestrategie, bei der es sich um einen Mittelweg zwischen diesen Formen handelt, indem einerseits die Vorgabenlieferung der Synthese durch den Lehrer weitgehend vermieden wird, andererseits den Schülern der Ableitungsgang methodisch so aufbereitet wird, daß eigene Syntheseleistungen erleichtert und nahegelegt werden.

2.3. UNTERRICHT ALS REITERIERENDER DURCHLAUF DURCH DAS AUFGABE-LÖSUNGS-MUSTER

Wenn man bestimmte kommunikative und soziale Erscheinungen unberücksichtigt läßt, kann der Unterricht als Folge von Durchläufen durch das Aufgabe-Lösungs-Muster dargestellt werden. Der Zusammenhang der einzelnen Durchläufe ergibt sich nach dem Gesamtplan des Lehrers. Dieser Gesamtplan selbst wird aber im Unterricht nicht explizit gemacht. Er liegt mehr oder weniger klar ausgearbeitet im mentalen Bereich des Lehrers vor, bzw. wird von ihm entlang bestimmter Vorgaben erst in der Interaktion entworfen. In seiner Realisierung werden schrittweise diejenigen Stationen durch Aufgabe-Lösungs-Muster erarbeitet, die dem Lehrer aus seiner Erfahrung, aus seiner Ausbildung und aus seiner Einschätzung der Unterrichtsinteraktion heraus als unverzichtbar erscheinen. Daher besteht schon von der Lehrerseite her nicht notwendig eine Kongruenz zwischen den Inhalten des Gesamtplans und der Summe aller durchlaufenen Aufgabe-Lösungs-Muster. Auf der Schülerseite wird eine solche Übereinstimmung dadurch weiter eingeschränkt, daß bei weitem nicht alle Schüler die Ergebnisse aller Aufgabe-Lösungs-Muster in ihr Wissen integrieren.

Bei diesen quantitativen Unterschieden bleibt außerdem der qualitative vorerst unberücksichtigt, den das durch das Aufgabe-Lösungs-Muster erarbeitete Wissen grundsätzlich zu dem über das Muster schulisches Problemlösen erarbeiteten auch dann noch hat, wenn man eine optimale Übereinstimmung zwischen Lehrergesamtplan, bearbeiteten und ins Wissen der Schüler integrierten Aufgabe-Lösungs-Mustern unterstellt. Insgesamt ergeben sich so erhebliche qualitative Differenzen im kognitiven Bereich zwischen dem, was nach Ansicht des Lehrers im Unterricht 'dran' war, d.h., was der behandelte Stoff für ihn bedeutet und dem, was für die Schüler ersichtlich tatsächlich thematisiert wurde.

Zur Analyse dieser Differenzen dient die folgende schematische Zusammenstellung der im Unterrichtsabschnitt Nr. 1 "Subtraktion von Restflächen" bearbeiteten Aufgaben und Lösungen. Sie sind gemäß ihrer linearen Sukzession an der sprachlichen Oberfläche durchnumeriert: -Zahlen in spitzen Klammern: «1» bis «34»- und voneinander abgetrennt. Die Realisierungen bestimmter anderer Positionen des Musters an der sprachlichen Oberfläche, wie z.B. Bestätigungen, Bewertungen, Hilfen und Wiederholungen der Aufgabenstellungen in unwesentlich veränderter Form sind der besseren Übersichtlichkeit halber weggelassen. Die Äußerungen sind sprachlich vereinfacht und mit Segmentverweis und Namen runde Klammern -z.B. (Yirgalem, s13)- versehen; Kurzkommentare zum analytischen Stellenwert der jeweiligen Äußerungen stehen in eckigen Klammern - z.B. |Zusammenfassen|-; Charakterisierungen nonverbaler Handlungen sind in geschweiften Klammern -z.B. {Zeichnen}- angeführt:

Aufgabe	Lösung
	Wenn alle Dreiecke mit dem Strecken verhältnis drei zu vier zu fünf recht-winklig sind ... (Tafelanschrieb) |Zusammenfassung früherer Ergebnisse, Einstieg|
« 1»----------	
Umdrehen (L, s3) |Sprachwissen|	
	Dann haben alle rechtwinkligen Dreiecke das Verhältnis drei zu vier zu fünf (Yirgalem, s9)
« 2»----------	
Stimmt das? (L, s11)	
	Das ist falsch, aber/ (Yirgalem, s13) |Abbruch einer eigenständigen Auswertung|

« 3»--

Wie haben wir das untersucht? (L, s18)

Einfach nen rechten Winkel hingemalt, und nen Strich durchgezogen. (Kevin, s19) |Zusammenfassen|

« 4»--

Welches Verhältnis hatten wir? (L ,s24)

Verschiedene (Yirgalem, s26) |Zusammenfassen|

« 5»--

Wenn es falsch ist, dürfen wir es nicht als.

{0} (s28a)
Aussage (L, s29) |Vorgabe|

sagen, sóndérn? (L, s30)

Punkt machen (Yirgalem, s31)
Nein, wir machen eine Frage. (L, s32) |Vorgabe|

« 6»--

Eine Frage. (L, s34)

Dann alle rechtwinklige Dreieck auch hat eine bestimmte Strecke. (Harun, s37) |Sprachlogik/Analogieschluß|

« 7»--

Wenn alle Dreiecke mit dem Streckenverhältnis drei zu vier zu fünf rechtwinklig sind, haben dannauch alle rechtwinkligen Dreiecke ein bestimmtesStreckenverhältnis? (Tafelanschrieb) (L, s48) |Leitfrage|

« 8»--

Welches Streckenverhältnis haben sie schon mal nicht ... alle? (L, s56) |Fokussierungshilfe für die Bearbeitung der Leitfrage durch Erinnern an die Aporie ihrer direkten Lösung auf der algebraisch-numerischen Ebene|

drei zu vier zu fünf (Yirgalem, Daud, Ataschin, s57-59) |(Falsch-) Rezeption im Sinne des Elizitierens|

« 9»--

Ja. Und haben sie alle deins, Kevin? (L, s60) |vgl.« 8»|

Nein. (Kevin, s61) |(Falsch-)Rezeption im Sinne des

Bestätigens|

| BRUCH IM ABLEITUNGSGESCHEHEN /
PRODUKTION DES WISSENS ÜBER MEMORIERENDES OPERATIVES HANDELN |

«10»--

Was kam dann? (L, s64)
|zeitliches Nacheinander|

Die Geschiche mit den Quadraten. (Yirgalem, s67) |Zusammenfassung|

«11»--

Was haben wir da dann gemacht? (L, s69)
|operatives Nacheinander|

{Ø (=Nullelement)} (s69a)

«11a»--

Wer kann das mal eben einzeichnen? (L, s70)
|operatives Handeln gemäß dem Bewegungs- und Formengedächtnis, Memorieren|

{Scheitern} (Kevin, s72-100)
{Zeichnen} (Daud, s93-132)
|Handwerkeln|

«12»--

Das auch noch? (Daud, s134)

{Wischen} (Daud, s134) |Handwerkeln|

«13»--

{*>*Was bekommen wir dann?*<} (Daud, s142)

Und dann wir bekommen a-Quadrat plus b-Quadrat ist gleich c-Quadrat.
(Daud, Ataschin, Yirgalem, s142-146)
|Ergebnis der Zeichenoperation|

«14»--

Wer kann das zeigen, wie wir dahin kommen?
(L, s148)
|Erste Reetablierung der Leitfrage: Anfordern einer deiktischen Prozedur vs.: einer Begründung|

| DIVERGIERENDE KATEGORISIERUNGEN UND KONTEXTE / MUSTERKONFLUENZ |

Hier ...a-Quadrat, ne? ((wischt rechts ein Dreieck ab)) *Äh .. de/ Strecke, Winkel.*
(Harun, s154-155) |Rezeption der Aufgabe im Sinne handwerkelnden Operierens: Entfernung von Resten|

«15»--

Was machst du weg? (L, s156)

Die Strecke. (Harun, s157a)

«16»--

Die Strecke? (L, s158)

Nee, Quadrate/ (Harun, s15)

«17»--

Das Quadrat? (L, s164)

De erste. (Harun, s165)

«18»--

Na, mach mal.. (L, s166)

((wischt wieder links)) (Harun, s167)

«19»--

Was hast du links gemacht? (L, s176)

De Dreiecke weggestrichen. (Harun, s177)

«20»--

Und was machst du jetzt rechts? (L, s185)

Diese .. habe ich gleiche. (Harun, s190)

«21»--

Warum machst du die denn da weg? Was soll das? (L, s191-193a) |Zweite Reetablierung der Leitfrage: Anfordern einer Begründung|

((läßt die Arme hängen)) *Wir tun eben.* (Harun, s194-195) |Begründung des Handwerkelns: Ratlosigkeit ≈ "Aporie" des Problemlösens|

| DIRIGIEREN DER SCHÜLERHANDLUNGEN ÜBER TRICHTERMUSTER |

«22»--

Was hast du h i e r weggemacht? ((bedeutet ein Dreieck links))(L, s198) |Sub 1|

Vier ... Dreiecke ... Rechtwinkelige. (Harun, s200-218) |Benennen, Zählen|

«23»--

Und was hast du hier ((zeigt aufs rechte Rahmenquadrat)) *weggemacht?* (L, s220) |Sub 2|

Hier auch rechtwinkelige Dreiecke. (Harun, s221) |Analogieschluß|

«24»--

(...) Dreiecke (...)? Sehe ich nicht. Zeig mir das! (L, s222-222b) |Sub 2.1.|

Aus einem ... Richteck ... bekommen wir .. äh, zwei richtwenklige/ (Harun, s223-295) |Nachsprechen|

«25»--

W i e ? Zeig das mal! Wie machen wir das? (L, s296) |Sub 2.2.|

{Scheitern} (Harun, s299-312)

«26»--

((Zeichnet ein separates Rechteck)) *Mach da mal*

ein Dreieck draus! (L, s314) |Sub 2.2.1.|

((zeichnet unter Vorsagen eine Diagonale)) (Harun, s299-326a) |Handwerkeln|

«27»--

Und was sollst du hier machen?
((Zeigt auf die Rechtecke im rechten Rahmenquadrat)) (L, s328-345)
|Rücktransfer von Sub 2.2. auf Sub 2.1.|

{Scheitern} (Harun, s333-346)

«28»--

Nää, nicht mit dem Schwamm, ... mit der Kreide sollst du das machen!
(L, s347-347a) |Vorgabe|

((Zeichnet unter Vorsagen eine Diagonale)) (Harun, s348-358) |Handwerkeln|

«29»--

Was haben wir jetzt auf der rechten Seite? /(...) hier? / da und da? / Wieviel? / Insgesamt?
(L, s361-370) |Reetablierung von Sub 2.|

Rechtwinkelige / zwei und zwei / vier
(Harun, s362a-371) |Benennen, Zählen|

«30»--

Und was hatten wir hier((zeigt aufs linke Rahmenquadrat))? Wieviele? (L, s373-374)
|Reetablierung von Sub 1.|

Hier auch sind vier ((zeigt))
(Harun, s375) |Ablesen, Zählen|

«31»--

Was hast du dann gemacht? (L, s377)

Er hat weggewischt. (Yirgalem, s386)

«32»--

Wie hatte er gerechnet? Weggewischt hat er mit der Hand. (L, s389-391)
|Dritte Reetablierung der Leitfrage: algebraisch-operative Version|

Also, von beide Quadrate muß ... die ***gleichen/*** *äh, also die gleichen rechtwinkliges Dreieck muß weg sein.*
(Yirgalem, s392) |Vernetzung von mathematisch-begrifflicher und algebraisch-operativer Ebene des Problems|

«33»--

Wie rechnet man dann, wenn man "weg sein" redet? (L, s394) |Fokussierung auf die algebraisch-operative Ebene der Aufgabe|

Das verglichen, wieviele rechtwinkelige/ (Yirgalem, s395)

|Fortsetzung der Vernetzung, Abbruch|

«33a»--

minus
(Kevin, s396) |Lösung auf der algebra-isch -symbolischen Ebene|

«34»--

Ja, Kevin, minus was hat er gerechnet?
(L, s404) |Bestätigung, Anforderung der Zusammenfassung|

minús ... äh vier Dreieck
(Kevin, s405) |gültige Lösung|

==

Figur 15: "Kommentiertes Schema der wichtigsten 34 Aufgabe-Lösungs-Muster-Durchläufe des Unterrichtsabschnitts 'Subtraktion von Restflächen' in ihrer linearen Oberflächensukzession"

Die erste und entscheidende Differenz zwischen dem Wissen von L und den Schülern besteht in der Auffassung der Leitfrage. Während sie für L als konkrete Negation im Gesamtproblem vernetzt ist und sein Zielbewußtsein in der Phase der Erarbeitung des geometrischen Beweisverfahrens generiert, bleibt ihre innere Beziehung zum Problemkontext für die Schüler auf Grund ihrer Aufstellung über das sprachlogische Analogieverfahren diffus. Als fokussierende Kraft für die weitere Ableitung ist sie für die Schüler damit ausgeschaltet. Ein Zielbewußtsein im Sinne des Problemlösens existiert daher für die Schüler nicht mehr. An seine Stelle treten operative Handlungszusammenhänge gemäß dem Bewegungs- und Formengedächtnis (Handwerkeln/Memorieren) und zunehmend über Trichtermuster und andere Evokationsformen erzeugte Evidenzen.

Die Zielorientierung der Schüler im Aufgabenlösen besteht in der Produktion des Ergebnisses; sie sind also in «13» schon da, wo sie ihrer Ansicht und Erfahrung nach letztenendes hin sollen. Dementsprechend erscheint ihnen ja auch der Unterrichtsabschnitt als Wiederholung von Bekanntem:

(Kevin, Ataschin, s50,51) "Das hatten wir doch längst!"

Für die Schüler wird der handwerklich-operative Kontext, der für L spätestens mit «14» verlassen wurde, über den ganzen Unterricht hin nicht in Frage gestellt. Für L sind «14», «21» und «32» Reetablierungen der Leitfrage («7»), deren Kontext für ihn somit auf der alltäglich-allgemeinbegrifflichen («21»), auf der mathematisch-zeichnerischen («14»), auf der mathematisch-begrifflichen («7») und auf der algebraisch-symbolischen Ebene des Problems («32») (vgl. 1.6.) zur Debatte gestellt wurde. Für die Schüler wird ein außerhalb des Problemzusammenhangs gegebener handwerklich-operativer Kontext durch die Aufgabe-Lösungs-Muster der Oberflächensukzessionen «14» bis «34» mühsam in einen algebraisch-operativen Kontext überführt. Darin liegt für sie im günstigen Falle der kognitive Ertrag des Unterrichts. Der dadurch umgrenzte subjektive Kontext der Schüler prägt aber unweigerlich alle in die Unterrichtsinteraktion eingeführten Elemente in seinem Sinne: Die Quadrate und Dreiecke, mit denen hantiert wird, sind ebenso isoliertes Material, wie später die algebraischen Symbole und Buchstaben der Formel.

Die Divergenz der subjektiven Kontexte von L und Schülern bleibt ungehindert über den ganzen Unterrichtsabschnitt hinweg bestehen, weil es im Aufgabenlösen auf der Handlungsseite der Schüler keine Musterposition gibt, die die Vernetzung der gegebenen Wissenselemente im Kontext des Problems verlangt. Ein Unterrichtsverlauf, dessen innerer Zusammenhang unerfindlich ist, ist für sie der Normalfall. Die Aufklärung und Beseitigung von divergierenden Kategorisierungen identischer Phänomene geschieht daher, wenn sie überhaupt stattfindet, durch den Lehrer und in seiner Kompetenz. Für ihn ist sie aber nur mit erheblichem Scharfsinn hinter den Selbstverständlichkeiten sowohl des eigenen Fachwissens als auch der interaktiven Rollenverteilung der Aktanten im Unterrichtsgeschehen aufzuspüren.

Wie groß diese Schwierigkeiten sind, zeigt sich im vorliegenden Transkript daran, daß sich die divergierende Kategorisierung auch gegen zahlreiche Versuche von L durchsetzt, das Voranschreiten der Schüler gemäß einem von ihm zu Recht als nicht sachgerecht unterstellten Kontext zu desambiguieren: So veranlaßt er z.B. Harun in «24» und «25» gegen dessen Behauptung:

(s221) "Hier auch rechtwinkelige Dreiecke.",

sein Unwissen zu offenbaren und glaubt, dieses dann von «24» bis «30» über insgesamt 154 Segmente gründlich aus dem Wege geräumt zu haben. Auch die Ablehnung der handwerkelnd-operativen Fortsetzung von der Zeichnung übers Wischen zur Formel in «14» ist ja durchaus Ausdruck des Erkennens sachfremder Wissensproduktion durch die Schüler sowie des Versuchs, sie als solche erkennbar zu machen und durch mathematisch korrekte zu ersetzen.

Der Grund für die Erfolglosigkeit dieser Versuche, problemlösende Erkenntnisarbeit zu leisten, liegt in dem Zusammenhang, in dem die Versuche in der Unterrichtsinteraktion stehen. Es zeigt sich, daß es fast unmöglich ist, problemlösendes Verstehen von Teilaufgaben zu erzeugen, solange sie im Gesamtkontext isoliert, d.h. insgesamt ins Aufgabenlösen eingelagert bleiben. Wenn man den Oberflächensukzessionen, die sich mit der Abarbeitung solcher Teilaufgaben befassen, die begrifflichen Ebenen zuordnet, auf denen sie sich im Problemzusammenhang befinden, so ist festzustellen, daß sich von «11» bis «13» aber auch von «14» bis «31» alle Aufgaben entweder isoliert auf der mathematisch-zeichnerischen, oder, wie «32» und «33» isoliert auf der algebraisch-symbolischen Ebene befinden. Übergänge und Rückbezüge zu den anderen Ebenen des Problems, insbesondere zu den begrifflichen sind nicht vorhanden. Sie werden durch den Bruch im Ableitungsgeschehen (Memorieren, Handwerkeln) von den weiteren Handlungen abgeschnitten. Durch die Aufstellung der Leitfrage über sprachlogische Analogieprozesse wird die mathematisch-begriffliche Ebene nur scheinbar von der alltäglich-allgemeinbegrifflichen her erarbeitet. Die mathematisch-zeichnerische Ebene des geometrischen Beweisverfahrens wird weder von der alltäglich-allgemeinbegrifflichen Ebene her erarbeitet, noch vernetzend in die mathematisch-begriffliche Ebene überführt, sondern außerhalb des Problemzusammenhangs über das zeitliche Nacheinander ein- und handwerklerisch-operativ durchgeführt.

Der Versuch, isoliert zwischen der mathematisch-zeichnerischen und der algebraisch-symbolischen Ebene zumindest im Operativen problemlösend zu arbeiten, ist zum

Scheitern verurteilt, wenn diese Ebenen nicht mit der alltäglich-allgemeinbegrifflichen und der mathematisch-begrifflichen vernetzt sind. Der Problemlösungsprozeß erweist sich damit als ein notwendig in systematischer Form über die einzelnen Begriffsebenen des Problems hinweg zu entwickelndes Ganzes.

2.4. OBERFLÄCHENSUKZESSION UND STRUKTURELLE TIEFENSUKZESSION

Um den Stellenwert der einzelnen Aufgaben beurteilen zu können, ist es notwendig, sie im Rahmen der Gesamtproblemlösung zu betrachten: Aufeinanderfolgende Teilaufgaben können vor dem Hintergrund des Gesamtproblems ganz unterschiedliche Funktionen haben. Daher ist eine Darstellungsform wünschenswert, die sowohl dem faktischen linearen Verlauf der Kommunikation folgt als auch den Stellenwert zeigt, den die Oberflächenelemente in der Tiefenstruktur haben. Diese Darstellung der Oberflächensukzessionen des Unterrichtsabschnitts "Subtraktion von Restflächen" gemäß und in ihrer Tiefenstruktur erlaubt neben der Analyse der kognitiven Differenzen zwischen Lehrer und Schülern auch die Bestimmung des Verhältnisses zwischen sprachlicher Oberflächen- und struktureller Tiefensukzession. Wenn die Oberflächenelemente in ihrer Tiefenstruktur dargestellt werden, weicht der chaotische Eindruck, den die sprachliche Oberfläche beim Lesen des Transkripts noch hinterläßt. Stattdessen wird das Bild einer spezifischen Systematik und Beziehung der Oberflächenelemente deutlich, deren Funktion die Bewältigung der vom Lehrer festgelegten Aufgaben mit den gemeinsam verfügbaren kommunikativen Mitteln der Koaktanten ist. Ich möchte im folgenden bestimmte Merkmale dieser Systematik herausarbeiten, um daran anknüpfend zu einem späteren Zeitpunkt (vgl. 4.4.) eine sprachliche Strategie zu analysieren, mit der unter den Bedingungen des Aufgabenlösens mathematische Probleme kommunikativ bearbeitet werden können.

In der nachstehenden Figur 16 sind die sprachlichen Einheiten entsprechend ihrer Oberflächensukzession durchnumeriert (vgl. Figur 15) und mit Pfeilen verbunden, aber ihrer strukturellen Tiefensukzession entsprechend so auf verschiedene Ebenen gebracht, daß sich immer die inhaltlich zusammengehörigen Einheiten auf einer horizontalen Ebene befinden. Einheiten, die sachlich logisch auf einer Ebene sind und sprachlich unmittelbar auseinander hervorgehen, sind also durch einen waagerechten Pfeil miteinander verbunden, während Einheiten, die zwar in der sprachlichen Oberfläche aufeinanderfolgen, aber verschiedenen Ebenen der sachbezogenen Logik angehören, durch einen Pfeil verbunden sind, dessen Abweichung von der Waagerechten in etwa den Grad der Sachfremdheit der zur Produktion der Folgeeinheit benutzten Logik bzw. Methodik symbolisiert. Die Art dieser Logik bzw. Methodik ist in eckigen Klammern am Pfeil vermerkt.

Zu Beginn durchläuft der Unterricht ohne Beanstandung durch L das Aufgabe-Lösungs-Muster mehrmals mit unterschiedlichen Zielen, zu deren Realisierung auf Schülerseite folgende kognitive Leistungen zu vollbringen sind: Sprachlogik («1»), Zusammenfassungen («3» und «4»), sprachlogischer Analogieschluß («5», «6» und «7»), (Falsch-) Rezeption einer Fokussierungshilfe im Sinne des Elizitierens bzw.

Bestätigens («8» und «9»), zeitliches Nacheinander («10»), Memorieren und operatives Handeln gemäß dem Bewegungs- und Formengedächtnis («11»).

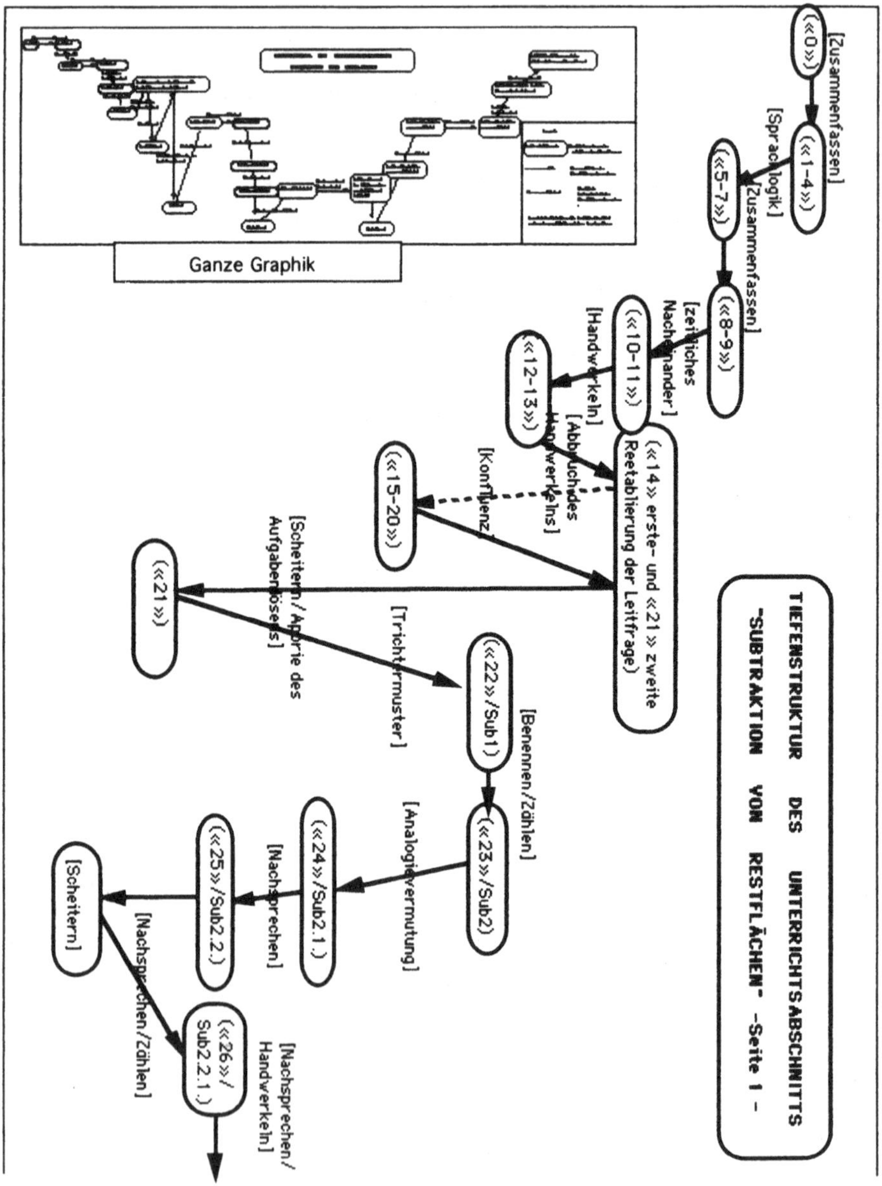

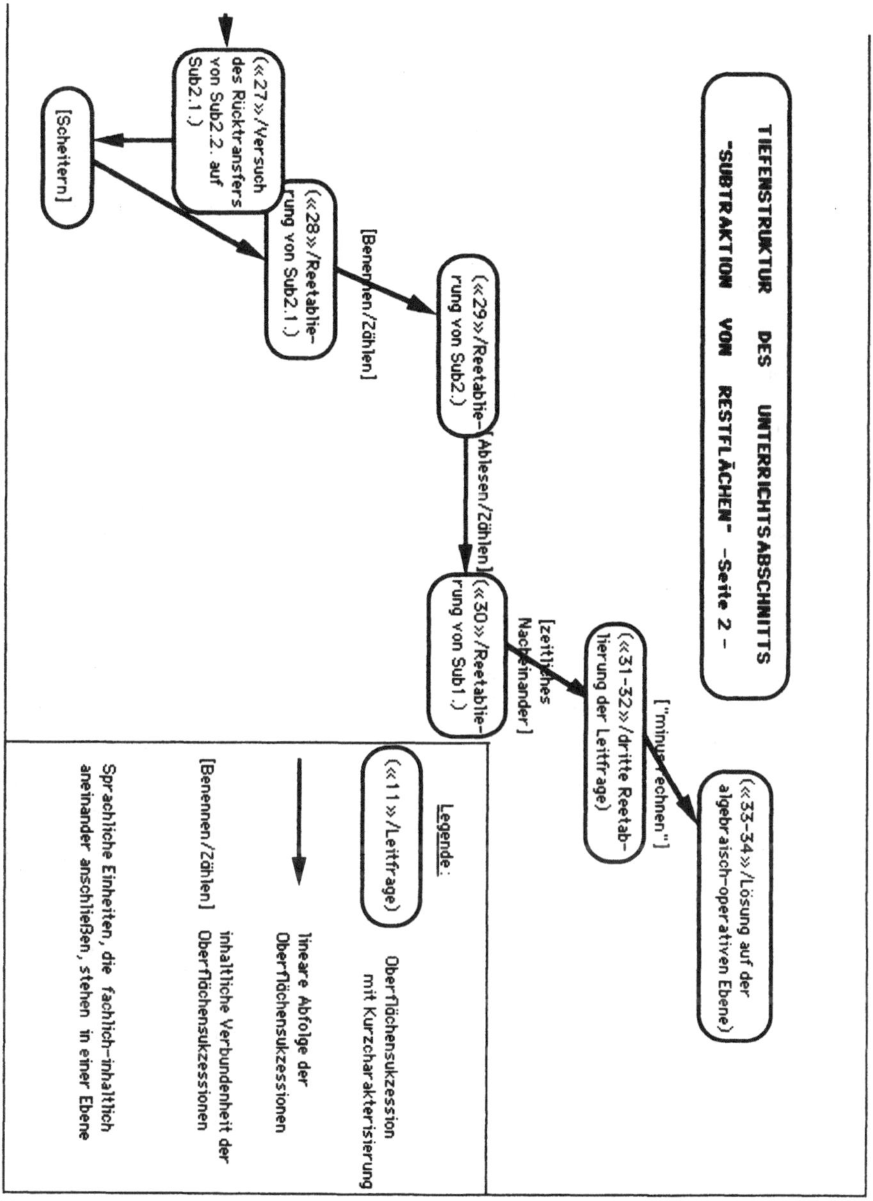

Figur 16: "Tiefenstruktur des Unterrichtsabschnitts 'Subtraktion von Restflächen'"

Die entscheidende Stelle des Unterrichts ist der Übergang von der Zeichnung des geometrischen Beweisverfahrens, (Daud, s93-132) in «11», zur Formel in «13», den Daud in «12» gemäß seiner Rezeption von «10» und «11» handwerkelnd-operativ mit dem Wischverfahren herstellen will, was aber von L nicht mehr akzeptiert wird.

Im gesamten folgenden Unterrichtsabschnitt, - «14» bis «34» -, dreht es sich dann um die Ersetzung des handwerkelnden Wischens in «12» durch die algebraisch-symbolische Subtraktionsoperation. Daher sind in der Tiefensukzession die Einheiten «33» bzw. «34» die unmittelbare Fortsetzung der Einheit «11». Zwei sprachliche Einheiten, die in der Oberflächensukzession durch mehr als dreiunddreißig Durchläufe durch das Aufgabe-Lösungs-Muster bzw. dreihundertsechsunddreißig Segmente getrennt sind, folgen in der Tiefenstruktur also unmittelbar aufeinander.

Andererseits sind im vorangehenden Unterrichtsabschnitt an der sprachlichen Oberfläche unmittelbar aufeinanderfolgende Einheiten wie «8/9» [Leitfrage, Fokussierungshilfe und deren (Falsch-) Rezeption] und «10/11/12/13» [zeitliches und operatives Nacheinander/handwerkelnde Aus- und Durchführung/Formel] durch mehrere in der inhaltlichen Tiefenstruktur zu bewältigende Einheiten voneinander getrennt: Es handelt sich um eine Reihe von Erkenntnisstationen, E.S. (3), E.S. (3.1), E.S. (4), E.S. (4.1), samt den dazugehörigen Aporien, konkreten Negationen usw. (vgl. 2.3.), die sich mit den Problemlösungsprozessen und Vernetzungen aller Begriffsebenen des Problems mit Ausnahme der algebraisch-numerischen Ebene befassen. Der Unterricht ist also dadurch gekennzeichnet, daß einerseits inhaltlich unmittelbar auseinander hervorgehende Einheiten an der Oberfläche weiträumig getrennt sind, andererseits an der Oberfläche unmittelbar aufeinanderfolgende Einheiten weiträumig getrennte inhaltliche Stationen repräsentieren. Die Erarbeitung dieser Erkenntnisstationen für die Problemlösung auf der algebraisch-symbolischen Ebene ist unabdingbar. Was hier ausgelassen wird, muß zu späterem Zeitpunkt nachgeholt werden.

Fachlich liegt das Ergebnis des Unterrichtsabschnitts also wie aus Figur 16 erhellt, in der Ersetzung des Übergangs von der Zeichnung zur Formel von einem handwerkelnd-operativen durch ein algebraisch-operatives Vorgehen. Die mathematisch-begriffliche Bedeutung der vollzogenen Operationen ist noch nicht Gegenstand des Unterrichts geworden. Ihre Erarbeitung setzt den Anschluß an die methodisch vorangehenden Ableitungsschritte voraus. Diese sind aber nur scheinbar, d.h. durch sachfremde Methoden erreicht und so aus dem Problemkontext ausgeschieden worden: Die Aufstellung der Leitfrage des Problems in «5-7» über sprachlogische Evidenz und der Übergang zur mathematisch-begrifflichen Ebene in «10-11» über zeitliches Nacheinander und memorierendes Operieren gemäß dem Bewegungs- und Formengedächtnis.

Diese Abkoppelung der im Unterrichtsabschnitt "Subtraktion von Restflächen" behandelten Aufgaben vom Gesamtkontext verursacht zum Ersatz für die fachlich adäquate Erarbeitung der Zusammenhänge den Einsatz aufgabenlösender Techniken: Kleinschrittigkeit, Trichtermuster, Suggestions- und Evokationstechniken, Vorgabenlieferung, Lehrerassertion. Um am Gesamtproblem wieder anschließen zu können, muß an den fehlenden Übergängen noch erhebliche Begriffsarbeit geleistet werden. Erst sie wird die Grundlage für ein problemlösendes Verständnis der hier vollzogenen algebraischen Operationen sichern können.

Das Verhältnis zwischen sprachlicher Oberflächen- und struktureller Tiefensukzession ist komplex. Es ist Ergebnis der Durchsetzung der Handlungszwecke des Lehrers - hier dem Nicht-Akzeptieren des Wischens als Weg von der Zeichnung zur Formel bzw. dem Anstreben einer Begründung in Form des algebraischen Operierens - unter den kommunikativen und kognitiven Rahmenbedingungen der Unterrichtsinteraktion. Deren Analyse erweist sich damit zur Bestimmung dieses Verhältnisses als unabdingbar. Das Verständnis dieses Verhältnisses ist auch Voraussetzung für die Nachvollziehbarkeit des Ableitungsgeschehens im Sinne des Lehrergesamtplans.

Da die Abarbeitungsstationen des Lehrergesamtplans aber nicht in ihrer Funktion für das Gesamtproblem transparent sind, existiert nur lehrerseitig im Geschehen ein innerer Zusammenhang, während sich auf der Schülerseite der rote Faden der aufeinanderfolgenden Aufgabe-Lösungs-Muster als unentwirrbar bzw. der Zusammenhang als unbegreifbar darstellt: Die Schüler werden im Hinblick auf den aus der Rekonstruktion des inneren Zusammenhangs der Ableitungsschritte zu schließenden Fortgang der Ableitung zunehmend abhängiger vom propositionalen Gesamtplan des Lehrers, der in Konsequenz dieses Prozesses in ständig kleinere zu bewältigende Einheiten zerlegt wird: Das Trichtermuster entsteht. Der Verzicht auf die Entwicklung eigener Lösungswege, Zielsetzungen und der dafür erforderlichen Vernetzungen und deren Ersetzung durch eine Rezeption der Aufgabe-Lösungs-Muster-Durchläufe im Sinne eines qualitativ nicht klassifizierten additiven Nacheinander erscheint so auf Schülerseite als Konsequenz der dem eigenen Zugriff entzogenen Strukturierung der Tiefensukzession: Das Aufgabe-Lösungs-Muster stabilisiert sich selbst.

2.5. ZUSAMMENFASSUNG

Im Aufgabenlösen wird dem zu erarbeitenden Wissen in zweierlei Hinsicht sein Kontext entzogen: Zum einen wird schülerseitig der Zusammenhang nicht rekonstruiert, in dem die Aufgabe als Ganze zu dem Gesamtproblem steht, auf das sie bezogen ist, zum anderen werden die einzelnen Wissenselemente, deren Produktion die schrittweise Bearbeitung der Aufgabe nach dem Plan des Lehers dient, von den Schülern nicht mit ihrem Kontext innerhalb der Aufgabe vernetzt. Dieser Kontext ist dem jeweiligen Wissen aber kein äußerlicher, additiv oder sonstwie hinzufügbarer Faktor, sondern er macht wesentlich die Qualität des jeweiligen Wissens aus. Der mental verarbeitete Kontext entscheidet maßgeblich darüber, in welchem schulischen Handlungsmuster das Wissen bearbeitet wird.

Im Aufgabe-Lösungs-Muster verfügt als einziger der Lehrer über die Vernetzung von Gesamtzusammenhang und Detailfragestellung. Dieses Muster definiert sich als die naturwüchsige Handlungsform, in der die gesellschaftliche Notwendigkeit der Wissensweitergabe bearbeitet wird. Zweck des Musters ist es, Wissen akzeleriert an die Folgegeneration zu vermitteln, ohne sie die Bedürfnisse, Katastrophen und Zwänge erneut durchleben lassen zu müssen, aus denen heraus das jeweilige Wissen problemlösend entstanden ist. Die Lösung des gesellschaftlichen Problems der Wissensweitergabe in der Form des Aufgabe-Lösungs-Musters ist daher in ihrem innersten Kern mit einem Widerspruch behaftet. Es zeigt sich nämlich, daß man nicht ohne schwerwiegende Konsequenzen für die Wissensqualität auf die Vernetzung der einzelnen Wissenselemente im Gesamtzusammenhang des Problems verzichten kann.

Das Memorieren, d.h. die Einschränkung der Schülertätigkeit auf die Reproduktion der sprachlichen Oberfläche und das operative Handeln gemäß dem Bewegungs- und Formengedächtnis, ist eine didaktische Technik, bei der die Verbindung von Wissensfragmenten gemäß dem zeitlichen Nacheinander ihrer Darbietung, also ihre additive Verkettung zum Ersatz für die Vernetzung, d.h. für die fachlogische Rekonstruktion der Zusammenhänge des problematischen Sachverhalts wird. Indem das Memorieren z.B. die Bearbeitung der Aporie des schulischen Problemlösens ersetzt, verbirgt es diejenigen Defizite, die aus nicht vollzogener Vernetzung im Problemkontext resultieren. Mit dem Memorieren ist eine Technik gegeben, die die Produktion von Lösungselementen ohne die dazugehörigen Vernetzungen erlaubt. Da im Aufgabe-Lösungs-Muster nur der Lehrer über den Gesamtzusammenhang verfügen muß und für die Schüler das Muster mit dem Abliefern der Lösung beendet ist, ist das Memorieren eine spezifische Technik des Aufgabenlösens.

Eine weitere Konkretion des Aufgabenlösens besteht in der Fragmentarisierung des Schülerwissens. Die zu lernenden kognitiven Sachverhalte werden vom Lehrer in Aufgaben-Sequenzen überführt, deren innere Organisation durch eine hierarchische Zerlegung gekennzeichnet ist. Unlösbare Aufgaben werden weiter in Subaufgaben zerlegt, bis ein lösbares Niveau erreicht wird. Von Subaufgaben-Ordnung zu Subaufgaben-Ordnung kommt es zu einer exponentiell ansteigenden Reduktion der Wissenselemente, die in die Aufgabe eingehen und für ihre Lösung vernetzend bzw. komplettierend zu berücksichtigen sind. Bahnungen, d.h. Rückgriffe auf Evidenzen erleichtern zusätzlich die Lösung.

Der Tiefpunkt der kognitiven Reduktion ist mit der Einschrittigkeit erreicht, d.h. wenn zu berücksichtigende Vernetzungen in der Aufgabenstellung selbst als Vorgabe enthalten sind und lediglich Operationen zu komplettieren bleiben: Trichtermuster entstehen. Das Trichtermuster dient dem Ersatz der Vernetzungen. Es ist eine professionelle didaktische Methode, die in einer fortlaufenden Reduktion der sachbezogenen kognitiven und sprachlichen Anforderungen und in ihrer Ersetzung durch kommunikative Evidenzen der Sprach- und Prozeßlogik, des Musterwissens usw. besteht. Mit zunehmender Kleinschrittigkeit verwandelt sich der Lehrervortrag mit verteilten Rollen für die Schüler in ein reißverschlußartiges Vervollständigen vorgegebener Strukturen. Das Paradox des Aufgabenlösens besteht darin, daß die Techniken und Methoden, die die schülerseitige Wissensproduktion sichern sollen, gleichzeitig zur Fragmentarisierung, d.h. zur Entwertung des Wissens im Bezug auf das anstehende Problem führen. Lehrervortrag mit verteilten Rollen, memorierendes operatives Handeln und Trichtermuster erzeugen durch Evozieren und Einschleifen an der sprachlichen Oberfläche ein formal korrektes Wissen, während korrelierend dazu die Fragmentarisierung des Wissens zunimmt.

Es bestehen quantitative und qualitative Unterschiede zwischen dem Lehrergesamtplan und seiner Realisierung in Aufgabe-Lösungs-Muster -Verkettungen. Aus der Analyse der Oberflächensukzession der Aufgabe-Lösungs-Muster erhellt, daß nicht alle, sondern nur bestimmte, dem Lehrer wesentlich erscheinende Bestandteile des propositionalen Gehalts zum Gegenstand von Aufgabenbearbeitungen gemacht werden. Eine sukzessive Vervollständigung des Gesamtproblems wird durch die Vernetzung der Ergebnisse dieser Aufgabe-Lösungs-Muster -Durchläufe nur auf der Lehrerseite erzeugt. Auf der Schülerseite aber entsteht lediglich eine additive Reihung, die die Präsentation im zeitlichen Nacheinander widerspiegelt.

Auf Grund der divergierenden mentalen Bezüge kommt es zu divergierenden Kategorisierungen, die nur an der sprachlichen Oberfläche registriert und repariert werden. Korrekturversuche führen so nicht zu einer Behebung der inhaltlichen Differenzen, sondern über zunehmend massive Steuerung lediglich zu einer einheitlichen Sprachregelung. Unter der betreffenden sprachlichen Oberfläche bestehen die Defizite unbehelligt weiter. Das gilt auch für Versuche, an einem im Rahmen des Gesamtproblems isolierten Einzelphänomen die Sachfremdheit aufgabenlösender Bearbeitungstechniken aufzudecken und durch problemlösende Erkenntnis zu reparieren. Ohne durch die Vernetzung der begrifflichen Ebenen zu einem Verstehen zu kommen, ist insbesondere eine Arbeit innerhalb der symbolischen und numerischen Ebenen vergeblich. Der Problemlösungsprozeß erweist sich damit als ein notwendig in systematischer Form über die einzelnen Begriffsebenen des Problems hinweg zu entwickelndes Ganzes.

Obwohl ein- und dieselbe Sprachregelung benutzt wird, bezieht sie sich auf in der Tiefenstruktur divergierend kategorisierte Wissenselemente. Wissenselemente verschiedener Qualität, die in verschiedenen Handlungsmustern verarbeitet werden, werden so an der sprachlichen Oberfläche in Interaktion gesetzt. Dadurch kommt es zu einer Durchmischung der betreffenden Handlungsmuster, zur Musterkonfluenz. Die Musterkonfluenz ist in der Tiefenstruktur die Ursache einer an der sprachlichen Oberfläche in ihrer Konsequenz stattfindenden Scheinkommunikation. Mit Hilfe der aufgabenlösenden Techniken und Methoden wie Trichtermuster, Memorieren oder Lehrervortrag mit verteilten Rollen werden divergierend kategorisierte Wissenselemente und die entsprechenden sprachlichen Einheiten zu einer einheitlichen sprachlichen Oberfläche gruppiert. Die Musterkonfluenz bewirkt insofern oberflächlich eine Bewältigung und in der Tiefe eine Verfestigung und Vertiefung der widersprüchlich kategorisierten Sprach- und Wissenselemente.

Die Darstellung der Oberflächensukzessionen in einem Koordinatensystem -(Abszisse: lineare Verbundenheit in der Zeit; Ordinate: auf die Darstellungs- und Begriffsebenen des Problems bezogene Tiefenstruktur, vgl. Figur 16, S. 88f)- gewährt Einblicke in die Gesetzmäßigkeiten, die die Aufeinanderfolge der Oberflächeneinheiten regeln. Um den nächsten Schritt in seinem Plan zu realisieren, spaltet der Lehrer bei Bedarf die dafür erforderlichen Aufgaben in Subaufgaben verschiedener Ordnungen auf, deren Distanz zum Gesamtproblem sich von Stufe zu Stufe potenziert. Damit gehen für die Schüler zunehmend die sachlichen Bezüge verloren, auf die zur Lösung dieser Subaufgaben zurückgegriffen werden kann, es muß auf sachfremde Methoden zur Produktion des Wissens zurückgegriffen werden - Trichtermuster entstehen.

Aus der Analyse der Verkettungsstruktur der Aufgabe-Lösungs-Muster-Durchläufe erhellen drei mögliche Abweichungen des kommunikativen Ablaufs von einer idealen, d.h. stringent der Sachstruktur des Problems folgenden (und im Material nicht auftauchenden) Erarbeitung. In allen drei Fällen können sachlich unmittelbar auseinander hervorgehende Einheiten an der sprachlichen Oberfläche durch eine Anzahl Aufgabe-Lösungs-Muster-Durchläufe getrennt sein.

- Der erste Fall ist gegeben, wenn sich erweist, daß für den Übergang erforderliches Wissen nicht vorhanden ist, oder wenn zum gegebenen oder einem früheren Zeitpunkt der Gesamtzusammenhang verloren ging. In diesem Fall muß in einer Art Schleife erst das betreffende Wissen erarbeitet werden, bevor am ursprünglichen Problem weitergearbeitet werden kann.

- Der zweite Fall ist gegeben, wenn die Vernetzung der Wissenselemente zu einem Gesamtzusammenhang -wie im Aufgabenlösen der Normalfall- gar nicht Gegenstand des Unterrichts ist. D.h. wenn es aus den unterschiedlichsten Gründen nicht gelingt, den Gesamtzusammenhang zu rekonstruieren, weil z.B. eine Musterkonfluenz vorliegt oder aus einem anderen Grund Scheinkommunikation herrscht. In diesem Fall ergeben sich Aufgabenketten zunehmender kognitiver Reduktion bis die Lösungen auch ohne Einsicht in den Gesamtzusammenhang evident werden.

- Der dritte, umgekehrte, Fall ist gegeben, wenn der Lehrer unmittelbar aufeinanderfolgend solche Bestandteile des Gesamtproblems zur Aufgabe stellt, die sachlich nicht unmittelbar auseinander hervorgehen, vom Lehrer aber z.B. auf Grund von Selbstverständlichkeit als solche angesehen werden. Die Lücke in der Problemabwicklung, die in diesem Fall entsteht, ist für die Schüler keineswegs evident: Für die Schüler ergibt sich in den letzten beiden Fällen, die ja eine extrem unterschiedliche Einordnung verlangen, die gleiche additiv-unterschiedslose Beziehung zwischen den Oberflächeneinheiten.

Eine wesentliche Konsequenz dieser Beobachtungen scheint mir zu sein, daß eine strukturell-methodische Reflexion Voraussetzung für den Nachvollzug des Ableitungsgeschehens, bzw. die vernetzende Rekonstruktion der Problemlösung ist. Diese Reflexion richtet sich auf das Verständnis der komplexen Beziehung zwischen Oberflächen- und Tiefenstruktur. Die Reflexion muß, um wirksam zu werden, als Bestandtteil des Unterrichts während und parallel zur Problemlösung erarbeitet werden. Ohne eine solche Reflexion werden die Schüler im Ableitungsgang zunehmend abhängiger vom propositionalen Gesamtplan des Lehrers, der in Konsequenz dieses Prozesses in ständig kleinere zu bewältigende Einheiten zerlegt wird. Ohne eine solche Reflexion wird die Strukturierung der Tiefensukzession dem Zugriff der Schüler entzogen. Der Verzicht auf die Reflexion erscheint als Verzicht auf die Entwicklung eigener Lösungswege, Zielsetzungen und der dafür erforderlichen Vernetzungen sowie deren Ersetzung durch ein Abspeichern der aufeinanderfolgenden Aufgabe-Lösungs-Muster im Sinne eines additiven Nacheinander. Dadurch kommt es tendenziell zu einer zunehmenden kognitiven Reduktion bzw. zu einer Selbststabilisierung des Aufgabe-Lösungs-Musters.

3. DIE KEHRSEITE DES AUFGABENLÖSENS

In diesem Kapitel geht es zentral um das Musterwissen. Wenn die schulische Kommunikation im Muster des Aufgabenlösens strukturell nicht um das Verstehen organisiert ist, sondern um das Erzeugen und Abliefern der richtigen Lösung, muß gezeigt werden können, wie auch ohne Verstehen selbst so komplexe Sachverhalte, wie Pythagoras, Sinussatz oder Kosinussatz in schulisch gültigen Wissensformen erarbeitet werden können. Anhand von Interpretationen, die die Bearbeitung dieser Sachverhalte abdecken, wird in diesem Kapitel nachgewiesen, daß Schüler und Lehrer ihr Musterwissen in einer Anzahl von Taktiken, Techniken und Strategien einsetzen und damit unter Ausschluß des Verstehens das schulisch erforderliche und schulisch gültige Wissen ableiten und anwenden können. In ihrer Gesamtheit bilden diese Erscheinungen den Ersatzapparat des Wissens, der dafür eingesetzt wird, auf der Basis von fachlichem Nichtverstehen schulisch erfolgreich zu handeln und schulisch gültiges Wissen vorzulegen. Dieses schulisch gültige Wissen erweist sich damit weithin als ein Fassadenwissen, d.h. lediglich als die sprachliche Oberfläche des als 'Körper' gefaßten Sachwissens.

3.1. GIBT ES EVIDENZ IN DER SIMULATION? ZUM PRAXISVERLUST

In diesem Abschnitt wird der Versuch einer Kompensation des Praxisverlusts diskutiert, der das Aufgabe-Lösungs-Muster gegenüber dem außerschulischen Problemlösen kennzeichnet. Die für den Unterrichtsprozeß relevanten Ausschnitte der Wirklichkeit werden den Schülern über die Instanz des Lehrers meist in mehr oder weniger theoretischer Form, nämlich bereits wissensmäßig aufbereitet vermittelt (Definitionskompetenz des Lehrers). Dies gilt auch für als Ersatz der Wirklichkeit im Unterricht dargebotene Demonstrationen (Experimente, Projekte, Exkursionen etc.). Sie sind vorher und werden nachher institutionsspezifisch aufbereitet, d.h. auf die institutionellen Zwecke bezogen. Dabei werden bestimmte Aspekte dieser 'Realbegegnungen' hervorgehoben und weitergeführt, andere vernachlässigt.

Die Schüler wissen, welches Gesetz (welche Aussage, welches interpretative Resümee etc.) zu lernen ansteht. Sie wissen ferner, daß die dargebotene Demonstration das abzuleitende Gesetz nicht nur diffus, sondern in größtmöglicher Deutlichkeit enthält. Damit wird der Erkenntnisprozeß nachgerade auf den Kopf gestellt, denn die mentale Leistung, die die Schüler noch vollbringen müssen besteht darin, schon vorhandene oder leicht zugängliche (bereits auf den Begriff gebrachte) Erkenntnisse fast in einem eins-zu-eins-Verhältnis nur noch an bestimmten Einzelfällen festzumachen. Dadurch sind die Abstraktionsprozesse, denen naturwissenschaftliche Experimente unterzogen werden, um die anstehenden Gesetze an ihnen zu erlernen, in der Schule von ganz anderer Art, als diejenigen Abstraktionsprozesse, die bewältigt werden müssen, um im Einzelfall das Allgemeine, im Konkreten den Begriff zu rekonstruieren.

In der Schule wird Wirklichkeit simuliert, indem sie zum institutionellen Zweck des akzelerierten Wissenserwerbs funktionalisiert wird. Diese Simulation hat nicht nur Auswirkungen auf die anstehenden Abstraktionsprozesse, sondern auch auf die Qualität dessen, was in der Schule unter Wirklichkeit zu verstehen ist und was damit als nicht mehr hinterfragbar und nicht mehr der Notwendigkeit des Hinterfragens unterworfen, also als evident gilt. Man muß also von einer institutionell zugerichteten und funktionalisierten Evidenz ausgehen.

Vor diesem Hintergrund möchte ich im folgenden ein Beispiel untersuchen, in dem lehrerseitig das Festgelegtsein eines Dreiecks als evident unterstellt wird, wenn drei bestimmte seiner Teile gegeben sind. Eine Demonstration soll den Evidenznachweis erbringen, um darauf dann die Erkenntnis der grundsätzlichen Berechenbarkeit des Dreiecks zu basieren. Für die Schüler wird diese geplante Problementfaltung aber bereits im Anfangsstadium unterbrochen, weil sich schon im Evidenznachweis der Widerspruch der Simulation der Praxis entfaltet:

> Im ersten Teil des Unterrichtsabschnitts "Lösungswegediskussion" (s1-415, Transkription Nr 3) geht es an Hand der Frage, wieviele und welche Teile zur Bildung eines Dreiecks nötig sind, um die Erkenntnis der Berechenbarkeit als Ausdruck des Festgelegtseins. Zur Demonstration des Sachverhalts hat L drei Stöcke verschiedener Länge und Kartonwinkel verschiedener Größe bereitgestellt. Auf seine einleitende Frage:
> *(s7) "Wieviele Teile brauche ich, um ein Dreieck festzulegen?"*

macht Harun einen ersten Lösungsvorschlag:

(s13) "Zwei Strecken, ein Winkel."

L setzt das um, indem er zwei Stöcke rechts und links an einen Winkel hält und die Aufgabe entsprechend verändert:

(s40) "Wo ist denn jetzt mein Dreieck?"

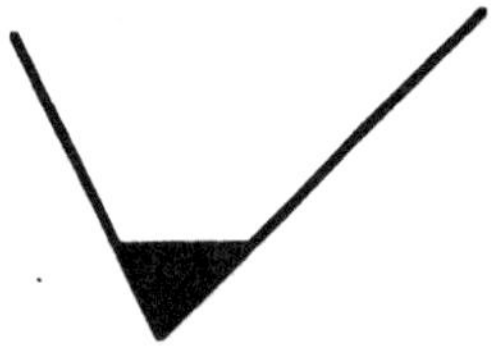

Figur 17.1: "(s40) 'Wo ist denn jetzt mein Dreieck?'"

Birol hat die fehlende Strecke in Gedanken bereits ergänzt und bezeichnet sie als

(s37) "Na, die dritte Strecke braucht ganz schön lang zu werden."

Behiye ist anderer Ansicht:

(s42) "Die dritte Strecke müssen wir berechnen!"

Sie macht ihre Verfügbarkeit und ihr Festgelegtsein vom Vorgang des Berechnens abhängig. Nach dem Plan von L soll die Demonstration aber gerade das Umgekehrte beweisen, nämlich, daß die Strecke sich berechnen läßt, weil sie festliegt und nicht, daß sie durchs Berechnen erst festgelegt wird. Daher zielt L mit der nächsten Frage auf diese Eigenschaft ab:

"Liegt die fest, die dritte Strecke?" (s55).

Die Antworten zeigen, daß es mit dem Wert der spontanen Aussagen (s7a-10), daß drei Teile ein Dreieck festlegen, nicht so weit her war, denn das Festliegen wird jetzt zwar mehr oder weniger bestätigt (s59,60, 62,63), aber auch geleugnet (s56-58) und

durchzusetzen scheint sich ein Kompromiß, der von Behiye formuliert wird:
(s65) "Wir wissen es nicht. Unbekannt."

Es wird offensichtlich, daß im Bewußtsein einiger Schüler die logischen Abhängigkeiten in spezifischer Weise umgekehrt sind: Ob die Strecke festliegt oder nicht, kann für sie nur als das Ergebnis eines Rechenvorgangs festgestellt werden. Die Berechnung, die noch unklar ist, wird für sie zum Primären und der Augenschein, der unzweifelhaft ist, wird zum Sekundären, Abgeleiteten. Anders ausgedrückt: Die Schüler haben sich daran gewöhnt, daß der Augenschein im Unterricht kein zuverlässiges Kriterium der Beurteilung ist. Sie haben es gelernt, bezüglich der Gültigkeit von Wissen in der Schule ihrer sinnlich-konkreten Wahrnehmung zu mißtrauen, bzw. diese gar nicht erst abzurufen. Damit tragen sie einer Voraussetzung der Institution Schule Rechnung, daß nämlich weite Teile der Realität, auf die sich das schulische Wissen bezieht, nur in simulierter, gefilterter Form Eingang in die Schule finden.

Dieser Sachverhalt spiegelt sich in der im Lauf der Zeit zur Sentenz verfestigten Einschätzung wider, daß in der Schule >anything goes<, daß Lehrer kraft ihres Amtes beliebige Sachverhalte erzeugen und in beliebiger Weise auswerten können, ohne daß nach gegenläufigen Schülererfahrungen daran etwas geändert werden könnte. Voraussetzung von Aussagen wie (s42,56,57,58,65) ist, daß der darin dokumentierte Widerspruch zwischen praktischem Alltagswissen und in der schulischen Mathematik möglichen Aussagen nicht als solcher registriert wird, sondern daß beide Wissensgebiete voneinander unbehelligt nebeneinander existieren. Nur so ist es möglich, daß in der Institution Wissen durch einen entgegengesetzten Vorgang stabilisiert wird, wie in der eigenen praktischen Erfahrung. Dieser Widerspruch kann durch einen Demonstrationsversuch nicht überwunden werden. Vielmehr drückt er der Auswertung des Versuchs seinen Stempel auf.

Zuerst bietet sich Fahrudin an, das Dreieck mit
(s74,79) "irgendeiner Strecke"
zu vervollständigen. Zu diesem Zweck legt er den dritten Stock einfach "irgendwie" quer über die beiden anderen, d. h. er stellt deren Streckencharakter in Frage:

Figur 17.2: "Was Fahrudin tut (s74f)"

Er wird von Kevin korrigiert:
(s90) "Das geht von diesem Punkt hier."
und Birol ergänzt:
(s99) "wei :l die Strecken haben eine Größe."
Von (s139-199) erstreckt sich ein zweiter Durchlauf des Demonstrationsversuchs, diesmal gemäß Birols Vorschlag mit zwei Winkeln und einer Strecke in der Mitte.

Figur 17.3: "Birols Vorschlag (s139-199)"

Beim Anlegen der beiden anderen Stöcke an die freien Flanken der Winkel ergibt sich eine Schwierigkeit:

> *(s177,178) "Das is/ also die Strecken/ also ich würde sagen, die/ die anderen Strecken sind zu lang."*

Birol stellt fest, daß mit den vorhandenen Stöcken sein Dreieck nicht zu vervollständigen ist. Damit hält er sich konsequent an die Vorgabe der Festgelegtheit der Strecken und hütet sich, an ihnen irgendwelche Änderungen vorzunehmen, wie es bei Fahrudin zuvor zum Mißerfolg geführt hatte. Der Zusammenhang von Festgelegtsein gemäß der sinnnlich im Klassenraum erfahrbaren Realität und der Berechenbarkeit, auf den es L ja mit seinem Demonstrationsversuch ankommt, drückt sich also darin aus, daß Birols Dreieck nicht vervollständigt werden kann. Wenn die Prämissen des Versuchs ernst genommen werden, muß also die Folgerung die Leugnung des Festgelegtseins und der Berechenbarkeit sein.

Soll dagegen die mathematische Logik zu ihrem Recht kommen, nach der ein Dreieck vom Typ Winkel-Seite-Winkel festliegt und berechenbar ist, muß in diesem Fall die sinnliche Erfahrung der Realität außer Kraft gesetzt werden, nämlich, daß die Aufgabe mit den konkret vorhandenen Stöcken nicht lösbar ist. Auf keinen Fall macht der Demonstrationsversuch in unmittelbarer Evidenz die Tatsache klar, daß Berechenbarkeit die mathematische Widerspiegelung von sinnlich erfahrbarem Festgelegtsein ist. Im Gegenteil könnte er gerade die Tatsache verdeutlichen, daß die Erkenntnis des Festgelegtseins bereits ein kognitiver Prozeß ist, bei dem die Fakten interpretiert und ihre Entwicklung antizipiert werden muß. Genau diese mentale Verarbeitung des Faktischen führt Birol ja zu seiner Aussage:

> *(s177,178) "Das is/ also die Strecken/ also ich würde sagen, die/ die anderen Strecken sind zu lang."*

Für L bezweckt der Demonstrationsversuch aber den Nachweis, daß das 'Gegebensein' einer Strecke auf algebraisch-symbolischer Ebene den gleichen Grad von Faktizität und unmittelbarer Evidenz haben soll, wie das Festgelegtsein eines sinnlich erfahrbaren Stockes. Um diesen Zweck des Versuchs zu retten, wendet er angesichts der aufgetretenen und von ihm nicht vorhergesehenen Komplikation einen Kunstgriff an, der einen weiteren Einblick in die Zweischneidigkeit und Paradoxie des Aufgabenlösens gewährt:

> *(s176,181,182) L: "Wir nehmen an, wir haben andere Strecken noch. Diese gelten jetzt nicht. Né, das ist nur Zufall."*

Durch diese Äußerung, mit der der Lehrer seine Definitionskompetenz einsetzt, entmaterialisiert er den gerade eben als Repräsentation sinnlich erfahrbaren Festgelegtseins eingeführten Bestandteil der Realität zu einem Element von Scheinwelt. Der schlichte hölzerne Stock verliert seine Faktizität und - 'gilt nicht'! Als Vernetzungshilfe soll er aber gleichzeitig die Kraft der sinnlich erfahrbaren Welt in die Denkfigur 'Dreieck' transportieren. Gegen seinen Willen eskamotiert L durch diesen Kunstgriff den Begriff des Festgelegtseins in ein metaphysisches Reich, über das die Schüler zumindest so viel wissen, daß es vorkommen kann, daß in ihm die reale Länge von Stöcken 'nicht gilt'. 'Festgelegtsein' einer Strecke mit dem Index 'Schule' ist damit etwas ganz anderes, als die schlichte Aussage: "Dieser Stock reicht von hier bis da.", mit der es doch identisch sein sollte: Das Paradox des Aufgabenlösens läßt eine Vernetzungshilfe noch während ihres Einsatzes scheitern.

Mit dem Einsatz seiner Definitionskompetenz legt der Lehrer fest, was im Rahmen des Unterrichts als Realität zu gelten hat und was nicht. Über die Definitionskompetenz nimmt der Lehrer in gewisser Weise die Funktion der unmittelbaren Realität in der Schule ein. Dieser Ersetzungsprozeß bleibt hier in selbstverständlicher Akzeptanz verborgen. Was in der Schule Realität ist, kann außerhalb Fiktion sein und umgekehrt. Für die Gültigkeit des Gelernten jenseits der Simulation, um die es hier ja geht, ergeben sich die gleichen Einschränkungen, denen auch die Elemente der außerschulischen Wirklichkeit bei ihrem Weg ins Klassenzimmer unterzogen werden. Beim Transport der Realität in die Schule ergeben sich für bestimmte ihrer Teile quantitative und qualitative Bedeutungsverschiebungen. Die Definitionskompetenz des Lehrers ist in doppelter Weise Ausdruck seiner Funktion in der Institution: Die gesellschaftliche Realität und das die gesellschaftlichen Problemlösungen repräsentierende Wissen tritt in der Schule fast ausschließlich über den Lehrer vermittelt an die Schüler heran. Der Lehrer ist aber kein mechanischer Transmissionsriemen dieses Wissens, sondern eher mit einem Filter zu vergleichen, der es auswählt, bewertet, gewichtet, verändert und für andere Zwecke funktionalisiert. Die schulische Wissensvermittlung ist gesellschaftliches Handeln und schließt alle Dimensionen dieses Handelns in sich ein.

Im Aufgabe-Lösungs-Muster wird ein Lösungsversuch des Schülers erst durch die Bestätigung des Lehrers zum gültigen Wissen. Die Definitionskompetenz des Lehrers fußt auf dem strategischen Einsatz der Musterposition der Bestätigung.

Im Unterrichtsabschnitt "Quadrat, Dreieck, Streckenverhältnis, Wurzelmaschine" macht L von seiner Definitionskompetenz in taktischem Sinne Gebrauch, um einen Lösungsversuch von Daud aus der Debatte zu entfernen. Daud macht zur Lösung der Aufgabe:

> *(s273-276) "Wir wissen: a-Quadrat plus b-Quadrat gleich c-Quadrat. Wir suchen aber ((Zeichnet ein rechtwinkliges Dreiecks mit den Seiten zwei, sieben, x)): Wie groß ist denn das* ((zeigt x))*?"*

folgenden Lösungsversuch:

> *(s278) "Hm Messen wir. ".*

Zunächst kommt L nicht umhin, die Praktibilität dieses Lösungsversuchs anzuerkennen:

> *(s279) "Messen ... Klàr."*

Danach lehnt er Dauds Versuch, der nicht in die gewünschte Richtung der Berechnung der Strecke geht, ab, indem er einfach die Unvereinbarkeit des Versuchs mit der von ihm gewünschten Berechnung als den gemeinsamen Willen der Beteiligten unterstellt:

> *(s280) "Aber wir wollen nicht mehr messen."*

Gleichzeitig sucht L nach einer argumentativen Untermauerung dieser wohl auch von ihm als wenig überzeugend empfundenen Ablehnung, die die Praktibilität des Lösungsversuchs nachträglich entkräftet. An dieser Stelle kommt es zum taktischen

Einsatz der Definitionskompetenz:

(s281) "Dieses hier sind ... zwei Kilometer ... und das sind sieben Kilometer."

L verstärkt die Taktik noch, indem er auch Dauds Ausrüstung zur Disposition seiner Definitionskompetenz stellt:

(s281a) "Und du hast bloß ... ein Geo-Dreieck."

Damit ist Dauds Lösungsversuch zur Bewältigung der umdefinierten Realität vollends untauglich geworden und L kann abschließend mit dem Übergang von 'wollen' zu 'können' nicht ohne einen gewissen Triumph das Glücken seiner Technik feststellen:

(s281b) "Können wir nicht messen."

L begegnet Daud scheinbar auf der Ebene unzweifelhafter Realität und Praktibilität nach dem gesunden Menschenverstand, in Wirklichkeit infiziert er aber beides, gesunden Menschenverstand und Evidenz der Realität, mit dem Virus der Beliebigkeit, der sie zu Bestandteilen der Scheinwelt Schule macht. Insofern hat Daud durch (s279-281b) eine Lektion des Inhalts bekommen, daß er seinen gesunden Menschenverstand tunlichst außen vor zu lassen habe. So verkehrt sich die Absicht des Lehrers, getreu den Ratschlägen fortschrittlicher Didaktik die Evidenz des Realen ('Kilometer mit dem Geodreieck messen') in möglichst großem Umfang in den Unterricht einzuführen, im Prozeß ihrer Realisierung innerhalb des Aufgabe-Lösungs-Musters in ihr Gegenteil: Eine Variante des Paradoxons des Aufgabenlösens.

Eine Kontrolle oder Möglichkeit der Zurückweisung der Definitionskompetenz des Lehrers durch die Schüler ist im aufgabenlösenden Lernen dadurch ausgeschlossen, daß diese Technik auf der mustergemäß nicht vorgesehenen Einordnung des betreffenden Lösungsversuchs in den Gesamtkontext des Problems und auf seiner Bewertung unter Maßgabe seiner strategischen Funktionalität in diesem Rahmen beruht. Die entsprechende Musterposition findet sich nur auf der Handlungsseite des Lehrers; die geistige Arbeit des Schülers besteht in der Produktion und Ablieferung des Lösungsversuchs. Für ihn ist das Muster abgeschlossen, wenn er die Bewertung des Lösungsversuchs durch den Lehrer zur Kenntnis genommen hat. Zwar wird auch im Muster schulisches Problemlösen ein Schülervorschlag erst durch die Bestätigung des Lehrers zum gültigen Wissen, aber durch die Vernetzung der gegebenen Wissenselemente im Gesamtzusammenhang durchläuft der Schüler selbst einen kognitiven Prozeß, in dem die Wissenselemente gerichtet kategorisiert werden. Die Kategorisierung der Wissenselemente bzw. der Bestandteile der Realität, auf die sie sich beziehen, geschieht nicht isoliert vom Problemkontext und beliebig gemäß dem jeweiligen Vorwissen, sondern bereits im Hinblick auf ihre Funktionalität für die angestrebte Problemlösung.

Im Rahmen der Institution wird die Gültigkeit der Realität über den Lehrer vermittelt. Außerhalb gilt seine Definitionskompetenz natürlich nicht, sondern geben andere Gesetze den Handlungsspielraum vor. Diese Situation weist schizoide Züge auf und viele Schüler bilden ein entsprechendes Bewußtsein hinsichtlich der Gültigkeit und mithin Anwendbarkeit des Wissens aus: Ein System von Verhaltens- und Denkformen, gültig für die Institution, ein anderes für das Jenseits der Institution. Diese Schüler kommen gut klar, denn ihr Weg ist der der geringsten Reibung. Manche Schüler können oder wollen aber nicht in diese Schizoidität verfallen. Sie bewahren sich eine einheitliche Authentizität und lehnen einen ständigen Paradigmenwechsel ab. Sie lehnen damit eine Voraussetzung schulischen Lernens ab. Ihnen bleiben die Bereiche verschlossen, die nur über die institutionsadäquate Variante des Verhaltens zu erreichen sind. Sie kommen nicht weiter. Natürlich gibt es auch diejenigen, die nur innerhalb der Institution funktionieren und außerhalb ihrer nicht zurecht kommen. Nur wenige verfügen bewußt über beide Paradigmen und können souverän mit ihnen umgehen, indem sie Übergänge herstellen, die Bereiche integrieren und sie gegenseitig fruchtbar werden lassen können. Die Definitionsompetenz des Lehrers ist ein schulischer Filter gegenüber der Realität, der bestimmte Teile eines Schülerjahrgangs vom Zugang zum institutionell vermittelten gesellschaftlichen Wissen ausschließt und diesem Wissen für die anderen eine schizoide Qualität verleiht.

Das Aufgabenlösen läßt sich als Existenzweise des Problemlösens unter den Bedingungen der Schule beschreiben. Interessant sind vor allem die Bedingungen der Übergänge vom einen zum anderen. Nach einer verbreiteten didaktischen Ansicht läßt jedes Element unmittelbarer Wirklichkeit die Lösung einer Frage lebendiger und problemorientierter werden. Damit stellt sich die Frage, was unter solchen 'Elementen unmittelbarer Wirklichkeit' im Sinne einer letzten Instanz der Wissensfundierung anzusehen ist. Als Elemente unmittelbarer Wirklichkeit sind m. E. Wissenselemente anzusehen, die sich durch ihren Bezug auf ein Wissen, das in sich zu sinnvollen Einheiten vernetzt ist, auszeichnen. Damit gehe ich über ein Verständnis von Elementen unmittelbarer Wirklichkeit hinaus, das sich in erster Linie durch seinen Bezug auf sinnlich-konkret Erfahrenes bzw. Erfahrbares definiert.

Dies letztere Verständnis liegt einer Reihe pädagogischer Konzepte zu Grunde. Ich nenne die Konzept der 'anwendungsorientierten Beispiele', des 'Projektunterrichts', aber auch des 'handlungsorientierten Unterrichts'. Diese Konzepte stützen sich wesentlich auf Elemente sinnlich-konkreter Erfahrung, ohne genügend zu bedenken, daß sich deren Bearbeitung widerspruchslos in den schizoiden Charakter des Aufgabenlösens einfügen kann. Erst die Vernetzung einer Fragestellung mit dem jeweiligen subjektiven Problembewußtsein macht -und zwar auf beliebigem Verbegrifflichungsgrad- diese Fragestellung zu einem Bestandteil unmittelbarer und das heißt subjektiver Wirklichkeit. Diese Notwendigkeit der mentalen Verarbeitung der Wirklichkeit wird von den Befürwortern der angeführten Konzepte oft übersehen und in objektivistischer Sicht als in der Evidenz des Praktischen mit enthalten betrachtet. Demgegenüber betone ich die Bedeutung einer Rückverlagerung des mentalen Prozesses der Kategorisierung der zu bearbeitenden Wissenselemente in die Kompetenz und auf die Handlungseite der Schüler. Dazu gehört u.a. der Verzicht auf die Anwendung der Definitionskompetenz durch den Lehrer, bzw. ihre Entschärfung durch Reflexion. Insofern plädoyiere ich für einen 'verstehensorientierten Unterricht'.

3.2. SACHWISSEN, MUSTERWISSEN, FASSADENWISSEN

In diesem Abschnitt befasse ich mich mit dem Verhältnis der in der Überschrift genannten Wissenstypen. Die zentrale These lautet: Im aufgabenlösenden Unterricht werden wesentliche Teile des Sachwissens an der sprachlichen Oberfläche über einen Ersatzapparat erzeugt, der in der Funktionalisierung von Musterwissen besteht und dem erzeugten Wissen die Qualität von Fassadenwissen verleiht. Auf der algebraisch-numerischen und algebraisch-symbolischen Ebene der Sachverhaltsdurchdringung kann ein komplettierendes Operieren erreicht werden, das an die Stelle des Verstehens tritt. Auf der alltäglich-allgemeinbegrifflichen und mathematisch-begrifflichen Ebene tritt im Fassadenwissen ein terminologisches Operieren an die Stelle der Rekonstruktion des Konkreten im Begriff (Pseudoverbegrifflichung).

(1) Aufscheinen von Musterwissen

Ich diskutiere zunächst ein Beispiel, in dem eine normalerweise reibungslos verlaufende Funktionalisierung von Musterwissen ins Stocken gerät und dadurch zur Verblüffung der Beteiligten in indirekter Weise eine Ahnung von der Existenz des Musterwissens und des Vorgangs seiner Funktionalisierung aufscheinen läßt.

|L 696 Was haben wir gerechnet links und
|Sn 697 ((--*lachen*--))
|_153

|L rechts vom Gleichheitszeichen? 699 Und rechts?
|Sn ((---*reden durcheinander*---))
|At 698 Links a mal Sinus alpha geteilt durch Sinus alpha...
|_154

|L
|At 700 Ich seh doch gar nichts! 703 ce mal Sinus alpha geteilt durch Sinus gamma. 705
|Yi 701 mal/ mal Sinus alpha... 704 Wie?
|Ha 702 ce mal Sinus alpha.
|_155

|L 707 Ich hab nicht zugehört, ich guck
|At geteilt durch Sinus gamma. ((--*2Sek*--)) 706 War das falsch?
|_156

|L noch...( ) 710 ((-*grinst*-))
|Sn 708 ((---*heftiges Gelächter, Klatschen*---)) 709 ((-------*Lachen*---------))
|Be ((--*lacht*--)) 711 So was Ge**mein**es!
|_157

(Transkription Nr. 3 "Lösungswegediskussion")

Nach ihrer Antwort wartet Ataschin zwei Sekunden auf die mustergemäß obligate Bewertung ihres Lösungsversuchs. Dann befürchtet sie, das Schweigen von L als negative Bewertung interpretieren zu müssen, ist sich aber nicht ganz sicher und klagt deshalb ein explizites Bewertungselement ein:

Ataschin: ... ((--2 Sek--)) War das falsch?

Für L ist der Auftrag an Ataschin aber eine reine Routinesache; er dient dem Zeitgewinn. Während deren Durchführung der Aufgabe leistet er Planungsarbeit. Schon seine Weiterführung der Aufgabe:

L: Und rechts?

war eine automatisierte Handlung, so daß er sich schon seit mehreren Sprechhandlungen in Scheinkommunikation mit Ataschin befindet. Jetzt gibt er auch diese Fortführung der Scheinkommunikation auf, weil er bezüglich der Fortführung der Ableitung an der Tafel zu einem Ergebnis gekommen ist. Die Tatsache, daß die Schüler L dabei 'erwischen', daß er 'geschlafen' hat, verursacht Heiterkeit:

L: Ich hab nicht zugehört, ich guck noch ...(...)

Das umso mehr, als L damit die Befolgung seines eigenen Auftrags an Ataschin für die Schüler ersichtlich als unwichtig kennzeichnet. Daß er sich in diesem Sinne bei etwas Ungehörigem ertappt fühlt, bestätigt seine nonverbale Reaktion:

L: ((--grinst--))

die damit Anlaß zu fortgesetzter Heiterkeit ist.

Dieser Vorfall hat aber analytisch tiefere Ursachen: Der Auftrag an Ataschin kommt, wie die meisten Aufgaben, in der Form der Frage daher, wie es gar nicht mehr registrierte schulische Selbstverständlichkeit ist. Seine die mentale Suchtätigkeit der Schülerin steuernde Kraft bezieht er ja gerade über die spezifische Leistung der Frage, nämlich Wissen vom Gefragten zum Fragenden, Nicht-Wissenden zu transportieren, d.h. durch die Funktionalisierung eines alltäglichen Musters für spezifisch schulische Zwecke (vgl Ehlich & Rehbein 1986 S.70ff), wo der Fragende eben nicht der Unwissende, sondern der Steuernde ist. Diese Funktionalisierung bricht hier auf Grund des offenkundigen Desinteresses des Lehrers an der Beantwortung seiner eigenen Frage:

L: Ich hab nicht zugehört, ich guck noch ...(...)

im 'Schlafen' des Lehrers, d.h. indem sie auch noch der Funktion der Steuerung beraubt wird, an die sprachliche Oberfläche durch:

*Behiye: So was Ge**meines**! ((-------*lacht*--------))*

Für einen kurzen Augenblick reißt der Schleier auf, der die schulspezifische Funktionalisierung des alltäglichen Musters der Frage normalerweise verbirgt: Die Existenz von Musterwissen wird sichtbar. Ein zentrales Instrument der schulischen Wissenssteuerung, die Regiefrage des Lehrers, wird in ihrer strategisch-taktischen Funktionalisierung deutlich. Die Verblüffung, die mit diesem Vorgang verbunden ist, entlädt sich in einem enormen Heiterkeitserfolg. In ihrer Stärke ist diese Verblüffung ein Beleg dafür, bis zu welchem Maß sich selbst solche Massenphänomene aus dem Bereich des Musterwissens wie Regiefragen der Bewußtheit entziehen. Durch ihre Funktionalisierung zweiter Stufe, nämlich zum Zeitgewinn durch eine sinnentleeerte Wiederholung, ist die Regiefrage hier über ihre an sich schon funktionalisierte Form der Steuerung hinaus auch noch ihres eigentlichen Zwecks als Frage beraubt und damit besonders auffällig geworden und der Lächerlichkeit preisgegeben.

(2) Erzeugung richtiger Sach-Lösungen durch Musterwissen

Das folgende Beispiel belegt, wie ein Schüler sein Wissen um die mustergemäß zu erwartenden Reaktionen des Lehrers zur Präzisierung eines Lösungsversuches einsetzen kann, auch wenn der Lehrer keinerlei Hilfen gibt und wie der Schüler diesen Vorgang der sachfremden Wissensproduktion nachträglich zur sachbezogenen Schlußfolgerung umdefiniert. Die Beiläufigkeit des Vorfalls mag zusätzlich ein besonderes Licht auf den Charakter des Prozesses als Massenphänomen werfen.

Gegenüber den komplexen Anforderungen, die beim Begründen oder beim Anwenden zu bewältigen sind, scheint der Aufgabentyp des Zusammenfassens von Ergebnissen mit sehr viel geringerem Aufwand lösbar zu sein:

(s3) L: "Sò."
(s4) L: "Was haben wir jetzt rausgekriegt?"
(s5) ((-----5 Sek-----))
(s5a) Daud: "Q u a d r a t."
(s5b) ((---3 Sek---)).
(s5c) Daud: "a../ a-Quadrat plus b-Quadrat gleich c-Quadrant... "
(s6) L: "Jà."
(s7) Daud: "Das wir haben rausgekriegt."
(Transkription Nr. 2, "Streckenverhältnis/Dreieck/Quadrat/Wurzelmaschine")

Das "*Sò*" von (s3) kennen die Schüler als diskursstrukturierendes Element, das das Ende einer Unterrichtsphase vom Beginn einer neuen abgrenzt. Die mit (s4) gestellte Aufgabe richtet sich also auf die Zusammenfassung der just abgeschlossenen Phase und bezeichnet deren Ergebnis als das angeforderte Lösungselement. Dauds Äußerung:

"a../ a-Quadrat plus b-Quadrat gleich c-Quadrant... "

ist unschwer als Zitat der Formel von der Tafel zu identifizieren, denn er versucht gar nicht erst die Darstellung des Unterrichtsergebnisses auf einer anderen Begriffsebene. Dem Zitieren geht eine fünf Sekunden lange Denkpause voran, die gefolgt ist vom gedehnt gesprochenen "Quadrat", an das sich abermals eine dreisekündige Denkpause anschließt. Beide Pausen allein sind doppelt so lang wie der fürs eigentliche Zitieren benötigte Zeitraum. Offensichtlich erfordert das Zitieren einige mentale Arbeit. Der Ableitungsgang, dessen Ergebnis mit (s2) mathematisch-zeichnerisch und algebraisch-symbolisch an der Tafel festgehalten ist, vermittelte sich über fünf verschiedene Quadrate, nämlich die beiden großen Rahmenquadrate und die drei kleineren darinnen. In der Verbalisierung der Formel lautet jedes dritte Wort "Quadrat". "Quadrat" ist als Schlüsselbegriff ein Vorläufer des Zitats. Es ist für Daud dessen subjektiv-wesentlicher Inhalt "Quadrat" ist gewissermaßen der Eintrag für das Zitat im Kurztitelverzeichnis des Gedächtnisses. In der dreisekündigen Pause wird unter anderem mentale Arbeit geleistet, um die exakte Version zu produzieren.

In der fünfsekündigen Pause vor "Quadrat" muß demgegenüber die Rezeption der Lehrerfrage geleistet werden: Daud muß realisieren, daß nach einem Ergebnis gefragt ist und nicht etwa nach einem Lösungsweg für dieses Ergebnis. Aus dem Gebrauch des Perfekts durch L in Kombination mit dem Adverb "jetzt" kann er folgern, daß es sich um eine im engeren zeitlichen Rahmen erarbeitete Version dieses Ergebnisses handeln muß. Er muß sich entscheiden, ob er das Ergebnis als Zitat, als Wiederholung der letzten Schritte einschließlich Zitat oder in eigenen Worten geben will. Er muß sich ferner entscheiden, ob er überhaupt ans Wort will, ob die Lehrerfrage nicht nur die Einleitung zu weiteren Ausführungen sein soll und ob seine Antwort auf ausreichend festem Boden steht. Daud weiß aus Erfahrung, daß Lehrerfragen nicht für sich allein daherkommen, sondern Bestandteile umfassender Gesamtpläne sind. Der Beginn einer neuen Phase im Rahmen des Gesamtplans ist von L ja mit "Sò" (s3) gekennzeichnet worden und es widerspricht natürlich allen Diskurserwartungen, daß diese Phase sich in einer Wiederholung der vorangehenden erschöpfen sollte. Daud weiß also, daß die Lehrerfrage weiter zielt, als unmittelbar ersichtlich ist, weiß aber noch nicht wohin, weder genau noch vage. Im Rahmen dieser unklaren Kommunikationssituation ist die Aufgabe (s4) also durchaus zweideutig.

Somit trägt Dauds gedehnt gesprochenes "Quadrat" durch seine Unschärfe der Mehrdeutigkeit der Situation Rechnung Es ist gleichzeitig Versuchsballon wie provisorisches Lösungsangebot. Es läßt sich notfalls in mehrere Richtungen uminterpretieren. Es ist, falls es sich als falsch erweisen sollte, mit geringerem Aufwand zurückzunehmen, als ein womöglich mit Emphase vorgetragener vollständiger Satz. "Quadrat" ist insofern das Produkt fünfsekündiger Analysearbeit: Ein Kompromiß zwischen der Vorsicht, die die Zweideutigkeit der Situation gebietet und der Risikobereitschaft, die durch den Wunsch, das vermeintlich richtige Wissen positiv bewertet zu bekommen, gefördert wird. Die Reaktion des Lehrers auf seinen Lösungsversuch ist für Daud von großer Bedeutung. Je nachdem ob diese positiv oder negativ ausfällt, muß er seine Äußerung entsprechend modifizieren oder uminterpretieren oder durch rechtzeitige Korrekturangebote eine evt. Bewertung als Fehlleistung überdecken. Insofern ist es die darin enthaltene Anforderung eines Bewertungselements zur Desambiguierung der Situation, die Daud sein "Quadrat" so gedehnt sprechen läßt. Nur über die Interpretation dieser Bewertung ist Daud bereit, seinen Beitrag weiter auszuführen.

Mit der anschließenden dreisekündigen Pause verweigert L aber zumindest explizit ein solches Bewertungselement. Diese Verweigerung dient der Frustrierung von Dauds kommunikativer Taktik der Elizitierung eines zusätzlichen, von L nicht beabsichtigten Bewertungselements zur Desambiguierung der Situation. Sie nötigt Daud, entweder seinen Lösungsversuch auf halbem Wege abzubrechen, also an der Aufgabe zu scheitern, oder das erhöhte Risiko einer Falschaussage einzugehen. Die Absicht der Verweigerung ist die Mobilisierung kognitiver Reserven auf der Schülerseite. Diese Verweigerungstaktik des Lehrers ist aber ihrerseits zum Scheitern verurteilt, weil Daud auch das Nullelement im Hinblick auf sein zu lösendes Problem -die Desambiguierung der Situation- in gewissem Sinne als das erforderliche Bewertungselement interpretieren kann. Sein Lösungsversuch kann zumindest nicht grob falsch sein, denn in diesem Fall würde L ihm nicht die Chance der Fortsetzung einräumen. Der Schüler nutzt sein Musterwissen, hier die Tatsache, daß auf den Lösungsversuch mustergemäß die Bewertung durch den Lehrers folgt, erfolgreich zur Desambiguierung der Situation. Das Musterwissen, d.h. die Interpretation der Interaktion nach den Vorgaben der Musterstrukturen, ermöglicht ihm das Elizitieren des von ihm benötigten Zusatzwissens auch gegen die Absicht des Lehrers. Daher kann Daud nach dem Nullelement der dreisekündigen Pause trotz unveränderter Zweideutigkeit des Sachproblems mit deutlich verringertem Risiko einen präzisierten Lösungsversuch abliefern:

"a../ a-Quadrat plus b-Quadrat gleich c-Quadrant... "

Darauf erhält er auch ein explizites positives Bewertungselement: "Jà" Damit hat er die Aufgabe (s4) erfolgreich gelöst. Die Musterpositionen Aufgabe-Stellen, Lösungsversuch ausbilden und verbalisieren, Lösung bestätigen sind erledigt.

Welche Funktion hat also noch das von Daud angehängte

(s7) "Das wir haben rausgekriegt." ?

Diese Äußerung ist eine Wiederaufnahme und Bekräftigung der Lehrerbestätigung von (s6), die sich folgendermaßen paraphrasieren läßt:

*>Das habe ich doch gleich gewußt, ich war mir doch schon gleich ganz sicher!<

Die Funktion dieser Äußerung ist es, das kommunikativ evidente -nämlich unter

Hilfestellung des Elizitierens- Zustandegekommensein der Lösung rückwirkend zu verbergen, indem die illokutive Kraft des gedehnten "Quadrat" als Aufforderung an L zur Preisgabe eines zusätzlichen Wissenselements in Form einer Bewertung nachträglich depotenziert wird. Während die Aufgabe als solche aus den sprachlichen Handlungen s4: ("Was haben wir jetzt rausgekriegt?"), s5c: ("a-Quadrat plus b-Quadrat gleich c-Quadrat."), s6: ("Jà") besteht, sind die Handlungen s5: (lange Pause), s5a: (gedehnt gesprochen "Quadrat"), s5b: (kurze Pause), s7 ("Das wir haben rausgekriegt") Bestandteile kommunikativer Taktiken von Lehrer und Schüler. Das eigentliche Aufgabe-Lösungs-Muster ist überlagert bzw. durchwirkt von einem kommunikationstaktischen Muster, das ersterem gegenüber auf einer Metaebene liegt, die funktional dadurch gekennzeichnet ist, daß sie den Durchlauf durchs Aufgabe-Lösungs-Muster für Lehrer und Schüler unter der Maßgabe unzureichenden Sachwissens sicherstellt.

Bestandteil der Taktik ist auf Dauds Seite, L zu einer Hilfeleistung z.B. in Form einer näheren Beschreibung seiner Absicht zu veranlassen, ohne selbst solche Zusatzinformation explizit anzufordern. Sein Ersuchen an L um Desambiguierung der Aufgabe hat die Gestalt eines Lösungsversuchs und nicht einer Nachfrage. Die kommunikationstaktischen Bestandteile dieses Lösungsversuchs werden zusätzlich im Nachhinein durch Depotenzierung ihrer illokutiven Kraft zum Verschwinden gebracht. Die Weigerung von L, explizit auf das Ersuchen nach Zusatzinformation zu reagieren, ist im Rahmen der aufgabenlösenden Unterrichtskommunikation für die Schüler interpretierbar und keine wirkliche Nullaussage. Durch seine Taktik verschafft Daud sich also auf jeden Fall Zusatzinformationen, egal, ob L diese gibt oder verweigert, ob er sich im Sinne dieser Taktik verhält oder sie zu frustrieren versucht. Der Lehrer ist in didaktischer Hinsicht ein Gefangener des Aufgabe-Lösungs-Musters. Gleichzeitig bleibt Dauds Bedürftigkeit nach Zusatzinformation unter der Nachweisgrenze und wird durch (s7) vollends aus der Welt geschafft.

Mit der Erzeugung des Sachwissens durch den taktischen Einsatz von Musterwissen reagieren die Schüler musterimmanent auf die kognitive Reduktion des Aufgabenlösens. Damit wird ein Zirkel eröffnet, in dessen Verlauf die kommunikativen Techniken und Taktiken, die diesen dequalifizierenden Substitutionsprozeß sicherstellen, einen immer fester und undurchdringlicher werdenden Überbau an der kommunikativen Oberfläche über der zunehmend in den Hintergrund gedrängten Arbeit an der Sache bilden.

Um auf die Aufgabe (s4) im Sinne des Lehrergesamtplans zu reagieren, müßte dessen Stoßrichtung für die Schüler zumindest ansatzweise ersichtlich sein. Für L geht es ja zu diesem Zeitpunkt um die nachträgliche begriffliche Aufarbeitung der zuvor handwerkelnd und memorierend hergestellten Ableitung, d.h. er zielt auf eine problemlösende Aufbereitung. Für die Schüler ist aber mit der Formel bereits das Endergebnis ereicht, d.h. sie tappen in Bezug auf die Stoßrichtung der abermaligen Aufgabenstellung im Dunkeln und sind zu ihrer Erschließung notwendig auf Methoden angewiesen, die auch ohne Erkenntnis des Gesamtplans praktikabel sind. Über eine solche Methode verfügt Daud, indem er in intuitiver Weise sein Musterwissen taktisch einsetzt. Die versteckte Zusatzinformationsanforderung, der Versuch der Herbeiführung eines Bewertungselements und die Auswertung von dessen Verweigerung unter Rückgriff auf das Wissen um das mustergemäße Standardverhalten von L sind

Bestandteile dieser Taktik. Das Musterwissen ist weitgehend unbewußt. Sowohl sein Erwerb, als auch seine taktische Anwendung ist fester Bestandteil der kommunikativen Kompetenz der Interaktanten, entzieht sich weitgehend deren bewußtem Handeln und trägt alle Kennzeichen eines naturwüchsigen Vorgangs.

Im Hinblick auf die Erarbeitung von Sachwissen bedeutet der Einsatz solcher Taktiken, daß vorhandene Unklarheiten nicht als solche wahrgenommen, sondern überbrückt werden. Durch diese Taktiken werden unbegriffene Aufgaben lösbar gemacht. Umgekehrt ist das Nichtvorhandensein dieser Taktiken keineswegs die Garantie für die Fähigkeit zur sachlich adäquaten Erarbeitung von Problemlösungen, sondern führt zu einer Kette negativer schulischer Erfahrungen des Scheiterns. Die Notwendigkeit, unter den Bedingungen des aufgabenlösenden Lernens und Lehrens Leistungen zu erbringen, zwingt die Schüler zur Aneignung und taktischen Anwendung von Musterwissen. Musterwissen sichert Erfolg und Überleben in der Institution. Der Preis seiner Anwendung zur Aufgabenlösung ist der Verzicht auf die Fähigkeiten und Erkenntnisse, die nur über die problemlösende Erarbeitung des Sachwissens entwickelt werden können, wie z.B. Transferkompetenz und die Wahrnehmung und kreative Bearbeitung von Problemkonstellationen auf erweiterter Stufe. Das aufgabenlösende Lernen macht die Schüler zu betrogenen Betrügern. Der Ersatz des Problemlösens durchs Aufgabenlösen gleicht aber selbst einem Betrug am Verständnis, welcher allerdings solange verborgen bleibt, wie nicht unausweichlich eine Konfrontation mit Problemen stattfindet, die mit isoliertem Faktenwissen nicht zu lösen sind. Mit einigem Geschick ist eine solche Begegnung aber eine ganze Schülerexistenz lang (und darüber hinaus) vermeidbar.

Schüler können im Lernprozeß gar nicht von Anfang an über den Kontext des von ihnen portionsweise zu lernenden Wissens verfügen. Sie verhalten sich nur dieser Situation in der Institution gemäß, wenn sie durch die Beherrschung von Musterwissen Taktiken zur Ersetzung des Kontextes entwickeln. Schüler erfahren aber gerade den Kontext der Institution als ihre Realität. Dieser Kontext besteht aus den Handlungsmustern, in denen sich die institutionalisierte Kommunikation abspielt. Der handelnd erfahrenen und bewältigten Realität entspricht die Widerspiegelung in problemlösendem Wissen. Das naturwüchsige Musterwissen ist problemlösendes Wissen, die aus ihm entspringenden Handlungen -wie die soeben analysierte Funktionalisierung des Musterwissens- sind Problemlösungen reinsten Wassers. Nur richten sie sich nicht auf die Probleme, deren Lösungen im zu erwerbenden schulischen Wissen niedergelegt sind, sondern auf das Problem, wie man ohne Wissen dennoch richtige Lösungen abliefert. Die Perversion des Lernens zu einem System der zunehmend perfekter, d.h weniger enttarnbar werdenden Erzeugung von Fassadenwissen, auf die solche Anwendung hinaus-läuft, wird treffend durch folgende Schülersentenz charakterisiert:

>Das einzige, was du in der Schule wirklich lernen kannst, ist Bescheißen!<

Im Gegensatz zum Kontext der Institution kann der Kontext des zu vermittelnden Wissens nämlich nicht praktisch-handelnd erfahren werden. Institutionsgemäß bedingt kann er selbst erst mental im Prozeß des Wissenserwerbs hergestellt werden. Die Rekonstruktion des Kontexts des zu lernenden Wissens hat selbst den Charakter von

Wissenserwerb, ist Resultat seiner problemlösenden Erarbeitung. Die Rekonstruktion des Kontexts muß für jedes neue Wissen immer wieder neu geleistet werden. Sie ist ein über das aufgabenlösende Lehren und Lernen mit seiner Produktion isolierter Faktenmassen hinausgehender zusätzlicher und bewußt zu durchlaufender Prozeß. Dieser Prozeß richtet sich gegen den Strom der naturwüchsigen Strukturen der Institution und ist deshalb aufwendig und anfällig; aber er ist möglich und vor allem lohnend. Das Wegfallen der Kontextrekonstruktion des zu erarbeitenden Wissens ist ebenso Ausdruck der naturwüchsigen Strukturen der Institution, wie die Herausbildung des auf sie bezogenen Musterwissens und die sachfremde Aufgabenlösung durch die taktische Anwendung dieses Musterwissens. Aus dieser Naturwüchsigkeit resultiert die Selbststabilisierung des Aufgabenlösens mit seinen Fehlerkreisen.

(3) Pseudo-Problemlösen durch Einsatz von Mustewissen

Im folgenden wird ein Beispiel diskutiert, das weitere Aufschlüsse über die Ausbildung jenes Systems von Fassadenwissen gewährt. Es wird verdeutlicht, daß der Form nach auch komplexe Vernetzungsleistungen auf dem Ersatzwege zu produzieren sind und wie sich sogar das Auftreten sogenannter 'selbständiger kreativer Anwendungen' dem Einsatz von Musterevidenz verdanken kann.

Im Unterrichtsabschnitt "Lösungswegediskussion" (Transkription Nr 3) geht es zu Beginn um die Vermittlung des Lehrerkonzepts, daß die mathematische Berechenbarkeit der noch unbekannten Teile von Dreiecken ein Ausdruck ihres Festgelegtseins durch die gegebenen Teile in der Wirklichkeit ist (vgl. 3.6. "Konzeptualisierung mathematischer Gesetzmäßigkeiten"). Dafür sollen die Schüler durch Nachbau mit verschieden langen Holzstöcken und verschieden großen Kartonwinkeln überprüfen, ob bei einem Dreieck des Typs 'Winkel-Seite-Winkel' bzw. 'Seite-Winkel-Seite' die fehlenden Teile festliegen. Dabei kommt es zu Komplikationen, die mit den verschiedenen Konzeptionen mathematischer Gesetzmäßigkeiten im Aufgaben- bzw. Problemlösen zusammenhängen und eine Veranschaulichung im gewünschten Sinne verhindern. In der anschließenden Unterrichtsphase (s389-415) soll das Bisherige ausgewertet werden. L knüpft konfrontierend an die Diskussion eines von Kevin zur Frage gestellten Vorschlags an, ob ein Dreieck auch durch zwei Größen festlegbar sei, bei der herausgestellt wurde, daß es unendlich viele Möglichkeiten für ein solches Dreieck gibt:

|L 389 Und wir suchen ja Möglichkeiten, wo man **nur eins**,/ 391 wo die dritte/ 392 alles, was fehlt,
|_81

|L fest ist. 393Ja? 394 Schauma, wenn das in der Wirklichkeit **fest ist,** was können wir denn dann
|_82

|L auch machen damit? 395 ((*wartet 3Sek*)) 396 Ich hab eben gesagt, wenn ich h'i`er den Winkel
|_83

|L habe......398 und hier den anderen ((-*zeigt*-)), 399 was kann ich/ 400 Wo is denn jetzt der dritte
|Bi 397`hmhm´.
|_84

|L Punkt? 401 Is das klar, wo der, is?   406 Ja, und wenn das klar ist, was kann ich **dann**
|Bi   402 Ja.
|Mu   403 Ja, irgendwo da oben.
|Be   404 Ja.
|Yi   405 Ja.
|_85

|L auch machen?   408 Jà. 409 Gùt. 410 Wenn das in der Wirklichkeit klar ist, dann
|At   407 Ausrechnen!
|Bi   407b Ausrechnen, klar.
|_86

|L kann ich das auch ausrechnen.   412 Já? 413 Und wenn das in der Wirklichkeit unendlich viele
|At   411 Jà.
|_87

|L Möglichkeiten gibt, kann ich dann ausrechnen?   415 Logisch nicht.
|Mu   414 Nein. Nein, dann können wir nicht.
|_88

Schon äußerlich betrachtet fallen in dieser Phase die vielen Abbrüche in den Lehreräußerungen auf. Der daraus ersichtlichen Schwierigkeit des Lehrers, das Lernziel der Phase sprachlich angemessen aufzubereiten, entspricht die Reduzierung der Schülerbeiträge fast ausschließlich auf *Affirmationen*. Mit der Aufgabe

(s394) L: "Schau ma, wenn das in der Wirklichkeit fest ist, was können wir denn dann auch machen damit?"

zielt L auf den Kern seines Konzepts von mathematischen Gesetzen, nämlich die Vernetzung von Festgelegtsein nach alltäglich-allgemeinbegrifflichem Verständnis und dessen mathematisch-begrifflicher Entsprechung als Berechenbarkeit. Schon der erste Teil der Aufgabe muß nach den bisher analysierten Schülerleistungen als Vorgabe bezeichnet werden, denn das Festliegen in der Wirklichkeit ist keineswegs zweifelsfrei in seinen Bedingtheiten erfaßt worden, sondern stützt sich höchstens auf eine averbale Evidenz (bei Kevin, Birol, Behiye), bzw. sogar nur auf eine Abmachung nach Art einer Regel. Für die Repräsentation des Gesuchten im zweiten Teil der Frage gilt die Diffusität des bei den Schülern vorliegenden Konzepts noch in verstärktem Maß: In dieser Hinsicht ist noch gar keine Problematisierung vorgenommen worden. Dem hohen Erkenntnisziel angemessen wäre eine andere, offenere Aufgabenstellung gewesen:

*>*Was können wir aus dem Bisherigen folgern?*<

Durch die Wahl des Verbs "machen" verlagert L den Suchprozeß bei den Schülern von der allgemeinbegrifflichen Ebene von vornherein in spezifischer Weise aufs Operative. "Machen" heißt im Mathematikunterricht nämlich vor allem 'rechnen'. Daß dieses operative Stadium jetzt erreicht sei, wird den Schülern durch die sprachliche Form des Rhemas der Frage:

L: "...was können wir denn dann auch machen damit?"

nahegelegt. Die Erkenntnis der Voraussetzungen der grundsätzlichen Berechenbarkeit von Dreiecken ist ja eine komplexe Leistung, die eine Betrachtung von erheblicher Abstraktheit erfordert. Die bislang erarbeiteten Gesetzmäßigkeiten hätten unter dieser Fragestellung als Sonderfälle erkannt werden müssen, deren methodischer Extrakt zur gewünschten Aussage verallgemeinert werden müßte. Die gewünschte Erkenntnis ist auch für L im Augenblick mehr didaktische Überzeugung als vernetztes Wissen. Er möchte gerne, daß die Schüler so an die Frage herangehen, weiß aber nicht wie er mit ihnen dorthin kommen soll.

Das Rhema der Leitfrage dieser Phase kündigt mit der Verflachung der Betrachtungsebene aufs Operative bereits die Notlösung an, auf die L in dieser Zwangslage zusteuert. Nach dem folgenden Nullelement der dreisekündigen Pause (s395) geht er in rasantem Tempo noch weiter in den Anforderungen zurück:

(s396).L: "Ich hab eben gesagt, wenn ich hier den Winkel habe
(s397) Birol: `hmhm´
(s398) L: und hier den anderen ((-zeigt-)):
(s399) L: Was kann ich/
(s400) L: Wo is jetzt der dritte Punkt?
(s401) L: Is das klar, wo der is?"

Das Festgelegtsein des Fehlenden in der Wirklichkeit wird ohne innezuhalten von seiner begrifflichen Fassung ("Was kann ich/") auf seine mathematisch-zeichnerische Konkretisierung ("Wo is jetzt der dritte Punkt?") über einen deiktischen Nachweis bis auf das nicht mehr zu unterbietende Niveau der Affirmation seines Vorhandenseins ("Is das klar, wo der is? ") reduziert. Die Folgerung, in der die Erkenntnis liegt, ist ultimativ auf die Bestätigung der Wahrnehmung des Ereignisses zurückgenommen, aus dem sie gefolgert werden soll. Den Rest macht der Lehrer. Das ist in Überdeutlichkeit die Arbeitsteilung des operativen Unterrichts (vgl. 3.5.). Deixis und Bestätigung der Vorgaben (s402-405) sind den Schülern als Ersatz der erforderlichen Vernetzungsarbeit übriggeblieben. Deixis und Affirmation als einzige Schülerhandlungen sind Erscheinungen der kognitiven Reduktion des Aufgabenlösens in der engsten Phase des Trichtermusters. Bezeichnenderweise treten sie an der Stelle im Gesamtplan in Funktion, die an und für sich den Schülern das Schwierigste abverlangt.

Stattdessen kommt es bei der Fortsetzung der Aufgabe zur Anwendung einer besonderen Form des Elizitierens, der Evokation:

(s406) L: Ja, und wenn das klar ist, was kann ich dann auch machen?
(s407) Ataschin: Ausrechnen
(s407b) Birol: Ausrechnen, klar.

Die zu leistende mentale Arbeit ist das Zitieren von Wissenselementen, die.unter einem bestimmten inszenatorischen Schlüsselkomplex aus Stichwort, Intonation und Mimik des Lehrers abgespeichert sind. Die erforderliche Vernetzungsarbeit wird von Lehrer und Schülern in gemeinsamem Handeln ersetzt durch die Hervorlockung sprachlicher Formelstücke. Die Worte "und wenn das klar ist" nehmen dabei die Funktion der Pawlow'schen Klingel ein, die zur Absonderung des sprachlichen Reflexes 'Ausrechnen' führen.

Die Phase (s393-415) ist ein weitgehend automatisierter Ablauf mit verteilten Rollen, in dem eine Unterrichtsphase in ein bekanntes Trichtermuster mündet, das abgefahren und in seinen suggestiven Lücken gefüllt wird. Unter häufigerer Wiederholung bekommen solche Phasen den Charakter des Einbläuens. Schüler, die das methodische Ritual des Unterrichts beherrschen, werden aufmerken und die herausgestellten Kernsätze in Zukunft an solchen Lücken im Geschehen wiedergeben, die assoziativ, z.B. durch Mimik und Gestik, Intonation, Lautstärke und Rhythmus des Lehrers, mit der gegebenen Situation verknüpft sind. So lassen sich Schlußfolgerungen unter Umgehung der nötigen Vernetzungsarbeit durch die Funktionalisierung von Musterwissen von einer Begriffsebene auf die nächste transportieren:

>Es gibt in der Schule nichts, was nicht gepaukt werden könnte.<

Man hat als Schüler nicht nur die Möglichkeit, sich von der unmittelbaren Evidenz des Deiktischen oder der Einschrittigkeit des Trichtermusters zum Ziel treiben zu lassen, es gibt auch eine Evidenz der Methodik, mit deren Hilfe Unterrichtsziele realisiert werden: An bestimmten Stellen in der Choreographie der Ableitung neuer Gesetze ist Verwunderung angesagt, an anderen ehrfürchtiges Schweigen oder Abliefern kognitiver Brocken, die zuvor vom Lehrer durch Stichworte, Intonation, Prosodie, Mimik oder Gestik markiert wurden. Das Wissen von den immer wiederkehrenden Strukturen und musterhaften Abläufen dieser Methodik ist, weil es im aktiv handelnden Kontext als problemlösendes erworben wird, leichter zu internalisieren, als die sachlichen Inhalte, die mit ihrer Hilfe abgeleitet werden sollen. Die Funktionalisierung dieses Wissens erspart und ersetzt bestimmte Anteile des Sachwissens. Mit ihrer Hilfe kann die Wissensproduktion in einer Weise geregelt werden, die mit inhaltlicher Verarbeitung nichts zu tun hat, aber trotzdem zu anerkannten Lösungen im Rahmen des Aufgabenlösens führt.

(4) Konditionierung

Im Unterrichtsabschnitt Nr. 4 "Seite-Winkel-Seite" findet sich ein Fall von Evokation, der die Grenze zur Konditionierung überschreitet.

> Es geht inhaltlich darum, das genannte Dreieck mit Hilfe der Höhe in zwei rechtwinklige Teildreiecke zu zerlegen und es so handlungsmäßig zugänglich zu machen. In jedem der Teildreiecke kann der Pythagoras angewendet werden. Die Teilstrecke AD kann über eine Kosinusanwendung aus Winkel alpha und Strecke klein-b errechnet werden. Dadurch ist auch die Teilstrecke DB festgelegt.

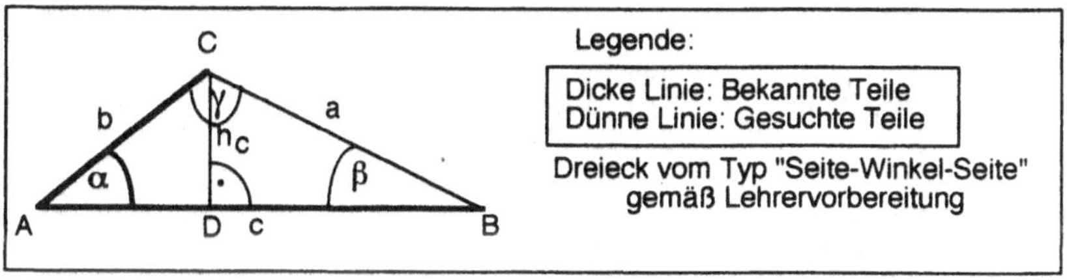

Figur 18: "Tafelzeichnung, auf die sich die Unterrichtsabschnitte Nr. 4, "Seite-Winkel-Seite" und Nr. 5, "Wie groß ist AD?" beziehen."

Nach dem Eintragen der Höhe äußert L:

> *(s482-483) L: Sò. Jetzt haben wir rechtwinklige Dreiecke. Und was fällt dir ein, wenn dú 'rechtwinkliges Dreieck' hörst? Mústafa!*
> *(s484) Mustafa:* ((leiser werdend, rechtfertigend)) *Sinus(satz).*
> *(s486) L: Ja.*
> *(s487) Mustafa : Pythagoras.*
> *(s488,491) Ataschin:* ((gegen Mustafa)) *Sinus.* ((-lacht-))

Hier wird auf der Konditionierung nicht nur operiert, sondern sie wird als eine zulässige Methode der Wissensbeschaffung aktiv eingeübt. Der scharfe Tonfall, in dem Mustafa aufgerufen wird, bedeutet, daß hier nicht eine gedankliche Verarbeitung gefragt ist, sondern eine Abrufung von Wissenselementen, deren Verbindung gemäß der verlangten Unmittelbarkeit bestenfalls eine terminologische, nicht aber eine begriffliche sein kann. Wenn die Schüler in der Folge nicht in der Lage sind, die über Konditionierung elizitierten Wissenselemente miteinander zu vernetzen und sich so die Problemlösung zu erarbeiten, sondern sie nur gemäß der Evidenz des Unterrichtsbauplans ratend bzw. handwerkelnd in Beziehung zur anstehenden Frage setzen, so ist das auch eine Folge der Einführung dieser Wissenselemente, die einander nur auf der assoziativen Oberfläche aufrufen aber nicht im Begriff miteinander vernetzt sind.

(5) Konvertibilität von Kompetenzen

Im nächsten Beispiel geht es um den taktischen Austausch schulischer und außerschulischer Handlungsmuster. Alltagssprachliche Kompetenz ('Schlagfertigkeit') wird zur *Depotenzierung fachlicher Inkompetenz* eingesetzt. Der Vorfall belegt eine Konvertibilität von Kompetenzen:

Zu Beginn der Lösungswegediskussion für ein Dreieck vom Typ Seite Winkel-Seite wendet L sich an Fahrudin:

(s32) L:"Fahrudin, hast du ne Idee?" ,
(Transkription Nr 4, "Seite Winkel-Seite").

Die illokutive Qualität dieser Äußerung ist die einer schwachen Ermahnung in Form einer Aufforderung zur Mitarbeit. L möchte verhindern, daß Fahrudin sich aus der Erarbeitungsphase heraushält und sich anschließend nur die Ergebnisse in Form eines Lösungsschemas einprägt; ein Verhalten, das bei ihm stark ausgeprägt ist und mit dem er im Mathematikunterricht ganz gut zurecht kommt. Fahrudins Antwort ist ebenso bündig wie wurstig:

(s33) Fahrudin: "Nee."

Er ist nicht in der Lage, einen Beitrag zur Aufschließung des Problems zu geben. Er wehrt seine Bloßstellung durch die Umkategorisierung der illokutiven Qualität der Ermahnung in die der Informationsfrage ab. Er ist sich über den Charakter der Lehrerfrage als Aufforderung zur Mitarbeit natürlich genauso bewußt, wie die übrigen Schüler. Seine umkategorisierende Rezeption der Lehrerfrage als Informationsfrage geschieht also nicht aus Mißverständnis, sondern aus taktischer Absicht. Behiyes Lachen an dieser Stelle

*(s34) Behiye: ((--*lacht*--))*

bezeugt, daß sie die Spannung des Widerspruchs zwischen der Absicht der Lehrerfrage und Fahrudins Reaktion empfindet und von Fahrudins Taktik verblüfft ist.

Mit seinem nächsten Beitrag versucht L, den illokutiven Akt seiner ursprünglichen Sprechhandlung zu reetablieren, indem er Fahrudins Reaktion als unangemessen abqualifiziert:

(s35) L: "War das ne Idee?"

L versucht, Fahrudins Taktik dadurch zu parieren, daß er dessen Antwort scheinbar ernst nimmt, nämlich als sachlichen Beitrag zur Problemlösung. In dieser Hinsicht ist sie aber so kläglich, daß ihre offizielle Registrierung wieder mit der Absicht der Ermahnung und Aufforderung zur Mitarbeit übereinstimmt. Auf diese taktische Wendung von L reagiert Fahrudin seinerseits wieder mit Lachen

*(s36). Fahrudin: ((--*lacht*--))*

Damit entzieht er dem Vorgang seinen Ernstcharakter und läßt das Ganze als Spiel erscheinen, so daß die Absicht des Lehrers durch ihre Einbettung in ein von Fahrudin als Scherz geplantes Manöver entschärft wird. Mit dieser erneuten Umkategorisierung der illokutiven Absicht der Lehrersprechhandlung entgeht er weiteren Nachfragen oder Zurechtweisungen. Daß seine Interpretation der Interaktion die gültige bleibt, wird dadurch unterstrichen, daß er die Lacher auf seiner Seite hat:

(s37) Sn: ((---lachen---*))*

In dieser kurzen Sequenz funktionalisiert der Schüler seine Beherrschung schulischer und außerschulischer sprachlicher Handlungsmuster, um sie in taktischer Absicht gegeneinander auszutauschen und so seine Zwecke zu realisieren.

(6) folie-à-deux

Das folgende Beispiel des taktischen Einsatzes von Musterwissen zeigt, wie die Evidenz des Unterrichtsbauplans zunächst zur Produktion eines entscheidenden Wissenselements funktionalisiert wird, das dann vom Lehrer taktisch umkategorisiert und zur Realisierung seiner Strategie der Vermeidung von Vorgaben eingesetzt wird:

Im Unterrichtsabschnitt "Wie groß ist AD?" (Transkription Nr 5) mühen sich die Schüler ab, diesen Teil der Grundseite des allgemeinen Dreiecks zu bestimmen. Die Vergeblichkeit resultiert daraus, daß die Abhängigkeit der Teilstrecke AD vom bekannten Winkel alpha aus dem Blickfeld geraten ist. Mitten hinein in die entstehende Ratlosigkeit platzt Fahrudin:

|L 71 Ja? 73 Ja, frag
|Fa 70 **Darf** ich mal was fragen? 72 Was hat das mit Kosinus ((*-lacht-*)) zu tun?
|_18

|L das noch mal! 75 \`hmhm´, gute Frage. 77
|Fa 74 Was hat das mit Kosinus zu tun?
|Ke 76 Das wissen **wir** doch nicht!
|_19

|L Überleg doch mal, Kevin. 81 Hm´? 82 Mit
|Ke 79 Weil wir das nicht mit, äh, ... Sinussatz ((*-lacht-*)) rechnen
|Be 80 Sinussatz
|_20

|L Sinus**satz** nicht. 85 Bitte? ((*zu Kevin*)) 87 Nà Jà. ((*zu Fahrudin*))
|Ke können. 83 Darum müssen wir/ 86 Das is alles, was **wir** wissen.
|Fa 84 ((*--lacht--*)) "Kosinussatz".
|_21

|L 90 Zwei was?
|Ke ((---3Sek---)) 89 Nee, weil das/ Wir brauchen **zwei**. ... 91 Ja, wir brauchen drei
|Be 88 ((*-stöhnt-*)) 92 "zwei" ((*-lacht-*))
|_22

|L 93 Bei **Sinus**satz.
|Ke Aufgaben, aber ((*-1Sek-*)) zwei müssen übernander liegen. 96 Ach, so, ja,
|Bi 94 ((*-lacht-*))
|Be 95 ((*-lacht-*))
|_23

|L 97 Né, beim Sinussatz. 98 Ham wir hier aber nich.
|Ke richtig, ja, bei Sinussatz 99 Nee.

|_24

Fahrudin ist des Ratens überdrüssig und möchte endlich zum eigentlichen Ergebnis der Stunde kommen. Dafür rekurriert er auf den im Stundenthema 'Kosinussatz' vorgegebenen begrifflichen Rahmen. Im vorangegangenen Unterricht waren die Schüler daran gescheitert, ein Dreieck vom Typ 'Seite-Winkel-Seite' mit dem Sinussatz zu berechnen. Andererseits war klar, daß dieses Dreieck trotzdem prinzipiell berechenbar sein müßte. In dieser Situation kommt es zum folgenden Dialog (Nr.4, s216-242):

|L Wie denn? 218 Ja, seht ihr/ 222 Gùt
|Bi 217 Ärgendwie anders. 221 Zeichnerisch oder...
|Ke 219 Müssen wir ne andere ...
|Be 220 Zeichnerisch oder so.
|At 223 Was
|_47

|L 224 Können wir zeichnen 225 Genau. 228 Natürlich. 230 `hmhm´.
|At wir jetzt lernen werden. 229 Was wir heute lernen werden.
|Be 226 Hm´?
|Ke 227 Kosinus.
|_48

|L 232 Ja Ja Ja **Já**, h´m? 235 Ja, irgendwas mit Kosinus, né, né.
|Fa 231 Kosinus.
|Bi 233 Wieviel Tagen haben Sie da wohl fü/ 236 Ja, gibts denn auch Kosinus-Satz oder was?
|Hi 234 Kosinu.
|Ha 237 Das kommt heute. 238 ((*freut sich*))
|_49

|L 239 Ja, den gibts auch, genau. 240 Sags nochmal! 242 `hmhm´
|Ha Was Neues.
|Bi 241 Kosinussatz.
|_50

Fahrudin weiß also bereits seit geraumer Zeit, daß als Resultat der Arbeit irgendwann der 'Kosinussatz' auftauchen wird. Er weiß auch, daß Formeln im Mathematikunterricht abgeleitet werden, daß dabei bestimmte bekannte Problemlösungen zu neuen Einheiten verbunden werden und daß in die Bezeichnung von Formeln oft die Schlüsselbegriffe eingehen, die das spezifisch neue der betreffenden Formel bezeichnen (wie z.B. 'Kosinussatz', 'Höhensatz', 'Strahlensatz', 'Kathetensatz' etc.). Das spezifisch Neue ist aber meist auch die zentrale Schwierigkeit des zu lösenden Problems. Die gegenwärtige Stockung im Ableitungsgeschehen legt es nahe, daß diese zentrale Schwierigkeit jetzt erreicht ist.

Alle zuletzt geschilderten Phänomene sind feste Bestandteile des Unterrichtsbauplans zumindest einer Mathematikstunde. Diesem Bauplan entsprechend bilden Schüler ein darauf bezogenes Wissen aus, das sich in der Erwartung des Auftretens bestimmter Phänomene an bestimmten funktional markierten Stellen im Unterrichtsbauplan niederschlägt. Schüler können durch Funktionalisierung der Evidenz des Unterrichtsbauplans in ihrem Wissen ohne jede Berücksichtigung des Sachverhalts Vermutungen über Wissenselemente ausbilden, die mit hoher Wahrscheinlichkeit wesentlich am Zustandekommen des Unterrichtsziels beteiligt sind.

Genau das tut Fahrudin mit (s70,72). Er bricht damit aus der methodisch-inhaltlichen Kontinuität des Ableitungsgangs aus. Dem damit verbundenen Risiko trägt er vorsichtshalber mit seinem Lachen Rechnung. Durch diese Technik der Depotenzierung ambiguisiert er die illokutive Qualität seines Beitrags als möglichen sachlichen Hinweises im Sinne seiner präventiven Abschwächung. Bewertet L seinen Vorstoß als grob neben der Sache, kann er sich immer noch auf dieses Lachen zurückziehen und rückwirkend alles zum Scherz erklären und sich so zumindest noch die Kompetenz der Selbstkorrektur bewahren.

Vom Erfolg seiner Äußerung dürfte er selbst nicht am wenigsten überrascht sein:

(s73) L: "Ja, frag das noch mal!"
(s74) Fahrudin: "Was hat das mit Kosinus zu tun?"
(s75) L: "`hmhm´ gute Frage."

Mit dieser Äußerung verleiht L Fahrudins sachfremd durch Funktionalisierung der Evidenz des Unterrichtsbauplans zustande gekommenem Beitrag das Prädikat inhaltlicher Kohärenz zum Ableitungsgang. Nun ist die Festlegung der Teilstrecke AD über die Kosinusfunktion des Winkels alpha nicht irgendeine beliebige Zusatzinformation, sondern nach der eigenen Ankündigung des Lehrers:

(s51) L: "Das ist jetzt der Clou der Sache!"

genau jene entscheidende Stelle im Bauplan des Unterrichts, an der das spezifisch Neue des zu erarbeitenden Gesetzes relevant wird. Dadurch wird die Stelle ja auch für Fahrudin in ihrer Funktion markiert. Die direkte Vorgabe dieses entscheidenden Wissenselements würde in absolut unzulässiger Weise die Lehrerstrategie der Vermeidung von Vorgaben (vgl. 3.3.) außer Kraft setzen. Andererseits hat die aufgabenlösende Entwicklung den Kontext des Problemzusammenhangs soweit zerstört, daß eine selbständige Entdeckung des 'Clous' und mithin des Unterrichtsziels gefährdet erscheint.

In dieser Situation stellt die Lehreräußerung "Ja, frag das noch mal! {{Was hat das mit Kosinus zu tun?}} `hmhm´ gute Frage." (s73-75) eine taktische Übernahme von Fahrudins Funktionalisierung der Evidenz des Unterrichtsbauplans dar. Mit der Umkategorisierung von Fahrudins Beitrag wird eine entscheidende Vorgabe kaschiert und die Realisierung der Lehrerstrategie gesichert: Die Reduktion der fachlichen Kreativität und Fantasie ist durch die Kontextzerstörung des Aufgabenlösens soweit fortgeschritten, daß die vom sachlichen Kontextverlust natürlich unbehelligte Evidenz des Unterrichtsbauplans, bzw. ihre taktisch-strategische Funktionalisierung, das Unterrichtsziel reibungsloser sicherstellt, als die kohärente Fortentwicklung der Sache.

Kevin weigert sich jedoch, dieses Spiel mitzumachen:

*(s76) "Das wissen **wir** doch nicht!"*

Kevin spürt, daß mit diesem Vorgang die sachbezogene Überlegung als Grundlage der Problembearbeitung verlassen und durch von ihm abgelehnte Formen schulisch pervertierter Wissenserarbeitung ersetzt wird. Mit der Betonung der Deixis 'wir' bringt er klar zum Ausdruck, daß trotz Umkategorisierung das Wissenselement 'Kosinus' für ihn eine Lehrervorgabe bleibt. Statt das vom Lehrer durch Musterevidenz angebotene Wissenselement zu adaptieren, gibt er sich die Blöße des Unwissens.

Dahinter verbirgt sich eine Kritik an der Zulässigkeit der Apostrophierung von Fahrudins Beitrag als "...gute Frage" (s75). Natürlich kann er den Hinweis trotz seiner kommunikationstaktischen Aufwertung nicht in seine Betrachtungen integrieren, denn beim Problemlösen ist die Tauglichkeit von Informationen an ihr vernetztes Zustandekommen gebunden. Der Hinweis 'Kosinus' bleibt in dieser Hinsicht ein Fremdkörper. Die Adaptation dieser Vorgabe muß erkauft werden mit der Einschränkung ihrer Verwendbarkeit im Rahmen des Ratens bzw. des komplettierenden Operierens des Aufgabenlösens, also mit dem Verzicht auf eigene Vernetzungsarbeit.

L pariert Kevins angedeutete Kritik, deren Beachtung den Erfolg seiner Strategie und Taktik gefährden würde, mit der Aufforderung:

(s77) L: "Überleg doch mal, Kevin!"

Das ist eine Nötigung, sich jetzt an das aufgabenlösende Vorgehen zu assimilieren. L verleiht so erneut in Verkehrung der Tatsachen musterevidentem Fassadenwissen die Qualität sachbezogener Überlegung und unterstellt Kevin, daß seine Äußerung nichts als die Bekundung von Unwissen bzw. schlimmer noch seines Unwillens, zu überlegen sei. Die sprachliche Oberfläche deckt die inhaltliche Leere von Fahrudins Beitrag mit dem Schein kohärenter sachlicher Entwicklung zu. Das gleiche geschieht mit der taktischen Übernahme von Fahrudins Beitrag zum Zwecke des Dirigierens in die plangemäße Richtung durch L. Das Beharren Kevins auf kohärenter sachlicher Entwicklung dagegen hat keine Chance, sich gegen die taktische und strategische Funktionalisierung der Evidenz des Unterrichtsbauplans durchzusetzen, obwohl er genau das auf die Aufforderung von L hin: "Überleg doch mal, Kevin!" versucht.

In der Analyse wird ein Prinzip deutlich, das für die Kehrseite des Aufgabenlösens außerordentlich bezeichnend ist. Indem Vorgaben interaktiv zu Schülerleistungen umfunktioniert werden, findet ein spezifischer Tauschhandel zwischen Lehrer und Schüler statt: Der Schüler hilft dem Lehrer bei der Realisierung seiner Strategie der Vermeidung von Vorgaben und bei der Verleugnung des Verstoßes gegen sie und der Lehrer rechnet dafür dem Schüler eine Leistung an, die er gar nicht erbracht hat. Diese folie-à-deux-Beziehung ist für beide Koaktanten oft der einzige Ausweg aus dem Dilemma, in das beide durch die Paradoxie des Aufgabenlösens geraten:

>Die Werkzeuge, mit deren Hilfe die Schüler lernen sollen, sind die ärgsten Hindernisse dieses Lernens.<

(7) Spuren verwischen

In der Sequenz von (s79-91) verfolgt Kevin seinen Gedankenstrang unbeirrt weiter, indem er sich auf die Unmöglichkeit bezieht, das gegebene Dreieck mit dem Sinussatz auszurechnen. Diese Unmöglichkeit resultiert daher, daß für eine Anwendung des Sinussatzes eine einem bekannten Winkel gegenüberliegende Strecke bekannt sein muß. In der Formel drückt sich das im Vorhandensein eines vollständig bekannten Quotienten, etwa 'a geteilt durch sinus alpha', aus. Darauf spielt Kevin mit:

(s91) "Ja, wir brauchen drei Aufgaben, aber ((-1 Sek-)) zwei müssen übernander liegen."

an. L geht weiterhin nicht auf diese sachliche Überlegung ein, sondern nutzt Kevins Beitrag nur als Stichwortlieferung für eine weitere Evokationstechnik:

(s93) L: "Bei ***Sinus****satz..."*

Kevin muß nur den intonativ als defizitär markierten Bestandteil dieser Lehreräußerung weglassen und den Rest mit dem soeben eingeführten Hinweis 'Kosinussatz' kombinieren, um mit: *>Kosinus< dasjenige Wissenselement zu nennen, auf das es L endgültig ankommt. Bei Fahrudin ist dieses Signal aus dem Bereich des Musterwissens auf fruchtbaren Boden gefallen; er ergänzt:

*(s84) ((--*lacht*--)) Kosinussatz*

hat diesmal aber damit kein Glück, denn L qualifiziert seine Äußerung als minderwertige Leistung ab:

(87) "Bitte? Nà jà."

Der Mohr hat seine Schuldigkeit getan. Unmittelbar nachdem L das für die weitere Verfolgung seines Plans nötige Wissenselement etabliert hat, geht er hier daran, die Spuren der Entstehung der Etablierung zu verwischen. Der Schlüsselbegriff ist bereits in der Debatte und L möchte ihn jetzt weiterverarbeiten. Dazu setzt er die Evokationstechnik ein. Bezeichnenderweise kommt es an der anspruchvollsten Stelle der Ableitung zum massivsten Einsatz der Funktionalisierung von Musterwissen.

(8) Funktionalisierung von Intonations-Musterwissen

Im Unterrichtsabschnitt "Birols Variante" wird Musterwissen zur Fehlerkorrektur funktionalisiert.

Birol vergißt an einer Stelle das Quadratzeichen über einem Gleichungsterm:

*(s483) L: "Was muß denn da **sté:hen**, Birol?"*

*(s484) Birol: "**Quadrà:t** muß da stehen."*

Die Frage enthält trotz ihrer scheinbaren Offenheit und Vorgabenfreiheit in Gestalt eines Intonationsmusters die Information, daß Birol etwas vergessen hat. Birol weiß aus Erfahrung, daß diese Sorte Lehrerfrage immer bei einer ganz bestimmten Sorte von Fehlern kommt: Vorzeichen-, Klammer-, Exponentenfehler oder -auslassungen. Daher folgt auch seine Antwort dem gleichen Intonationsmuster. Der Schlüssel zur Korrektur liegt nicht in der sachlichen Analyse des eigenen Beitrags, sondern in der Interpretation des Lehrerverhaltens gemäß dem Wissen um dessen intonative, mimische etc. Verhaltensmuster. Der Lehrer spart sich eine Vorgabe durch die Funktionalisierung des diesbezüglichen Schülerwissens. Die Bilanz dieser Taktik liegt für die Schüler in der Erhöhung ihrer persönlichen Abhängigkeit vom Lehrer. Die Kenntnis und Interpretation, Verfolgung und Anpassung an gültige Verhaltensmuster oder auch an individuelle Schrullen und Eigenarten gewährleistet oft unterrichtliche Erfolge in Ersatz fachlicher Kompetenz.

Auch im nächsten Beispiel wird das Musterwissen von der Intonation als Trägerin der Aufmerksamkeitssteuerung taktisch zur Umfokussierung eingesetzt.

Im Unterrichtsabschnitt Nr. 2 "Quadrat, Dreieck, Streckenverhältnis, Wurzelmaschine" vermittelt L Kevin durch echohaftes Aufgreifen von dessen Intonation den Eindruck, er, L, habe Kevins Vorschlag rezipiert und die Folgeaufgabe sei eine Fortentwicklung von Kevins Vorschlag, obwohl sie in Wirklichkeit eine Revision von Kevins Plan darstellt. Damit wird Kevins Aufmerksamkeit intonativ aufgegriffen aber auf einen ganz anderen propositionalen Gehalt gelenkt.

L		**266 Vorsicht !!** ((-*1Sek*-)) 266a Sò. ((--*2Sek*--))	268 Da
Da	265 Verhält/		
Ke			267 Da kommt eine **Stre`cke** raus...
78			

|L kommt ne **Stre`cke** raus ... 268a Ja, das ist eine **Maschi'ne** ... 268b K a n n ...
|Ke 269 Ja, das kann wir auch da oben machen.
|_79

|L d a s .../ 270 Ja, ja, sicher ... 271 Wir wollen bloß noch mal überlegen/ 272 ...warum
|_80

|L wir diese Maschine bráuchen? ||
|_81 ||

Durch die Reaktion von L

(s270,271): "Ja, ja, sicher ...Wir wollen bloß noch mal überlegen, warum wir diese Maschine brauchen."

wird Kevins Vorschlag, die Erkenntnisse über die Quadratflächen und die Funktion der Maschine miteinander zu kombinieren, für die Schüler als neben der Sache liegend ausgewiesen. Dabei erweckt L mit der fallenden Betonung und der Emphase, die er in

*(268b) "Ja, das ist eine **Maschi`ne** ..."*

dem Wort "Maschine" verleiht, den Eindruck, den Gedanken Kevins beantwortend aufzugreifen, den Kevin zuvor in der steigenden Betonung seines Wortes "Strecke" in

*(s267) "Da kommt eine **Strécke** raus"*

ausgedrückt hatte. Für Kevin ist in der fragend-steigenden Betonung, mit der er seine "Strecke" kennzeichnet, bereits deren Veränderung im Sinne ihres Durchlaufs durch die Maschine als Lösungsvorschlag enthalten. Hier wird intonativ angekündigt, was in

(s269): "Ja, das kann wir auch da oben machen"

dann konkret ausgeführt wird. Der mentale Vorgang beim Entstehen seiner Idee, genauer die Veränderung der Qualität der Strecke, die jetzt über ihre Verbindung zu den bekannten Quadraten in den Kontext des Gesamtproblems eingegliedert werden kann, drückt sich zuerst in einer emphatischen Betonung aus, bevor Kevin an die Verbalisierung der Idee geht. Die Emphase steht für die Freude der Verwandlung einer anonymen Größe in eine zugängliche und bekannte Größe.

Das Aufgreifen dieser Emphase in fallender Antwort-Betonung im Lehrerecho "Strecke" signalisiert Kevin eine Rezeption der damit verbundenen Aussagequalität. Damit erhebt L in Kevins Augen den Anspruch, mit seinem Beitrag

*(s268, 268a): "Da kommt ne **Stre`cke** raus ... Ja, das ist eine **Maschi`ne** "*

an Kevins Gedanken anzuknüpfen und ihn in Kevins Sinn weiterzuentwickeln. In Wirklichkeit ist L aber mit der eigenen Planbildung beschäftigt. Seinen Plan erkennt er durch einen gänzlich falschen Lösungsversuch

(s265) Daud: Verhält/

als vorläufig gescheitert. Im Augenblick arbeitet er, -wie aus dem weiteren Ablauf ersichtlich-, mental an der Revision seines Plans und rezipiert Kevins Vorschlag in keiner Weise.

L benutzt die Intonation in ihrer Funktion als Trägerin der Aufmerksamkeitssteuerung, indem er sie von dem Lösungsvorschlag - Bewertung-Inhalt, auf den sie (in Übertragung des Frage - Antwort-Intonationsmusters) bezogen ist, trennt und auf einen ganz anderen Inhalt überträgt. Dadurch wird das sprachliche Mittel der Intonation in einer spezifischen Weise schulisch entfremdet und für die Wissensprozessierung im Sinne der Durchsetzung des Lehreplans funktionalisiert. Es handelt sich hier deswegen um den didaktischen Kunstgriff einer intonativen Scheinrezeption mit dem Zweck der Umfokussierung der Aufmerksamkeit auf einen im nächsten Schritt zu entwickelnden Gedanken.

L benutzt diesen Kunstgriff automatisch, seine Konzentration gilt der Revision seines Plans und dem Entwurf der nächsten Phase. Damit greift L auf die im Sprachwissen verankerte Steuerung der Aufmerksamkeit durch intonative Prozeduren zurück und funktionalisiert sie für die Integration von Kevins Aufmerksamkeit zur Realisierung seines Plans. Die Unbewußtheit des Vorgangs verdeutlicht, in welchem Maß der taktisch-strategische Einsatz von Intonation und Prosodie zu einer Technik im professionellen Instrumentarium des Lehrers geworden sind.

(9) Funktionalisierung von Musterwissen für den Nachweis von Motiviertheit
Im Unterrichtsabschnitt "Lösungswegediskussion" (Transkription Nr 3) kommt es nach Abschluß des ersten Durchgangs der Diskussion für ein Dreieck des Typs 'Seite-Winkel-Seite' angeregt durch Ataschins Frage zu einem kurzen Nebendialog darüber, ob der Tafelanschrieb ins Heft zu übernehmen sei:

|L 954 Wie ist das eigentlich? 955 Jetzt kommt ein neues Dreieck 956 ((-------*zeichnet*-----))
|At 957 Müssen wir das jetzt abschreiben?
|_213

|L 958 Nee, das müßt ihr nicht abschreiben. 962 Wir gucken uns nur an ...
|Be 959 Du hast doch schon!
|Bi 960 Brauchen wir nicht.
|Yi 961 Wir schreiben doch eine Arbeit... 961a ((*schlägt*
|Ke 963 Oh, reg dich doch nicht auf!
|_214

|L 964 Ich gebe be ... 966 ((--*lacht*--)) 968 Ich gebe be,... Daud,
|Yi *nach Kevin*)) 967a ((--*lacht*--))
|Ke 965 **Nich** vor der Kamera!! ((--*lacht*--))
|At 967 ((--*lacht*--))
|_215

Ataschin schaltet sich mit ihrer Frage genau an der Stelle ein, in der nach dem Unterrichtsbauplan normalerweise eben dieses Abschreiben, auch vornehm als 'Methodenwechsel' oder 'Stillphase' bezeichnet, geschieht. Yirgalem ist bei der Ablehnung der Notwendigkeit des Abschreibens durch L, Behiye und Birol nicht wohl, denn er blickt voller Sorgen auf die nächste Klassenarbeit. Diese Begründung kann Kevin nicht akzeptieren, sie kommt ihm äußerlich und streberhaft vor:
(s963): "Oh, reg dich doch nicht auf!"
Auch L fühlt sich durch Ataschin und Yirgalem unangenehm mit der Realität konfrontiert:
(s962): "Wir gucken uns nur an ... "
Er möchte das Geschehen als eine aus sich selbst heraus interessante Diskussion eines Problems verstanden wissen, an dessen Lösung schülerseitig Eigeninteresse besteht und wird durch die Äußerungen von Yirgalem und Ataschin in den nüchternen

Alltag des Aufgabenlösens zurückversetzt, wo ein Schüler nur lernt, was er schreiben muß und nur schreibt, was er in der nächsten Klassenarbeit wieder reproduzieren muß. Die Lehreräußerung: "Wir gucken uns nur an ... " unterstellt demgegenüber eine schulische Zweckfreiheit des Geschehens. In Konfrontation zu dem von Ataschin und Yirgalem offengelegten Motiv wird den Schülern so auf dem Gebiet des inneren Herangehens ans Unterrichtsgeschehen eine Haltung als wünschenswert signalisiert, die sich jedenfalls nicht aus der Angst vor der nächsten Klassenarbeit , sondern aus dem Erkenntnisinteresse an der Sache rekrutieren soll. Die Schüler können hier von L lernen, an welcher Stelle und in welcher Form die gewünschte positive Einstellung zum Sachproblem vorgetäuscht werden kann. So wird auch der Nachweis von Motiviertheit dem Erwerb durch Musterevidenz preisgegeben.

Die kritische Überwindung des in diesem Abschnitt geschilderten Vorgehens setzt die Reflexion der unter der sprachlichen Oberfläche verborgenen kommunikationstaktischen Strukturen voraus. Diese Reflexion, die sich auf die kommunikativen Formen und Methoden der Erarbeitung der Inhalte bezieht, ist das Pendant zur Vernetzung der Wissenselemente des Problems zu einem Ganzen (vgl. 1.6. "Elemente schulischen Problemlösens"). Die Existenz und Wirksamkeit des diese Strukturen repräsentierenden Musterwissens, zu dem auch das Wissen von der Evidenz des Unterrichtsbauplans und der Methodik, sowie der Suggestivkraft der Intonation, Mimik, Gestik und Stichwörter gehört, ist aber weitestgehend unbewußt und entzieht sich daher dem verändernden Eingriff. Im Sprachunterricht geht der Einsatz dieser Taktiken und Strategien vermutlich noch viel weiter, weil nicht so scharf zwischen fachlich-kohärenter Entwicklung des Problems und sachfremd durch Funktionalisierung von Musterwissen erzeugten Lösungen unterschieden werden kann:

>***Schule begünstigt das Labern.***<

Ich komme zu einem niederschmetternden Resümee:

Schulisches Aufgabenlösen, das ist Reden über Sachen, die man nicht verstanden hat, um zu Aussagen zu kommen, mit denen man nichts anfangen kann.

3.3. STRATEGIEN DER STEUERUNG

(1) Die 'sokratische Methode'

Dominierende Lehrermaximen des fragend-entwickelnden Unterrichts lauten:

>***Vermeide Vorgaben!***< *bzw.* >***Doziere nicht!***< *oder:* >***Die Schüler sollen es selbst rauskriegen!***<.

Im Sinne der Sokratischen Maieutik gehen die Wurzeln dieser Methodik, ohne jemals in der Pädagogik grundlegend revidiert worden zu sein[15], bis in die Antike zurück.

15 Krecher 1929 weist nach, wie in Auseinandersetzung mit der auf die memorierende Einprägung der christlichen Lehre bezogenen Katechetik die Sokrates-Rezeption seit dem 17. Jahrhundert in der Pädagogik voranschritt und zwar im Sinne einer i.w. bewußt taktisch eingesetzten Förderung scheinbarer (d.h. in Wirklichkeit vom Lehrer in Verlauf und Inhalt gesteuerten) Selbsttätigkeit der Schüler. Dabei wurde unter "Mäeutik" jedoch eine Methode verstanden, die nur die eine Seite der sokratischen

Im 'Menon'-Dialog läßt Platon den Sokrates mit großer Klarheit die genannten didaktischen Maximen des fragend-entwickelnden (aufgabenlösenden) Unterrichts formulieren, die dort in den 'Beweis' eingebettet sind, daß Lernen Wiedererinnern sei ('Tugend ist nicht lehrbar'-These):

> *"Sieh nun aber auch zu, was er* (der zu belehrende Knabe- R.v.K.) *von dieser Verlegenheit* (Nachweis der Falschheit seiner ursprünglichen Ansicht- R.v.K.) *aus mit mir suchend auch finden wird, indem ich ihn immer nur frage und niemals lehre. Und gib wohl acht, ob du mich je darauf betriffst, daß ich ihn belehre und ihm vortrage und nicht seine eigenen Gedanken nur ihm abfrage"*. Platon 1991, S. 55.

An der entscheidenden Stelle der Unterrichtsszene, in der es sich um die Verdoppelung eines Quadrates dreht, äußert Sokrates:

> *"Schneidet nun nicht diese Linie, welche aus einem Winkel in den anderen geht, jedes von diesen Vierecken in zwei gleiche Teile?" (Platon, Menon, 84 e)*

Damit liefert Sokrates die Lösung des Problems, nämlich die Diagonale eines Quadrats als Seitenlänge eines doppelt so großen, in Form einer Vorgabe.

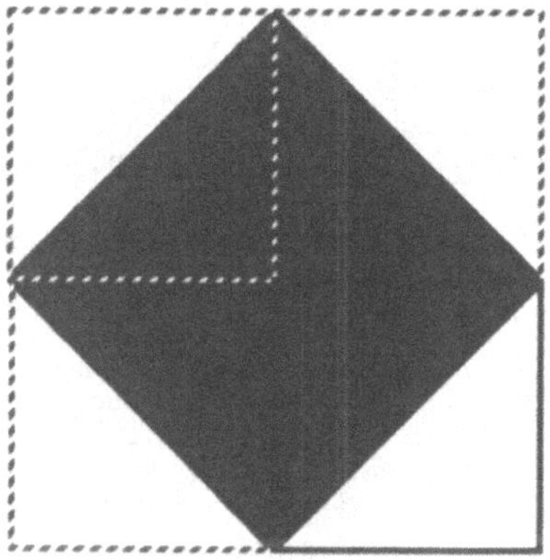

Legende:
Beweisführung des Sokrates: Die Diagonale des kleinen Quadrats ist die Seitenlänge des gesuchten doppelt so großen Quadrats, denn das große Quadrat besteht aus vier, das kleine aus zwei Hälften des diagonal geteilten kleinen Quadrats.

Figur 19: "Problemlösung durch Sokrates' Vorgabe der Diagonale"

Dies trifft in gleicher Weise für alle übrigen Wissenselemente der Unterrichtsszene zu. Mit Ausnahme der Komplettierung einiger Operationen, wie z.B.:

> *Sokrates: Drei mal drei aber, wieviel Fuß sind das?*
> *Knabe: Neun. (a.a.O., 83 e)*

ist die Tätigkeit des Knaben auf die *Affirmation* der durch Sokrates vorgegebenen

---

Hebammenkunst repräsentiert, nämlich die 'protreptische' (Hanke 1986), d.h. die aufbauende, positive während in Verfälschung der wirklichen Maieutik die 'elenktische', d.h. die widerlegende, negative, in der Aporie gipfelnde Seite unterschlagen wurde. Ich schließe mich in dieser Arbeit der Definition von Hanke 1986 an: "Maieutik (Hebammenkunst) ist diejenige Kommunikationsform, bei der der Maieut den Gesprächspartner elenktisch (durch Aufzeigen von Widersprüchen prüfend) in Aporie (das Gewahrwerden des eigenen Nichtwissens) führt, und daraufhin protreptisch (Hilfestellung leistend) die Doxa (das bloße Meinen) zur Episteme (dem Wissen) entwickelt. Wissen kann dabei sowohl "positiv" (im Sinne einer formulierbaren Erkenntnis oder These) als auch "negativ" (aporetisch) die Erkenntnis einer nicht überschreitbaren Wissensgrenze umfassen." (Hanke a.a.O., S.95)

Wissenselemente beschränkt. Affirmation der Lehrervorgaben habe ich oben (vgl. 2.2.(1), S. 66 und 3.2.(3), S. 108ff,) als Minimalelement in der engsten Phase des Trichtermusters analysiert, jenseits dessen der Lehr-Lerndiskurs verlassen und durch das Muster des Vortrags ersetzt wird.

Wenn man mit Hilfe der Technik, die Ehlich & Rehbein in ihrer Analyse des Lehrervortrags mit verteilten Rollen (1986, S. 59-89) entwickelt haben, die im Thema der Lehrerfragen enthaltenen Wissenselemente zusammenfügt, erhält man im Falle der Unterrichtsszene im Menon-Dialog eine lückenlose Abhandlung über ein Verfahren zur Verdopplung von Quadraten, das über die Diskussion bestimmter, antizipierter, fehlerhafter Lösungsversuche strukturiert ist:

> Sokrates: Es gibt ein Viereck, welches alle Seiten gleich hat. Auch die Linien durch seine Seitenmitten sind gleich. Sein Raum kann größer und kleiner sein. Wie berechnet man den Raum? Wenn eine Seite eines Vierecks ein Fuß ist und die andere zwei, dann ist der ganze Raum ein mal zwei, also zwei Fuß. Wenn beide Seiten zwei Fuß sind, ist der Raum zwei mal zwei, also vier Fuß.
> Es muß ein gleichartiges Viereck geben, das doppelt so groß ist, also acht Fuß hat. Wie groß ist seine Seite?
> Auch doppelt so groß? In ein Viereck mit doppelt so großen Seiten kann man vier der ursprünglichen Vierecke von vier Fuß einzeichnen, es enthält also sechzehn Fuß.
> Wenn das Viereck mit der Seite von zwei Fuß halb so groß ist wie das gesuchte von acht Fuß; das Viereck mit der Seite von vier Fuß aber doppelt so groß, dann muß die gesuchte Seite größer als zwei und kleiner als vier Fuß sein.
> Wenn die Seite drei Fuß sein soll, hat das Viereck den Raum drei mal drei, also neun und wieder nicht acht, wie es sein soll.
> Wenn man die fragliche Größe nicht durch Zählen bestimmen kann, dann kann man sie auch durch Zeigen bestimmen:
> Man kann aus vier der ursprünglichen Vierecke ein viermal so großes Viereck zusammensetzen. Eine Linie, welche aus einem Winkel des großen Vierecks in den anderen geht, schneidet jedes von den ursprünglichen Vierecken in zwei gleiche Teile. So eine Linie heißt Diagonale. Vier Diagonalen des ursprünglichen Vierecks schließen ein Viereck in der Mitte ein, das aus vier Hälften der vier ursprünglichen Vierecke besteht, also das gesuchte doppelt so große ist.
> Alles klar?
> Knabe: Alles klar.

In Platons Menon-Dialog treten in einem großartigen Auftakt der abendländischen Pädagogik wesentliche, bis heute gültige Elemente des Lehr-Lern-Dialogs zu Tage: Dazu gehören vor allem:

- *(i)* Die Ausbildung eines Lehrer-Gesamtplans
- *(ii)* Die schrittweise Abarbeitung der propositionalen Gehalte
- *(iii)* Die Prozessierung der Problemlösung entlang der Antizipation und Diskussion naheliegender aber untauglicher Lösungswege
- *(iv)* Das Durchlaufen der Phase der Aporie
- *(v)* Die Zusammenfassung des Gelernten in einem Terminus

Zu *(i)*
Die Systematik des zu Grunde liegenden Gesamtplans wird deutlich, indem die Unterrichtsszene ohne *inhaltliche* Hinzufügungen oder Tilgungen in einen Vortrag

mit identischem Gehalt umgesetzt werden kann (s.o.): Bekanntlich erfordert der Nachvollzug eines Vortrages vom Hörer fortgesetzte Konzentration: schon das Nichtverstehen weniger Aussagen kann das weitere Verfolgen der Darlegungen unmöglich machen. Die sokratische Methode bietet scheinbar einen Ausweg aus diesem Dilemma an, indem sie die Vorteile der Diskursart *Vortrag* (schlüssige Abarbeitung eines propositionalen Gesamtplans) verknüpft mit den Vorteilen der Diskursart *Dialog* (Hörerorientierung, Verständnissicherung).

Zu *(ii)*
Die kennzeichnende dialogische Form der 'Sokratischen Maieutik' ist vermittelt über das sprachliche Handlungsmuster der *Frage* (vgl. Figur 20.1). Analysiert man den verwendeten Fragetyp, so ergibt sich, daß neben einigen wenigen *Examensfragen* (z.B. "Vier aber ist von zwei was doch?") (vgl. Figur 20.2) das Rhema der Fragen, d.h. der als unbekannt gekennzeichnete Teil, in einer Affirmation der Evidenz der in der Proposition der Frage zur Verfügung gestellten Gehalte (etwa durch Zeigen oder Bestätigen) besteht. Die protreptisch-pädagogische Kunst des Sokrates besteht in einer Fragmentarisierung des propositionalen Gesamtgehalts des anstehenden Problems bis auf das Niveau der Evidenz bzw. im Bühlerschen Sinne in einer Verkettung von "demonstrationes ad oculos" sowie der Abfrage von deren Hörer-Rezeption.

sprachliches Handlungsmuster der (Informations-) FRAGE	
ZWECK	MITTEL
Beseitigung eines Wissensdefizits bei S	Suchprozedur im Wissen von H
SPRACHLICHE UMSETZUNG: Thema-Setzung und Rhema-Umreißung durch S (Frager)	SPRACHLICHE UMSETZUNG: Rhema-Lieferung durch H (Antwortender)

Figur 20.1 "Aktivitätsverteilung im sprachlichen Handlungsmuster der Frage"

sprachliches Handlungsmuster der EXAMENSFRAGE	
ZWECK	MITTEL
Überprüfung des Vorhandenseins von Wissen bei H (Prüfling)	Thematisierung eines unvollständigen Wissens durch S (Prüfer)
SPRACHLICHE UMSETZUNG: Vervollständigung des Wissens über Rhema-Lieferung durch H (Prüfling)	SPRACHLICHE UMSETZUNG: Einbettung des zu prüfenden Wissens in ein Thema und Umreißung des Rhemas durch S (Prüfer)

Figur 20.2: "Aktivitätsverteilung im sprachlichen Handlungsmuster der Examensfrage"

Zu *(iii)*
Anders als etwa in einem Vortrag erstreckt sich die Problemlösung nicht nur auf eine geradlinige Darlegung des propositionalen Gesamtgehalts, sondern auch auf die Abarbeitung bestimmter, vom Lehrer (Sokrates) antizipierter, für die Schüler naheliegender Lösungswege, von deren Diskussion (d.h. meisten vom Nachweis von deren Untauglichkeit) sich der Lehrer einen erleichterten Zugriff auf die eigentliche Problemlösung erhofft. So ergibt sich eine Untergliederung, die durch bestimmte Phasen einer professionellen Analyse- und Synthesestrategie bestimmt ist.

Zu *(iv)*
Ein entscheidender Fortschritt der sokratischen Methode besteht in der Erkenntnis der Rolle der Aporie. Die Aporie ist das schulische -weil nicht unmittelbar erfahrene, sondern selbst durch Lernprozesse vermittelte- Korrelat des Scheiterns am Handlungswiderstand einer Sache. Die Aporie ist entscheidend für die (Re-)Konstruktion des Handlungsinteresses und für die Generierung des Zielbewußtseins, weil sie die Untauglichkeit vorhandener Problemlösungsmittel erkennen läßt und damit den Blick auf die eigentlich unzugänglichen Teile des Problems (konkrete Negation) frei macht.

Wie Hanke 1986 herausstellt, sind es v.a. die unter *(iii)* und *(iv)* aufgeführten, elenktischen Anteile der Maieutik, die von der Pädagogik im (ich erlaube mir hinzuzufügen: trügerischen) Interesse einer zielstrebigeren Vermittlung der kognitiven Sachverhalte unterschlagen wurden. Die gesellschaftlichen und ideologischen Ursachen dieser Unterschlagung sind u.a. Gegenstand dieser Arbeit.

Zu *(v)*
Das Zurverfügungstellen eines Terminus ("Diagonale"), unter dem der durchlaufene Begriffsbildungsprozeß abgelegt wird, stellt eine mächtige Ökonomisierung dar. Allerdings erlaubt das *allein* im Terminus niedergelegte Wissen lediglich eine (Schein-)Problemlösung, da mit dem Terminus nicht der durchlaufene Begriffsbildungs- und Problemlösungsprozeß aufgerufen wird, sondern nur das Lösungselement, das operativ zum Ergebnis führte. So entsteht ein auf operatives Ausführen reduziertes Faktenwissen.

In der Nachfolge des Sokrates wurde von der Pädagogik in steigendem Maße erkannt, daß eine über die operative Reproduktion von Faktenwissen hinausgehende Fähigkeit des selbständigen Problemlösens untrennbar verknüpft ist mit demjenigen Anteil, den die Schüler selbst im Prozeß der Wissenserarbeitung bewältigen müssen. Ohne Verlagerung von Syntheseleistungen (Themasetzungen, Zusammenfassungen etc.) auf die Handlungsseite der Schüler führt die Fragmentarisierung zu Desorientierung, die Aporie zur Verwirrung, zur Sprach- und Hilflosigkeit. Es wird ein vom Prozeß seiner Gewinnung isoliertes Faktenwissen erzeugt. Ohne den prozessierenden Helfer gibt es keinen Transfer, keine Kreativität, keine Möglichkeit, Probleme zu lösen.

Zur Lösung dieser Problemstellung wurde eine Frageform herausgearbeitet, die sich sowohl vom ursprünglichen Muster der (Informations-)Frage als auch von dem der Examensfrage deutlich unterscheidet. Diese Frageform findet sich in einem frühen Zeugnis voll ausgearbeitet z.B. schon in den Dialogen des Galilei 1632. Die Rede ist von dem im schulischen Lehr-Lerndiskurs bis heute dominierenden sprachlichen Handlungsmuster der *Regiefrage*[16] (Figur 20.3):

sprachliches Handlungsmuster der ***REGIEFRAGE***	
ZWECK Ingangsetzen einer Suchprozedur bei H (Schüler), die durch den Nachvollzug der Wissenssetzung detailgesteuert ist SPRACHLICHE UMSETZUNG: rhematische Vervollständigung / konkretisierende Anwendung des Wissens auf die anstehende Aufgabe durch H (Schüler)	MITTEL Strategische Setzung eines (Teil-) Wissens, das relevant für die Lösung der anstehenden (Teil-) Aufgabe ist, durch S (Lehrer) SPRACHLICHE UMSETZUNG: Vorgabe des entspr. propositionalen Gehalts in unfertiger (rhematisch unvollständiger, noch auf die anstehende Aufgabe zu konkretisierender Form durch S (Lehrer))
Die Konkretisierung / Rhema-Lieferung durch die Schüler gilt als Nachweis des erfolgreichen Wissenserwerbs. Aber: Die Prozessierung der Problemlösung sowie die Steuerung der Suchtätigkeit werden nicht versprachlicht und bleiben unreflektiert. Erworben wir d lediglich die Fähigkeit des Nachvollzugs einer Aufgabenlösung. Durch Routinen werden Lösungsschemata erzeugt. Transfer- und Problemlösungskompetenz sind (systematisch) weder Gegenstand noch Resultat der Interaktion.	

Figur 20.3 "Aktivitätsverteilung im sprachlichen Handlungsmuster der Regiefrage"

Mit Hilfe der Regiefrage wurde es möglich, bestimmte Anteile des propositionalen Gehalts des anstehenden Wissens vom Schüler erarbeiten zu lassen, ohne daß der Lehrer die Verfügungsgewalt über die Gesamtprozessierung des Wissens verliert.

Mit der Regiefrage stellt der Lehrer in strategischer Absicht relevante Teile des Wissens im Thema seiner Frage zur Verfügung, deren Berücksichtigung durch Konkretionsprozesse und / oder die Steuerung der mentalen Suchtätigkeit des Schülers in die thematisch und rhematisch umschriebene Richtung Fortschritte für die Problemlösung verspricht. Damit ist die Selbsttätigkeit des Schülers entscheidend über das Maß hinaus weiterentwickelt worden, das ihm in der Examensfrage oder in der Evidenz-Affirmationsfrage abverlangt wird.

Aber auch mit der institutionellen Funktionalisierung der Frage zur Regiefrage bleiben bis auf den heutigen Tag die für die Problemlösung wesentlichen Vorgänge, die in der Prozessierung (Steuerung) des Problemlösungsprozesses bestehen, allein auf der

16 Das sprachliche Handlungsmuster der Regiefrage als schulspezifischer Funktionalisierung des Fragemusters zum Zwecke der Steuerung der mentalen Aktivitäten der Schüler durch den Lehrer ist von Ehlich und Rehbein 1986 herausgearbeitet worden. Ich stütze mich auf die dort entwickelte Analyse und konzentriere mich als Schulpraktiker auf das Problem der konstruktiven Überwindung der Nachteile dieses Handlungsmusters.

Lehrerseite. Sie bleiben vor allem aber unreflektiert und natürlich unversprachlicht.

Das zeigt sich beispielhaft daran, wie ein hervorragender Didaktiker wie Martin Wagenschein 1950 die Unterrichtsszene aus dem Menon-Dialog verarbeitet:

> "Beginnen wir mit der Frage, die Sokrates dem Sklaven des Menon stellte (sie ist eine Vorbereitung des eigentlichen Problems):
> Hier ist ein Quadrat. Ich möchte wissen, welches Quadrat genau *doppelt* soviel Fläche faßt. Und zwar möchte ich seine *Seite* wissen, die Seite, auf der es sich aufbaut, gemessen im Vergleich zur Seite des ersten Quadrates.
> Der erste Einfall des Sklaven ist unser aller erster Einfall: Die Seite des großen Quadrates sei auch doppelt so groß wie die des alten. Aber das ist natürlich Unsinn: Die Fläche wäre ja dann vierfach geworden, und nicht, wie sie sollte, zweifach:
>
> (I) 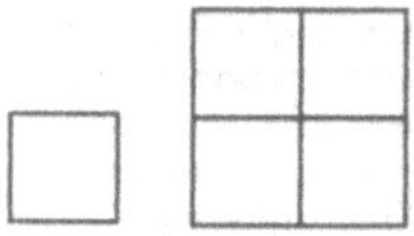
>
> Es empfiehlt sich - vor dem weiteren Nachdenken - die Frage noch etwas anders zu formulieren (weil wir ja am besten verstehen, wenn wir *tun*):
> Da ist ein kleines Quadrat, und ich habe es in *zwei* Exemplaren, etwa ausgeschnitten aus Papier. Diese zwei quadratischen Stücke soll ich zu einem *einzigen* neuen großen Quadrat *zusammenfügen.*
> Ja, das gibt kein Quadrat, wird der Sklave sagen (wenn wir uns erlauben, das berühmte Gespräch etwas zu variieren), das gibt ein Rechteck:
>
> 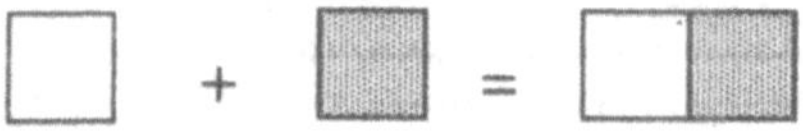
>
>
> Sokrates: Es wird nicht verlangt, daß du die Form der zwei Quadrate ganz läßt, nur die Fläche soll erhalten bleiben. -
> Sklave: Die beiden Quadrate brauchen nicht ganz zu bleiben?
> Sokrates: Schneide nur zu! Hier ist die Schere. -
> Sklave:
>
> 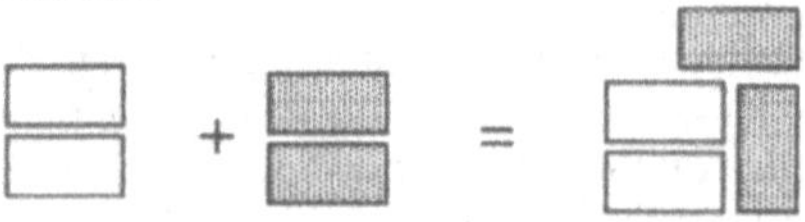
>
>
> So geht es nicht, es fehlt etwas. -
> Sokrates: Du kannst vielleicht auch anders schneiden! -
> Sklave:
>
> (II) 
>
>
> Wieder nichts! Nichts Neues. Es gibt kein Quadrat!
> Sokrates: Man kann auch *ganz* anders schneiden! -
> Sklave: Beim Zeus! Sokrates, ich hab's!

(III) 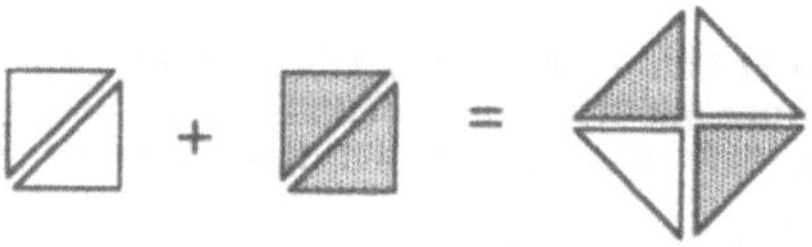

Er hat es: Die Seite des großen Quadrates ist die Diagonale des kleinen. Sokrates Frage an den Sklaven hat damit ihre Antwort gefunden. Die Verdoppelung des Quadrates ist gelungen. Man kann die Seite herstellen durch Tun, durch 'Konstruieren'." (aus "Der antike Beweis für die Irrationalität der Quadratwurzel aus 2", a.a.O. S. 143f)

Wagenschein sieht die Unterrichtsszene als grandioses Dokument didaktisch-pädagogischer Prinzipien wie dem 'Hineinlocken' der Schüler in den 'Kraftfluß eines Problems', insofern die Schüler mit der sokratischen Methode in 'größtmöglicher Selbsttätigkeit' der'Zucht und Freiheit' des mathematischen Verfahrens 'inne werden' (M. Wagenschein ebd. S. 138). Nebenbei gesagt, hat die metaphorische Qualität von Wagenscheins Analysebegriffen nicht nur den Vorteil der Plastizität, sondern auch den Nachteil, die zu analysierenden Vorgänge in den Bereich der Intuition zu verlagern. Wagenschein bearbeitet die Unterrichtsszene, indem er sie lehrerseitig in eine Sequenz von vier Regiefragen umsetzt. Damit hat er aber nicht etwa nur eine 'geringfügige Variation' vorgenommen, sondern die Handlungsqualität selbst verändert, allerdings ohne den qualitativen Unterschied des Handlungsmusters der Regiefrage zur sokratischen Evidenz-Affirmationsfrage zu erkennen. Dieses Nichterkennen des qualitativen Unterschiedes ist ein Beleg dafür, daß Wagenschein zwar in der Steuerung der mentalen Aktivitäten des Schülers (im Sinne erhöhter Selbsttätigkeit) weiter fortgeschritten ist, als Sokrates, sich dieses Fortschritts aber nicht bewußt ist, ja darüberhinaus, weder bei Sokrates, noch bei sich selbst *überhaupt* eine Steuerung erkennt.

Zu Beginn der Unterrichtsszene vergewissert sich Sokrates des Sprachwissens des Sklaven:

Sokrates: Er ist doch ein Hellene und spricht hellenisch?

Im Sprachwissen des Jungen sind nämlich, wie wir heute wissen, nicht nur die Wörter und die allgemeine Kommunikationsfähigkeit niedergelegt, sondern darüberhinaus gewaltige Schätze konzeptionellen Wissens. Sie enthalten nicht nur Konzepte von Verhältnissen wie "doppelt" oder "halb", sondern auch Fähigkeiten allgemeinen Schußfolgerns etc., -kurzum den Apparat des "gesunden Menschenverstandes", der Probleme auf einer gewissen Stufe der Entfaltung als evident erkennt. Auf diesen Wissensbeständen operiert Sokrates mit seiner Fragetechnik. Während Platon diese unerläßliche Voraussetzung für das Gelingen der sokratischen Demonstration noch anführt, scheint sie in der philosophisch-pädagogischen Rezeption der Szene gegenüber den Erfolgen der sokratischen Evokation keine Rolle mehr zu spielen.

Dafür, wie weitgehend die Steuerung von Suchprozessen und die inhaltlichen Vorgaben des Lehrers allein dadurch dem Bewußtsein der Handelnden entzogen sind, daß sie in Gestalt von Fragen daherkommen (noch nicht einmal in der institutionell professionalisierten und funktionalisierten Form der Regiefrage) mögen nicht nur die diesbezüglichen (philosophisch interessierten) Ausführungen des Sokrates ein Beleg sein:

Sokrates: Siehst du wohl, Menon, wie ich diesen nichts lehre, sondern alles nur frage?

(...)
Sokrates: Sieh nun aber auch zu, was er von dieser Verlegenheit aus mit mir suchend auch finden wird, indem ich ihn immer nur frage und niemals lehre. Und gib wohl Acht, ob du mich je darauf betriffst, daß ich ihn lehre und ihm vortrage, und nicht seine eignen Gedanken nur ihm abfrage.
(...)
Sokrates: Was dünkt dich nun, Menon? Hat dieser irgendeine Vorstellung, die nicht sein war, zur Antwort gegeben?
Menon: Nein, nur seine eigenen.
Sokrates: Und doch wußte er es vor kurzem noch nicht, wie wir gestanden?
Menon: Ganz recht.
Sokrates: Es waren aber doch diese Vorstellungen in ihm. Oder nicht?
Menon: Ja.
Sokrates: In dem Nichtwissenden also sind von dem, was er nicht weiß, dennoch richtige Vorstellungen.
Menon: Das zeigt sich.

Wenn oben gesagt wurde, daß die Pädagogik die elenktischen Anteile der Maieutik zu gunsten der protreptischen unterschlagen hat, so muß nun hinzugefügt werden, daß das Bewußtsein des protreptischen Charakters der Fragetechnik (hier: die Vorgabenlieferung) dabei selbst verloren ging: Die Unterschlagung der widerlegenden und in die Aporie führenden Anteile der Maieutik ließ die positives Wissen enthaltenden protreptischen Anteile dahingehend verblassen, daß sie als getilgt erschienen und vom Handeln des Maieuten nur noch der methodische Schatten im Bewußtsein blieb. In der Frage des Nicht-belehrt-Werdens des Knaben ist dementsprechend die inzwischen zweitausendjährige philosophisch-pädagogische Rezeptionsgeschichte der Szene anscheinend unstrittig: Walter Bröcker spricht 1964 von 'Herausholen ohne dogmatische Belehrung', ohne den (für einen Heidegger-Schüler allerdings bemerkenswerten) Widerspruch aufzuklären, der sich schon auf der grammatischen Ebene dadurch ergibt, daß er zunächst zutreffend den Sokrates, dann aber den Knaben zum Subjekt des 'Herausholens' macht.

> "Auf ihrer Wanderung hat die Seele schon alles in Erfahrung gebracht, es gibt nichts, was ihr absolut neu wäre, es ist nur in Vergessenheit gesunken, und man muß versuchen, es durch die Erinnerung wieder hervorzuholen. Suchen und Lernen ist nichts als Erinnerung (ανα'μνησισ, 81 d).
> Zur Erläuterung macht Sokrates das berühmt gewordene Experiment mit einem Sklavenjungen, der zum Gefolge des Menon gehört, und aus dem er (Sokrates - R.v.K.), *ohne ihn dogmatisch zu belehren*, einen geometrischen Satz herausholt, den Satz nämlich, daß man, um ein Quadrat der Fläche nach zu verdoppeln, das Quadrat über der Diagonale konstruieren muß (82 c ff.).
> Der Knabe wird zwar durch Fragen angeleitet, doch wird ihm keine Antwort vorgesagt. *Alle Antworten findet er selbst. Er* (der Knabe - R.v.K.) *holt sie aus sich selbst hervor*, als hätte er dies Wissen schon besessen und müsse sich nur daran erinnern." (a.a.O. S. 113) (Hervorhebungen von mir, R.v.K.)

Wagenschein führt uns neben dem Mittel der Regiefrage noch eine weitere Entwicklung der Pädagogik vor, mit der diese den Nachteilen entgegenwirken will, die mit der Steuerung der Schüler durch Regiefragen und Wissensfragmentarisierung verbunden sind. Dieses Mittel ist kennzeichnend dafür, wie die Pädagogik zwar die Auswirkungen von Steuerung und Wissensfragmentarisierung durch die Lehrer erkannt hat, aber nicht weiß, wie sie im Einzelnen im sprachlichen Handeln im Lehr-Lerndiskurs selbst erzeugt werden. Es handelt sich um die Betonung des bei Wagenschein bedeutungsschwer kursiv gesetzten "Tuns", - eines in rezenter Terminologie unter "handlungsorientierter Unterricht" geführten Konzeptes.

In diesem Zusammenhang sind ferner der sog. "offene Unterricht" und der sog. "Projektunterricht" einschlägig. Es handelt sich bei diesen Unterrichtsformen um pädagogische Modeerscheinungen, mit denen der Versuch unternommen werden soll, den Schülern ein Gesamtinteresse am Lernstoff zu induzieren ("Projektunterricht"), die Organisation des Lernprozesses über bestimmte Phasen hinweg vom Lernenden selbst bestimmen zu lassen ("offener Unterricht"), bzw. den Lernprozeß um einen aktionalen Kern zu strukturieren ("handlungsorientierter Unterricht"). Diese Unterrichtsformen stellen Fortschritte in der Verankerung des Wissens in der Erfahrungswelt der Schüler dar (ohne diese Verankerung kann es keinerlei Verstehen geben).

Den Unterrichtsformen gemeinsam ist die phänomenologische Orientierung an schädlichen Auswirkungen von Steuerung und Wissensfragmentarisierung und der Versuch einer symptomatischen Prophylaxe, die auf (diffus bleibende) Selbstheilungskräfte einer Ganzheitlichkeit setzt. Ihre Grenze finden diese Unterrichtsformen dementsprechend gemeinsam jenseits der Ganzheitlichkeit, nämlich im analytischen Prozeß der begrifflichen Durchdringung und zwar desto krasser, je komplexer die anstehenden Probleme sind.

Insofern diese Unterrichtsformen das sprachliche Handeln in seiner zentralen Bedeutung für den Lehr- Lernprozeß noch weiter dethematisieren, als dies in der Pädagogik ohnehin der Fall ist, können sie keinen entscheidenden Beitrag zur Weiterentwicklung des Lehr-Lern-Diskurses leisten. Zu ihrem Entwurf als 'Flucht aus der Sprache' hat ja gerade die Frustration der Lehrer über die zunehmende Erfolglosigkeit ihres traditionellen, von Regiefragen und Wissensfragmentarisierung gezeichneten Unterrichts und die Hilflosigkeit gegenüber dieser Erfolglosigkeit beigetragen. Daß durch "Tun" allein die Gefahr einer Ersetzung von Begriffsbildung durch operatives Handeln erzeugt wird, hat Wagenschein schon 1950 klar gesehen, der in diesem Zusamenhang ausdrücklich vor der Ersetzung von Mathematik durch "Schreinerei" warnt.

Mit den genannten pädagogischen Modeerscheinungen ist also nicht viel geholfen. Es kommt darauf an, im sprachlichen Handeln selbst Instrumente zu entwickeln, die die Vorteile der Regiefrage aufheben und ihre Nachteile überwinden. Die Vorteile der Regiefrage bestehen gegenüber dem Vortrag einerseits und der Evidenz-Affirmationsfrage andererseits in erhöhter Selbsttätigkeit. Die Nachteile bestehen im Verbleiben der Prozessierung der Problemlösung auf der Handlungsseite des Lehrers bei gleichzeitiger Verblendung und scheinbarer Umkehrung dieses Verhältnisses im Bewußtsein der Interagierenden. Aus der Analyse des Bisherigen zeichnen sich in dieser Hinsicht folgende Konturen eines neuen sprachlichen Handlungsmusters ab:

Examens- und Regiefrage sind Funktionalisierungen (Mittel wird zum Zweck) des sprachlichen Handlungsmusters der (Informations-) Frage. Diese Funktionalisierungen werden im sprachlichen Handlungsmuster schulisches Problemlösen rückgängig gemacht, indem Thema-Setzungen und Rhema-Lieferungen in ihrer Funktion für die Problemlösung reflektiert werden (vgl. Figur 21).

<table>
<tr><th colspan="2">sprachliches Handlungsmuster SCHULISCHES PROBLEMLÖSEN</th></tr>
<tr><td>ZWECK

Analyse und Erarbeitung des anstehenden konstitutiven Elements der Problemlösung, d.h. Prozessierung der Problemlösung durch die Schüler

SPRACHLICHE UMSETZUNG:
Thematisierung relevanten, ggf. unvollständigen Wissens / Abfrage fehlenden Wissens vom Lehrer / Anwendung des Wissens auf das anstehende Problem durch die Schüler</td><td>MITTEL

Fokussierung auf die Reflexion des Problemlösungsprozesses durch den Lehrer

SPRACHLICHE UMSETZUNG:
Setzung des Problems / rhematische Vervollständigung defizitären Wissens / ggf. Sicherung retrograder Reflexion vorgegebener Thema-Setzungen durch den Lehrer</td></tr>
<tr><td colspan="2">Problemlösungs- und Transferkompetenz werden zum Hauptgegenstand des Unterrichts. Sachprobleme und Faktenwissen treten demgegenüber in den Hintergrund, d.h. sie sind bei Bedarf generierbar und nicht Alternative oder gar Ersatz von Problemlössungs- und Transferkompetenz.</td></tr>
</table>

Figur 21: "Aktivitätsverteilung im sprachlichen Handlungsmuster schulisches Problemlösen"

Durch die Thematisierung der im jeweiligen sprachlichen Handeln enthaltenen Anteile der Problemlösung wird die Fragmentarisierung des Wissens ihrer desorientierenden Wirkung enthoben und in einen Analyseprozeß transformiert.

Regiefragen werden als Regiefragen, d.h. in ihrer Bedeutung für die Prozessierung der Problemlösung, analysiert.

Der Lernprozeß weitet sich über eine einseitige Konzentration auf den Lernstoff auf die Prozessierung und die Methode des Problemlösens aus.

Indem der Lernprozeß selbst zum Gegenstand der Reflexion wird, sowohl hinsichtlich der Kritik des Fassadenwissens als auch hinsichtlich der Methodik der Abstraktions-, Analyse- und Syntheseprozesse des Problemlösungsweges, entsteht ein neuer Unterrichtstyp: *reflektierendes Lernen.*

3.4. VOM LÖSUNGSSCHEMA ZUR HANDLUNGSROUTINE

Im folgenden Abschnitt geht es um Handlungsroutinen. Da die aufgabenlösend erzeugten Lösungsschemata sich nicht auf eine kreative Anwendbarkeit des in ihnen niedergelegten Wissens stützen können, ergibt sich das Problem, wie mathematische Sachverhalte bearbeitet werden können. Dafür werden die jeweiligen Lösungsschemata in starre Abläufe von Operationen umgesetzt, die von bestimmten Konstellationen der gegebenen Daten aktiviert werden. Durch Einschleifprozesse bekommt das ganze Ensemble schließlich einen routinisierten Charakter: Handlungsroutinen bestehen in automatisierten, nicht mehr begründungsbedürftigen Kombinationen operativer Handlungen, die zum Ersatz für vollständige Problemlösungen werden. Die Datenkonstellation ist das auslösende Moment der Handlungsroutine. Die Erkenntnis ihres Vorliegens wird durch Memorieren trainiert.

(1) Einschleifen

Im Unterrichtsabschnitt Nr. 3 "Lösungswegediskusion" liegt das Zentralproblem des Unterrichts letzten Endes in der Konzeptualisierung mathematischer Gesetzmäßigkeiten (vgl. 3.6.). Es gelingt nicht, bestimmte Einsichten über die unmittelbare Evidenz der Anschauung zu vernetzen mit dem Festgelegtsein einer Dreiecksfigur durch gegebene Teile (Winkel oder Strecken) und dies wiederum zu vernetzen mit der Lösbarkeit von Formelgleichungen (Sinussatz), die der Berechnung der fehlenden Dreiecksteile dienen sollen. Vielmehr werden im Bewußtsein der Schüler die Verhältnisse auf den Kopf gestellt: Die Berechenbarkeit auf der algebraisch-numerischen Ebene wird zum Kriterium der Lösbarkeit der Gleichungen auf der algebraisch-symbolischen Ebene; sie ersetzt die mathematisch-begriffliche Beschreibung der Beziehungen zwischen den Größen und wird letztlich auch zum Kriterium der Evidenz des Festgelegtseins der Dreiecksfigur in der pervertierten Gestalt der Beliebigkeit. Insofern von Schülern überhaupt Aussagen auf algebraisch-symbolischer oder auf den begrifflichen Ebenen gemacht werden, handelt es sich um Pseudoverbegrifflichungen des algebraisch-numerischen Operierens.

Im genannten Unterrichtsabschnitt wird von (s896-918) die Zusammenfassung des Lösungsschemas für das gegebene Dreieck vom Typ 'Winkel-Seite-Winkel' vervollständigt, die in (s766) durch einen Exkurs zur Erstellung von Lösungsschema und Handlungsroutine für die Sachverhaltskonstellation "Vom Winkel zum Sinuswert" unterbrochen wurde.

GEGEBEN	GESUCHT	RAUSZUKRIEGEN MIT
	a	Sinussatz
α, c, β	γ	Winkelsummensatz
	b	Sinussatz

Figur 22: "Tafelanschrieb: Lösungsschema für Dreiecke vom Typ Winkel-Seite-Winkel"

Von (s919-953) wird dann die (s419ff) angelegte und in (s513) mit der Eintragung "Winkelsummensatz" versehene Tabelle vervollständigt, wodurch der Lösungsweg weiter schematisiert wird (vgl. Figur 22). Von (s954-1020) schließt sich ein zweiter und von (s1021-1093) ein dritter Durchgang der Erstellung des Lösungsweges für den gleichen Dreieckstyp an, wobei die Variationen darin liegen, daß im zweiten Durchgang Seite b, alpha und gamma und im dritten Seite a, beta und gamma als bekannte Größen gegeben werden. In der letzten Phase dieses Unterrichtsabschnitts, (s1094-1115) werden die Dreiecke der drei Durchgänge ihrerseits als vom gemeinsamen Typ 'Winkel-Seite-Winkel' gekennzeichnet. Dadurch wird der gemeinsame Lösungsweg zum Standardlösungsweg für diesen Dreieckstyp zusammengefaßt. Im Mittelpunkt dieser Wiederholungsdurchgänge steht der Vorgang des Einschleifens, d.h. die Umsetzung eines mentalen Lösungsschemas in eine Handlungsroutine, deren Analyse im folgenden vertieft werden soll.

Bedingt durch die Ausklammerung des Zentralproblems der Konzeptualisierung und die nur zufällige, diffus bleibende Vernetzungsarbeit daran, reduziert sich der Standardlösungsweg für die meisten Schüler zum Lösungsschema und die dafür erforderlichen operativen Handlungen zur Handlungsroutine. Das Einüben des Lösungswegs in den Wiederholungsdurchgängen bekommt den Charakter des Einschleifens.

Im zweiten Wiederholungsdurchgang (s954-1020) erteilt L mit Daud einem Schüler aus dem mittleren Leistungsbereich den Turn. Diese Wahl folgt einer Daumenregel, wonach der Quotient aus fachlicher Stärke des Schülers und Schwere der Aufgabe konstant bleiben soll. So regelt L die Turn-Zuteilung im Sinne der Maxime: >ALLE SOLLEN DRAN KOMMEN!< Daud hat, wie auch Mustafa (s971) auf Anhieb (s972) erkannt, daß beta nach dem Winkelsummensatz durch alpha und gamma gegeben ist. Die Vernetzung der algebraisch-symbolischen mit der algebraisch-numerischen Ebene, die vorhin solche Schwierigkeiten gemacht hatte, wird jetzt dadurch umgangen, daß L sich hütet, nach der 'Größe' von beta zu fragen:

(s972) Daud: Haben wir sofort, äh, beta
(s973) L: 'Hmhm`. wie kriegen wir beta raus?
(s974) Daud: ähm, äh, hundertachtzig hm, äh, in Klammer minus/ in Klammer gamma plus alpha.
(s975) L: Gùt, ja, und wie heißt das? Welches Gesetz?
(s980,984) Daud: Winkel äh ... Winkels ... s/ Winkelsumme satz.
(s985,986) L: Winkelsummensatz. Damit kriegen wir beta raus.

Das Festgelegtsein von beta erhält so Gesetzesrang, ohne daß seine Darstellung auf der numerisch-konkreten Ebene erfolgt. Solange aber das Schülerkonzept des Festgelegtseins noch untrennbar mit einer numerisch-konkreten Vorstellung verknüpft ist, kann sich durch Ausklammerung dieser Ebene das Konzept vom Festgelegtsein nur auf eine fomalisierte Zuschreibung im Sinne eines unhinterfragbaren Gebotes stützen. Das Festgelegtsein gilt durch das Zitieren der Formel $\alpha+\beta+\gamma = 180°$ und die Namensnennung der Formel, die obendrein noch über den Köder: ("Welches Gesetz?") evoziert wird, als nachgewiesen. Unabhängig vom tatsächlich vorliegenden inhaltlichen Konzept des Schülers und von dessen Überprüfung wird eine bestimmte Sequenz sprachlicher und mentaler Handlungen abgefahren, die durch mehrere Wiederholungen routinisiert wird.

Kevin scheint der einzige zu sein, der überhaupt noch einen Gedanken an die Überprüfung der Übereinstimmung von Symbolen und der ihnen entsprechenden Dreiecksseiten und Winkel in Bezug auf ihre Lage vornimmt:

(s995) Kevin:Gegen ... Ja, gegenüber alpha

Diese Überlegung wird weder aufgegriffen noch weitergeführt, stattdessen zeigt die Turnzuweisung an Khalid (s997), den 'schwächsten Mathematiker' der Klasse, daß L seine Einschätzung der Schwierigkeit der Aufgabe sogar noch 'nach unten' korrigiert. Khalids Fehlleistung

(s998) Khalid: Gegenkathete durch Hypotenuse

mit der er auf die Aufgabe:

(s993) L: Wie kriegen wir das raus, klein-a?

reagiert, ist offensichtlich angeregt durch Kevins Beitrag:

(s995) Kevin: Gegen ... Ja, gegenüber alpha

Daraus nimmt Khalid die Fragmente "gegen" und "alpha" auf, die ihn assoziativ zur Aktivierung des Topos 'Sinus alpha gleich Gegenkathete durch Hypotenuse' anregen, dessen letzteren Teil er dann verbalisiert. Die Realität des Mathematikunterrichts ist für Khalid schon nur noch eine Realität der Wörter. Die existierenden Bezüge sind nicht die der Sachverhalte, sondern die formal- und sprachlogischen oder assoziativen Bezüge der Wörter untereinander. Im Bezug auf den mathematischen Diskurs bewegt er sich auf der Ebene reiner Symbolik, ohne Vernetzungen mit anderen Ebenen. Dementsprechend verknüpft er die Wortsymbole mit nahegelegenem Material so, daß in grammatisch-syntaktischer Hinsicht eine Aussage daraus wird, die eine Antwort auf die Lehrerfrage sein könnte. L hat es längst aufgegeben, die sachlichen Defizite Khalids aufarbeiten zu wollen und begnügt sich mit einer Korrektur an der sprachlichen Oberfläche, was sich ja auch nahtlos in die gerade laufende Einschleifprozedur einfügt.

Auch im anschließenden dritten Durchgang, (s1021-1093), versucht L, den Einschleifvorgang nach demselben Muster durchzuführen. Den Turn bekommt mit Mahiddin einer der 'schwachen' Schüler zugewiesen. L schirmt alle Varianten, die erneut mentale Unruhe gegenüber dem Dreieckstyp erzeugen könnten, von Mahiddin ab. Dennoch kommt es zu einer Störung der Handlungsroutine, indem Mahiddin sich nicht in der Lage sieht, den Winkelsummensatz anzuwenden. Spätestens mit diesem Durchgang wird der Lösungsweg vom Lösungsschema zur Handlungsroutine. Unmittelbar im Anschluß an die Aufgabenstellung präsentiert Yirgalem bereits die Lösung, indem er das anzuwendende Gesetz angibt:

(s1034) L: Wie kriegst du alpha raus?
(s1035) Yirgalem: Äh, Winkelsummens/

L möchte das Ergebnis in diesem Wiederholungsdurchgang aber von der Gruppe der 'schwachen' Schüler realisiert haben, damit das Lernziel dann für die ganze Klasse als gesichert gelten kann.

Mahiddin macht sich auch entsprechend an die Arbeit, sei es, daß sein Konzept durch Erinnerung an die Prozedur geprägt ist, die sich für ihn mit Yirgalems Vorgabe "Winkelsummensatz" verbindet, sei es, daß der steuernde Impuls unter dem Stichwort 'Winkel rauskriegen' noch diffuser abgelegt ist:

(s1038) Mahiddin: hundertachzig minus, äh, neúnzéhn?

Sein Satzfragment erinnert an die Verbalisierung eines Schemas zur Bestimmung des fehlenden Winkels im rechtwinkligen Dreieck:

*>alpha gleich hundertachtzig (Grad) minus neunzig (Grad) minus beta<,

das in den zurückliegenden Monaten während der Diskussion der Winkelfunktionen häufig zitiert wurde. Mahiddins mentales Handeln ist memorierend auf die Reproduktion eines Schemas gerichtet und nicht auf das Sachproblem. Angeregt durch Hais heftige

Verneinung:

(s1039) Hai: Nein!

unternimmt er einen neuen Anlauf, in dem er versuchsweise die gegebene Version mit einem weiteren Wissensfragment ("Klammer") bereichert, das oft genug den Unterschied zwischen richtig und falsch ausmacht:

(s1040) Mahiddin: minús äh, Klammer minus äh neunz(in)?

Mit der fragenden Intonation ist die Äußerung gleichzeitig eine unübersehbare Bitte um Zusatzinformation, der L sich auch nicht verschließt:

(s1042) L: Neunzig Grad haben wir hier nicht, in diesem Dreieck.

Die erfolgreiche Verarbeitung dieses indirekten Hinweises würde bei Mahiddin die Rekonstruktion des Schemas zur Winkelbestimmung im rechtwinkligen Dreieck und ihren Vergleich mit den Verhältnissen im allgemeinen voraussetzen, was aber auf Grund der Diffusität seines inhaltlichen Konzepts bzw. wegen seiner Fokussierung aufs Memorieren und nicht aufs inhaltliche Ableiten nicht gegeben ist. So wiederholt er den Anteil seines Satzes, der ihm am unanfechtbarsten erscheint:

(s1045) Mahiddin: hundertachtzig

L, der dies divergierend, nämlich inhaltlich aufs vorliegende Dreieck bezogen kategorisiert, versucht daran anzuknüpfen, indem er Mahiddin die restlichen Bestandteile der Gleichung einschließlich ihrer Kennzeichnung als bekannt oder gesucht vorgibt:

(s1046) L: Wir haben gamma und beta. Das kennen wir. Und wir suchen alpha.

In der daran anknüpfenden Reetablierung der Aufgabe

(s1048) L: Wie groß ist alpha?

unterläuft ihm allerdings der verhängnisvolle Fehler mit der Fokussierung auf die "Größe" von alpha ein Wissenselement zu begehren, das nach Mahiddins Konzept von Bekanntheit und Festgelegtsein eindeutig der algebraisch-numerischen Ebene angehört und so den Rahmen der memorierenden Vervollständigung des Schemas auf algebraisch-symbolischer Ebene sprengt. Damit ist der Unterricht wieder am Zentralproblem der Stunde aufgelaufen und Mahiddin sieht sich nach einem erneuten Ansatz, den L aber inhaltlich in der sechssekündigen Pause auslaufen läßt, zum Aufgeben gezwungen:

*(s1050-1052) Mahiddin: Hundertachtzig ((------*6 Sek*------) Ich kann das nicht.*

Aus der mentalen Auswertung der folgenden Anwendung des Einschleifvorgangs kann Mahiddin folgendes lernen:

> *>Wenn L nach der "Größe" eines Winkels fragt, der mit anderen Winkeln in einem Dreieck ist, die zwar angeblich bekannt sein sollen, von denen man in Wirklichkeit aber nur den Buchstaben kennt, dann reicht es aus, in einer bestimmten Weise die Formel 'alpha plus beta plus gamma gleich hundertachtzig' zu zitieren und zwar so, als wüßte man, wie groß die einzelnen unbekannten Teile sind.<

Was jetzt nach der Analyse von L noch fehlt, ist die Standardisierung, die Verankerung der Prozedur als exemplarisch gültiger. Dafür dient L die Kennzeichnung des Vorgangs als "Gesetz":

(s1070) L: Guck und dieses Gesetz ... nennt man ... wie?

Die Gültigkeit und Autorität der Prozedur stützt sich, als Endergebnis der aufgabenlösenden Konzeptualisierung der mathematischen Gesetzmäßigkeiten, auf das alltäglich-allgemeinbegriffliche Verständnis von 'Gesetz', als einer Handlungsvorschrift, der man sich zu unterwerfen hat, auch, wenn man ihr Zustandekommen, ihr Funktionieren im Zusammenhang und ihre Begründung nicht versteht oder billigt, geschweige denn sie selbst entwickelt hat. Die dementsprechende Aneignungsform ist das Auswendiglernen, das hier durch die zahlreichen Wiederholungen:

(s1072) Harun: Winkel/
(s1073) Birol: Winkelsummengesetz
(s1074) Mustafa: Winkelsummensatz
(s1075) Mahiddin: Winkelsummens/

die Suggestivität der Einsprechtechnik nach deiktischer Vorgabe:

*(s1076) L: ((*zeigt nacheinander auf die Bestandteile des Tafelanschriebs 'Winkelsummensatz' in der Tabelle*))*
(s1077) Mahiddin: Winkel .. Summen .. Satz

und das rhythmische Sprechen:

(s1079-1081) L: Ja, 'Satz' heißt Gesetz. ***Wín-kel-súm-men-ge-sétz. Wín-kel-súm-men-sátz***
(s1082) Mahiddin: Ja.
(s1083,1085) L: So kriegen wir alpha raus. Ja?

den Charakter des Einschleifens bekommt:

(s1084) Behiye: ((-stöhnt-))

Mit der Absicherung der Ergebnisse über das Einschleifen erfährt die Arbeitsteilung des operativen Unterrichts eine weitere Verschärfung. Für die Gruppe der starken Mathematiker (Birol, Harun, Behiye, mit Einschränkungen Kevin und Yirgalem), die die anstehenden Vernetzungen in großen Teilen bewältigen, steht es an, zum Konzept einer Standardproblemlösung zu gelangen, indem sie analoge Probleme selbständig herausfinden und bewältigen. Für die Gruppe der schwachen Mathematiker (Fahrudin, Mahiddin, Michael, Khalid) gewinnt das Lösungsschema durch den Zwang, auf Anforderung unverstandene Handlungsroutinen zu reproduzieren, einen zunehmend repressiven Charakter. Das Einschleifen geht also für alle Schülergruppen an den im Interesse eines Verstehens erforderlichen Prozessen vorbei.

Die konzeptionellen Schwierigkeiten, die auf einmal wieder am Winkelsummensatz auftreten, bleiben L unerklärlich. Er bedient sich des Einschleifens auch, um sie zu überlagern und aus der Welt zu schaffen. Die Geläufigkeit, die später Ergebnis des Einschleiftrainings ist, deckt die vormalige Aporie zu, die den Einstieg ins Problemlösen hätte öffnen können. Ist die Aporie erst überbrückt, ist auch die Chance eines wirklichen Lernprozesses vertan. Will ein Schüler nachträglich doch noch begreifen, muß er gegen den Schein die Aporie wieder aufreißen und sich der Mühe aussetzen, Aufgaben, die vorher bewältigbar erschienen, im Licht ihrer Unverständlichkeit zu betrachten. Das muß er ohne die Hilfe des Lehrers und ggf. zum Spott der Mitschüler tun. Alle naturwüchsigen Prozesse des Unterrichts sprechen gegen ein solches Unterfangen. Dafür spricht nur der Wunsch, das ungute Gefühl der Diffusität des Wissens zu beseitigen. Warum aber eine Verschwommenheit beseitigen, die im Unterricht weder stört, noch auffällt?

Erst wenn ein Schüler mit einer Situation konfrontiert wird, wo eigenes Interesse scheitert, weil Sachverhalte nur diffus beherrscht werden, muß er abarbeiten, was Lösungsschema, Handlungsroutine und Einschleifen ihm scheinbar erspart haben. In einer solchen erzwungenen Dekonstruktion eines Schemas gewinnen die Handlungsroutinen mit der Überwindung ihrer Unverständlichkeit ihre problemlösende Qualität zurück: Die Aporie ist ein objektiv notwendiges konstitutives Element des schulischen Problemlösens.

Im Rahmen der Institution ergibt sich nur sehr selten spontan eine solche Situation, z.B. wenn ein Schüler einem anderen etwas erklären muß, der in begnadeter Begriffsstutzigkeit Einschleifverfahren gegenüber unempfänglich bleibt. Wer aber weiß, wie Schüler einander schulische Verfahren und Aufgabenlösungen erklären, macht sich in dieser Hinsicht keine Illusionen. Auf sich gestellt reproduzieren Schüler naturwüchsig das komplettierende Operieren des operativen Unterrichts in extremer Weise[17].

(2) Lösungsschemata

> In der letzten Unterrichtsphase (s1094-1115) sollen die in den drei Durchgängen behandelten Beispiele als vom gemeinsamen Typ 'Winkel-Seite-Winkel' erkannt und der behandelte Lösungsweg zum Standardlösungsweg für diesen Typ verallgemeinert werden. Der sich daran anschließende zwanzigminütige Unterrichtsabschnitt, der nicht in der Transkription vorliegt, ist ein Beispiel dafür, wie ein im Lösungsschema organisiertes Wissen eines Schülers bereits an geringfügigen Abweichungen der Aufgabe scheitert. Es geht darum, den Lösungsweg auf Dreiecke vom Typ 'Seite-Seite-Winkel' auszudehnen. Der Unterschied zum vorigen Typ besteht darin, daß mit einer Anwendung des Sinussatz begonnen werden muß und nicht mit dem Winkelsummensatz. Während beim Typ 'Winkel-Seite-Winkel' die Sinussatzanwendung zur Bestimmung einer Seite führte, muß beim Typ 'Seite-Seite-Winkel' damit zunächst ein Winkel berechnet werden. Mit dem Winkelsummensatz kann dann der fehlende dritte Winkel ergänzt werden und schließlich mit einer zweiten Sinussatzanwendung die noch fehlende Seite.

In einfacher Verlängerung des 'Winkel-Seite-Winkel'-Lösungsschemas versucht Mustafa, dem L als einem Schüler aus dem mittleren Leistungsbereich den Turn für diese Wiederholungsaufgabe mit leichtem Transfer erteilt, zunächst genau wie beim ersten Dreieck mit dem Sinussatz die noch fehlende dritte Seite zu bestimmen. Er stellt folgende Gleichung auf:

$$\frac{\textcircled{a}}{\sin\alpha} = \frac{\textcircled{b}}{\sin\textcircled{\beta}} = \frac{c}{\sin\gamma}$$

Figur 23: "Schemaverlängerung durch Mustafa"

Die eingekreisten Symbole stehen dabei für bekannte Teile. Mustafa macht sich daran, Seite c auszurechnen und stellt schließlich fest, daß die aufgestellte Teilgleichung unlösbar ist, weil sie zwei Unbekannte, nämlich Seite c und sinus gamma, enthält. Deswegen konzentriert er sich dann auf den fehlenden Winkel gamma. In abermaliger Verlängerung des Schemas versucht er, gamma mit dem Winkelsummensatz auszurechnen, genau, wie es im ersten Beispiel ja geklappt hatte. Das scheitert natürlich

---

17 vgl. dazu die Untersuchung von Bauersfeld 1982 über Lösungsverfahren einer Gruppe von Schülerinnen, die ohne Lehrer ihre Hausaufgaben bearbeiten (s.a. 6.2. 'Freie Gruppensituation' oder Aufgabenlösen ohne Lehrer?).

ebenfalls am Vorliegen zweier Unbekannter. Es kommt zur Blockade und zum Aufgeben.

Mustafas Einschätzung, der Aufgabe gewachsen zu sein, fußt also nur im Gefühl, auf Grund seiner Kenntnis des Schemas die erforderlichen Handlungen vollführen zu können. Der bisherige Unterricht hat ihm nicht das Rüstzeug gegeben, die Abweichungen zwischen den Typen 'Winkel-Seite-Winkel' und 'Seite-Seite-Winkel' zu verstehen und zu bewältigen. Sein schematisches Wissen äußert sich im mechanisch handelnden Herangehen an das Problem. Dem Schema entspricht die Schülersentenz >**JEDE AUFGABE GEHT WIE DIE VORHERIGE**<. Die angewendeten Handlungsroutinen lassen das zu Grunde liegende mentale Schema in Mustafas Kopf rekonstruieren:

>(1) Fehlende Winkel rechnet man mit dem Winkelsummensatz aus.<
>(2) Fehlende Strecken rechnet man mit dem Sinussatz aus.<
>(3) Man rechnet erst das aus, wovon man schon zwei Teile hat.<

In Mustafas Wissen ist das Lösungsschema für Dreiecke vom Typ 'Winkel-Seite-Winkel' zum allgemeingültigen Lösungsschema für Dreiecke geworden. Die gegebenen Teile sind für ihn nicht mit ihrer Lage im Dreieck vernetzt, sondern ruhen isoliert in ihrer Qualität als solcher. Die mathematische Gesetzmäßigkeit ist nicht Ausdruck von auch auf anderen Begriffsebenen darstellbaren Beziehungen realer Größen, sondern Schöpferin und Ursprung sowohl dieser Größen als auch ihrer Beziehungen. Dieses idealistische Konzept mathematischer Gesetzmäßigkeiten und die Reduktion der Beziehungen der Größen aufs Symbolische ist ein Ausdruck des Lösungsschemas. Vom Bestreben der Ökonomisierung getrieben, bietet sich das Schema als Allzweckmittel an. Das scheiternde Schema gewährt einen kurzen Einblick in den Idealismus und die mit symbolischen Fragmenten gefüllten Abgründe von Unverständnis des aufgabenlösenden Lernens. Das Zudecken dieser Abgründe durch komplettierendes Operieren ist die adäquate Reaktion des aufgabenlösenden Lehrens auf ihr Zutagetreten. Die dafür erforderlichen operativen Schritte zur Lösung sind auch hier von der am Beispiel des 'Winkel-Seite-Winkel' -Dreiecks oben bereits beschriebenen Banalität.

Das zentrale Nichtverstehen Mustafas, das sich in seiner Idee ausdrückt, trotz der weitgehenden Evidenz der operativen Unmöglichkeit zuerst die fehlende Seite ausrechnen zu wollen, wird nicht Gegenstand des Unterrichts. Genausowenig wird problematisiert, warum er gegen die noch größere operative Evidenz versucht, den fehlenden Winkel mit dem Winkelsummensatz zu berechnen. Aus der Leichtigkeit, mit der das einmal etablierte Schema die Evidenz der Unlösbarkeit selbst auf der operativen Ebene überspielt, erhellt seine enorme Dominanz. Diese Dominanz des Schemas stützt sich auf die Sehnsucht nach einer griffigen Formel für einen Ausweg aus den Schwierigkeiten immer neuer Aufgaben ohne Sinn. Sie ist subjektiver Ausdruck des Versuchs, der Qual des Aufgabenlösens mit dem geringsten Aufwand zu entkommen. Das Aufgabenlösen definiert sich von hier auch als der Versuch, bestimmten Sanktionen wegen schlechter Leistungen -egal wie- zu entkommen. Der Schematismus und die Handlungsroutinen, der Eklektizismus und die teilweise ungeheuerlichen Antilogismen des Aufgabenlösens werden billigend in Kauf genommen, um diese Zwecke zu erreichen. Sie sind Kehrseiten des Aufgabenlösens. Ihre praktizistische

Korrektur im Sinne komplettierenden Operierens deckt nur auf, daß etwas falsch ist und was stattdessen richtig ist. Das 'Wie' einer richtigen Lösung kann aber nur aus der Behandlung des 'Warum' der falschen entstehen. Auf diesen Schritt verzichtet der operative Unterricht. Schließlich fügt die korrekte Lösung bestenfalls dem Repertoire der alten Schemata ein neues hinzu, das im gegebenen Fall folgendermaßen aussieht:

>(1) Bei Winkel-Seite-Winkel nimm erst Winkelsummensatz für den Winkel und dann Sinussatz für die Seiten.<
>(2) Bei Seite-Seite-Winkel nimm erst Sinussatz für den Winkel, dann Winkelsummensatz für den anderen Winkel, dann Sinussatz für die Seite.<

Mit einem so strukturierten Wissen wird dann die Phase der Erarbeitung des Kosinussatz betreten, um es abschließend durch zwei weitere Schemata zu ergänzen:

>(3) Bei Seite-Winkel-Seite nimm erst Kosinussatz für die Seite, dann Sinussatz für den einen und Winkelsummensatz für den anderen Winkel.<
>(4) Bei Seite-Seite-Seite nimm erst Kosinussatz für den ersten, dann Sinussatz für den zweiten und dann Winkelsummensatz für den dritten Winkel.<

Wenn nichts Einschneidendes passiert, wird bis zur Erstellung subjektiver Korrelate zu diesen Schemata die gesamte Erarbeitungsphase als mehr oder minder lästiges und überflüssiges spezifisch schulisches Ritual empfunden. Die Erarbeitungsphase ist der Schweiß, ohne den es nicht den Preis des Schemas gibt. So durch Schema und Handlungsroutine gegen Entdeckung abgedichtet, kann das aufgabenlösende Lernen dann auch allen Anfechtungen des Schulbetriebs ruhig entgegensehen. Generationen von Schülern passieren mit ähnlich strukturiertem Wissen die Gebiete der Algebra und Trigonometrie, der Differential- und Integralrechnung, der Analysis, ja die ganze schulische Mathematik überhaupt, um später halb belustigt halb resigniert festzustellen, daß sie 'in der Schule von Mathe eigentlich nie etwas wirklich begriffen' haben.

Schema und Handlungsroutine besitzen die negative Dynamik der Selbstreproduktion. Unvermutete Wendungen, Abweichen von eingeprägten Formen führt zum Scheitern, wenn für das Verstehen eine Verbindung vom Begriff zu den Oberflächenerscheinungen hergestellt werden müßte. Das Gelernte kann nicht außerhalb des gestellten Aufgabentyps angewendet werden. Deshalb sollte das Algebraisieren erst einsetzen, wenn die Symbole und operativen Zeichen den ganzen Reichtum des Problemzusammenhangs in sich aufheben, d.h., wenn sie vernetzt sind. Dann sind sie Hilfsmittel, dem Problemverständnis die Aspekte der Quantifizierung und der algebraisch-operativen Verknüpfung hinzuzufügen. Oft werden aber Algebraisierung und Quantifizierung eines Problems nicht als letztes Kettenglied verstanden, mit dem die Problemgestalt abgerundet wird, sondern gelten Lehrern und Schülern als Beweisstücke der Beherrschung des Sachverhalts, obwohl sie diese doch nur vortäuschen.

Selbsttäuschung und schematische Formelanwendung sind zwei Seiten der Ersetzung des Problemlösens durchs Aufgabenlösen. Die Automatisierung von Lösungsvorgängen stützt sich mit der Ökonomisierung (s. 4.2.(3), S. 167f, 4.3.) ohnehin auf eine mächtige schulische Lerntechnik. Das Überführen von Formeln und Standardverfahren in

Handlungsroutinen als Ersatz für vernetzendes Problemlösen verhindert das Verstehen. Jede über operativen Unterricht eingeschliffene Formel blockiert Übergänge, isoliert Phänomene an der Oberfläche, verfestigt starre Lösungsverfahren, tötet Kreativität.

Zum Problemlösen gehört auf der Lehrerseite nicht zuletzt der Mut, sich den damit verbundenen Wagnissen und evt. Mißerfolgserfahrungen auszusetzen; z.B. der Blamage, einer Situation nicht gewachsen zu sein, wenn deren fachlich-didaktische Grenzen nicht mehr vom Lehrer allein bestimmt sind. Einschleiftechniken und Handlungsroutinen entstehen auch aus der Unfähigkeit, die adäquate Vernetzungsarbeit zu leisten. Sie sind ein Versuch, das Unterrichtsziel zu realisieren, ohne seine kognitiven Voraussetzungen erfüllt zu haben. Ihre Produkte, die Faktenmassen des aufgabenlösenden Unterrichts, sind 'Kolosse auf tönernen Füßen'.

In Lösungsschemata abgespeichertes Wissen gilt nur in der Institution und ist untauglich zur kreativen Anwendung. Soll es nachträglich mit Leben erfüllt werden, müssen die entsprechenden Vernetzungen erbracht werden. Dafür kann natürlich auf Faktenmaterial des schematischen Wissens zurückgegriffen werden. Das Aufgabenlösen entzieht diesem Material mit der Dissoziierung des Problemlösens die Ganzheitlichkeit realer Zusammenhänge, um es verfügbar zu machen. Das Entscheidende bleibt für den Lernenden also noch zu tun übrig.

Lehrer sind immer mit Defiziten von Schülern konfrontiert, deren Aufarbeitung im Rahmen des Unterrichts nicht mehr möglich ist, weil das die Wiederholung ganzer Stoffkapitel erfordern würde. Andererseits verbietet sich schon aus sozialen Gründen eine Aussonderung dieser Schüler aus dem Geschehen. Handlungsroutinen bieten einen gewissen Ausweg aus diesem Dilemma: Sie erlauben auf formaler Ebene den Vollzug von Handlungen, deren inhaltliche Voraussetzungen nicht erfüllt sind und damit zumindest eine scheinbare Integration durch Anbindung ans Geschehen. Fällt ein Schüler, gleichgültig weswegen, aus dem sozialen Rahmen heraus, verschlechtert sich rapide die Situation für alle Beteiligten. Sei es, daß der Schüler versucht, den sozialen Rahmen, der ihm keine Heimat mehr bietet, nun für alle zu zerstören, um wieder in Gesellschaft zu sein, sei es, daß durch Leistungsdefizite, die zum Verlust der sozialen Stellung führen, ein Klima der Angst und des Leistungsdarwinismus einreißt. Solcher Geist erdrosselt die kreativen Leistungen auch auf dem kognitiven Gebiet. Zuerst nur bei dem Betroffenen, dann aber auch bei den anderen, die das warnende Beispiel vor Augen haben. Eine Etablierung mentaler Schemata und der sie realisierenden Handlungsroutinen, die aus fachlich-didaktischer Hinsicht unzulässig ist, kann aus pädagogischer geradezu erforderlich sein: Läßt man die begriffliche Trennung der beiden Urteilsraster als scholastischen Kunstgriff beiseite, weil er den Gegensatz im Kern ein- und derselben Handlung in die scheinbare Koexistenz verschiedener Kategorien auflöst, so taucht unvermittelt das Paradox des Aufgabenlösens wieder auf: Diesmal in Gestalt des Dilemmas, daß im aufgabenlösenden Unterricht auch wissenden Auges ein Übel praktiziert wird, um ein anderes zu verhüten.

Der Lehrer wird nicht dafür bezahlt, daß er sein Wissen in Form einer endlosen Assertionskette absondert. Von ihm wird verlangt, es auch in die Köpfe der Schüler hineinzutransportieren, den Erfolg des Transports zu kontrollieren und dafür im wesentlichen gerade zu stehen. In dieser Hinsicht wird er wiederum von Eltern und Vorgesetzten kontrolliert. Die Realisierung der Lernziele über Lösungsschemata und Handlungsroutinen erlaubt dem Lehrer den Nachweis der Erfüllung seines Auftrags in der Institution. Wer erlebt hat, mit welcher Gefälligkeit operativer Unterricht über Nullinhalte in Hospitationen, Prüfungen, Lehrproben und anderen Kontrollsituationen des Lehrers registriert wird, der weiß um die Macht seiner Installation und die Bedeutung seiner Beherrschung für die, die in der Institution ein ruhiges Leben haben oder Karriere machen wollen. Ein guter Lehrer im Sinne der Institution ist ein Lehrer, der die Lernziele realisiert, ohne daß das aufscheint, was in bestimmten Kreisen zu Recht, wenn auch in ganz anderer Absicht, als 'Probleme' bezeichnet wird. Den Zynismus, den diese Umdeutung des 'problemlos' ablaufenden operativen Unterrichts zum Erfolgsnachweis in sich schließt, verbergen die Beteiligten mit Vorliebe in der Dumpfheit praktizistischer Konzepte der Wissensanwendung.

3.5. OPERATIVER UNTERRICHT

Die Arbeitsteilung des Aufgabenlösens besteht im Entwurf und in der weitgehenden Vorgabe des propositionalen Gesamtplans durch den Lehrer sowie in der Steuerung der kommunikativen und mentalen Prozesse durch ihn auf der einen Seite, in operativen Hilfsdiensten der Schüler auf der anderen Seite. Diese Arbeitsteilung hat die Tendenz, sich zum operativen Unterricht zu verfestigen. Darunter ist zu verstehen, daß vom Lehrer von vornherein nur noch diejenigen Bestandteile des Gesamtproblems in seinem Plan problematisiert und im weiter unten (vgl. 4.3., 4.4.) geschilderten Analyse- und Syntheseprozeß über Leitfragen, Unterrichtsphasen und -Sequenzen im Unterricht abgearbeitet werden, die sich unmittelbar auf das algebraische und numerische Operieren (in Ausnahmefällen auf das terminologische Operieren) beziehen und dessen technisch-praktizistische Handhabung sicherstellen. In diesem Abschnit möchte ich zeigen, in welch hohem Maß der operative Unterricht als Normalform aufgabenlösenden Mathematikunterrichts gelten kann und wie er durch vernetztes Operieren und Reflexion der Methode überwunden werden kann.

(1) komplettierendes Operieren

> In den Unterrichtsabschnitten Nr. 4 "Seite-Winkel-Seite" und Nr. 5 "Wie groß ist AD?" zieht sich komplettierendes Operieren auf der algebraisch-symbolischen Ebene über fast tausend Segmente. Dabei werden bis zur fertigen Formel sieben Etappen durchlaufen. Die ersten vier werden von unsinnigen Vorschlägen gebildet (Nr. 4 s637-820), die letzten drei bestehen formal korrekt aus zwei Pythagoras-Anwendungen (s821-1169) und einer Kosinusfunktion-Anwendung (Nr. 5 "Wie groß ist AD?", s1-409)

Gemeinsames Merkmal der ersten vier Etappen ist der Versuch, die Größe der gesuchten Strecke b absolut zu bestimmen, d.h. nicht als Abhängige von durch andere Strecken oder Winkel des Dreiecks festgelegten Beziehungen:

Erster Lösungsversuch:
(s637-685) Michael: *be ist gleich äh ... ha-ce.*

Zweiter Lösungsversuch:
(s691-710) Michael: *be ist gleich ... äh ... h/ größte ha-ce durch äh .. alpha.*

Dritter Lösungsversuch:
(s726-812) Fahrudin*: be ist doppelt so groß wie Strecke AD*
Vierter Lösungsversuch:
(s761) Michael*: Sinus äh beta/ bis vier mal größer als/ [nicht bearbeitet]*

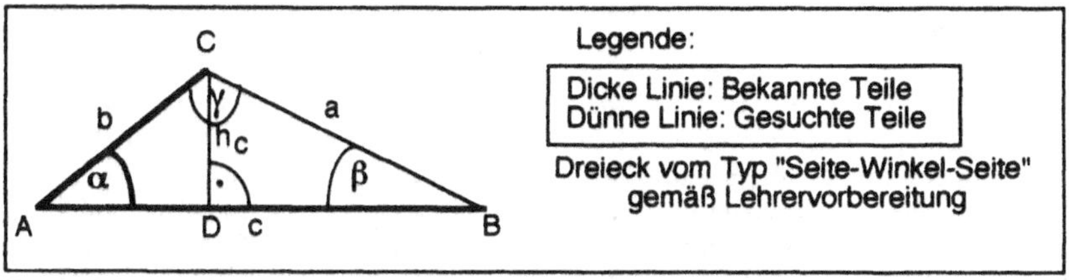

Figur 24: "Tafelzeichnung, auf die sich die Unterrichtsabschnitte Nr. 4, "Seite-Winkel-Seite" und Nr. 5, "Wie groß ist AD?" beziehen."

Allen vier Lösungsversuchen ist ferner gemeinsam, daß sie sich nicht von der Ebene der Anschauung des in der Planskizze vorliegenden Dreiecks lösen. Ihr strukturierendes Element ist der absolute Größenvergleich von Seite b mit anderen Teilen. Zu seiner Beschreibung greifen die Schüler nur notgedrungen, nämlich wegen des Fehlens konkreter Maßangaben, zu Aussagen wie "doppelt so groß wie Strecke AD" oder "ha-ce durch alpha", die sich an der sprachlichen Oberfläche auf algebraisch-symbolischer Ebene befinden. Sie benutzen diese Angaben aber in Pseudoverbegrifflichung inhaltlich im Sinne algebraisch-numerischer. Darin offenbart sich die Konzeptualisierung des Festgelegtseins im numerischen Sinne, die sich hier sogar gegen die unmittelbare Evidenz der Anschauung durchsetzt ("be ist doppelt so groß wie Strecke AD"). Für die betreffenden Schüler liegt das Unterrichtsergebnis auf der algebraisch-numerischen Ebene. Damit ist der Verständnisprozeß für sie an genau der Stelle ins Stocken gekommen, wo die erste Vernetzung durch aufgabenlösende Ersatzmechanismen umgangen wurde. Von dort ab ist der sprachliche Schein formal korrekter aber inhaltlich wertloser Begriffe das Höchste, was noch zu erreichen ist. Die Entwicklung des Mentalen findet im Lösungsschema bzw. in der Pseudoverbegrifflichung und die des Praktischen in der Handlungsroutine ihren Abschluß.

Das Unglaubliche an diesen Vorgängen besteht darin, daß ihre Unsinnigkeit vom Lehrer zwar erkannt aber nicht als symptomatisch diskutiert wird und daß sie von den Schülern als normale Form schulischer Lösungsangebote praktiziert werden. Beide Seiten bewegen sich in der Scheinwelt, deren Pseudologik solch widersinnige Konstruktionen möglich macht. Die Reparaturarbeit an den vier Vorschlägen wird nicht an deren Ursachen geleistet, sondern bleibt an der Oberfläche der Symptome und hindert daher auch nicht an der Reproduktion ihrer Defizite.

Für viele Schüler bleibt der gesamte mathematisch-naturwissenschaftliche Komplex daher immer ein Buch mit sieben Siegeln. Verzweifelt werden Formeln und deren abstrakte Kombinierung gepaukt. Die Kombinierung mündet nicht in die erhellende Vernetzung vorher getrennter Wirklichkeitsbereiche, sondern erschöpft sich in der immanenten Logik der Operation. Nicht die Symbole und numerischen Werte sind letzter Ausdruck realer Zusammenhänge, sondern, soweit eingeführt, werden die

Begriffe der Realität selbst zu Platzhaltern toter Symbole und Zahlen degradiert. Erklärungsversuche durch Lehrer oder Mitschüler, die sich auf praktizistische Handhabbarkeit nach dem Kriterium des operativen Erfolges beschränken, können diese Situation nicht vom Kopf wieder auf die Füße stellen. Sporadisches Aufbegehren nach Erkenntnis wird durch die stammelnde Sprache der operativen Kürzel zum Verstummen gebracht.

Selbst wo, selten genug, ein Defizit registriert oder zum Ausdruck gebracht wird und seine Beseitigung auf den guten Willen von Lehrenden und Lernenden stößt, arbeiten sich beide an den operativen Barrieren ab, die das Problemverständnis vom Unterricht ausschließen. Die von Vernetzungen ungebundenen Operationen verfilzen sich zu unsinnigen Knäueln, deren Entwirrung das Abräumen der zu Grunde liegenden Wissensbarrieren behindert. Geschwächt durch mangelnde Bezüge vermag die operative Logik gerade noch begrenzt taugliche Schemata zu erzeugen, scheitert aber daran, zusätzlich die realen Zusammenhänge in sich zu bergen. Die 'tote' Operation kann aus Einzelteilen kein 'organisches' Ganzes schaffen. Nur die Rekonstruktion des langen Vernetzungsprozesses, dessen Resultate sich auf einer bestimmten Ebene auch in algebraischen Symbolen und numerischen Werten niederschlagen, ist dazu in der Lage, die subjektive Welt der Lernenden kreativ zu erweitern und mit lebendigen Gestalten zu erfüllen.

Im Bereich der Schulmathematik tritt der Übergang vom Problem zur Aufgabe in der Gestalt des von seinen Kontextbezügen losgelösten komplettierenden Operierens auf. Versuche, innerhalb des Aufgabe-Lösungs-Musters eine Lösung dieses Grundproblems zu erreichen, sind zum Scheitern verurteilt, denn die Überprüfung der Ergebnisse des komplettierenden Operierens an der außerschulischen Wirklichkeit ist kein integraler Bestandteil des Aufgabe-Lösungs-Musters, weil die Vernetzung nicht Bestandteil des Musters ist. Die charakteristische Eklektik, Beliebigkeit, Widersinnigkeit und inhaltliche Leere des komplettierenden Operierens ist nur Ausdruck der ihrer Vernetzungen beraubten Abstraktheit der algebraisch-numerischen bzw. -symbolischen Ebene und führt in der Konsequenz zur Konstruktion einer algebraischen Scheinwelt.

Im operativen Unterricht werden die begrifflich zu verortenden Schwierigkeiten auf das zu ihrer Bewältigung völlig untaugliche Gebiet der Operation verlagert. Die Durchführung der Operation steht für die gesamte, zur Problemlösung notwendige Arbeit. Diese Ersetzung führt oft zu für den Lehrer unbegreiflichen Blockaden gerade auch auf dem Gebiet der Operationen, auf die er mit verschärfter Schematisierung reagiert. Insofern und sobald die Aufgabe aber gelöst wird, ist mit der Lösung dann der scheinbare Beweis dafür erbracht, daß der ohne Begriffsarbeit zurückgelegte Weg auch zum Erfolg führt. Durch solche operative Überbrückung von Vernetzungsarbeit wird das vorliegende Defizit verleugnet und in seiner Existenz verfestigt. Problematisiert ein Schüler im Nachhinein direkt oder durch anhaltendes gezeigtes Unverständnis indirekt die in der Operation verborgen gebliebenen Vernetzungen, so muß er mit dem Vorwurf rechnen, etwas nicht kapiert zu haben, was die anderen doch schon lange können. Um solchen Mißerfolg in Zukunft zu vermeiden, wird er sich lieber ein weiteres Stückchen schwarzer algebraischer Kunst einpauken.

(2) vernetztes Operieren

Nicht das Operieren ist didaktisch zweifelhaft, sondern die Einschränkung des Handelns auf diese Ebene, was ihm den Ersatzcharakter für das begrifflich vermittelte vernetzte Verstehen verleiht. Als vernetzter Bestandteil des mathematischen Problemlösens werden auf der algebraischen und numerischen Ebene mit ihren spezifischen Operationen unverzichtbare Leistungen erbracht.

Beginnend mit (s621), (Nr. 3, "Lösungswegediskussion") wo sie mit Emphase auf Türkisch redet, setzt Behiye mit (s624) zu einem längeren Beitrag an, der eine ausführliche Analyse verdient, weil er ein vertieftes Verständnis des Operierens erlaubt und zwar sowohl in seiner vernetzten Form im Rahmen des Problemlösens, als auch in seiner komplettierenden Qualität im Rahmen des Aufgabenlösens. Inhaltlich geht es darum, daß Birol den Lösungsweg für das gegebene Dreieck vom Typ Winkel-Seite-Winkel (gegeben: klein-c, alpha, beta) aufstellen will. Nachdem zunächst der fehlende Winkel gamma mit dem Winkelsummensatz bestimmt wurde, geht es nun um die noch fehlenden Seiten klein-a bzw. klein-b. Dafür schreibt er eine Version des Sinussatz an die Tafel, die sich von der Formel nur dadurch unterscheidet, daß bestimmte ihrer Teile als bekannt gelten.

|L 622 Was sagst du, Behiye?
|Be 621 ((*--redet mit Emphase auf türkisch zu Birol--*)) 624 Also er schreibt
|_133

|L 625 \`hmhm´
|Be wieder das/ das gleiche auf, also be durch Sinus beta, und/624a Also, wenn wir, äh, jetzt Zahlen
|_134

|L 627 \`hmhm´ 628 \`hmhm´
|Be gehabt **hätten**, ne, 624b hätten wir die gleich aufgeschrieben. 624c Und diese Gradzahlen, äh,
|_135

|L
|Be al/ also das auf unserer Tabelle gesucht. Und die/die numerische Werte hätten wir aufgeschrie-
|_136

|L 629 \`hmhm´
|Be ben. 630 Aber weil wir keine äh Zahlen kennen, brauchen wir/müssen wir nur auf/ aufzu-
|_137

L 631 Jä.	
Be schreiben, 'be durch Sinus beta ist g/gleich ce durch Sinus gamma'!	
_138	

An diesem Beitrag fällt zunächst seine Inszenierung auf: Er ist im Tonfall und mit der Mimik einer wichtigen Erkenntnis vorgetragen. So, wie sich ein Problem subjektiv als Widerstand gegen eigenes Handlungsinteresse vermittelt, so ist die Einkreisung seines Widerstands und der Erwerb der Mittel zu seiner Überwindung spannend und befriedigend. Die Verbalisierung der entsprechenden Prozesse wird daher nicht selten durch Verhaltensphänomene wie Bestimmtheit des Auftretens, emphatische Gestik, Mimik und Intonation oder Farbigkeit, Lautstärke, Rhythmus und Geschwindigkeit der Sprache begleitet. Da die subjektive Welt beim Aufgabenlösen keinerlei Erweiterung erfährt, fehlen hier vergleichbare Erscheinungen bzw. sind durch solche der Unlust und Entfremdung ersetzt.

L begreift diesen Beitrag Behiyes aber lediglich als performatives Sprechen zu Birols Tun an der Tafel, dem er sich nach einer kurzen und nichtssagenden Bestätigung (s631 "Jà") sofort wieder zuwendet. Damit mißversteht er ihn von Grund auf. Es liegt ein neuerlicher Fall von Scheinkommunikation vor. Behiye knüpft hier genau an der Stelle wieder an ihren Gedankengang an, wo sie zu früherem Zeitpunkt gezwungen war, ihn abzubrechen und formuliert die für seine Fortsetzung notwendigen Erkenntnisse. Sie hatte zu einem früheren Zeitpunkt im Ableitungsgeschehen an der Stelle abbrechen müssen, wo sie das Programm, daß sie dort mit

(s540): Dann umwandeln...

umschrieben hatte, in die Tat hätte umsetzen müssen. Sie hatte die algebraisch-symbolische nicht mit der von ihr erreichten alltäglich-allgemeinbegrifflichen Ebene vernetzen können, weil sie nicht dazu in der Lage war, die

(s536) Zwei Winkeln und ein/ eine Strecke

mathematisch-begrifflich korrekt zu kategorisieren, d.h. die Bedeutung der Lage dieser Teile im Dreieck zu berücksichtigen. Das hinderte sie, die bekannten Größen an der richtigen Stelle in die Formel einzusetzen. Ihre Begriffe hingen sozusagen in der Luft. Hier nun führt sie die erforderlichen Vernetzungen durch. Sie beginnt:

(s624): Also, er schreibt wieder das/ das gleiche auf, also b durch sinus beta

Das tut Birol auch, aber es bedeutet für Behiye nicht mehr dasselbe. Die Wiederho-lung ist nur äußerlich, sie stellt in Wirklichkeit den Übergang von der Formel an sich zur Formel für sich dar, d.h. zur mit den bekannten Teilen des gegebenen Dreiecks vernetzten Formel. Die inzwischen eingetretene Änderung beschreibt Behiye folgendermaßen:

(s624a): und/ also, wenn wir, äh, jetzt Zahlen gehabt ***hätten****, ne, hätten wir die gleich aufgeschrieben.*

Das Symbol, das jetzt an der Tafel steht, hat die Qualität eines Platzhalters für etwas Wohlbekanntes, nämlich einer möglichen ("gehabt hätten") bekannten ("Zahlen") Größe. Genau diese Konzeptualisierung von 'gamma' ist für seine Benutzung im Lösungsweg für alle Dreiecke dieses Typs gefordert. Das, was Birol an der Tafel macht, sieht sie somit als exemplarisches Vorgehen, das identisch mit den Lösungsvorgängen bei der in Gedanken parallel gesetzten Entwicklung für ein numerisch quantifiziertes Beispiel ist:

(s624c): Und diese Gradzahlen, äh, al/ also das auf unserer Tabelle gesucht. Und die/ die numerische Werte hätten wir aufgeschrieben.

aber gleichzeitig darüber hinausgeht, indem es doch wieder Element der Formel bleibt, die genau durch diesen Prozeß ihr Antlitz wandelt:

(s630): Aber weil wir keine, äh, Zahlen kennen, brauchen wir/ müssen wir nur auf/ aufzuschreiben: 'be durch sinus beta ist gleich ce durch sinus gamma' !

So bleibt die Formel für Behiye Formel, also allgemeingültig und ist doch konkret, also bekannt. Mit dieser Vernetzungsleistung hebt sie für sich das Paradox der konkreten Allgemeinheit bzw. der allgemeinen Bekanntheit auf. Die Beherrschung dieses Vorgangs ist Voraussetzung für das kreative Arbeiten im Bereich der Algebra.

Interessant ist Behiyes doppelter Abbruch ("brauchen wir/ müssen wir nur auf/ aufzuschreiben"). Das erste darin enthaltene Konzept: ("brauchen wir nur aufzuschreiben") beinhaltet, daß die so gewendete Formel ja auch vom Ballast der konkreten Zahlen befreit, also leichter umgänglich, weiterhin gültig und universeller anwendbar ist. Das zweite Konzept, ("müssen wir nur aufschreiben") akzentuiert noch die Schwierigkeit der Vernetzungsarbeit, die notwendig war, um die Formel zum handhabbaren Instrument zu machen. Die grammatische Chimäre umschreibt den durchlaufenen mentalen Prozeß in seinen positiven und negativen Seiten, wobei die positive als zuletzt überbleibende die Oberhand behält.

Während Behiye sich bemüht, die zu bewältigende kognitive Leistung zu erklären, bleibt sie für L als "Ausrechnen" eine rein operative Angelegenheit. Durch die Vollständigkeit ihrer begrifflichen Erfassung der anstehenden Vernetzungen wird Behiye allerdings trotz der stattfindenden Scheinkommunikation nicht an der Einordnung von Birols Arbeit in den Gesamtzusammenhang des Problems gehindert. Damit hebt für sie, Harun und Birol das Operieren mit der Formel die zuvorgehenden Erkenntnisse in sich auf, ist vernetztes Operieren.

Für L ist der vernetzte operative Umgang mit Symbolen so geläufig, daß sich seine objektive Schwierigkeit hinter der Selbstverständlichkeit des Vorgangs versteckt. Hier, wie oben in der ersten Phase von Festgelegtsein und Berechenbarkeit und in der zweiten Phase der Bestimmung von gamma nach dem Winkelsummensatz, unterrichtet er an der zentralen Schwierigkeit des Problems vorbei. Es ist leicht ersichtlich, daß es sich dabei im Kern immer um den gleichen Vorgang handelt: Die Sicherung eines Problemverständnisses durch die Anbindung der nicht-begrifflichen Ebenen einerseits, (d.h. der mathematisch-zeichnerischen bzw. -deiktischen des Versuchs mit den Stöcken und Kartonwinkeln, der algebraisch-symbolischen und algebraisch-numerischen jetzt bei der Bestimmung von gamma und der Aufstellung des Sinussatzes) an die begrifflichen andererseits, seien sie mathematisch oder alltäglich-allgemeinbegrifflich. Diese Anbindung selbst kann nicht anders sein als begrifflich. Sie birgt alle entscheidenden mentalen Prozesse in sich.

Demgegenüber sind die auf den nicht-begrifflichen Ebenen zu vollbringenden mentalen Handlungen, Deixis bzw. Affirmation in der ersten Phase:

(s400,401) L: Wo is jetzt der dritte Punkt? Is das klar, wo der is?

oder zwei Subtraktionen:

(s501) Birol: Hundertachtzig minus Klammer auf alpha plus beta Klammer zu

in der zweiten Phase und eine Multiplikation:

(s635) Yirgalem: mal sinus alpha

in der dritten Phase von banaler Simplizität: Der operative Unterricht ersetzt die Begriffsarbeit durch die Operation.

Im operativen Unterricht hätte ein Großteil der im Unterrichtsabschnitt "Streckenverhältnis, Dreieck, Quadrat, Wurzelmaschine" aufgetretenen Schwierigkeiten der Erfassung der Zusammenhänge zwischen Flächen, Strecken und Formelsymbolen scheinbar vermieden werden können, wenn der Lehrer sich entschieden hätte, bereits ganz zu Anfang die gefundene Formel über die Wurzeloperation aufzulösen. Über der kommunikativen Oberfläche liegt in diesem Fall lediglich die Operation, der Rest bleibt verborgen. Verbindungen und Zusammenhänge mit den begrifflichen Ebenen werden nicht hergestellt. Schüler wie Harun, für die solche Zusammenhänge in der Formel enthalten sind, können mit ihr dann zukünftig in gewissem Umfang kreativ arbeiten.

Für die anderen bereichert sich das Repertoire der Algebra um ein weiteres Stückchen schwarzer Kunst, dessen Begreifen auf der Ebene des Schemas bleibt.

Die schulischen mathematischen Anforderungen bilden in sich eine Hierarchie: Der kreative Umgang mit Formeln nimmt als ein Kernstück mathematischen Problemlösens in der Hierarchie die höchste, selten erreichte, Position ein.

Der Umgang mit Zahlen innerhalb der algebraisch-numerischen Ebene weist demgegenüber den geringsten Schwierigkeitsgrad auf: Bei den klassischen Rechenaufgaben handelt es sich um komplettierendes Operieren auf algebraisch-numerischer Ebene.

Der Umgang mit Formeln stellt einen zweiten Schwierigkeitsgrad in der Hierarchie dar. Bevor gerechnet werden kann, müssen Zahlen an die Stelle der Symbole treten. Es sind normalerweise die Zahlen, die sich verändern, indem mit ihnen operiert wird, während sich die Symbole und erst recht die Begriffe durch eine statische Konzeptualisierung auszeichnen. Erst, wenn eine Zahl in die Hülle des Symbols schlüpft, kommt es zu einer gewissen Bewegung, indem gerechnet werden darf.

Im dritten Schwierigkeitsgrad der Hierarchie steht ab einer bestimmten Stufe zunehmend der Umgang mit algebraischen Symbolen auf dem Lehrplan. Dies führt aber keineswegs automatisch zu deren Befreiung aus der Starre der Unveränderlichkeit oder gar zum kreativen Umgang mit ihnen. Stattdessen wird das komplettierende Operieren des ersten Schwierigkeitsgrades einfach verlängernd auf die Ebene der Symbolik ausgedehnt. Der dadurch auf dieser Stufe reproduzierte operative Unterricht ist also im wesentlichen durch die komplettierende Qualität der geforderten Operationen gekennzeichnet und erst in zweiter Linie durch das faktische Vorherrschen von Arbeit innerhalb der algebraisch-numerischen Ebene. Sein wesentliches Kennzeichen ist die Reduktion des Unterrichts aufs komplettierende Operieren - egal auf welcher Begriffsebene -, mit anderen Worten die Begrenzung der Betrachtung auf Aspekte einer Begriffsebene.

Auch aus dem scheinbar qua Abstraktheit allgemeingültigen Umgang mit Formeln auf der algebraisch-symbolischen Ebene macht das aufgabenlösende Lehren und Lernen letztenendes einen Vorgang mit einer Struktur, die identisch ist mit der beim Lösen klassischer Rechenaufgaben. Diese Struktur ist durch die komplettierende Qualität der in Beziehung zu setzenden Elemente gekennzeichnet: Das fürs Aufgabenlösen zu leistende Operieren ist komplettierend. Das, was die Schüler abschätzig "Rechnen mit Buchstaben" nennen, ist aufgabenlösendes komplettierendes Operieren auf der algebraisch-symbolischen Ebene. Auch wenn es mit der Zeit den Anschein geläufigen Umgangs mit Formeln erweckt, ist es mit der Unfähigkeit verbunden, standardisierte, d.h. als Schema einpaukbare Aufgabenlösungen zu überwinden. Daran ändern auch ein paar Experimente oder Beweisverfahren nichts, die diese Bezüge eigentlich beispielhaft herstellen sollen. Ihre Aussagekraft geht in der Handlungsroutine verloren und der Imperativ des Ertrags läßt im pädagogischen Alltag das schematische Operieren ungehindert dominieren.

Der kreative Umgang mit Formeln, das vernetzte Operieren, ist gegenüber Aufgaben aller Schwierigkeitsgrade ein qualitativ anderer Prozeß. Er unterscheidet sich von jenen durch die Vernetzung der Formelsymbole mit den begrifflichen Ebenen des Problems. Das vernetzte Operieren mit den Symbolen ist Darstellung einer bestimmten Beziehung zwischen Größen, die auf den anderen Erscheinungsebenen bereits entsprechend kategorisiert sind, z.B. in ihrer Qualität als Flächen, Strecken oder Winkel auf der alltäglich-allgemeinbegrifflichen Ebene. So wird z.B. das Verständnis der Wurzeloperation als solcher vertieft, wenn sie als Schlüssel für den Übergang von der Quadratfläche zur Dreiecksseite erfahren wird. Das vernetzte Operieren mit algebraischen Symbolen fügt der Wahrnehmung der Realität die Ebene der spezifischen mathematischen Beziehung hinzu, durch die die Größen miteinander verknüpft sind. Es erweitert den kognitiven Horizont und schafft Verbindungen und Übergänge zur Problemlösung auf algebraisch-numerischer Ebene.

Die naturwüchsig eintretende Ökonomisierung, die parallele Durchgänge durch Problemlösungen begleitet, hat nichts mit einer solchen operativ-schematischen Formelanwendung gemein. Gegen Formeln und Standardverfahren, die auf solch problemlösende Weise entstehen und diesen Charakter beibehalten, ist nichts einzuwenden. So entstehende Formeln sind nützliche Nebenprodukte, die notfalls durch Rückbesinnung neu gewonnen werden können. Vor allem aber sind nur so gewonnene Formeln als Übergangsstationen zu weiteren Vernetzungen bei der Ausweitung einer Problemgestalt tauglich. Z. B. muß der Satz des Pythagoras für die Erarbeitung der Winkelfunktionen und besonders beim Kosinussatz neu aktiviert werden.

3.6. KONZEPTUALISIERUNG MATHEMATISCHER GESETZMÄSSIGKEITEN

Die verschiedene Qualität, die das aufgaben- oder problemlösende Lernen der Erkenntnis seiner Objekte und den Kommunikationsformen seiner Subjekte verleiht, wird im Bereich der Mathematik am klarsten beim Ableiten von Gesetzmäßigkeiten. Die Handlungsrelevanz der schulischen Mathematik erscheint gebündelt in den erkenntnistheoretischen Konzepten, die den Gesetzmäßigkeiten meist unbewußt unterliegen. Entsprechend unterschiedlicher Qualität ist das Konzept der LÖSUNG in beiden Handlungsformen: Die problemlösende Konzeptualisierung besteht in der vernetzenden Durchdringung der Problemgestalt durch Zugewinn der Aussagequalitäten der jeweiligen Begriffsebenen.

(1) Die aufgabenlösende Konzeptualisierung gründet auf der Durchführbarkeit von Operationen auf der algebraisch-numerischen Ebene unter Ausschluß begrifflicher Verarbeitung.
(2) Die Durchführbarkeit der Operationen unterliegt in Pseudoverbegrifflichung den entsprechend pervertierten Aussagen auf den anderen Begriffsebenen.
(3) Der konzeptuelle Kern aufgabenlösender Aussagen erschöpft sich in praktizistischem Funktionieren.

Im Problemlösen wird die Evidenz der unmittelbaren Realität der alltäglich-allgemeinen Begriffsebene (die Konstellation des Problems) als Festgelegtsein seiner Bestandteile rekonstruiert und in der Folge durch die mathematisch-begriffliche Erfassung der Qualität der Problembestandteile und ihrer Beziehungen in die Lösbarkeit des Problems überführt. Diese Beziehungen werden in den algebraisch-symbolischen Operationen spezifisch beschrieben und zur Bestimmung der gewünschten Größen durchgeführt. Auf der algebraisch-numerischen Ebene wird den bestimmten Größen nach Bedarf durch Berechnung ihre Quantität zugefügt. Evidenz des Festgelegtseins, Lösbarkeit, Bestimmung und Berechnung sind die Etappen, die die LÖSUNG im Problemlösen durchmacht.

Ganz anders im Aufgabenlösen: Ist durch Lösungsschemata und Handlungsroutinen die Berechenbarkeit sichergestellt, wird sie algebraisch-numerisch durchgeführt und - fertig. Die Aussagequalität der isolierten Berechnung erschöpft sich im Funktionieren. Das Konzept der Berechenbarkeit stützt sich auf die immanente Logik toter Zahlen bzw. auf die die Plausibilität oder Autorität von Faustregeln. Das Konzept der Berechenbarkeit schlüpft bei Bedarf in die Erscheinungen der LÖSUNG auf den anderen Begriffsebenen, wobei auch deren Qualitäten in spezifischer Weise pervertiert werden: als Pseudosymbolisierung (komplettierendes Operieren auf algebraisch-symbolischer Ebene), als Pseudoverbegrifflichung (terminologisches Operieren) und als Ersetzung der Evidenz des Festgelegtseins durch Beliebigkeit. Auf der Metaebene erscheint diese Konzeptualisierung 'theoretisch' als Eklektizismus und als praktizistisches Funktionieren.

(1) Grundlegung aufgabenlösender Konzeptualisierung: Verzicht auf Begriffsarbeit

Im Unterrichtsabschnitt Nr. 3 "Lösungswegediskussion" geht es zunächst um die Frage, durch wieviele Teile ein Dreieck festgelegt wird. Dabei kommt es bereits in der Frage der Evidenz des Festgelegtseins zu erheblichen Irritationen im Gefolge der taktischen Anwendung der Definitionskompetenz des Lehrers (vgl. 3.1.). Die nach Lehrerplan vorgesehene Auswertung dieser Phase soll in der Erkenntnis bestehen, daß Dreiecke, die durch gegebene Teile festgelegt sind, auch berechenbar sein müssen. Die entsprechende Erkenntnis kommt aber nicht zu Stande, weil Beispiele der Schüler ungenügend ausdiskutiert werden:

Mahiddin schlägt auf die Aufgabe

> *(s224) L: Was gibts noch für Möglichkeiten, mit drei Teilen ein Dreieck zu bauen?*

vor:

> *(s225) Mahiddin: Winkel-Winkel-Winkel*

Dieser Typ hat nach Birols Ansicht

> *(s240): Einen*

nach Kevins

> *(s241) Milljòhn. Milliónen*

Lösungen.

Im Fokus von Birols Ansicht steht die Gleichheit der Sinuswerte. Für Kevin ist durch durch Manipulationen der drei Winkel:

> *(s245) Jå, die kann man irgendwo hinschieben, oder hier machen, da machen...*

die Möglichkeit der Gruppierung zu beliebig vielen Dreiecken verschiedener Größe gegeben.

Vermittelt über den nicht diskutierten Fachbegriff der *Ähnlichkeit* wäre hier Birols und Kevins Vorschlag als Einsicht letztlich gleichen Inhalts nachzuweisen gewesen. Der Fachbegriff der Ähnlichkeit hätte dann in vertiefter Diskussion als nicht hinreichende Bedingung für die LÖSUNG zu einem weiteren Fachbegriff, dem der *Eindeutigkeit* verbegrifflicht und mit ihm vernetzt werden müssen. Ohne diese Begriffsarbeit kann es nicht Wunder nehmen, wenn der Begriff der Eindeutigkeit gleich im nächsten Lösungsversuch Kevins wieder als Bedingung des Verstehens auftaucht:

(s364) Kevin: Können wir mit einer Strecke und einen Winkel?

Vermittelt über den Fachbegriff der Eindeutigkeit hätte das *Festgelegtsein* also zunächst im Konzept der *Lösbarkeit* und anschließend über die operative Erfasssung der Beziehungen der Größen auf der algebraisch-symbolischen Ebene in der *Bestimmung* der fehlenden Größen rekonstruiert werden müssen, bevor eine Vernetzung der Einsichten mit der *Berechenbarkeit* erfolgen kann. Der Übergang von der (keineswegs unstrittig nachgewiesenen) Evidenz des Festgelegtseins zur Berechenbarkeit überspringt mehrere unerläßliche Ebenen der Verbegrifflichung und wird daher nur durch Evokation erreicht, wie oben nachgewiesen wurde (vgl. 3.2.(3 - 4), S.108ff).

Auf der algebraisch-numerischen Ebene isoliert, entsteht so die pervertierte Konzeptualisierung mathematischer Gesetzmäßigkeiten, in der die *Durchführbarkeit der Operation* zum Ersatz der begrifflichen Bewältigung von algebraisch-symbolischer Bestimmbarkeit, mathematisch-begrifflicher Lösbarkeit und allgemeinbegrifflicher Evidenz des Festgelegtseins wird.

(2) Pseudoverbegrifflichung algebraisch-numerischer Konzepte

Nach dem Abschluß der in (1) analysierten Lehrerplanphase 'Vom Festgelegtsein zur Berechenbarkeit' gibt L mit

(s416): Und wir suchen jetzt nach Möglichkeiten, wie wir ausrechnen können.

die für die folgenden Unterrichtsphasen gültige Leitfrage. Um den didaktischen Ort dieser Frage zu analysieren, stelle ich den Unterricht als Bearbeitung der Frage: "Wie hängen bekannte und gesuchte Dreiecksteile zusammen?" auf den verschiedenen Begriffsebenen in folgendem Schema (vgl. Figur 25) dar:

BEGRIFFSEBENE	AUSSAGEN ÜBER BEKANNTE TEILE	AUSSAGEN ÜBER GESUCHTE TEILE
algebraisch-numerisch	30°; 8cm; 40°	110°; 4,3cm
algebraisch-symbolisch	α, c, β	$\gamma = 180° \cdot \alpha - \beta$; $a = \frac{c \bullet \sin\alpha}{\sin\gamma}$
mathematisch-begrifflich	Eine Seite und die anliegen-den Winkel	Fehlender Winkel berechenbar mit Winkelsummensatz; fehlende Seiten berechenbar mit Sinussatz.
mathematisch-zeichnerisch	Gegeben sind diese Strecke und diese Winkel 	Die fehlenden Seiten gehen von hier nach da. Sie liegen fest. 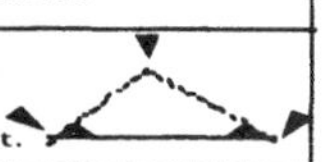
alltäglich-allgemein-begrifflich	Wenn in einem Dreieck drei Teile bekannt sind, von denen mindestens eins eine Strecke ist,	dann sind alle übrigen Teile damit festgelegt und also auch berechenbar.

Figur 25: "Bekanntes und Gesuchtes auf den fünf Begriffsebenen"

Aus dem Schema erhellt, daß die Frage (s416): "Und wir suchen jetzt nach Möglichkeiten, wie wir ausrechnen können" auf die Vernetzung der mathematisch-begrifflichen, algebraisch-symbolischen und algebraisch-numerischen Ebene zielt, nachdem das Bisherige sich auf alltäglich-allgemeinbegrifflicher und mathematisch-zeichnerischer Ebene bewegte. Anschließend legt L eine Tabelle an (vgl Figur 26), in der bekannte und gesuchte Teile auf algebraisch-symbolischer Ebene gegenübergestellt werden und den gesuchten Teilen das zu ihrer Bestimmung notwendige Gesetz zugeordnet wird. (s419-450)

GEGEBEN	GESUCHT	RAUSZUKRIEGEN MIT
	γ	Winkelsummensatz
α c β	a	Sinussatz
	b	Sinussatz
	β	Winkelsummensatz
γ b α	c	Sinussatz
	a	Sinussatz
	α	Winkelsummensatz
γ a β	b	Sinussatz
	c	Sinussatz

Figur 26: "Tafelanschrieb: Lösungschema-Tabelle"

L schätzt die Aufgabe als so leicht ein, daß er mit Fahrudin einem der schwächeren Schüler den Turn erteilt und so nebenbei die Maxime: >ALLE SOLLEN DRANKOMMEN!< realisiert:

L: Wie krieg ich gamma raus? ((-1Sek-)) *Fahrudin?* ((---3Sek---)) *Guck dir an, was gegeben is.* ((--2Sek--)) *Wie krieg ich gamma raus?* ((------6Sek------))
Hai: ((leise)) *Hundertachzig/*
Fahrudin: Weiß nich.(s451-459)

Trotz der vier Pausen und der nochmals aktivierten Lösungsstrategie der Konfrontation von Bekanntem und Gesuchtem ist Fahrudin nicht dazu in der Lage, gamma aus den gegebenen Winkeln alpha und beta zu erschließen. Die Ursache dieser Unlösbarkeit geht aus der Folgesequenz hervor:

L: Weißt du nicht? Na, wir nehmen mal n Beispiel: alpha is vierzig Grad, beta ist .. äh .. dreißig Grad.
Behiye: Yetmis. ((türkisch: siebzig))
L: Wie krieg ich gamma raus?
Fahrudin: Vierzig plus dreißig. (s460-465).

Durch die Vorgabe der algebraisch-numerischen Ebene wird die Aufgabe für Fahrudin schlagartig lösbar und er bestimmt gamma korrekt als "hundertzehn" (s481,487). L möchte die Vorgabe der Vernetzung wieder rückgängig machen und fordert Fahrudin deswegen dazu auf, seinen Lösungsweg begrifflich zu beschreiben:

L. Jà. Wie hast du das rausgekriegt?
Fahrudin: Also äh jedes Dreieck hat äh hundertachtzig Grad. Jà.
L: Und wiev/groß ist dann gamma?
Fahrudin: hundertzehn

L: Ja, kannst du das allgemein sagen? Wie groß ist gamma immer?" (s482-489).
Fahrudin weiß zwar, wie groß die Winkelsumme im Dreieck ist, kann aber dieses Gesetz nur auf der algebraisch-numerischen Ebene anwenden. Er schafft es nicht, die Zahlenangaben, die L von vornherein in der Absicht, so schnell wie möglich wieder auf die algebraisch-symbolische Ebene zurückzukehren, ausdrücklich als "Beispiel" gekennzeichnet hatte, zu verallgemeinern, sondern gibt auf die entsprechende Aufforderung von L: "Und wiev/groß ist dann gamma?" sofort wieder die Antwort auf algebraisch-numerischer Ebene: "hundertzehn". Für Fahrudin ist offensichtlich auch das Verständnis der Regel: "Also äh jedes Dreieck hat äh hundertachtzig Grad." auf der algebraisch-numerischen Begriffsebene angesiedelt. Aussagen, die eine begrifflichere Form haben, wie die genannte Regel, werden von ihm in Pseudoverbegrifflichung im Widerspruch zu dieser begrifflichen Form entsprechend der numerischen Ebene konzeptualisiert. Für Fahrudin ist der Auftrag:

L: Ja, kannst du das allgemein sagen?

schon schwer genug, seine Paraphrasierung durch

L: Wie groß ist gamma immer?

muß ihm nach seinem Konzept als Widerspruch in sich erscheinen, dessen Rezeption ihm konsequenterweise den Mund verschließt:

**>Entweder kennt man einen Winkel, dann weiß man auch wieviel Grad er hat, oder man kennt ihn nicht, dann nennt man ihn alpha, beta oder gamma. Wenn man von irgendwelchen nicht genauer bekannten Winkeln spricht, die in jedem Beispiel verschieden groß sind, dann bezeichnet man sie mit alpha, beta und gamma.<*

'Gegebensein' ist nach Fahrudins Konzept identisch mit numerisch quantifiziert. Ein algebraisch symbolisches Gegebensein existiert für ihn nicht. Darin drückt sich die Nicht-Vernetzung zwischen sinnlich-erfahrbarem Festgelegtsein eines Dreiecks in der Wirklichkeit einerseits und grundsätzlicher Berechenbarkeit andererseits aus. In diesem Vorgang wiederholt sich die gescheiterte Vernetzung der Problemstellung zwischen der alltäglich-allgemeinbegrifflichen, der mathematisch-zeichnerischen (die in diesem Fall durch den Versuch mit den Stöcken und Kartonwinkeln repräsentiert wird) und der mathematisch-begrifflichen Ebene jetzt als scheiternde Vernetzung zwischen der algebraisch-symbolischen und der algebraisch-numerischen Ebene.

Im gleichen Sinne protestiert Ataschin wenig später gegen die Kennzeichnung gammas als bekannt:

*(s589a,595) **Gamma kenn wir doch nicht!** ((...)) Gamma kennen wir doch gar nicht!*

Bezeichnenderweise ist es nicht Haruns Einwurf

(s597) Harun: **Doch***! Alle Winkel!*

der Ataschin ihren Irrtum erkennen läßt, sondern die Überzeugungskraft des numerischen Beispiels, auf das die anderen zurückgreifen. Der Erfolg ihrer Erklärung bei Ataschin hindert Mustafa und Kevin daran, den Erklärungsversuch von L bezüglich der allgemeineren Konzeptualisierung von gamma

(s606) L: Ja, Mustafa, **wenn** *alpha dreißig und beta vierzig ist, ne? Jà.*

aktiv und das heißt hier konfrontativ zu ihren eigenen Ansichten, zu rezipieren. Den Zahlen wohnt in der Frage des Gegebenseins größere Überzeugungskraft inne, als den Begriffen. Es fällt den Schülern schwer, sich eine Identität gammas außerhalb einer quantifizierten Gradangabe vorzustellen. Genau wie oben bei Fahrudin ist für sie ein von solcher Größenangabe unabhängiges Bekanntsein auf grundsätzlicher

Ebene genauso ein Paradox wie die Aussage

**>Irgendein Winkel von hundertzehn Grad.<*

'Bekannt' und 'gültig für alle gamma' sind für sie unvereinbare Aussagen. Anders ausgedrückt: Die numerisch konkretisierte Konzeptualisierung des Gegebenseins ist kennzeichnend für das Aufgabenlösen.

Es ist aber gerade das Verständnis von gamma als eines beliebigen bestimmbaren Winkels, das Voraussetzung für eine solche Beweisführung auf algebraisch-symbolischer Ebene ist, die wirklich zur Entwicklung eines allgemein gültigen Lösungsweges führt. Mustafa und die anderen Schüler benutzen zwar scheinbar die algebraisch-symbolische Ebene, wenn sie auf der Basis ihres Konzepts von Gegebensein den aktuell verhandelten Winkel als 'gamma' einbeziehen, in Wirklichkeit aber ist die Bedeutung dieses Symbols eine algebraisch-numerische. Das Symbol ist nicht vernetzt mit sich selbst. Die nicht vollzogene Vernetzung ist durch die Benutzung einer inhaltlich gar nicht ausgefüllten Begriffsebene verborgen. Die dennoch erfolgende Übernahme des Begriffs muß als Pseudosymbolisierung beschrieben werden. Es ist hier nicht Mustafas Absicht, die Pseudosymbolisierung als Taktik, zum Verbergen seiner Unkenntnis etwa, einzusetzen, sondern sie setzt sich spontan als Folge der aufgabenlösenden Entwicklung durch, in deren Verlauf neuen Begriffen und Entwicklungen einfach die alten Konzepte ihres Inhalts unterlegt werden. Pseudoverbegrifflichung als Technik ist Ausdruck schematisierten und formalisierten Sprachgebrauchs, wie er den operativen Unterricht begleitet.

Der Versuch von L, den besonderen und Einzelcharakter des Beispiels durch die intonative Hervorhebung des "wenn" in seiner Äußerung

(s606) L: Ja, Mustafa, ***wenn*** *alpha dreißig und beta vierzig ist, ne? Jà.*

herauszustellen, kann sich gegen diese Konzeptualisierung nicht durchsetzen. Für eine Umorientierung weg von der numerisch konkretisierten Konzeptualisierung des Gegebenseins muß Vernetzungsarbeit geleistet, d.h. vorhandene Wissensstrukturen müssen bewußt in neue überführt werden. Dazu ist ein Signal der Aufmerksamkeitssteuerung, das sich auf das Musterwissen stützt, wie die Intonation ein zu schwaches und ungeeignetes Mittel. Es wird von Mustafa und Kevin nicht als Umfokussierungs-, sondern als erneuter Elizitierungsversuch aufgefaßt und veranlaßt sie deswegen dazu, die numerische Kategorisierung und damit die Pseudoverbegrifflichung zu verfestigen:

(607) Mustafa: `hmhm´. Ja. Eben haben wir doch so/

(608) Kevin: Ja, haben wir ja auch

Dieser Vorgang erhellt, daß es für die Anregung einer für eine Problemlösung notwendigen Vernetzung nicht ausreicht, auf Steuerungsmechanismen, die sich aufs Musterwissen stützen, zurückzugreifen. Diese reichen zur Kennzeichnung und Anregung von solchen Prozessen aus, die selbst auch dem Bereich des Musterwissens angehören, also für die typischen sachfremden Ersatzprozesse des Aufgabenlösens.

(3) Beschränkung auf praktizistisches Funktionieren

Im Unterrichtsabschnitt Nr. 6 ("Birols Variante") kommt es zu dem seltenen Phänomen der Umkehrung der im Abschnitt 3.2. beschriebenen Erzeugung von Sachwissen durch den taktischen und strategischen Einsatz von Musterwissen, d.h. es kommt zur Bloßlegung statt zur Vertuschung von Unwissen durch die Ablehnung des Einsatzes von Musterwissen und damit zur Chance problemlösender Wissenserarbeitung.

Kevin lehnt es ab, durch Übernahme eines musterevident zur Verfügung gestellten Elementes von Fassadenwissen Wissen vorzutäuschen. Dadurch werden schülerseitig vorliegende Konzepte der Divisions-Operation bzw. grundsätzlich die Konzeptualisierung des algebraischen Operierens offengelegt. Das Aufgreifen dieser Konzepte in einer problemlösenden Diskussion hätte schnell ins Herz der Konzeptualisierung mathematischer Gesetzmäßigkeiten überhaupt führen können. Diese Chance wird von L aber vertan, indem er die aufscheinenden mathematisch-logischen Abgründe durch die Stabilisierung eines operativen Lösungsschemas überdeckt. Der Vorgang macht unter anderem deutlich, wie die verschiedenen Wissensqualitäten des Muster- und des Sachwissens in beiden Richtungen ineinander überführbar sind. Während allerdings die Erzeugung von Sachwissen (Fassadenwissen) durch Einsatz von Musterwissen ein naturwüchsiger Vorgang ist, gilt für den umgekehrten Prozeß, daß er sich nur durch die Kritik und Reflexion des kommunikativen Handelns eröffnet.

|L 176 Was ist eigentlich be geteilt durch eins? 178 Mustafa? 179 Spezialist für Rechenarten aus der
|_47

|L dritten Klasse- 182 Was ist be geteilt durch eins? 183 ((*zu Fahrudin*))
|Mi Jaa...... 180 ((---lacht---))
|Be, Fa, Sn 181 ((--------------*heftiges Gelächter*--------------))
|_48

|L Komm, jetzt sagst **du's**! 184 ((*zu Sx*)) **Sei ruhig! 185 Niemand sagt was!** 186 be durch eins,
|_49

|L komm! 188 Du hast ihn ausgelacht! 191 Na? 193 Und? Was sagst
|Fa 187 Nee, ich wollte sowieso nur.../ ((-*lacht*-))
|Ha 189 Weil, er weiß nicht.
|At 190 Er weiß es nicht.
|Mu 190a Sag du mal! 192 **be**
|_50

|L **du** dazu? 196 Und was sagst **du** dazu? 199 Und du? ((--*zeigt nacheinander auf ver-*
|Fa 194 Nix.
|Be 195 ((zu Mustafa)) Richtig!
|Mi 197 Ich sage be.
|Mu 198 be.
|Ke 200 **Ich** weiß das nicht.
|_51

|L *schiedene Schüler*)) 203 be geteilt durch eins?
|Be lacht-)) 205 **Jàà**!
|Ke 202 Oh, ich bin wenigstens **ehrlich**! 207 Kann aber auch
|At 205a **b'ää'!**
|Da 206 be geteilt durch Si-
|_52

|L 208 ((*tonlos*)) Kann auch eins sein.
|Ke eins sein. 209 **Ja, gib her!** 211 Ich **weiß** es nicht. 212 Eins geteilt
|Da nus neinzig Gratt.
|Be 210 ((--*lacht*--))
|Yi 213 Also ob man be, ob man be...
|_53

|L
|Ke durch be is eins.............. ....217 ......be geteilt durch
|Da 214 Soll ich das? 216 be geteilt durch Sinus beta
|Ma 215 Ey, meinst du jetzt be geteilt durch eins oder eins geteilt durch be?
|At 218 ((-----*lacht*------))
|_54

|L 224 **Stopp!** 225 Wir sind bei be geteilt
|Ke eins ist be.
|Da 220 Soll ich das?
|Mi 219 Ooh n´ei`n! 222 Nein, Ma`nn... 223 O`h.
|Ma 221 be geteilt durch Sinus beta.
|_55

|L durch eins. 230 Ja, Daud, wissen wir. Ja, wisssen wir. 236
|Yi 226 Eins, kann man ein Buchstaben mit Zahl...... teilen?
|Da 227 Ja. Eins ist. 228 Winkel A/A-...De-...Ce...ist neinzig Grad 231 be geteilt durch ... ist/
|Ke 229 Nee, nee, kann man nicht! 232 Äpfel geteilt durch
|Be ((*zu Daud, ärgerlich*)) 233 Was sabbelst
|At ((*genervt*)) 234 Jà.
|_56

|L Gefragt /237 Wir sind im Augenblick in der dritten Klasse und streiten uns über Mathe-Stoff
|Ke zehn Mark... das geht doch nicht!
|Be du? 235 Gefragt ist be durch eins. 238 ((-*kichert*-))
|At 239 ((--*kichert*----))
|_57

|L aus der dritten Klasse... 242 Eins geteilt durch eins, Kevin? 244 Zwei geteilt durch eins? 248 Drei
|At 240 ((*Übersetzt für Daud "be geteilt durch eins"*))
|Da 241 Hab ich schon gesagt.
|Ke 243 Eins. ((-*unsicher*-)) 245 Zwei.
|Mu ((-*witzig*-)) 246 Sechs.
|Mi ((-*vorsichtig*-)) 247 Zwei.
|_58

|L geteilt durch eins. 251 Dreikommasieben null durch eins. 255 Geteilt durch eins.
|Ke 250 Drei. 252 Dreikommasieben null? 256 Sin/
|Mi 249 ((-*lacht*-)) Is..immer .. dasselbe.
|Mu ((-*zögernd*-)) 253 Dreikomma sieben...
|Ma 254 Sind, äh, ...
|_59

|L 260 Na? 261 Drei kommasieben null geteilt durch eins?
|Ke Null komma......258 Einundzwanzich.
|At, Be ((---*lachen*---))
|Sn 259 ((----*zunehmende Belustigung*-------))
|Mi 262 Drei komma sieben null.
|_60

|L 264 Ja. 265 Apfel geteilt durch eins? 270
|Ke 263 Dasgleiche? 266 Ja, weiß ich nich. 269 Man kann ja nich/
|Mi ((-*witzig*-)) 267 Orange.
|At 268 ((--*lacht*--))
|_61

|L Ja, was bedeutet eigentlich: 'geteilt durch eins'? 271 Das ist das Ding. 272 Wir müssen uns
|_62

|L überlegen: Was bedeutet: 'geteilt durch eins'. Wieviele Äpfel hast du? 275 Und wieviel Leute?
|Ke 274 Einer. 276 Ein.
|Mi 277 Ein.
|Hi 278 Ein.
|_63

|L 279 Und auf wieviel Leute werden jetzt die Äpfel verteilt? 284 Wieviel kricht der? 288 Also, was
|Ke 280 Ein. 286 Ein
|Mi 281 Ein.
|Hi 282 Ein.
|At 283 Nur ein Person. 285 Ein.
|Yi 287 Das Ganze kricht
|_64

|L kricht der 'ein'? 291 Einn Apfel. 292 Was ist also Apfel geteilt durch eins? 297
|Yi der. 295 Apfel.
|At 289 Ein Apfel. 293 Apfel.
|Mu 290 Ein Apfel. 296 Apfel.
|Ke 294 Apfel.
|_65

|L Ein Apfel. 299 Das ist ein Apfel. 302 Was ist das? 304
|At 298 Jà.
|Be 300 Ich dachte Himbeergrütze! ((*-lacht-*))
|Ke 301 Und Zucker geteilt durch zehn? 303 Ja, Zucker.
|_66

|L Ja, und wieviel Zucker? 308 Mehr oder weniger? 309 Ein Zehntel? 310 Dass ein Zehn-
|Mi 305 Das kann man wiegen.
|Ke 306 Ja, zehn.
|Hi 307 Ein Zehntel.
|_67

|L tel von dem Zucker. 311 Ne? 312 Und was ist Apfel geteilt durch zehn? 314 Ein zehn-
|Ke, Hi 313 Ein zehntel Apfel.
|_68

|L tel Appel, ne? 315 Fertig. 316 Sò. 317 Was ist denn jetzt b´e` geteilt durch eins? 319 be. 320 Sò.
|Be, Mi, Ke 318 be :
|_69

Festzuhalten ist, daß das Ergebnis der Aufgabe mit Mustafas

(s192): be

bereits angegeben ist und spätestens mit Behiyes Bestätigung

(s195): ((zu Mustafa)) *Richtig!*

auch mit sehr hoher Wahrscheinlichkeit als richtig garantiert ist. Daher verläßt Kevins jetzt noch nachgeschobene Äußerung

*(s200): **Ich** weiß das nicht!*

als offensive Bekundung des Unwissens die Strukturen des Aufgabenlösens. Mit "wissen" bezeichnet Kevin ein Konzept wirklichen Verstehens, nicht musterevidentes Lösungen abliefern:

*(s202) Kevin: Oh, ich bin wenigstens **ehrlich**!*

Es ist die Abneigung gegen die von ihm als "unehrlich" empfundene Vertuschung eigenen Unwissens, was ihn das Angebot der Übernahme musterevidenter Vorgaben ausschlagen läßt.

L ist zunächst geneigt, Kevins Unwissen als Witz zu nehmen und vergewissert sich mit seiner Rückfrage

(s203) L: be geteilt durch eins?

der illokutiven Qualität von Kevins Beitrag. Kevin denkt nicht daran, sich aus der Affäre zu ziehen und geht mit dem nächsten Beitrag zur Arbeit an der Sache über:

(s207): Kann aber auch eins sein.

indem er eine alternative Lösung zu der durch den Strom der kommunikativen Evidenz schon bestätigten vorschlägt. Damit setzt er sich dem Risiko einer schwerwiegenden, weil auf auf mathematisches Grundwissen bezogenen, negativen Bewertung aus.

*(s208) L: ((*tonlos*)) Kann aber auch eins sein.*

Bezeichnenderweise ist L gegenüber der nicht hinter dem Einsatz von Musterwissen verborgen gehaltenen operativen Beliebigkeit, die hier offenbar wird, fassungslos. Kevin gewährt mit seiner Äußerung Einblicke in die Widersprüche seiner methodischen Voraussetzungen und Denkweisen:

*(s209-217): **Ja, gib her!** Ich **weiß** es nicht. Eins geteilt durch be ist eins, ... be geteilt durch eins ist be.*

Mit dieser Äußerung bekundet Kevin in eindrucksvoller Deutlichkeit eine Aporie, die ihm so zu schaffen macht, daß er nicht gewillt ist, sie mit einem durch Vorsagen zur Verfügung gestellten Fassadenwissen

*(s192) Mustafa: **be***

*(s195) Behiye: ((*zu Mustafa*)) Richtig!*

zu überspielen. Gegen den Strom des Aufgabe-Lösungs-Musters bemüht er sich um das Verstehen, indem er die für ihn unerklärlichen Widersprüche des angerissenen Problems darstellt.

In seiner Äußerung überträgt Kevin eine Mischung aus Umkehrschluß und Verallgemeinerung eines sprachlichen Konstruktionsprinzips aus dem alltäglich-allgemeinbegrifflichen Bereich undifferenziert in die algebraisch-symbolische Ebene der Mathematik: Er scheint davon auszugehen, daß, da 'geteilt durch eins' als neutrales Element zu keiner Änderung führt, die Umkehrung, also 'eins geteilt durch' ebenfalls zu keiner Änderung führt. Algebraisch betrachtet weitet er damit das Kommutativgesetz der Addition bzw. der Multiplikation (a+b = b+a bzw. a•b = b•a) unzulässig auf die Division aus. Die Operation "geteilt durch" ist nach dieser Logik ein Vorgang, wie etwa *>*ist verbunden mit*<, der reziprok betrachtet derselbe ist.

Diese Überlegung scheint er zu kombinieren mit einer Verallgemeinerung des sprachlichen Konstruktionsschemas der als richtig bestätigten Aussage "be geteilt durch eins ist be". Diese Verallgemeinerung könnte etwa die Form haben:

**>'be' oder 'eins' gefolgt von: 'geteilt durch 'eins' oder 'be' (-also dem jeweils anderen-) ergibt (wieder das Ausgangselement) 'be' oder 'eins'<*

Formalisiert dargestellt lautet das Konstruktionsschema:

**> xyz <—> neutrales Element <—> xyz <*

Aus der Durchmischung beider Überlegungen folgert Kevin, daß es sich bei den Aufgaben "eins geteilt durch be" und "be geteilt durch eins" um ein und dieselbe Aufgabe handelt, die paradoxerweise zwei richtige Lösungen hat und deren beide richtige Lösungen: "be" oder "kann aber auch eins sein" beliebig austauschbar sind. Unterstellt man diese Überlegungen, wird Kevins Behauptung nachvollziehbar:

> *"Kann aber auch eins sein. (...) Eins geteilt durch be ist eins, ...be geteilt durch eins ist be"*

In diesen Überlegungen wird die Ambivalenz des für Kevin typischen Vorgehens deutlich: Er weitet Verfahrensweisen des gesunden Menschenverstandes summarisch und undifferenziert auf die Mathematik aus, bzw. unterwirft ihnen die algebraischen Operationen unter gleichzeitigem Unverständnis ihrer spezifischen Aussagequalitäten.

Yirgalem läßt sich zwar nicht in die Verschlingungen von Kevins Gedankengang ein, greift aber in einer Frage die angerissene Problematik verallgemeinernd auf:

> *(s226) Yirgalem: Eins, kann man ein Buchstaben mit Zahl ......teilen?*

Yirgalems Frage macht einen Sinn, wenn man unterstellt, daß er "Zahl" als ontologische Größe gleicher Qualität wie "Buchstabe" auffaßt. In diesem Fall wäre die Kategorie des numerischen Werts ("Zahl") in ihrer Beziehung zum algebraischen Symbol ("Buchstabe") am Beispiel des Dividierens zu diskutieren. Hier wird also letztlich das das AUFTEILEN-IN-KONZEPT der Division problematisiert.

Kevin scheint Yirgalems Problem (*(s226): Eins, kann man ein Buchstaben mit Zahl ......teilen?)* ebenso aufzufassen, indem er die in Yirgalems Frage unterstellte Möglichkeit entschieden verneint. Zur Begründung greift er konfrontierend auf ein Beispiel auf alltäglich-allgemeinbegrifflicher Ebene zurück, das auf der Unveränderbarkeit ontologischer Qualitäten basiert:

> *(s229) Kevin: Nee, nee, kann man nicht! ......Apfel geteilt durch zehn Mark ... das geht doch nicht!*

Damit stellt er auch noch das ZUORDNEN-ZU-KONZEPT der Division zur Debatte und zwar in einer Weise, die es in einen inkompatiblen Widerspruch zum AUFTEILEN-IN-KONZEPT stellt. Damit wird deutlich, daß hier Arbeit am konzeptuellen Kern der Divisions-Operation geleistet werden muß.

Ausgelöst durch Kevins mutige Bekundung der Unwissenheit (Aporie) ist eine problemlösende konkrete Negation der inneren Zusammenhänge der algebraisch-numerischen, algebraisch-symbolischen, mathematisch- und allgemein-begrifflichen Ebenen eines mathematischen Kernproblems sichtbar geworden. Es sind schülerseitig Aporie, konkrete Negation (in Einschränkungen), Erkenntnisinteresse, Lösungswege und Lösungsvorschläge formuliert worden, d.h. es ist ein Einstieg ins Problemlösen gefordert und möglich geworden. Als auslösendes Moment für diesen Einstieg ins schulische Problemlösen hat sich die Ablehnung von Musterevidenzen erwiesen. Damit belegt der analysierte Fall zwei Hauptthesen dieser Arbeit:

(1) Die kritische Reflexion der Methoden der Wissenserarbeitung ist ein zentraler Einstieg ins schulische Problemlösen.

(2) Diese, das Aufgabe-Lösungs-Muster sprengende Verkehrsform *existiert*, auch wenn sie vom Lehrer nicht aufgegriffen, sondern sogar zurückgedrängt wird.

Das Anliegen nach problemlösender Wissenserarbeitung wird von L durch die Apostrophierung als

(s237) L: Mathestoff aus der dritten Klasse

abqualifiziert und der Lächerlichkeit preisgegeben. Dieses Signal greifen die übrigen Schüler mit ihren Reaktionen des Lachens auch willig auf, wie z.B.

(s219-223) Michael: Ooh N'ei'n! Nein, Ma`:nn... Ö`:h.

In gewisser Weise übt L über die seinen kommunikativen Signalen folgenden Schüler einen Druck auf Kevin und Yirgalem aus, problemlösendes Hinterfragen zugunsten musterevident zur Verfügung gestellten Fassadenwissens zu unterlassen.

Anschließend macht er sich an die Bearbeitung der aufgeworfenen Problematik:

(s242ff) L: Eins geteilt durch eins, Kevin? Zwei geteilt durch eins? Drei geteilt durch eins? Dreikommasiebennull durch eins?

Durch die Evidenz der Aufgaben diffamiert L Kevins und Yirgalems grundsätzliche Fragen als niveaulos. Die Methodik seiner Bearbeitung besteht darin, über eine Kette geschlossener Analogiefragen, die den Maximen >**Reduziere Schwierigkeiten!**<, bzw. >**Vom Einfachen zum Schwierigen!**< folgen, ein operatives Schema einzuschleifen, das über die aufgeworfenen Probleme hinübergezogen wird, die so einfach zugedeckt werden. Dieses Schemas ist so einfach wie nichtssagend:

(s249) Michael: ((lacht-)) Is.. immer.. dasselbe.

Im operativen Unterricht tritt praktizistisches Funktionieren an die Stelle von Verstehen.

Mit der Aufgabe

(s265) L: Apfel geteilt durch eins?

soll das Schema dann auf die anstehende Aufgabe "Was ist eigentlich be geteilt durch eins?" fortgesetzt werden. Die Evidenz der Lösung wird in Michaels

(s267): ((witzig)) Orange.

deutlich. Aber Kevin verweigert sich erneut einem Anwenden des Schemas. Statt den Exkurs mit

**>Ja, immer dasselbe: Apfel<*

für sich erfolgreich abzuschließen, bringt er seine schon oben bekundete Schwierigkeit erneut zum Ausdruck:

(s266,269) Kevin: Ja, ich weiß nich. Man kann ja nich/

L bricht Kevins Beitrag ab, damit nicht neue Fehler produziert werden, bevor die alten ausgeräumt sind: L will gar nicht wirklich wissen, was eigentlich in Kevins Kopf vorgeht, bzw. enthalten ist, (es geht ihm in keiner Weise um eine Rezeption von Kevins Vorschlag im Sinne der Position 7 des Musters schulisches Problemlösen), sondern er will eine Störung in der Abwicklung seines Plans beseitigen. Dafür ist im Augenblick entweder die richtige Antwort auf die Aufgabe "Apfel durch eins?" gefragt, oder -gar nichts. Durch Kevins Verweigerung wird L doch noch zu einer sachbezogen etwas weiter ausgreifenden Erklärung genötigt, zu der er gewichtig anhebt:

(s270-299) L: Ja, was bedeutet eigentlich "geteilt durch eins". Das ist das Ding. Wir müssen uns überlegen: Was bedeutet "geteilt durch eins"? Wieviele Äpfel hast du? Und wieviel Leute? Und auf wieviel Leute werden jetzt die Äpfel verteilt? Wieviel kricht der? Was ist also Apfel geteilt durch eins? Ein Apfel. Das ist ein Apfel.

Nun sind Kevins Schwierigkeiten ja gerade dadurch entstanden, daß er sich überlegt hat, "was eigentlich 'geteilt durch eins' bedeutet". Mit dem Konzept vom VERTEILEN AUF, das L erklärt, ist weder Kevins noch Yirgalems Problem zu lösen. Es geht in der Aufgabe "be geteilt durch eins" ja ums AUFTEILEN-IN-KONZEPT der Division, wie Yirgalem ganz richtig problematisiert hatte ("Kann man ein Buchstaben mit einer Zahl teilen?").

Kevin geht es einmal um das Divisions-Konzept im Gegensatz zum Multiplikations-Konzept, bzw. ums Kommutativgesetz und im weiteren Sinne um die Besonderheiten der Logik der algebraisch-symbolischen Operationen im Gegensatz zur Alltagslogik ("Kann aber auch eins sein. ... be geteilt durch eins ist be, ... eins geteilt durch be ist eins") und dann speziell ums ZUORDNEN-ZU-KONZEPT (verschiedener Größen) der Division ("Apfel geteilt durch zehn Mark, das geht doch nicht!").

Im Gegensatz zu den beiden Schülern geht es L nicht um eine Problemlösung, sondern um die Etablierung eines Lösungsschemas, das der Maxime >VOM EINFACHEN ZUM SCHWIERIGEN< folgt. Durch den Erklärungsversuch von L werden widersprüchliche Konzepte auf der algebraisch-symbolischen und auf den begrifflichen Ebenen der mathematischen Betrachtung unter eine Verlängerung des komplettierenden Operierens auf der numerischen Ebene subsumiert. Die Erklärungen von L lassen sich folgendermaßen paraphrasieren:

*>Wenn ein Apfel auf einen Menschen verteilt wird, so bekommt der einen Apfel. *Also* (!) ist Apfel geteilt durch eins gleich Apfel.<

Wie man sieht, ist der zweite Teil der Erklärung keineswegs die logische Fortsetzung des ersten. Im Gegenteil wird eine Konfluenz zwischen dem ZUORDNEN-ZU-KONZEPT und dem AUFTEILEN-IN-KONZEPT der Division erzeugt. Diese Konfluenz liegt in der konzeptuellen Tiefe oft der an der Oberfläche sichtbaren falschen Behandlung der Einheiten beim Kürzen zu Grunde.

Der Vorfall dokumentiert die verhängnisvolle Rolle des operativen Unterrichts. Kognitive Schwierigkeiten aus dem Bereich der Begriffsbildung bzw. der Vernetzung der begrifflichen und symbolischen Ebenen werden unterdrückt oder umkategorisiert und durch die Erzeugung operativer Schemata zugedeckt. Kommt diese Erzeugung operativer Schemata, wie hier, mit dem Anspruch daher, eine Erklärung in sich zu schließen, wird gleichzeitig eine Konzeptualisierung mathematischer Gesetzmäßigkeiten erzeugt, die sich in praktizistischem Funktionieren erschöpft.

Ich komme zu folgendem Ergebnis: Die problemlösende Konzeptualisierung mathematischer Gesetzmäßigkeiten verfolgt die Qualitäten und Abhängigkeiten der konstitutiven Elemente des Problems vernetzend über die verschiedenen Begriffsebenen. Die aufgabenlösende Konzeptualisierung mathematischer Gesetzmäßigkeiten ist im Rückgriff auf die Handhabung numerisch-konkreter Einzelfälle fundiert. Das entsprechende Operieren überlagert die übrigen Begriffsebenen, deren Aussagen dabei in spezifischer Weise pervertiert werden (komplettierendes Operieren, Lösungsschemata, terminologisches Operieren, Pseudoverbegrifflichung).

3.7. ZUSAMMENFASSUNG

(1)

Der Lehrer vermittelt die Realität sprachlich an die Schüler. Das geschieht nicht mechanisch im Sinne eines Eins-zu-Eins-Verhältnisses, sondern selegierend im Interesse der Erreichung der Unterrichtsziele. Bestimmte, vom Lehrer als relevant erachtete Anteile der Realität (der kognitiven Sachverhalte) werden in Form sprachlicher Vorgaben repräsentiert, andere sollen von den Schülern erarbeitet werden, wieder andere werden je nach Bedarf als Fiktion abgetan. Damit tritt in der schulischen Wissenserarbeitung an die Stelle der unmittelbaren Realität der Praxis als Kriterium für die Wahrheit weitgehend die *positive Einschätzung* durch den Lehrer[18]. Dieser Ersetzungsprozeß bleibt in selbstverständlicher Akzeptanz für die Kritik unerreichbar. Das Durchlaufen der Position der positiven Einschätzung ist im Aufgabenlösen der Ersatz der Überprüfung des Wissens in der unmittelbaren Realität.

So funktional, wie dieser Vorgang für die Vermittlung des schulischen Wissens ist, so prägend ist er andererseits für die Qualität dieses Wissens. Der gesunde Menschenverstand und die Evidenz des Praktischen gelten in der Schule nur sehr begrenzt als Beurteilungskriterien. Indem die praktischen Bezüge des Wissens nicht systematisch Gegenstand seiner Aneignung sind, kommt es hinsichtlich der Gültigkeit des Wissens zu der schulspezifischen Beliebigkeit und Eklektik. Fakten, die dem Erarbeiten der Unterrichtsziele entgegenstehen, können vom Lehrer zeitweilig, teilweise oder gänzlich unberücksichtigt gelassen werden. Didaktische Aufbereitungen des Lernstoffs sind ein strategischer Ausdruck dieser professionellen Kompetenz, die aber auch als Taktik Anwendung findet, indem bestimmte verbindliche Vorstellungsräume zur Durchsetzung von Teilzielen etabliert werden.

Elemente der unmittelbaren Realität, wie sie etwa durch naturwissenschaftliche Versuche, 'anwendungsorientierte Beispiele', 'Projektunterricht' oder den 'handlungsorientierten Unterricht' etc. in den Unterricht eingeführt werden, tragen keineswegs als solche die Kraft in sich, den Wissenserwerb im Sinne seiner Überprüfung an der Faktizität des Praktischen aufzuwerten. Vielmehr werden sie selbst in das schulische System des Fassadenwissens einbezogen. Es ist unmöglich, den mentalen Prozeß der selbständigen vernetzenden Verarbeitung der Realität nach außen in irgendwelche Lernarrangements zu verlagern (vgl. dazu Bauersfeld 1982).

Durch die Vernetzung der gegebenen Wissenselemente in den erarbeiteten Gesamtzusammenhang durchläuft der Schüler im Problemlösungsmuster einen kognitiven Prozeß, in dem die Wissenselemente kontrolliert und gerichtet kategorisiert werden. Die Kategorisierung der Wissenselemente bzw. der Bestandteile der Realität, auf die sie sich beziehen, geschieht nicht isoliert vom Problemkontext und beliebig gemäß dem jeweiligen Vorwissen, sondern bereits im Hinblick auf ihre Funktionalität für die

---

18 Insofern ist direkt aus seiner Funktion bei der Wissensvermittlung eine 'Definitionskompetenz' des Lehrers abgeleitet (vgl. McHugh 1968).

angestrebte Problemlösung. Dadurch ist im schulischen Problemlösen, wenn auch keine Aufhebung, so doch eine Kontrolle und Relativierung der die Evidenz der unmittelbaren Realität ersetzenden Funktion der Musterposition der *Bestätigung* (und ihrer negativen Begleiterscheinungen), etwa im Sinne einer Ratifizierung, angelegt.

(2)
Während die Vernetzung des in der Schule zu vermittelnden Wissens in einem komplexen Prozeß bewußt und gegen die Musterstrukturen des Aufgabenlösens erarbeitet werden muß, bildet die schulische Praxis selbst bei den Koaktanten ein teilweise zueinander komplementäres naturwüchsiges Wissen aus, das sich auf die Bewältigung der anstehenden Probleme in und vermittels der jeweiligen Unterichtsinteraktion bezieht. Bei diesem System von Techniken, Taktiken und Strategien, die zur Lösung der anstehenden Probleme, d.h. zum Erfolg im schulischen Wissenserwerb, eingesetzt werden, handelt es sich um Musterwissen. Die Funktionalisierung des Wissens von schulischen und außerschulischen Kommunikationsverfahren und Darstellungsmitteln, Denk- und Arbeitsmethoden bildet einen Ersatzapparat der Wissensbeschaffung, genauer gesagt, der Erzeugung von Fassadenwissen.

Das eigentliche Abarbeiten des Aufgabe-Lösungs-Musters ist überlagert bzw. durchwirkt von kommunikativen Mustern, die ersterem gegenüber auf einer Metaebene liegen und funktional dadurch gekennzeichnet sind, daß sie den Durchlauf durchs Aufgabe-Lösungs-Muster für Lehrer und Schüler unter der Maßgabe unzureichenden Sachwissens sicherstellen. Das Musterwissen ist weitgehend unbewußt. Wird es durch eine Panne, etwa eine stockende Funktionalisierung, offenkundig, löst schon ein oberflächlicher Einblick in die Existenz und Funktion des Musterwissens erhebliche Reaktionen aus. Das ansatzweise Bewußtwerden der Funktionalisierung des Alltagsmusters der Frage in der Form der schulischen Regiefrage zeigt mit der Verblüffung, die es auslöst, den Grad der Unzugänglichkeit des Musterwissens an.

Während auf dem Gebiet einer problemgemäßen Rekonstruktion der Sachverhalte von den pädagogischen und didaktischen Wissenschaften bereits seit langem Anstrengungen unternommen werden, hat sich das Gebiet der systematischen bewußten und kritischen Arbeit an den kommunikativen Formen der Wissenserarbeitung bisher -entsprechend der Dethematisierung des sprachlichen Geschehens- weitgehend der Aufmerksamkeit entzogen. Dabei ist die Kritik naturwüchsiger aufgabenlösender kommunikativer Muster und Methoden eine genauso unverzichtbare und starke Hilfe fürs Problemlösen, wie die Vernetzung der Wissenselemente zu einem Ganzen im Bezug auf den Sachverhalt.

(3)
Die Funktionalisierung ihres Musterwissens ermöglicht Schülern z.B. mit der Interpretation des Verhaltens des Lehrers auf ein vages und summarisches Lösungsangebot dessen fortschreitende Präzisierung. *Nicht nur der Lehrer elizitiert Wissen bei den Schülern, sondern auch umgekehrt.* Vor der Folie der sprachlichen Handlungsmuster enthält noch die Verweigerung von Zusatzinformationen durch den Lehrer einen Informationswert. Der Schlüssel zur Korrektur liegt nicht in der Sachanalyse des eigenen Beitrags, sondern in der Interpretation des Lehrerverhaltens gemäß dem

Wissen um dessen intonative, mimische etc. Verhaltensstandards. Der Lehrer spart sich eine Vorgabe durch die Funktionalisierung des diesbezüglichen Schülerwissens.

Die Bilanz dieser Taktiken liegt für die Schüler in der Erhöhung ihrer persönlichen Abhängigkeit vom Lehrer. Die Kenntnis und Interpretation, Verfolgung und Anpassung an die kollektiv gültigen Verhaltensmuster oder auch an individuelle Schrullen und Eigenarten gewährleistet allzu oft unterrichtliche Erfolge in Ersatz fachlicher Kompetenz. Das *Monitoren*, d.h die wechselseitige Interpretation von Reaktionen auf eigene Handlungen und die dementsprechende Korrektur des Handelns wird in der Schule zur Produktion von Sachwissen funktionalisiert. Die lehrerseitige Anerkennung von Lösungen, die auf diese Weise unter Ausschluß sachlich fortschreitenden Verstehens zu Stande kommen, führt zu einem steigenden Angewiesensein auf dergleichen Ersatzmechanismen und zur gegenseitigen Aufrechterhaltung von Illusionen über die Qualität des Wissens beim Schüler bzw. der Qualität seiner Erzeugung beim Lehrer. Letztenendes wird insbesondere der Schüler dadurch zum betrogenen Betrüger.

Für die Vernetzung des gegebenen Wissens durch die Schüler selbst gibt es keinen Ersatz. Im Gegenteil führen Strategien, Techniken und Taktiken des Lehrers, die zum Ersatz angewendet werden, zu einer Verschärfung der Situation: Sie werden, da ihr eigener Kontextbezug und damit ihre problemlösende Funktion wiederum nur auf der Lehrerseite existiert, schon im Moment ihrer Realisierung innerhalb des Aufgabenlösens in spezifischer Weise entleert, entkräftet und sogar in ihrer Wirkung pervertiert. Darin besteht das Paradox des Aufgabenlösens. Für die Schüler stellt sich die Bearbeitung dieser Strategien, Techniken und Taktiken als neuerliche Aufgabe und ihre Lösungen treten als neue isolierte Wissenselemente neben die alten.

(4)
Kommunikative Evidenzen gewähren fern jeden sachlichen Verstehens die Produktion von Lösungsvorschlägen mit einer höheren Trefferquote als der mühsame Versuch der fachlichen Kontextrekonstruktion. Solche kommunikativen Evidenzen sind inszenatorisch in Mimik, Gestik, Intonation, Lautstärke und Rhythmus des Lehrervortrags angelegt, aber auch in der Denk- und Arbeitsmethodik, im Unterrichtsbauplan und den Charakteristika des Lernstoffes. So bilden Schüler ein Wissen aus, das sich in der Erwartung des Auftretens bestimmter Phänomene (zentrale Schwierigkeiten, Stundenthema etc.) an bestimmten funktional markierten Stellen im Unterrichtsbauplan niederschlägt. Schüler können durch Funktionalisierung der Evidenz des Unterrichtsbauplans in ihrem Wissen ohne jede Berücksichtigung des Sachverhalts Vermutungen über Wissenselemente ausbilden, die mit hoher Wahrscheinlichkeit wesentlich am Zustandekommen des Unterrichtsziels beteiligt sein werden. Diese Evidenzen lassen sich lehrer- und schülerseitig in Form von Taktiken und Techniken funktionalisieren, z.B. als Konditionierung, Suggestion und Evokation, als Umkategorisierung, Scheinrezeption und Depotenzierung von Beiträgen oder als Scheinmotiviertheit.

Mit der Ersetzung des Sachwissens durch Fassadenwissen über den taktischen Einsatz von Musterwissen reagieren die Schüler musterimmanent auf die kognitive Reduktion des Aufgabenlösens. Damit wird ein Zirkel eröffnet, in dessen Verlauf die kommunikativen Techniken und Taktiken, die diesen dequalifizierenden Substitutionsprozeß sicherstellen, einen immer fester und undurchdringlicher werdenden Überbau an der kommunikativen Oberfläche über der zunehmend in den Hintergrund gedrängten Arbeit an der Sache bilden. Im Bereich der schulischen Kommunikation lassen sich auf jedem Wissens- und Verhaltensgebiet auf dem Ersatzwege über die Funktionalisierung von Musterwissen die entscheidenden Ergebnisse erzielen.

(5)
Durch die Erzeugung von Handlungsroutinen über Einschleifvorgänge aus Lösungsschemata werden mathematische Gesetzmäßigkeiten, die aufgabenlösend konzeptualisiert sind, im Handlungswissen der Schüler verankert. Wegen nicht vorhandener Vernetzungen ist ein kreatives Anwenden der Gesetzmäßigkeiten auf neue Sachverhalte verstellt. Als Ersatzmechanismus stellt das aufgabenlösende Lernen Handlungsroutinen zur Verfügung. Handlungsroutinen sind starre Abläufe von Handlungen, die beim Vorliegen bestimmter Konstellationen von Sachverhalten aktiviert und automatisiert zu Ende geführt werden, wobei das Vorliegen der betreffenden Datenkonstellationen übers Memorieren überprüft wird.

Kennzeichnend für Handlungsroutinen ist, daß der logische Zusammenhang und die Entstehung der Einzelhandlungen, aus denen sie sich zusammensetzen, deproblematisiert sind, d.h. keine bewußte Aufmerksamkeit mehr erfordern. Als Beispiel mögen die schriftlichen Verfahren der Grundrechenarten dienen. Das aufgabenlösende Lernen unterwirft die Bearbeitung aller Sachverhalte einem vergleichbaren Vorgang wie die Grundrechenarten, indem es aus den schematisierten Lösungsverfahren über Einschleifvorgänge auf die jeweiligen Sachverhalte bezogene Handlungsroutinen erzeugt. Entscheidend ist, daß mit der Überführung des Lösungsweges in eine Handlungsroutine die bewußte Überprüfung der Funktionalität der Handlungen für die zu erreichenden Zwecke und damit die Möglichkeit kreativer Anwendung wegökonomisiert wird.

Die Beziehung zwischen dem Sachverhalt und den Handlungsroutinen, mit denen er zu seiner Lösung bearbeitet wird, ist eine äußerliche. Der Sachverhalt wird nach dem 'black-box-Prinzip' bestimmten Handlungsroutinen unterzogen. Das Ensemble aus Lösungsschemata, Einschleifen und Handlungsroutinen verfestigt sich im operativen Unterricht. Der Wahrheitsbeweis erschöpft sich, wenn er überhaupt gefordert wird, in rekursiver Selbstreferenz, d.h. rückwirkend in Gestalt des Funktionierens des Ergebnisses unter Ausschluß einer erkenntnismäßigen Aufschließung des Sachverhalts.

(6)
Im fragend-entwickelnden Unterricht kommen Strategien der Steuerung zum Einsatz, die auf dem schulisch funktionalisierten Muster der Regiefrage beruhen und deren Einsatz vom professionellen Wissen des Lehrers gemäß der Maxime >Vermeide Vorgaben!< organisiert ist. Der als Lehrervortrag mit verteilten Rollen organisierte Unterricht garantiert in diesem Sinne eine mentale Mindesbeteiligung der Schüler am Geschehen und gleichzeitig eine Kontrolle ihrer geistigen Anwesenheit. Dabei wird der propositionale Gesamtplan des Lehrers in keiner Weise in Frage gestellt, d.h. der Lehrer als Agent der Institution bestimmt über Inhalte und Methoden des Unterrichts ungeachtet eines nicht vorhandenen, gegenläufigen oder auch bestehenden Erkenntnisinteresses der Schüler. Damit wird ein zentraler Auftrag der Gesellschaft an die

Institution Schule, die Weitergabe des Wissens, sichergestellt. Wegen dieser Konstellation ist allerdings mit mehr oder weniger ausgeprägtem Widerstand der Schüler zu rechnen, sei es passiv als Desinteresse oder in offeneren Formen der Ablehnung.

Nach dem Prinzip der Vermeidung von Vorgaben strukturierte Regiefragen-Sequenzen lassen die Inhalte als selbst gewählt und ihre Erarbeitung als selbständig bewältigt erscheinen. Dafür werden die Inhalte vom Lehrer fragmentarisiert und durch verschiedene Formen der Evidenz und der Einsetzbarkeit von Musterwissen für die Schüler verfügbar gemacht. Mit der so ermöglichten sachfremden, aber scheinbar selbständigen Produktion des Wissens durch die Schüler selbst wird die Möglichkeit eines Widerstandes gegen seine antikreative Isoliertheit und Fremdbestimmtheit unterlaufen.

Gleichzeitig wird das Erkennen von Isoliertheit und Fremdbestimmtheit enorm erschwert, weil solche Erkenntnis nunmehr eine Handlung geworden ist, die sich gegen Fakten richtet, die durch eigene Tätigkeit entstanden sind. Grundsätzlich entfällt für jedes Wissenselement, das scheinbar selbständig erarbeitet wurde, die Notwendigkeit, seinen Sinn, Nutzen und Zweck nachzuweisen; es entfallen also elementare Ansatzpunkte der Kritik: Selbsttätigkeit ist nicht begründungsbedürftig. Die Überprüfung des Wissenserwerbs durch seine Subsumption unter das Kriterium seiner Nützlichkeit für akzeptierte Zwecke wird durch die Strategien der Steuerung umgangen, indem die Kategorien des Akzeptierens, des Zwecks und der Nützlichkeit in der Methode der Wissensaneignung dethematisiert sind. Zweck und Nutzen bleiben als Konstellation im Thema der Frage durch den Lehrer bestimmt, das Akzeptieren wird durch die Naturwüchsigkeit des Suchprozesses, die auf das tief verankerte Musterwissen rekurriert, unterlaufen.

Dadurch wird eine reibungslose Reproduktion des Wissens sichergestellt, deren Vorteile gegenüber einer Aufoktroyierung des Wissens, wie sie in der Auswendiglern-'Pädagogik' praktiziert wird, auf der Hand liegt. Für das Wissen, das unter solchen Strategien der Steuerung als scheinbar selbständig erarbeitetes adaptiert wurde, gilt, daß es seine Rechtfertigung in seinem praktizistischen Funktionieren im Rahmen welcher Vorgaben auch immer trägt.

>Wissen ist das, was die gewünschte Praxis ermöglicht.<

Anders gesagt: Wenn etwas funktioniert, liegt ihm richtiges, unhinterfragbares Wissen zu Grunde. Das so dem unmittelbaren Klappen subsumierte Wissen verliert seinen grundsätzlich kritischen und emanzipativen, auf das Erkennen und Verstehen gerichteten Charakter. Es ist leicht ersichtlich, daß mit dieser Form der Wissensvermittlung eine gesellschaftlich-ideologische Anpassung verbunden ist, deren Richtschnur das Funktionieren nach Vorgaben ist.

In dieser Funktion und nicht in seiner geistesgeschichtlichen Verklärung liegt der institutionell-gesellschaftliche Grund für das anhaltende Vorherrschen des aufgabenlösenden bzw. fragend-entwickelnden bzw. maieutischen Unterrichts seit der Antike (sowie seiner Updates in den jeweiligen pädagogisch-didaktischen Moden), also derjenigen Formen von Wissensvermittlung, die die Lernenden in eine Arbeitsteilung einbeziehen, bei der der Lehrer den Gesamtplan, die Zielsetzung und die Inhalte festlegt und die wesentlichen Vernetzungsleistungen vorgibt, an denen die Schüler durch operative Hilfsdienste, die gleichwohl als Realisierung der Unterrichtsziele erscheinen, beteiligt werden. Sprachwissenschaftlich gesehen liegt der Grund für die auch in der Theorie ungebrochene Dominanz der genannten Formen der Wissensvermittlung in der Dethematisierung des sprachlichen Handelns im Unterricht von Seiten der pädagogischen Wissenschaften. *Das sprachliche Handeln als wesentliche Konstituente des Lehr-Lernprozesses* nachzuweisen, ist Anliegen meiner Untersuchung. Seine Dethematisierung drückt sich u.a. in der falschen bzw. oberflächlichen Analyse eines zentralen Instruments der Wissensvermittlung, der Regiefrage des Lehrers, aus. Dethematisierung und Fehlanalyse münden in (interessegeleitete) Illusionen über den Charakter und die Qualität des Lernens und des Lehrens auch hinsichtlich unterrichtlicher Großformen, die auf diesem Instrument basiert sind[19].

(7)
Ich komme zu folgendem Resümee: Das Aufgabe-Lösungs-Muster ist auf Grund seiner Struktur inadäquat, ein Wissen zu erzeugen, für dessen Erarbeitung eine große Anzahl von Wissenselementen über verschiedene Begriffsebenen hinweg miteinander zu einem Verstehen des Gesamtproblems vernetzt werden müssen. Dies wurde im einzelnen für mathematische Sachverhalte, wie die Ableitung von Gesetzmäßigkeiten, auch und gerade für solche grundlegenden, wie z.B. das Konzept der Division, gezeigt. - Ich glaube aber sagen zu können, daß meine Ergebnisse grundsätzlich relevant sind, wenn es sich um die Erarbeitung von Sachverhalten handelt, die mehr verlangen, als das additive Nacheinander isolierter Wissenselemente.

Wenn es um Wissensformen geht, die nur über das Verstehen der Zusammenhänge erarbeitet werden können, droht die im Aufgabe-Lösungs-Muster organisierte Kommunikation an Paradoxalität zu scheitern. Es stellt sich jedoch heraus, daß das Aufgabe-Lösungs-Muster sich in der unterrichtlichen Praxis in eine große Anzahl von mehr oder weniger komplexen Handlungsformen entfaltet, deren gemeinsamer Zweck es ist, auf dem Ersatzwege Wissen zu erzeugen. Diese Handlungsformen sind als Metamuster der Wissensprozessierung ihrerseits Lösungen des Problems zweiter Stufe, mit einem Instrument bei der Wissenserzeugung zurechtzukommen, das dafür nicht taugt. Das ihnen entsprechende Wissen ist vernetztes, problemlösendes Wissen.

Diesen Metamustern ist einerseits ihr kommunikativer Charakter gemeinsam, d.h. zur Erzeugung des Wissens auf dem Ersatzweg sind Lehrer und Schüler aufeinander angewiesen, andererseits ihre Naturwüchsigkeit, d.h. es ist diesen Handlungsformen gemeinsam, daß sich die Handelnden ihrer nicht bewußt sind, weder, was den eigenen Anteil, noch, was den im gemeinsamen Handeln erzeugten Anteil anlangt. Als Formen der Problemlösung gehen sie in ihrer Komplexität und in den mentalen Anforderungen, die sie für ihre Anwendung stellen, erheblich über die Wissensformen

19 -und das trifft bei weitem nicht nur für den Frontalunterricht zu, sondern für alle Unterrichtsformen, in denen die Kommunikation zwischen Lehrer und Schülern eine Rolle spielt; also auch für diejenigen Anteile des 'offenen Unterrichts', 'schülerorientierten Unterrichts', 'Projektunterrichts', 'handlungsorientierten Unterrichts' usw., in denen die (mehr oder weniger) selbständig gemachten Erfahrungen der Schüler (auf die die Verfechter der betr. Unterrichtsformen so stolz sind) wissensmäßig *verarbeitet* werden.

hinaus, deren Generierung sie auf dem Ersatzwege dienen. Die Bewältigung des schulischen Lernens im Aufgabe-Lösungs-Muster ist das Problem, zu dessen Lösung die in diesem Kapitel analysierten Handlungsformen ausgebildet werden. Als unbewußte, kommunikative Handlungsformen bilden sie Metamuster, die sich funktional auf die Lösung des Problems beziehen, in aufgabenlösender Kommunikation Wissen zu erzeugen. Ich fasse diese Metamuster und das ihnen entsprechende Musterwissen als die Kehrseite des Aufgabenlösens zusammen.

Die Generierung des Wissens bleibt nicht ohne Konsequenz für seine Qualität: Das auf dem Ersatzweg erzeugte Wissen ist lediglich die sprachliche Oberfläche der begrifflichen Rekonstruktion des Realen, ist Fassadenwissen. Als das tragende Gerüst dieser Fassade erweist sich in der Mathematik immer wieder das Operieren auf der algebraisch-numerischen Begriffsebene, das unter Pseudoverbegrifflichung in die Hüllen der terminologischen oder symbolischen Begriffsebenen schlüpft. Wenn die Beherrschung und Abarbeitung dieser Handlungsformen den Großteil der im Unterricht aufgewendeten psychisch-mentalen Energie absorbiert, ist leicht ersichtlich, daß ihre Überwindung durch Reflexion im Problemlösen ein erhebliches kreatives Potential freisetzen kann.

4. SCHULISCHES PROBLEMLÖSEN

Angesichts der bislang diskutierten Konkretionen des Aufgabenlösens und der Erscheinungen, die seine Kehrseite ausmachen, stellt sich die Frage, ob und wie es innerhalb dieser Strukturen überhaupt noch zu einem Verstehen der Problematik, d.h. zur Erzeugung von Wissen kommen kann. Die Fragestellung dieses Kapitels ist daher die nach den Bedingungen problemlösenden Lernens in der Schule. Der Fragestellung wird in zwei gleichwichtigen Richtungen nachgegangen. Die Gliederung der einzelnen Abschnitte des Kapitels folgt aber nicht immer dieser Systematik, sondern bemüht sich um eine Darstellung im Zusammenhang:

(1)
Zentral für das sprachliche Handlungsmuster schulisches Problemlösen ist der mentale Prozeß der Vernetzung. Es wird eine Reihe von Beispielen diskutiert, an denen unterschiedliche Aspekte der Vernetzung deutlich werden. Ich beginne mit den kommunikativen Rahmenbedingungen, wie Techniken, Taktiken und Strategien des Lehrers und der Schüler und rekonstruiere dann unter der sprachlichen Oberfläche verborgene mentale Prozesse. Es stellt sich heraus, daß es zwischen den zu Grunde liegenden Handlungsmustern Übergangsformen gibt: Bestimmte Erscheinungen sprengen den Rahmen des Aufgabe-Lösungs-Musters, auch wenn sie das Problemlösungsmuster nicht vollständig realisieren. Gleichwohl lassen sich aus diesen zwischen beiden Mustern hin- und heroszillierenden Erscheinungen Erkenntnisse über die zu Grunde liegenden kommunikativen und mentalen Prozesse gewinnen und Schlußfolgerungen für problemlösendes Lernen ziehen. Es zeigt sich, daß die Konzeptualisierung mathematischer Gesetzmäßigkeiten insgesamt in alternativer Weise von den kommunikativen Vermittlungsformen betroffen ist, und daß die kommunikative Mikrostruktur auf der Musterebene sich in der institutionell-gesellschaftlichen Makrostruktur reproduziert.

(2)
Während die eigentliche Leistung des schulischen Problemlösens, die Vernetzung, oft gar nicht weiter schwer ist, muß, um die Arbeit am Vernetzen überhaupt im Unterricht thematisieren zu können, der im letzten Kapitel geschilderte Überbau von Metamustern abgetragen werden. Genau wie beim Aufgabenlösen das Zurechtkommen mit dem untauglichen Instrument das größere Problem gegenüber der eigentlichen Wissenserarbeitung darstellt, so entsteht auch beim Problemlösen als ein Problem zweiter Stufe die Herstellung der entsprechenden kommunikativen Rahmenbedingungen. Auch hier ist die Bewältigung dieses Problems zweiter Stufe gegenüber dem Problem erster Stufe, der Vernetzung, die schwerere Arbeit. Allerdings gilt hier umgekehrt wie im Aufgabenlösen, daß die Offenlegung und Kritik, kurz die Bewußtheit der kommunikativen Methoden der Wissenserarbeitung Voraussetzung ihrer Bewältigung im Muster des Problemlösens ist. Dies ist der andere Komplex, der zentral fürs Problemlösen ist.

4.1. METHODISCHE VORAUSSETZUNGEN DES VERNETZENS

Weiterführende, problemlösende Beiträge sind nicht gleichmäßig über alle Schüler verteilt. Es ist von besonderem Interesse, ob solche Leistungen den betreffenden Schülern 'in die Wiege gelegt' sind, oder ob sie an bestimmte, analysierbare und *förderbare* Voraussetzungen gebunden sind. Sie werden im folgenden Abschnitt vor dem Hintergrund der vernetzten Problemgestalt Pythagoras (Figur 27) diskutiert.

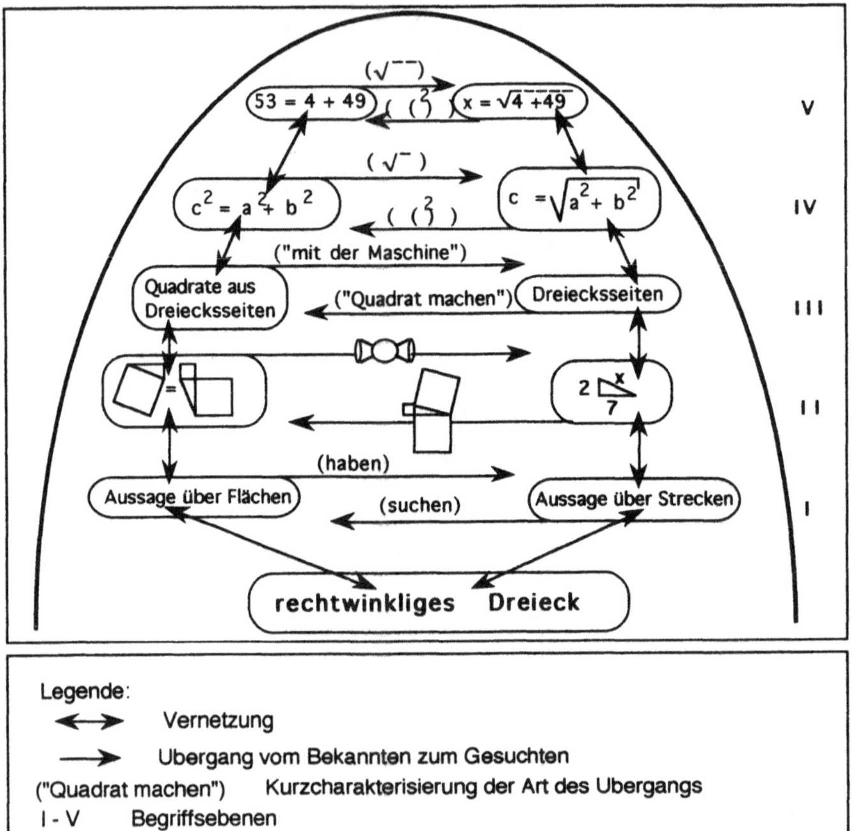

Figur 27: "Vernetztes Problemganzes 'Pythagoras'"

Im Unterrichtsabschnitt Nr. 2 "Quadrat, Dreieck, Wurzelmaschine, Streckenverhältnis" spielen Kevins Beiträge eine herausragende Rolle. Das wird an der folgenden schematischen Darstellung des Unterrichtsverlaufs deutlich. Bei diesem Schema handelt es sich um ein unter dem Gesichtspunkt der Problemlösung gereinigtes, gegliedertes und kommentiertes Transkript. Das Schema gibt diejenigen Anteile der Interaktion wieder und faßt sie in Unterrichtsphasen zusammen, die unter dem Aspekt der inhaltlichen Problemlösung die wesentlichen sind. Die Beiträge sind daher auch durchgängig entweder der Lehrer/Aufgabensteller- oder der Schüler/Aufgabenlöserseite zugeordnet. Die einzelnen Phasen sind mit Kommentaren erläutert.

Diese Form der gedrängten Darstellung scheint mir geeignet, der Fragestellung dieses Abschnitts nach den methodischen Bedingungen des Vernetzens nachzugehen. (Wo nicht anders vermerkt, stammen die Beiträge auf der Schülerseite von Kevin.)

ERSTE UNTERRICHTSPHASE:
PROBLEMSTELLUNG UND LEITFRAGE AUF ALLGEMEINBEGRIFFLICHER EBENE:

L	Schüler
Worüber wollen wir etwas rauskriegen? (s8)	
	Hm. Dreieck. Rechtwencklig. (s9,11)
Was ist a-Quadrat? (s14) *Ist das was zum Essen? (s18a)*	
	Nee, ist ne Fläche. (s19)
Wir haben eine Aussage worüber? (s42)	
	Rechtwenckliches Dreieck! Ach so! (s45,46)
Worüber ist das (($a^2 + b^2 = c^2$ *)) eine Aussage? (s60)*	
	Fläche. (s61)
Wir haben eine Aussage über eine ***Fläche*** *Und wir* ***suchen****? (s73,74)*	
	Strecken. (s76)

VERSUCH DER VERNETZUNG DER PROBLEMSTELLUNG (LEITFRAGE) AUF ALLGEMEINBEGRIFFLICHER EBENE MIT DER HANDWERKELND-OPERATIV UND MEMORIEREND ERARBEITETEN FORMEL. ERKENNTNIS DER UNLÖSBARKEIT:

L	Schüler
*Nützt uns das ((*zeigt auf die Zeichnung (s2) und $a^2 + b^2 = c^2$ *)) was für unsere Frage hier? (s81)*	
	Bestimmt. Das ist doch logisch, sonst würden wir es nicht machen. (s82,84)
*Das hast du gut gefolgert ... Ja. Man muß bloß noch rausfinden: Wie? ((*lacht*)) (s85-87)*	
	Dazu sind wir hier. (s88)

ZWEITE UNTERRICHTSPHASE: (SUB 1.)

L	Schüler
*Ich zeichne uns noch mal eins von diesen Dreiecken hier rein auf jeder Seite ((*Sub 1*)) (s91)*	
	Gleiche. Die sind gleich. (s93,93a)
Wo kommt diese Fläche überhaupt her? (s103)	

Vom Quadrat. (s104)

Ja? Vom Quadrat? (s105)

Nee, wir haben die Dreiecken abgezo gen ... vom (Da: mm). (s106)

*Hat diese Fläche hier ((*zeigt c- Quadrat*)) was mit einem Dreieck zu tun? (s108).*

Yirgalem: Ja. Also w/ äh wir haben vorher zwei bestimmteStrecken gehabt, {{Ja}} feste Strecken. {{Welche?}} Dre/ a : und be : {{Gùt, ja.}} Und wir ha/ Weil wir die feste/ zwei feste Strecken haben, wir haben die ... dritte Strecke nur durchgezogen. {{Jà. Und welche ist das?}} ce. {{Aha. Und das Quadrat?}} Und da/ Wir haben von diese, - eine rechtwinkliges Dreieck -, haben wir diese Quadrat, c- Quadrat, bekommen. {{Jà. Das heißt, eine Seite von diesem Quadrat ist wie groß?}} Ist ... ein Teil/ Ein Teil von einem rechtwinkliges Dreieck" (s111-128)

REINSTALLIERUNG DER LEITFRAGE IN AKTUALISIERTER FORM:

*Alle verschieden ((*die elizitierten Dreiecksstrekkenverhältnisse*)). Und trotzdem suchen wir jetzt danach: Haben die alle was Gemeinsames oder haben sie das nicht? (s181-185)*

PROJIZIERUNG DER ERGEBNISSE VON SUB 1. AUF DAS GESAMTPROBLEM; Vernetzung DER ALLGEMEINBEGRIFFLICHEN UND MATHEMATISCH-BEGRIFFLICHEN EBENE:

Die haben aber was Gemeinsames. Die Gemeinsame ist, daß wann wir eine Quadrat daraus machen, ... kann wir a-Quadrat und b-Quadrat und c-Quadrat machen. (s188, 191, 193)

Und wir suchen? (s198)

Harun: Die Strecken, bestimmte. (s203)

DRITTE UNTERRICHTSPHASE: (SUB 2.); MUSTERKONFLUENZ RÄTSEL : AUFGABE

*Was für ne Fläche kommt hier ((*in die Eingabe der Maschine (= Sub 2.)*)) rein? (s247)*

Quadrat. a-, b-, c-, d- ... Egal. (...) Ah so. a- plus b-Quadrat und c-

Quadrat. (s248,250,254)

Und was kommt da raus? (s261)

Eine Strecke (s262)

Wie heißt die Strecke dann? (s264)

Daud: Verhält/ (s265)

ABBRUCH DER UNTERRICHTSPHASE SUB 2. UND REVISION DES LEHRERPLANS; PROJIZIERUNG DES ERGEBNISSES VON SUB 2. AUF DIE PROBLEMSTELLUNG; VERNETZUNG DER ALGEBRAISCH-SYMBOLISCHEN EBENE; ENTWERTUNG DURCH SCHEINKOMMUNIKATION

Da kommt eine Strecke raus. (s267)
Ja. Das kann wir auch da oben machen (s269)

Ja, ja, sicher ... Wir wollen bloß noch mal überlegen ... warum wir diese Maschine braúchen? (s270-272)

VIERTE UNTERRICHTSPHASE: SUB 3.

*Wir wissen: a-Quadrat plus b-Quadrat gleich c-Quadrat. Wir suchen aber ((*Zeichnet ein rechtwinkliges Dreiecks mit den Seiten zwei, sieben, x*)): Wie groß ist denn das ((*zeigt x*))?(s273-276)*

Daud: Hm Messen wir. (s278)
Daud: Höhe mal Breite. (s282)
Yirgalem: Wenn wir die beide Strecke fest haben, die dritte bräuchen wir nicht .. zu messen .. auch. (s291)

[Bestimmung der Kathetenquadrate vier und neunundvierzig (Sub 3.1. und Sub 3.2.)]
*Das ist a-Quadrat ((*zeigt das Quadrat mit der Inschrift "4" *)), das ist b-Quadrat ((*zeigt das Quadrat mit der Inschrift "49" *)) ... und wie groß ist das hier ((*zeigt auf die Hypotenuse mit der Aufschrift "x" *))? (s327,331)*

Vernetzung VON ALGEBRAISCH-SYMBOLISCHER UND ALGEBRAISCH-NUMERISCHER EBENE; PROBLEMLöSUNG AUF ALGEBRAISCH-NUMERISCHER EBENE

Harun:..i´x´? {{Ja?}} Äh Wurzel äh ((--2Sek--*)) dreiund äh fünfzig.*
{{ Oh! Gut! Jà! }} (s332-336).

VERNETZUNG ALLER EBENEN DES PROBLEMS DURCH PROJIZIERUNG DER ERGEBNISSE VON SUB 1., SUB 2. UND SUB 3. AUF DIE PROBLEMSTELLUNG:

Vergleich mal dieses Quadrat mit diesen beiden

*Quadraten ((*zeigt entsprechend*)) (s339)*	
	Und? Gleiche! (s340)
Warum ist es gleich? (s343)	
	Ja, a-Quadrat plus b-Quadrat ist gleich c-Quadrat. (s344)
Will ich wisssen, wie groß das Quadrat ist, hier? (s357)	
	Nein. c. Strecke. x. (s358,361,363,366) *Yirgalem: Streckenverhältnis. (s360)*
Wie komm ich von meinem Quadrat zu meiner Strecke ((zeigt an der Maschine))? (s367,370)	
	Ja, weil a-Quadrat plus b-Quadrat ist gleich cé. (s371)
Wie komm ich da hin? (s372)	
	Mit der Maschine (s373)
Ja, was macht die Maschine? (s374)	
	Rechnet. (s375)
Was rechnet die? (s376)	
	Quadrat. (s377)
Nee! (s378)	
	Ähm ... Wurzel. (s379,382)

==

Figur 28: "Gereinigtes und kommentiertes Verlaufsschema der Problemlösung"

(1) Abneigung gegen Fassadenwissen, gesunder Menschenverstand

Aus dem Schema geht hervor, daß die die Problemlösung tragenden Vernetzungsleistungen mit Ausnahme von Yirgalems (s111-128) und Haruns (s332,334) Beiträgen durchweg von Kevin erbracht werden. Kevin erkennt und verdeutlicht die entscheidenden Zusammenhänge, die die pythagoräische Formel über ihren Beweis mit alltäglich-allgemeinbegrifflich konzeptualisierten Sachverhalten und Vorgängen verbindet. Er liefert die Voraussetzungen und wesentliche Inhalte des spezifisch mathematischen Verstehens Dieser ausgesprochenen Stärke im vernetzenden Herangehen an die Problemlösung entspricht in keiner Weise eine algebraisch- oder numerisch-operative Durchdringung des Problems, wie sie z.B. bei Harun gegeben ist, der sich gewissermaßen rückläufig von seinem algebraisch-symbolischen Verstehen aus auch die begrifflichen Ebenen des Problems erschließt.

Kevins Stärke liegt in der Fähigkeit des Verstehens von und des Zurückgreifens auf Gesamtzusammenhänge, d.h. im Begrifflichen, genauer im Alltäglich-Allgemeinbegrifflichen und in gewissem Ausmaß im Mathematisch-Begrifflichen. Damit hat er genau jene Bereiche des Kognitiven bei sich besonders kultiviert, die, obwohl Grundlage des Verstehens, systematisch vom aufgabenlösenden Mathematikunterricht ausgeschlossen sind. Es ist insofern von erheblichem Interesse zu untersuchen, wo die Ursachen dieser zum normalen Unterricht komplementären Fähigkeiten liegen. Wie sich leicht nachweisen läßt, liegen sie nicht im eher unterentwickelten Bereich mathematischen Fachwissens, weder auf begrifflichen noch auf symbolischen oder numerischen Ebenen. Auf diesen Gebieten sind die meisten anderen Schüler Kevin weit überlegen. Auch im Bezug auf das sprachliche Grundwissen liegt kein Unterschied zu den anderen Schülern vor, auf den sich der signifikante Unterschied in der Problemlösungskompetenz zurückführen ließe. Vielmehr liegt der Unterschied in der *Methode*, d.h. im kontextbezogenen, problemlösenden Herangehen Kevins an den Sachverhalt. Seine Äußerung:

(s82,84) "Bestimmt. Das ist doch logisch, sonst würden wir es nicht machen."

mit der er auf die Etablierung der Leitfrage "Nützt uns das ((zeigt auf die Zeichnung (s2) und auf die Formel $a^2 + b^2 = c^2$)) was für unsere Frage hier?" (s81) reagiert, gibt einen Einblick in die methodische Herangehensweise, die ihn zu diesen Leistungen befähigt. Auf den ersten Blick wirkt sie wie eine Äußerung von 'Pennälerlogik' und ruft entsprechend auch die Heiterkeit von Mitschülern und L hervor. Auf einer ersten Ebene der Analyse leitet Kevin den von L angedeuteten zu überprüfenden Nutzen des zuvor Erarbeiteten damit nicht aus der inhaltlichen Konsequenz der Leitfrage im Sinne des Ableitungsgangs des Problems ab, sondern aus der Tatsache ihrer unmittelbaren zeitlichen Aufeinanderfolge im additiven Nacheinander des Aufgabenlösens. Auf dieser ersten Ebene stellt seine Äußerung als Bekundung der Äußerlichkeit des für ihn verfügbaren Zusammenhangs somit eine indirekte, ironisch verkappte Anforderung von Zusatzinformationen dar. So wird sie von L auch rezipiert, der anschließend mit (Sub 1) eine solche Zusatzinformation eingibt.

Dennoch wird man so der Bedeutung dieser Äußerung nicht gerecht. Die Forderung nach Zusatzinformation wird ja in Form der 'Pennälerlogik' ironisch gebrochen geäußert. Damit wird die zu Grunde liegende Methodik bzw. Geisteshaltung ansatzweise *auf einer Metaebene explizit* gemacht. Sie bezieht sich auf eine kommunikative Schülertaktik der Ersetzung nicht leistbaren Sachwissens durch Folgerungen aus interaktivem Prozeß- bzw. Musterwissen, in diesem Fall dem Musterwissen über die Evidenz des Unterrichtsbauplans in einer Ableitungsphase:

*>AUCH WENN DU NICHT VERSTEHST WIE UND WARUM, ABLEITUNGSSCHRITTE FÜHREN IMMER ZUM UNTERRICHTSZIEL.<

Gemäß ihrer Erfahrung wenden Schüler diese durch die schulische Praxis des Aufgabenlösens zum Fakt erhärtete Hypothese als Taktik an. Mit dieser Taktik läßt sich die mental aufwendige Prozedur der Anwendung des (erarbeiteten Teil-) Wissens auf die offengelegten unzugänglichen Problembestandteile und -strukturen (das Herausbilden von Lösungswegen durch die Überwindung der konkreten Negation) scheinbar wegökonomisieren. Durch geschicktes Einsetzen der Zusatzinformationen bzw. der Ergebnisse der einzelnen Ableitungsschritte nach der Versuch-Irrtum-Methode bzw. durch schlichtes Raten läßt sich in der schulischen Praxis des Aufgabenlösens meist viel schneller das richtige Lösungselement produzieren, als durch die aufwendige (problemlösende) Anwendung des bislang erarbeiteten Wissens auf die offengelegten unzugänglichen Problembestandteile und -strukturen. Die Erfolgschancen dieser Schülertaktik der Ersetzung von Sachwissen durch Folgerungen aus interaktivem Prozeß- bzw. Musterwissen werden dadurch erhöht, daß der Lehrer im Falle der Lieferung nicht- oder nur teilweise richtiger Lösungsvorschläge den Musterstrukturen des Aufgabenlösens folgen und die für die Korrektur noch nötigen Zusatzinformationen beisteuern muß.

Das Funktionieren dieser kommunikativen Taktik des Ersetzens von Sach- durch Musterwissen (vgl. 3.2.) ist streng daran gebunden, daß sie *verborgen* bleibt, d.h., daß beide Interaktanten zumindest den Schein wahren, als würden sie sich gegenseitig ihre respektiven Rollen glauben: Der Schüler verhält sich so, als stamme sein Lösungsversuch aus eigenem Nachdenken über das Sachproblem, der Lehrer verhält sich so, als beschränke sich seine Rolle auf die eines maieutischen Helfers. *Der Lehrer wiegt sich in der Illusion, ein Problem vermittelt, der Schüler in der Illusion, es verstanden zu haben.* Beide Koaktanten sind bei Strafe des Scheiterns der aufgabenlösenden Unterrichtsinteraktion auf die gegenseitige Aufrechterhaltung ihrer Illusionen angewiesen (vgl. "folie-à-deux", 3.2.(6), S. 116). Anwendung und Rezeption der Schülertaktik verhalten sich funktional zu den Zwecken des Aufgabenlösens. Auf der Seite des Lehrers ist die Rezeption und Verarbeitung von Schülerbeiträgen, die kommunikative Evidenzen zur Produktion von Sachwissen funktionalisieren, als sachbezogener Lösungsvorschläge genauso ein selbstverständlicher Vorgang, wie die sachfremde Produktion dieser Beiträge auf der Schülerseite. Diese Taktiken werden automatisiert und im Prozeß des Aufgabenlösens weitgehend unbewußt angewendet. Mit einer solchen Automatisierung ihrer interaktiven Anwendung wird diese kommunikative *Taktik* zu einer *Technik* des Aufgabenlösens.

Das Verdrängen der Existenz dieser Technik, das sich hier in der spontanen L-Rezeption von Kevins Beitrag als witzig formuliertes Anfordern einer Zusatzinformation ausdrückt, ist daher eine Bedingung ihres Funktionierens. Das Explizit-Machen dieser Technik heißt demgegenüber also, ihr Herunterspielen durch Uminterpretieren als Witz auf der Lehrer- bzw.ihr Geheimhalten auf der Schülerseite durch Bloßstellung anzugreifen, heißt, sie der Kritik anheimzugeben und sich damit tendenziell von ihr abzuwenden. Indem Kevin diese kommunikative Technik ansatzweise (durch eine aktionale Umschreibung) auf den Begriff bringt, schließt er sie als Lösungsverfahren für sich aus. Indem er sich darüber klar wird, daß ihre Anwendung hier keinen Nutzen verspricht, schafft er für sich die Voraussetzungen, die Aporie des Problems auch als solche zu empfinden und ihre mobilisierende Kraft nicht durch aufgabenlösende Scheinhilfen zu ersetzen.

Insofern wird in Kevins Äußerung ein Bewußtsein deutlich, das sehr genau zwischen schulisch funktionalisierten und tatsächlich auf das Problem bezogenen Lösungsmethoden zu unterscheiden weiß. Genau diese tatsächliche Bezogenheit auf den von ihm zum gegebenen Zeitpunkt verarbeiteten Problemzusammenhang läßt sich in seinen im Schema aufgelisteten Beiträgen durchgängig nachweisen. Durch diese Vermeidungshaltung gegenüber dem schulischen Fassadenwissen und den kommunikativen Methoden seiner Erzeugung (Funktionalisierung von Musterwissen) bleibt Kevin weitgehend außerhalb von Wissensfragmentarisierung und Kontextzerstörung und dem damit auf sozial-kommunikativem und kognitivem Gebiet verbundenen reduzierten Handeln, verschließt sich damit aber eben auch weite Teile dieses Wissens selbst, wie z.B. den gesamten Bereich der algebraisch- und numerisch-operativen Mathematik.

Die intuitive Abneigung gegen alle Formen der kognitiven Reduktion des Aufgabenlösens, die sich bis zu einer Verachtung jedes 'typisch schulischen' Verhaltens auf Lehrer- und Schülerseite erstreckt (vgl. 3.6.(3), S. 152ff), ist kennzeichnend für Kevin. Bevor er sich den Ritualen des Aufgabenlösens unterwirft, nimmt er lieber die negativen Folgen auf sich, die der Verzicht auf diese Hauptform schulischen Lernens mit sich bringt. So zeichnen sich seine Beiträge fast durchweg durch ihren problemlösenden Charakter aus. Schon sein erster Beitrag: "Hm. Dreieck. Rechtwencklig."(s9,11), verläßt die in der näheren Umgebung evident kreisenden Begriffe und stellt eine unabhängige und selbständige Beurteilung dar. Es macht den Anschein, als ließe er sich gar nicht so tief in die Verfolgung der Ziselierungen der Lehrerfragen ein, sondern betrachte das ganze Problem fortgesetzt aus einer gewissen Distanz. Als Standort dieser Beobachtung läßt sich der 'gesunde Menschenverstand' erkennen.

Der gesunde Menschenverstand ist vor allem eigener, *vernetzter* Verstand. Er mag töricht und anfällig für Primitivismen sein, aber er ist frei von isolierten und unproduktiven Elementen. Sein Wissen ist in sich vernetzt. Der gesunde Menschenverstand ist ein gegen *fremde* implantierte Elemente immuner Verstand. Die Dogmen und Schemata, die seine Bestandteile sind, sind eigene Dogmen und Schemata, werden dementsprechend behend verteidigt und nicht beliebig ausgetauscht wie die Lösungsversuche beim Aufgabenlösen. Daher hat der gesunde Menschenverstand in der Schule, wo im Interesse des Erfolgs die Anpassung an die mit den jeweiligen Fächern und tlw. sogar Lehrern wechselnden Logiken und an die entsprechenden Normen und Kriterien gefragt ist, wenig Überlebenschancen. Der gesunde Menschenverstand ist Gift für die Logik des Aufgabenlösens und die Logik des Aufgabenlösens ist Gift für ihn. Er ist ganzheitlicher Verstand, dem ein ganzheitliches lebendiges Wissen entspricht, das sich auf jeder Entwicklungsstufe zu vollständigen Gestalten organisiert. Dem entspricht Kevins Verhalten, der entweder schweigt, oder Beiträge bringt, hinter denen die Kraft ganzheitlicher Vorstellungen steht.

(2) Eigenständigkeit und Denken in Zusammenhängen

Im Brennpunkt von Kevins Interesse stehen von Anfang an diejenigen Wissenselemente, über die sich das Bekannte mit dem Gesuchten zu einem Ganzen vermittelt. Sie haben zu Beginn noch die vergleichsweise unspezifische Gestalt des "rechtwinkliges Dreieck" (s9,11,45,46), vor dessen kontextuellem Hintergrund die von L betriebenen Konfrontation zwischen bekannten Flächen und gesuchter Strecke erst einen Sinn macht. Dann bereitet Kevin in gewisser Weise Yirgalems Ausführungen (s111-128) vor, indem er auf den Zusammenhang der übriggebliebenen Quadratflächen mit den Dreiecken über den Vorgang ihrer Subtraktion aus den Rahmenquadraten fokussiert:

> *(s106) "Nee. Wir haben die Dreiecken abgezogen ... vom (Da: ... mm)".*

Der entscheidende Zugang zur Problemlösung ist dann aber die begriffliche Fassung des inneren Zusammenhangs bzw. der Gemeinsamkeit der verschiedenen Dreiecksstreckenverhältnisse über den Vorgang ihres Quadrierens:

> *(s191,193)"Die Gemeinsame ist, daß wann wir eine Quadrat daraus machen,/ Kann wir a-pl/ a-Quadrat und b-Quadrat ((--2Sek--)) und c-Quadrat machen."*

Obwohl die Formel auf der algebraisch-symbolischen Ebene und die Zeichnung zu diesem Zeitpunkt bereits lange vorhanden sind, löst die vorangehende Elizitierung der unterschiedlichen numerisch-konkreten Streckenverhältnisse ("elf zu acht zu sieben...sieben zum neun zu elf...sechs, zehn, elf...sechs, neun, zehn" (s165-180)) bei den übrigen Schülern nur Ratlosigkeit aus:

> *(s181a-186). L: Alle verschieden. ((-1 Sek-)) Und trotzdem suchen wir jetzt danach: Haben die alle etwas Gemeinsames? ... Ja? .. Haben die alle etwas Gemeinsames oder haben sie das nicht? Danach suchen wir.*
> *(s187) Khalid: Haben sie das nicht.*

Das damit abverlangte Wissen von der übergeordneten Gesetzmäßigkeit, die die elizitierten Beispiele in sich schließt, ist ja in Formel und Zeichnung schon niedergelegt, bleibt aber, in fürs Aufgabenlösen bezeichnender Weise ohne Konsequenz für die Klärung dieser ins Zentrum der pythagoräischen Gesetzmäßigkeit zielenden Frage. Obwohl die Formel bekannt ist und sogar ihre sogenannte 'Ableitung' auf operativem Wege geleistet werden kann (wie Daud es im Unterrichtsabschnitt Nr. 1 "Subtraktion von Restflächen" vorführt vgl. 2.1.(2), S. 56f), und damit das schulspezifische Wissen bereits vorhanden ist, wird mit der geringfügigen Wendung im Aspekt, unter dem hier (s181-186) auf das Problem geblickt wird, für die Schüler ein gänzlich rätselhafter Sachverhalt vorgestellt.

Khalids Äußerung ("Haben sie das nicht.") ist insofern nicht nur Ausdruck einer Defokussierung der Zusammenhänge hin bis zu ihrer völligen Auflösung in partikuläre Sachverhalte, sondern bezeichnend für den Ertrag eines aufgabenlösenden Unterrichts überhaupt. Entsprechend der nicht erarbeiteten Vernetzung sind die Schüler in keiner Weise dazu in der Lage, die Struktur einer Fragestellung selbständig zu erkennen und eine Lösungsmethodik selbständig anzuwenden. Sobald Fragestruktur und Lösungsmethode von den Schemata abweichen, in denen sie in der spezifischen Arbeitsteilung des Aufgabenlösens, also unter Vorgabe der Vernetzungen durch den Lehrer, bearbeitet wurden, stehen die Schüler vor der Notwendigkeit der selbständigen Vernetzung der gegebenen Wissenselemente, d.h. im Rahmen des Aufgabenlösens stehen sie dann vor dem Nichts.

Das vorhandene Wissen über den Pythagoras, das ja bereits die schulische Standardform besitzt, reicht nicht einmal dafür aus, auf operativem Wege die betreffenden Streckenverhältnisse der Dreiecke, die die Schüler in ihre Hefte gezeichnet haben, numerisch korrekt zu bestimmen. Diese Streckenverhältnisse werden ja alle ungenau bzw. fehlerhaft angegeben ("sieben zum neun zu elf", "sechs, zehn, elf", "sechs, neun, zehn", "vier, elf, zwölf" (s167,175,178,180)) und unabhängig von ihrer inzwischen über die 'erarbeitete' Pythagorasformel möglichen Korrektur obsoleterweise durch *Messen* von den Zeichnungen in den Heften abgelesen. Das Wissen ist zum gegebenen Zeitpunkt *auf seinen jeweiligen Ebenen isoliert und daher trotz seiner formalen Korrektheit ohne jeden Wert für Problemlösungen.*

Das schulische Standard-Wissen taugt, insofern es das tatsächliche Unwissen und Nichtverstehen bei den Aktanten verbirgt, im wesentlichen dazu, die Schüler dumm zu halten. Der Glaube an seine Tauglichkeit muß tief erschüttert, wenn nicht zerstört werden, um ein Wissen zu erzeugen, dessen Handlungsrelevanz sich nicht von vornherein im Rahmen seiner schulischen Erzeugung erschöpft. Der weitere Erkenntnisweg muß mit unabdingbarer Notwendigkeit erst übers Begriffliche führen, bevor er die Ebenen des Algebraischen oder Numerischen erreicht, denn die Vernetzung des auf seinen jeweiligen Ebenen isolierten Wissens gelingt nur über die Begriffsarbeit.

Für Kevin wird die aus dem vorigen Unterrichtsabschnitt Nr. 1 "Subtraktion von Restflächen" übernommene Lücke, die durch die sprachlogische Aufstellung und memorierend-operative Bearbeitung der Leitfrage (s53) im Verständnis der Problementwicklung auf alltäglich-allgemeinbegrifflicher Ebene formal überdeckt wurde (vgl. 2.1.), hier produktiv durch die Rezeption und Verarbeitung der Aporie des Problems wieder aufgerissen. Sein Wissen könnte folgendermaßen aussehen:

> *>*Bekannt ist etwas über Flächen beim rechtwinkligen Dreieck und gesucht ist etwas über Strecken beim rechtwinkligen Dreieck. Das, was alle verschiedenen rechtwinkligen Dreiecke mit ihren verschiedenen Strecken gemeinsam haben, kann also nur etwas mit den Flächen sein. Nämlich, daß, wenn man Quadrate aus den verschiedenen Strecken macht, man immer auf die gleiche Weise- a-Quadrat plus b-Quadrat und c-Quadrat machen kann.*<

Mit seinem Vorschlag, die an das rechtwinklige Dreieck gebundenen Quadratflächen entsprechend der Tafelzeichnung (s2) in die 'Wurzelmaschine' einzuspeisen: "Ja. Das kann wir auch da oben machen." (s269), wendet Kevin die von ihm wohlbegriffene Funktionsweise der Maschine auf das Problem der Festlegung der gesuchten dritten Seite an. Er nähert sich dabei der Gesamtlösung soweit an, wie es unter Ausschluß des Fachbegriffs "Wurzel" gerade noch möglich ist. Er kann die erforderliche Operation nur in der anderen Richtung ("Quadrat machen") mathematisch-begrifflich erfassen und greift deshalb hier zu einer spezifischen Technik: Kevin führt den im Begriff der Quadratpotenz niedergelegten Sachverhalt ansatzweise auf die in ihm kondensierten Handlungen zurück. Dieses Konzept ist offensichtlich geeignet, den komplexen Sachverhalt handlungsmäßig zugänglich zu machen. Interessanterweise werden die wesentlichen Erkenntnisfortschritte durch die aktionale Zerlegung des Sachverhalts, die sich verbal u.a. in dem mit "machen" beschriebenen Konzept ausdrückt, organisiert. In diesem Verfahren der *aktionalen Umschreibung*, das sich die komplexen Prozesse handelnd aufschließt, schlägt sich eine naturwüchsige Begriffsbildung nieder.

Auf einmal ist über den Vorgang des "Quadrat machens" die gesuchte Gemeinsamkeit mathematisch begrifflich hervorgetreten. Kevin spricht bezeichnenderweise nicht von 'quadrieren', sondern orientiert sich an der Verbalisierung eines zeichnerisch repräsentierten und durchgeführten Prozesses. "Quadrat machen" ist die *Vorstufe* zur Vernetzung der algebraisch-symbolischen Ebene des Problems. Die Vernetzung zuvor isolierter Erkenntnisse löst nicht nur die anstehenden Einzelfragen, sondern läßt zugleich die einzelnen Ebenen und die Problemgestalt als Ganze klarer hervortreten. Dadurch tritt in einem dynamischen Prozeß auch das Problembewußtsein selbst immer schärfer zu Tage. So wird einem Spezifikum problemlösenden Lernens in der Institution Schule Rechnung getragen, wo eben auch das Problembewußtsein selbst gelernt, d.h. sich mental angeeignet werden muß und sich nicht unmittelbar aus dem Handlungsinteresse gegen den Widerstand der Sache ergibt.

Nach dem Abbruch der Unterrichtphase 'Wurzelmaschine' (Sub 2), schaltet Kevin sich an eben dieser Stelle wieder in den revidierten Lehrerplan ein, nämlich, wo es darum geht, das Zustandekommen der von Harun mit "Wurzel dreiundfünfzig" gefundenen numerischen Größe der Hypotenuse x als richtig aus der Gleichheit der Kathetenquadrate mit dem Hypotenusenquadrat zu begründen:

(s340,344) Und? Gleiche! Ja, a-Quadrat plus b-Quadrat ist gleich c-Quadrat

Durch diese Begründung wird in der ersten expliziten Pythagorasanwendung der Klasse die algebraisch-numerische Ebene des "Wurzel dreiundfünfzig" mit der algebraisch-symbolischen bzw. der mathematisch-begrifflichen Ebene vernetzt. Anschließend beschreibt er das Ziel, das durch diese Pythagorasanwendung erreicht werden soll, algebraisch-symbolisch ("ce"), mathematisch-begrifflich ("Strecke") und algebraisch-numerisch ("ix") und versucht erneut, begrifflich zu fassen, wie dieses Ziel zu erreichen ist:

(s371,373) Ja, weil a-Quadrat plus b-Quadrat ist gleich cé. ... Mit der Maschi'ne.

Er hat die Funktion der Maschine nach wie vor nur begriffen als

(s375,377) Rechnet ... Quadrat

und adaptiert die korrekte Version nur zitierend:

(s379,382) Ähm. ... Wurzel

(3) Grenzen des gesunden Menschenverstandes, algebraische Begriffssperre

Für Kevin gehört der gesamte Bereich der Algebra zu der schulischen Scheinwelt, in der 'anything goes' und in die einzutreten er für sich abgelehnt hat. Diese Vermeidungshaltung hat bei ihm zur Ausprägung einer algebraischen Begriffssperre geführt, deren negative Konsequenzen er hier zu spüren bekommt. Ab einem gewissen Punkt schließt er sich nämlich wegen dieser Geringschätzung und Vernachlässigung der Verarbeitung institutionsspezifischer Fachtermini selbst aus dem begrifflichen Fortgang des Erkenntnisprozesses aus.

Dieser Augenblick ist gegeben, wenn wie hier mit erarbeiteten Begriffen weitere komplexe Vernetzungen erreicht werden müssen, d.h. mit der beginnenden fachsprachlichen Begriffsbildung und ein noch so gut organisierter und wacher gesunder Menschenverstand mit seinem beschränkten begrifflichen Instrumentarium zu schwerfällig wird, um der Entwicklung zu folgen. Ohne die Kondensierung der Erscheinungen im Fachbegriff verschwinden irgendwann die Konturen des Problems im Dunst der Einzelheiten.

Trotz seiner algebraischen Begriffssperre durchdringt Kevin im Verlauf des Unterrichts die Problemgestalt vernetzend von der alltäglich-allgemeinbegrifflichen bis zur algebraisch-numerischen Ebene. Seine Erkenntnisse entstehen auf dem Hintergrund eines kontextbezogenen problemlösenden Herangehens und eines ausgeprägten alltäglich-allgemeinbegrifflichen Kontextbewußtseins mit der Fokussierung auf den Zugriff vom Bekannten auf das Gesuchte über prozedurale Zerlegungen, d.h. der Fokussierung auf die die Problembestandteile verbindenden Wissenselemente. Kennzeichnend ist ferner die Abneigung gegen aufgabenlösende Verfahren zum Erwerb von Fassadenwissen, der damit verbundenen Erhalt der Betrachtung gemäß dem gesunden Menschenverstand und die entsprechend intensive Erfahrung der Aporie des Problemlösens. Es sind die so beschreibbare Methode und funktionale Einstellung, die den Einsatz vorhandenen und die Erzeugung neuen Sachwissens zur Lösung des problematischen Sachverhalts organisieren.

Das Rekonstruieren der im Fachbegriff kondensierten Handlungen mit der Fokussierung des Zugriffs vom Bekannten aufs Gesuchte, ist offensichtlich geeignet, den komplexen Sachverhalt verstehensmäßig zugänglich zu machen. In dieser prozeduralen Zerlegung auf alltäglich-allgemeinbegrifflicher Ebene schlägt sich eine naturwüchsige, spezifisch vorfachsprachliche Begriffsbildung nieder. Dies Konzept ist eine wichtige Grundlage der weitergehenden Begriffsbildung, muß aber überwunden werden, wenn mit den erarbeiteten Begriffen weitere komplexe Vernetzungen erreicht werden müssen. Mit der beginnenden fachsprachlichen Begriffsbildung wird dieses Verfahren des jeweiligen Zurückgehens auf Elemente des Handlungsraums zu schwerfällig, um der Entwicklung zu folgen.

4.2. MENTALE PROZESSE BEIM VERNETZEN

Die Vernetzung ist der mentale Kern des Problemlösens. Die Analyse der Umstände, unter denen Vernetzungsleistungen erbracht werden, erlaubt Rückschlüsse auf die Beschaffenheit der dabei ablaufenden mentalen Vorgänge.

(1) Pionier-Vernetzung: eine transferfähige Erfahrung problemlösenden Denkens
Das soll zunächst an Kevins Beitrag (s340,344), der ersten expliziten Pythagorasanwendung der Klasse, gezeigt werden. Die Aufgabe lautet:

> *(s339). "Vergleich mal dieses Quadrat* ((zeigt das Quadrat über der Hypotenuse x)) *mit diesen beiden Quadraten* ((zeigt auf die Kathetenquadrate mit der Inschrift "4" bzw. "49")) *!"*

In der Aufgabe ist zunächst angegeben, was getan werden muß, um eine Lösung zu erhalten: Vergleichen. Sodann sind die Objekte dieses Vergleichs angeführt, die Quadrate. Das erste ist nicht näher identifiziert, während die beiden letzteren durch das Tafelbild als algebraisch-numerischen kategorisiert ausgewiesen sind.

Kevin muß nun zuerst erkennen, daß die Quadrate in dieser Kombination gar nicht vergleichbar sind. Um sie vergleichbar zu machen, d.h. um die über die Kathetenquadrate zu treffende Aussage mit der Gleichheit des Hypotenusenquadrats zu komplettieren, müssen sie auf ein- und dieselbe Begriffsebene gebracht werden. Komplettierbare Aussagen liegen bisher auf der algebraisch-numerischen Ebene nicht vor, sondern nur auf höher verbegrifflichten. Mit dem Ziel der erforderlichen Komplettierung vor Augen leistet Kevin so die erforderliche Vernetzung der algebraisch-numerischen mit der algebraisch-symbolischen Ebene.

Da dies der erste Vorgang dieser Art ist, kann man von einer Pionier-Vernetzung sprechen. Erst auf der so erreichten algebraisch-symbolischen Ebene sind "diese beiden Quadrate" mit a-Quadrat bzw. b-Quadrat und "dieses Quadrat" mit c-Quadrat zu identifizieren. Es handelt sich also um Vernetzungen der algebraisch-numerischen mit den algebraisch-symbolischen Ebenen zweier Wissenselemente sowie um die Identifikation und Vernetzung mit der algebraisch-symbolischen Ebene bei einem Wisenselement. Erst auf der algebraisch-symbolischen Ebene wird die spezifische Art der anstehenden Komplettierung ersichtlich, nämlich "ist gleich", wenn die beiden anderen über "plus" verknüpft werden.

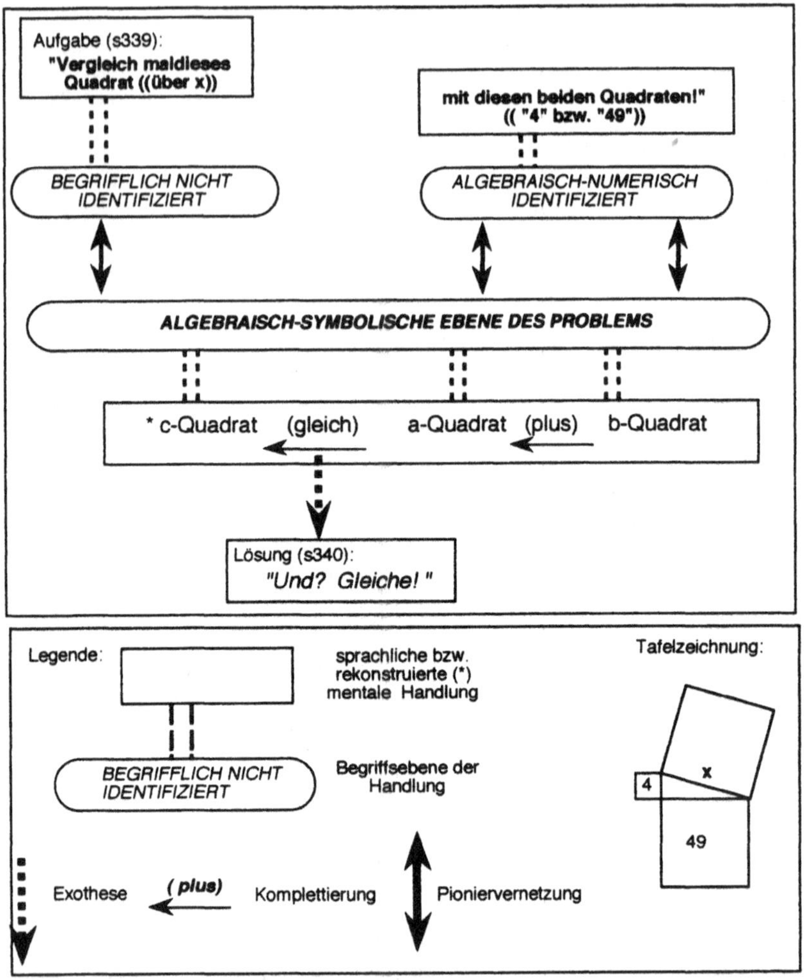

Figur 29: "Kevins Pionier Vernetzung"

Nach der so skizzierbaren mentalen Tätigkeit von zwölf Sekunden Dauer (s339a) kann Kevin exothetisieren: "Und? Gleiche!" (s340) (s. Figur 29). Erst im Anschluß an die Lösung liefert Kevin die Verbalisierung seiner Vernetzungstätigkeit, die ihm in Form der Begründung abverlangt wird. Von diesem Zeitpunkt an sind Komplettierungen gebahnt, da sie auf die Vernetzung der algebraisch-numerischen Ebene des Problems mit den verbegrifflichten zurückgreifen können. Mit Hilfe dieser Bahnung kann schon die nächste Aufgabe dieser Art im Analogieverfahren bewältigt werden. Zur Pionier-Vernetzung gibt es keine Analogie, sie hat damit eine andere Qualität, als eine Vernetzung, die auf Bahnung zurückgreifen kann.

Das anschließende Hineinschreiben von "4 + 49" in das Quadrat über der Hypotenuse x wird von L zu Recht (mit dem Partikel "... also ..." (s347)) als Folgerung und Ergänzung einer bereits geleisteten mentalen Arbeit ausgewiesen: übrig bleibt nur noch die Addition, die Kevin bereits vorgenommen haben muß, um zu seiner Feststellung der Gleichheit zu kommen. Diese Arbeitsteilung, -die entscheidende Vernetzungstätigkeit wird von einem Schüler bewältigt, der Lehrer assistiert operativ- kennzeichnet problemlösendes Entwickeln, während es beim aufgabenlösenden Unterricht genau umgekehrt ist: Der Lehrer gibt die entscheidenden Vernetzungen vor, die Schüler assistieren mit operativen Hilfsdiensten, um den Schein der Selbsttätigkeit zu wahren. Mit seiner Pionier- Vernetzung hat Kevin über die konkrete Problemlösung hinaus eine transferfähige Erfahrung problemlösenden Denkens gemacht. Um diese Erfahrung sind Schüler, die den Gang der geglückten Problemlösung nur nachvollziehen, ärmer. Sie verfügen zwar über eine vernetzte Problemgestalt, müssen aber für den methodischen Extrakt des Lösungsweges, d.h. für den Erwerb von Transferkompetenz noch separate Arbeit leisten.

(2) Entstehung einer Idee: positive Dynamik des Problemlösens
Im Unterrichtsabschnitt "Wie groß ist Strecke AD?" lassen sich aus einem Beitrag Birols weitere Erkenntnisse über die mentalen Vorgänge beim Vernetzen gewinnen, indem die Schritte beim Entstehen einer Idee deutlich werden. Dabei geht es um die Bestimmung der Strecke klein-a eines allgemeinen stumpfwinkligen Dreiecks, von dem Winkel alpha und die Strecken klein-b und klein-c gegeben sind, d.h. um die Ableitung des Kosinussatzes. Die Bestimmung der Teilstrecke AD entfernt die letzte Unbekannte aus den bisher aufgestellten Gleichungen und ist damit der unmittelbare Übergang zur Problemlösung.

Birols Ausführungen haben folgende Gestalt:

> *(Nr 5 , s108-117) Wie grö: ß? ... be ... so daß ...Oh nein! ...Wieviel ma:l ... Wievielmal is AD .. in .. be drinnen? ... Ankathete durch/.*

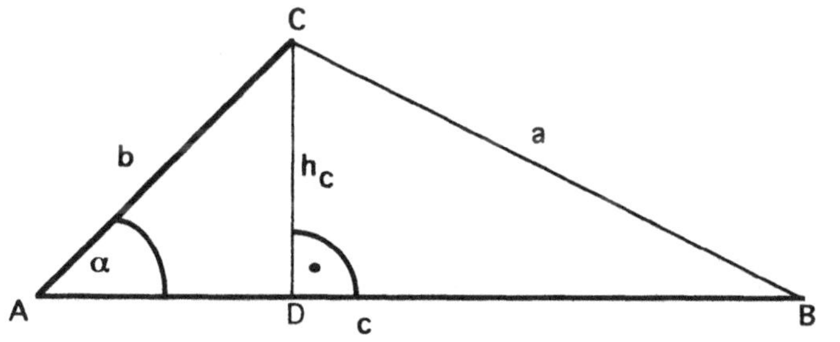

((Tafelbild: Planskizze, bekannte Teile fettgedruckt))

Figur 30: "allgemeines stumpfwinkliges Dreieck vom Typ 'Seite-Winkel-Seite'"

Zuerst überprüft Birol, ob die geforderte Angabe im direkten Zugriff zu erhalten ist: "Wie gró : ß?" , erwägt dann aber ihre mögliche Festlegung auf indirekte Weise, nämlich über ihren Bezug zu Seite klein-b: ".. be ". Das führt ihn offensichtlich weiter: "... so daß " und läßt ihn eine bislang verfolgte Vorstellung oder Denkbarriere überwinden: " ..Oh nein! " Die freigelegte Perspektive bricht sich in einer neuen Fragestellung Bahn: "...Wieviel ma:l".

Damit ist er nun zur Bestimmung von Strecke AD endgültig darauf fokussiert, das *Verhältnis*, das dieser Abschnitt zu anderen Strecken hat, zu untersuchen. Das führt nach einer Pause auch zu einem erfolgversprechenden konkreten Lösungsweg: "...Wievielmal is AD .. in .. be drinnen?" Die Antwort auf diese Frage wird durch die Kosinusfunktion des Winkels alpha mit dem Verhältnis der Ankathete Strecke AD zur Hypotenuse klein-b im rechtwinkligen Teildreieck ADC gegeben: Strecke "AD is" nämlich *>*Kosinus alpha*< "mal in be drinnen".

Birol präzisiert seinen Lösungsweg folgerichtig in Richtung dieser Lösung weiter, indem er Strecke AD gegenüber der Hypotenuse klein-b als Ankathete definiert: "... Ankathete". Dadurch werden die algebraisch-symbolische und mathematisch-begriffliche Ebene von Strecke AD vernetzt und anschließend gemäß seiner obigen allgemeinbegrifflichen Erkenntnis über die Festlegbarkeit von Strecke AD durch ihr Verhältnis zu anderen mit der mathematisch-begrifflichen Beschreibung der Kosinusfunktion zur Lösung überführt: "(Ankathete) durch/" An dieser Stelle wird er an der weiteren Entfaltung seiner Idee durch eine unterbrechende Regiefrage des Lehrers gehindert.

Birols Äußerungen sind die markanten Stellen eines laut gemachten Denkprozesses[20]. Von den subjektiv als unproblematisch empfundenen Bestandteilen dieses Denkprozesses entlastet er sich durch *Ökonomisierung*. Die Analyse der geäußerten Anteile des Denkprozesses verdeutlicht, daß die *Exothese* eines mentalen Vorgangs mehr ist, als dessen mechanische Eins-zu-Eins-Übersetzung ins Verbale. Ihr Lautmachen ist eine Objektivierung, auf deren Weg Überprüfungen, Absicherungen, Präzisierungen und Vertiefungen stattfinden. Exothesen können wie Probezüge beim Schachspiel Probehandlungen sein, die den Problemlösungsprozeß vor Orientierungsverlust bewahren, indem sie als hypothetische Zwischenstationen zum Ausgangspunkt weiterer Überlegungen werden, die sonst durch zu komplex werdende Verästelungen der Möglichkeiten verborgen und unrealisiert bleiben müssen.

Folgende mentale Handlungen werden in Birols Äußerung vollzogen:
{1} Ausgangsproblemstellung:

"Wie gró: ß?"

{2} Festhalten eines bislang nicht berücksichtigten Wissenselements:

"... be ".

{3} In-Bezug-Setzen des neuen Wissenselements zum alten/Ableiten von Folgerungen:

---

20 vgl Wygotskis Ausführungen zum Verhältnis von innerer Sprache und Denken, Wygotski 1964.

".. so daß"

{4} Abbau der bisherigen Wissensbarriere/Umfokussierung/neue Problemstellung:

"...Oh nein!"

{5} Beginn des Lösungswegs auf der allgemein-begrifflichenEbene:

"...Wieviel ma:l"

{6} Fortsetzung des Lösungswegs auf der mathematisch-begrifflichen Ebene:

"... Wievielmal is AD .. in .. be drin nen?"

{7} Vernetzung der algebraisch-symbolischen Ebene/Übergang zur Lösung:

"... Ankathete durch/"

{7b} Als von Birol geplante Fortsetzung ergibt sich offensichtlich:

*>*Hypotenuse*<*

und weiter:

{8} Vorform der Lösung:

*>*Kosinus alpha gleich AD durch be*<*

{9} Lösung:

*>*AD gleich Kosinus alpha mal be*<*

Die Dynamik dieses Erkenntnisprozesses geht für die Festlegung von Strecke AD aus von der Berücksichtigung der Beziehung von Strecke AD zu anderen Größen. Dadurch wird die Abkehr von aussichtslosen Versuchen des direkten Zugriffs auf Strecke AD ermöglicht. Der Versuch einer solchen Bestimmung der Streckengröße von AD im direkten Zugriff war die entscheidende Barriere der vorangehenden Lösungsversuche. Durch das In-Beziehung-Setzen von Strecke AD zur gegebenen Strecke klein-b wird diese Barriere überwunden. Die Lösung besteht dann in der genauen Beschreibung der Art der Abhängigkeit (Kosinus alpha mal klein-b ist gleich Strecke AD). Das In-Beziehung-Setzen von Strecke AD zur gegebenen Strecke klein-b ist Vernetzungsarbeit im eigentlichen Sinne. Diese Vernetzungsarbeit ist interessanterweise auch bei einem ausgeprägten Algebraiker wie Birol begrifflich dominiert: *"... Wievielmal is AD .. in .. be drinnen?"*

Wenn man den einzelnen Schritten von Birols Vernetzungsprozeß hypothetische Fragestellungen zuordnet, kann man seine Verbalisierungen als Antworten bzw. als die Lösungen der entsprechenden Lehrer-Regiefragen auffassen. Das ergibt folgendes Schema:

REGIEFRAGE / AUFGABE (* = hypothetische Ergänzung)	ANTWORT / LÖSUNG
{1}*Was wollen wir wissen?	*"Wie grό:ß?"* *Strecke AD ist.
{2} *Was kennen wir denn noch?	*Zum Beispiel Seite ". *be* "
{3} *Was müssen wir also tun?	*Wir müssen Strecke AD "*so*" *ausdrüc ken, "*daß*" *sie mit Strecke be

{4}*Und was war mit den bisherigen Vermutungen?	"...*Oh nein!* " * die waren ganz falsch, aber so könnte das was werden:
{5}*Was ist das Entscheidende?	"...*Wieviel mal*" *also das Verhältnis ..
{6) *Was für ein Verhältnis?	"*Wievielmal is AD .. in .. be drinnen?*"
{7}*Wie hängen die denn zusammen?	"... *Ankathete durch!*" *Hypotenuse
{8} *Und was ist das?	*Kosinus alpha
{9}*Also?	*Strecke AD gleich Kosinus alpha mal be.

Figur 31: "Birols Verbalisierungen als Lösungen hypothetischer Regiefragen"

Mit der Überflüssigkeit der Lehrer-Regiefragen macht Birol für sich über die Entfaltung seiner Idee hinweg die aufgabenlösende Aufbereitung des Wissens durch den Lehrer im Sinne des akzelerierten Wissenserwerbs hinfällig. Für die Spanne der Entwicklung seiner Idee verläßt er so die Strukturen des Aufgabenlösens. Durch die eigenständige Vernetzung des gegebenen Wissens im Gesamtzusammenhang des Problems übernimmt er die Funktion, die die schrittweise Realisierung des Lehrergesamtplans über die einzelnen Regiefragen des Lehrers sonst hat, selbst. Die mentalen Leistungen der einzelnen Schritte müssen nicht erst noch in ihren eigentlichen Kontext im Problem eingeordnet und damit überhaupt erst problemrelevant gemacht werden, sondern werden vom eigenen vorhandenen Zielbewußtsein aus bereits entworfen und bewältigt. Die eigenständige Entwicklung von Birols Problemlösung ist Ausdruck seines eigenständigen Problembewußtseins. *Tendenziell organisiert sich das problemlösende Lernen selbst gemäß diesem Zielbewußtsein und entwickelt im Lauf seiner Entfaltung zunehmend klarer die erforderlichen Fokussierungen.* Es entwickelt und kontrolliert Lösungswege, in deren Verlauf neue Wissenselemente erarbeitet und weiterverwertet werden. Die *positive Dynamik* dieses Prozesses erstreckt sich auch auf das Problembewußtsein selbst, das dabei geschärft wird, bzw. zu einem Gutteil erst entsteht.

(3) Implizite mentale Stationen einer Lösung: Ambiguität des Ökonomisierens
Abschließend soll Haruns Beitrag (s332,334), mit dem er noch vor Kevin den Pythagoras anwendet, analysiert und mit diesem verglichen werden. Die Struktur der Haruns Beitrag vorangehenden Aufgabe:

> *(s327,331) Das ist a-Quadrat* ((zeigt das Quadrat mit der Inschrift "4")), *das ist b-Quadrat* ((zeigt das Quadrat mit der Inschrift "49")) ... *und wie groß ist das hier* ((zeigt auf die Hypotenuse mit der Aufschrift "x")) *?*

ist folgende: Der erste Teil der Aufgabe ist eine komprimierte Wiederholung der erarbeiteten Vernetzung zwischen algebraisch-symbolischer und über "das" deiktisch angedeuteter mathematisch-zeichnerischer und algebraisch-numerischer Ebene. Im zweiten Teil, der eigentlichen Aufgabe, taucht das deiktische "das" im Thema, dem bekannten Teil der Frage, aber umgekehrt in algebraisch-symbolischer Bedeutung ("x") auf, während im Rhema, dem gesuchten Teil der Frage, analog zu oben die

Zielebene als algebraisch-numerisch ("wie groß?") bezeichnet wird. Durch diese Form der Frage werden die erarbeiteten Vernetzungen nicht einfach vorgegeben, vielmehr erfordert bereits die Rezeption der Frage die mentale Arbeit der Vervollständigung der Wiederholung des Bisherigen. So werden die Schüler im Sinne der Maxime >Vermeide Vorgaben!< aktiviert. Gleichzeitig erhöht der Ersatz von Teilen der begrifflich-expliziten Wiederholung durch Deixeis die Prägnanz der Frage und ist dadurch ein Element der *Verdichtungstechnik* (vgl 4.3. (3)-(4), S. 187ff) des Lehrers.

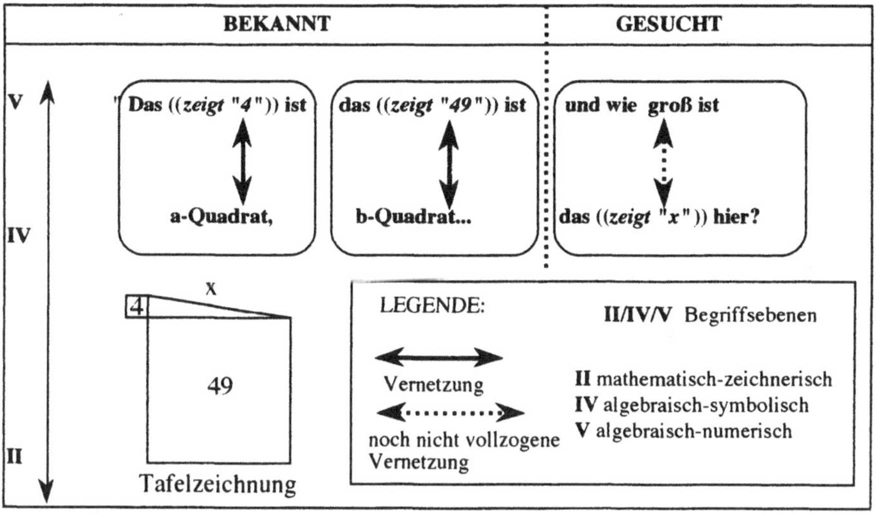

Figur 32: "Haruns Pythagorasanwendung (Aufgabe)"

Welche mentalen Prozesse muß Harun gemäß der Aufgabe durchlaufen, um seine Lösung zu realisieren? Als erstes muß er sich im Sinne der geforderten Rezeption ein Bild des Gesuchten machen (Autofokussierung), d.h., er muß die Zielebene als algebraisch-numerische und das gesuchte Element "x" als Symbol der Strecke begreifen: Die Begriffsebenen von Thema und Rhema der Frage (s331) sind durch die zu vollziehenden Vernetzungen zu identifizieren:

{1} *>Gesucht ist die konkrete Zahlenangabe für die Strecke x.<*

Diese Rezeption, -in ihrem Wesen eine Vernetzung-, ist, als Verbindung zur Aufgabe, die erste Station seines Lösungsweges (s. Figur 33 {1}). Sie ist als Fokussierung der Zielebene von entscheidender Bedeutung für die Lösung, weswegen Harun ihr Ergebnis auch in vergewissernder Absicht exothetisiert: "i´x?" (s332). Er wird von L bestätigt "Ja?" (s333), wobei die fragende Intonation bereits die Verwunderung von L darüber ausdrückt, daß Harun die Aufgabe (s331) überhaupt als hier und jetzt zu Lösende behandelt und nicht als Rahmensetzung für weitere Subs, wie es im Lehrerplan vorgesehen ist. Davon ausgehend erkennt Harun, daß die Frage so nicht lösbar ist, weil nur auf der Flächenseite mit a-Quadrat und b-Quadrat bekannte Elemente vorliegen. Die entsprechende Komplettierung von x zu x-Quadrat:

{2} *>*Zu a-Quadrat und b-Quadrat paßt nicht x , sondern nur x-Quadrat.*<

ist die zweite Station seines Lösungsweges (s. Figur 33 {2}).

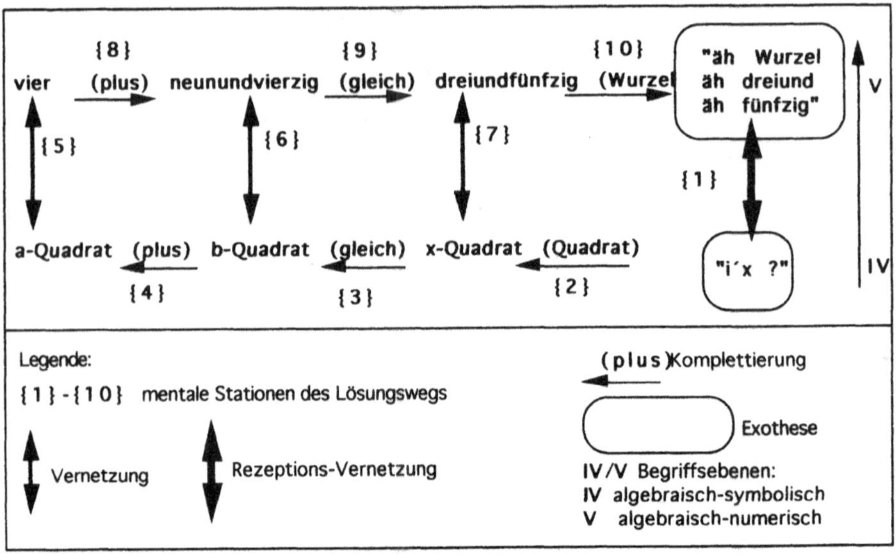

Figur 33: "Haruns Pythagorasanwendung (Lösung)"

Die Verknüpfungen der Wissenselemente a-Quadrat, b-Quadrat und x-Quadrat auf der algebraisch-symbolischen Ebene mit einer plus- und einer gleich-Operation:

{3} und {4} *>*So ergibt sich a-Quadrat plus b-Quadrat gleich x-Quadrat*<

sind die dritte und vierte Station (s. Figur 33 {3} und {4}).

Als nächstes wird der Übergang von der algebraisch-symbolischen zur algebraisch-numerischen Ebene durch drei Vernetzungen (s. Figur 33 {5}, {6}, {7}) vollzogen, deren erste beide als deiktische Vorgabe bereits im propositionalen Gehalt der Frage enthalten sind. Innerhalb der algebraisch-numerischen Ebene komplettiert Harun die Aussage jetzt entsprechend mit einer plus- und einer gleich-Operation (s Figur 33 {8}, {9}):

{5} - {9} *>*Dem entspricht in Zahlen vier plus neunundvierzig gleich dreiundfünfzig.*<

Abschließend ist nun der Übergang auf die Streckenseite des Gesuchten über die zentrale Wurzeloperation zu vollziehen. Dieser Vorgang (s. Figur 33 {10}) ist das Pendant zur Identifikation von x als Strecke und wird entsprechend exothetisiert:

{10} *"Äh Wurzel ... "*

und durch die Angabe der in Station {9} erlangten numerischen Größe ergänzend durchgeführt:

{10a} *"äh ((--2Sek--)) dreiund äh fünfzig"* (s334).

Durch die Rezeptionsvernetzung, Station {1}, wird dem Lösungselement seine Begriffsebene zugeordnet. Der entsprechende Raum ist zum Zeitpunkt dieser Vernetzung noch leer, bzw. vom Platzhalter "ix´" ausgefüllt. Daraus wird ersichtlich, daß die Verortung der Lösung im Kontext des Problems ihrer eigentlichen Produktion vorangeht.

Diese Pythagorasanwendung von Harun ist ebenfalls eine Pionierleistung. Sie geht in ihrer Komplexität noch über Kevins hinaus, ist um die algebraisch-numerische Lösung reicher. Wenn eine Vernetzungsleistung zum ersten Mal vollbracht wird, bewirkt sie nicht nur die Vervollständigung des anstehenden Problems, sondern darüberhinaus eine Steigerung der allgemeinen Transferkompetenz. Je mehr Bahnungen für eine zu vollbringende Vernetzung vorliegen, desto mehr nähert sie sich einer automatisierten Handlung an. Der mentale Suchprozeß ist von begrifflicher Qualität. Exothesen von Lösungsvorschlägen komplexer Probleme markieren die entscheidenden Halte- und Wendepunkte des Verstehens. Die Verbalisierung, gewissermaßen die Materialisierung dieser Punkte, intensiviert die Möglichkeit der Anwendung des Wissens auf die jeweiligen eigentlich problematischen Stationen des Lösungsweges.

Aber auch die für die Nachvollziehbarkeit dieser Leistung erforderliche Transparenz ist angewiesen auf ihre Verbalisierung. Ohne Verbalisierung bleibt die Vernetzungsarbeit implizit. Haruns Pythagorasanwendung hat bereits eine Stufe der Ökonomisierung erreicht, die auf die Verbalisierung aller Prozesse mit Ausnahme der Rezeption und natürlich der Lösung selbst verzichtet. Das auf den ersten Blick Erstaunliche daran ist, daß diese Ökonomisierung bereits *simultan* zur Pionierleistung selbst auftritt.

Dabei sind zwei Aspekte zu berücksichtigen: Zum einen läßt diese Koinzidenz Rückschlüsse auf die enorme Attraktivität von Ökonomisierungen für Schüler zu. Harun spart sich die Verbalisierung von acht mentalen Arbeitsgängen. *Die Ökonomisierung entlastet ihn für die Konzentration und Anwendung seines Wissens auf die wesentlichen, d.h. für ihn zum gegebenen Zeitpunkt neuen, noch unzugänglichen Bestandteile des Problems und macht die Problemlösung damit zu einem guten Teil erst möglich. Die Ökonomisierung ist also eine Deproblematisierung ehemals problematischer mentaler Prozesse zu automatisierten Handlungen, hier vor allem der algebraischen Operationen aber auch der Vernetzungen zwischen algebraisch-symbolischer und algebraisch-numerischer Ebene*. Damit entfallen auch die im Vollzug der dafür notwendigen Erklärungs- oder Begründungsprozesse wahrscheinlichen Fehler oder Abweichungen von im Unterricht gültigen Normen und das daraus hervorgehende korrigierende und die Lösung aufschiebende Eingreifen des Lehrers. Die sprachliche

Schwerfälligkeit des ausländischen Schülers ist hier dazu angetan, einen grundsätzlich ablaufenden Prozeß zu verdeutlichen.

Der zweite Aspekt ist, daß die Ökonomisierung Erklärungs- und Begründungsprozeduren, die für die Problemlösung wesentlich sind, der Verbalisierung entzieht und so für den Lehrer der Trugschluß nahegelegt wird, sie existierten gar nicht: *Die Ökonomisierung verbirgt dem Lehrer mit der expliziten Begriffsarbeit die für den Erkenntnisprozess nötigen Vernetzungen, unterstellt sie als durch die mit ihnen verbundenen algebraischen Operationen und deren Resultate als erledigt und ermöglicht damit den Schülern, die die Problemlösung nicht selbst vollzogen haben, deren Adaptation in Formen kognitiver Reduktion des Aufgabenlösens.* Eine solche Form kognitiver Reduktion ist die Ausbildung von Handlungsroutinen. Mit der Handlungsroutine wird unter Umgehung der in der Ökonomisierung noch vorhandenen (aber schon nicht mehr verbalisierten) Begriffsarbeit ein Schema erzeugt, bei dem sich die mentalen Vorgänge in operative Handlungen verwandelt haben, die auch ohne die in ihnen niedergeschlagene Begriffsarbeit auszuführen sind. Durch die Übernahme dieser operativen Handlungen wird es möglich, auch komplexe Aufgaben zu bewältigen, allerdings nur unter der Voraussetzung, daß sie nicht von der standardisierten Handlungsfolge abweichende Lösungsschritte verlangen. Es entstehen empirisch abgesicherte Lösungsverfahren, von denen es im Volksmund heißt:

>**PRAXIS IST, WENN ALLES KLAPPT UND KEINER WEIß WARUM**<.

Das aufgabenlösende Lehren und Lernen nimmt das algebraische Operieren, das sich in Lösungsschemata und Handlungsroutinen verfestigt, für das Wesen der Sache. Dadurch findet kein Zuwachs in der Problemlösungs- und Transferkompetenz statt. Die Ausbildung dieser Kompetenzen bleibt systematisch außerhalb des Geschehens und ihre Förderung damit der Zufälligkeit preisgegeben. Um die verborgenen Prozesse dem Zugriff des Verstehens auszusetzen, müssen sie durch Begriffsarbeit transparent gemacht werden. Die Förderung von Problemlösungs- und Transferkompetenz verlangt, wie die Analyse von Haruns Pionierleistung zeigt, von Anfang an Zusatzarbeit gegen den Strom der naturwüchsigen Ökonomisierung. Durch den systematischen Verzicht auf diese Zusatzarbeit kann das aufgabenlösende Lehren und Lernen beachtliche Faktensammlungen verbuchen, die aber durch die weitgehend fehlende Kompetenz ihrer selbständigen Verarbeitung, Verknüpfung und vor allem Fortentwicklung entwertet sind. *Die Begriffsarbeit und nicht das Operieren ist das Herz der schulischen Mathematik.*

Während das problemlösende Lehren und Lernen methoden- und prozeßorientiert ist und das Sachwissen als vergleichsweise zweitrangig der Kompetenz im gewandten Umgang mit den Fakten unterordnet, ist das aufgabenlösende produktorientiert und zielt auf die Verfügbarkeit von Faktenmassen, deren Elemente schließlich unabhängig, isoliert von und sogar gegen die zu ihrem Erwerb nötigen Prozesse existieren. Der Lernende erfährt die Faktenmassen schließlich als Ballast und als Verpflichtung, von nun an auf Abruf bestimmte Wissenselemente oder Handlungen zu produzieren, egal ob sie der eigenen Persönlichkeit fremd und implantiert bleiben.

4.3. SEQUENZIEREN UND VERDICHTEN, BESTÄTIGEN, ABSICHERN UND ÖKONOMISIEREN

In diesem Abschnitt befasse ich mich mit Metamustern der Wissensprozessierung, die sich auf das Verhältnis von sprachlichen Oberflächenelementen und von Musterpositionen (vgl. 1.10.) beziehen. Ihre Arbeitsweise, ihre Entstehung und ihr Einsatz sind weitgehend unbewußt. Die Unbewußtheit bedeutet jedoch in keiner Weise eine Einschränkung ihrer Wirksamkeit, sondern ist Bestandteil ihres Funktionierens.

Die Aspekte der Attraktivität der Ökonomisierung und ihre Rolle beim Verbergen der Begriffsarbeit sowie bei der Erzeugung von Lösungsschemata sind im letzten Abschnitt (vgl. 4.2.) anläßlich der Analyse von Haruns Pythagorasanwendung diskutiert worden. Hier möchte ich mich ihrer Entstehung in der Kommunikation zuwenden.

(1) Bestätigungs- und Absicherungsverfahren

Im Unterrichtsabschnitt Nr. 2 "Quadrat, Dreieck, Wurzelmaschine, Streckenverhältnis" wird gegen Ende der zweiten Unterrichtsphase (vgl. 4.1. Figur 28, S. 169ff *"Gereinigtes und kommentiertes Verlaufsschema der Problemlösung"*), die sich mit der Auswertung von Sub 1, dem erneut an c-Quadrat links und a- und b-Quadrat rechts angezeichneten rechtwinkligen Dreieck, beschäftigt, Yirgalems Beitrag (s111ff) Gegenstand eines ausgedehnten *Bestätigungs- und Absicherungsverfahrens*.

> *(s107 ,108) L: J'á. Hat diese Fläche hier* ((-zeigt auf c-Quadrat-)) *was mit einem Dreieck zu tun?*
> *(s111) Yirgalem:Ja.*
> *(s 112) L:* ***Wás****?* ((--zeigt auf Yirgalem--))
> *(s111a) Yirgalem: Also welähh wir haben vorher zwei ... bestimmte Strecken gehabt, feste Strecken,*
> *(s115) L: Welche?*
> *(s116) Yirgalem:Dre/a: und be.*
> *(s116a) L: Gut, ja*
> *(s117) Yirgalem:Und wir ha/Weil wir die feste/zwei feste Strecken haben, wir haben die ... dritte Strecke nur durchgezogen.*
> *(s118-119) L: J'á. Und welche ist das?*
> *(s120) Yirgalem:ce.*
> *(s121,122) L: Aha. Und das Quadrat?*
> *(s123) Yirgalem:Und da/wir haben von diese... -eine rechtwinkliges Dreieck-,... haben wir diese Quadrat, - ce-Quadrat -, bekommen.*
> *(s124,125) L: Já. Das heißt, eine Seite von diesem Quadrat ist wie groß?*
> *(s126,128) Yirgalem:Ist ... ein Teil/ Ein Teil von einem rechtwinkliges Dreieck.*
> *(s129-142) L: Gùt ... Gùt. ((--2Sek--))Ganz wichtig, was du sagst, ganz wichtig. Eine Seite von diesem Quadrat/ Eine Seite ist so groß ... ((-wartet 3Sek-)) wie eine Seite des rechtwinkligen Dreieck ((zeigt Seite c des Dreiecks an c-Quadrat-)) Wie ist das hier?* ((zeigt auf b-Quadrat)) *Wasist das für eine Fläche hier?Die heißt...?*
> *(s143) Da* ((räuspert sich)) *be-Quadrat.*
> *(s144) At be-Quadrat.*
> *(s145,146) L: Ja. Wo kommt die her?*
> *(s147) Yirgalem:Das ist doch eine/eine Strecke von ... rechtwinkliges Dreieck.*
> *(s148) L: Jà. Und diese?* ((zeigt auf a-Quadrat))
> *(s149)Kevina-Quadrat.*

(s150) Yirgalem:Die hat eine recht/äh eine Strecke von ... rechtwinklige Dreieck.
(s151-154) L: Wir haben also ... hier ((schiebt die Tafel hoch)) *ein Quadrat ...noch ein Quadrat ...noch ein Quadrat* ((zeigt nacheinander auf a-, b- und c-Quadrat-)) *und die sind gleich. ...Links und recht vom Gleichheitszeichen ist gleich.* ((--2Sek--)) *Das sind Flächen.*

Das Bestätigungs- und Absicherungsverfahren erstreckt sich von (s129) bis (s154). Zunächst streicht L Yirgalems Leistung gebührend heraus:

(s129,131) Gut. ....Gut ((--2 Sek--)) Ganz wichtig, was du sagst, ganz wichtig.

Das sichert ihr Aufmerksamkeit. Ein einfaches "Ja." reicht nicht aus, um ein Wissenselement im Unterrichtsfluß zu halten. Wenn ein Wissenselement für den Fortgang des Ableitungsgeschehens so wichtig ist, wie Yirgalems Beitrag, der den Ertrag einer Phase im Gesamtplan sicherstellt, muß für das weitere Voranschreiten ein Bestätigungs- und Absicherungsverfahren vorgenommen werden. Es grenzt die aufeinanderaufbauenden Abschnitte voneinander ab.

Den Beginn des Bestätigungs- und Absicherungsverfahrens stellt das Angebot einer Wiederholung der zentralen Aussage in Form einer Reißverschluß- oder Einsprechtechnik dar:

*(s132,136,137,138) Eine Seite von diesem Quadrat/ Eine Seite ist so groß ... ((---3 Sek---)) wie eine Seite des rechtwinkligen Dreieck ((*zeigt Seite c des Dreiecks an c-Quadrat*)).*

Eine Reißverschlußtechnik besteht in einer gemeinsamen Lehrer-Schüler-Äußerung, die zwar syntaktisch vom Lehrer gestartet und inhaltlich von ihm festgelegt ist, deren einzelne Bestandteile aber alternierend realisiert werden und dabei wie die Zähne eines Reißverschlusses ineinander greifen, wobei die Schlüsselbegriffe möglichst von der Schülerseite kommen sollen. Die Reißverschlußtechnik ist eine Art Lehrervortrag mit verteilten Rollen im Miniaturformat, d.h. auf Satzebene. In diesem Fall mißglückt die Reißverschlußtechnik, denn L muß die angebotene Einsprechlücke (s137) selbst ausfüllen. Damit nicht zufrieden betritt er einen parallelen Durchgang in leicht variierter Form, nämlich für b-Quadrat:

*(s139) Wie ist das hier? ((*zeigt auf b-Quadrat*)).*

Diese Wiederholung wird in zwei Teile zerlegt (s140,146) und von Yirgalem erledigt (s143,147). Der dritte analoge Durchgang verkürzt sich auf drei Segmente: (s148a, 149,150). Die Zerlegung entfällt ebenso, wie die vollständige Wiederholung der Frage, deren Analogie nur durch die Worte

*(s148a) Und diese? ((*zeigt auf a-Quadrat*))*

bezeichnet wird, während Kevin die deiktische Prozedur von L entsprechend verbalisiert:

(s149) a-Quadrat.

Yirgalem ergänzt die Lehrerfrage in Gedanken:

*>Wo kommt die her?<

und beantwortet sie:

(s150) Die hat eine recht/ äh eine Strecke von ... rechtwinklige Dreieck.

Diese Verkürzung von neununddreißig über dreizehn auf drei Segmente ist kennzeichnend für die während eines Bestätigungs- und Absicherungsverfahrens stattfindende Ökonomisierung. Unter geringer Variierung werden analoge Wissensprozesse wiederholt. Verschiedene Schüler werden aktiviert. Der Schwierigkeitsgrad wird von

Mal zu Mal geringer, es besteht die Möglichkeit entsprechend schwächere Schüler zu beteiligen und so die Maxime >**ALLE SOLLEN DRANKOMMEN!**< zu realisieren. Mit jedem Durchgang fallen selbstverständlich gewordene Wissenselemente und -prozeduren als überflüssig fort, während andere zunächst von der Handlungsseite des Lehrers auf die der Schüler verlagert und dann erst als selbstverständlich eingespart werden. Dadurch erhöht sich kontinuierlich die Ökonomie und Prägnanz der Aussage. Auf diese Weise können Sachverhalte in Fachbegriffen konzentriert werden. Das Bestätigungs- und Absicherungsverfahren ist ein unentbehrliches Instrument des Fachsprachenunterrichts.

Wenn L jetzt von

> *(s151-154) L: "Wir haben also ... hier ein Quadrat* ((zeigt))*... noch ein Quadrat* ((zeigt)) *...noch ein Quadrat* ((zeigt)) *und die sind gleich. Links und rechts vom Gleichheitszeichen ist gleich. ((*--2Sek--*)) Das sind Flächen. Wir suchen aber gar nicht nach Flächen, sondern?"*

abermals zusammenfaßt und dabei nur noch einen Teil der in drei Durchgängen bestätigten Aussage wiederholt, nämlich "... Quadrat ..." so ergänzen die Schüler zeitgleich dazu in weiterer Ökonomisierung averbal die mit dem Bestätigungs- und Absicherungsverfahren erarbeitete *Herkunft* der Quadrate. Die in (s151) dreimal angeführten Quadrate sind jetzt mit den entsprechenden Dreiecksseiten vernetzte Quadrate und werden als solche mit (s152) wieder in die Gleichheitsbeziehung der Formel und gleichzeitig mit (s154,155) in die oben aufgestellte Konfrontation eingegliedert. Die Ausführung (s151-155) ist also die Wiederaufnahme der Leitfrage (s81):

> *L: "Nützt uns das* ((zeigt auf $a^2 + b^2 = c^2$ an der Tafel)) *was für unsere Frage hier?"*

unter Integration der erarbeiteten Vernetzung. In der durch das Bestätigungs- und Absicherungsverfahren verdichteten Form wird also der gesamte bisherige Unterricht repräsentiert und seine Problemstellung zusammengefaßt.

(2) Funktionalisierung der Abweichungen sprachlicher Oberflächenelemente von der Standardabfolge

Im Gegensatz zu dem geschilderten ausführlichen Bestätigungs- und Absicherungsverfahren am Ende einer Unterrichtsphase oder eines wichtigen Zwischenergebnisses fallen innerhalb einer Aufgabensequenz die positiven oder negativen Bewertungen sehr viel knapper aus. Sie sind in Gestalt der positiven Einschätzung Positionen der einzelnen abgearbeiteten Aufgabe-Lösungs-Muster-Durchläufe, aus denen sich die Unterrichtsphasen konstituieren. Dafür ist die anschließende Sequenz ein Beispiel:

|L 301 Sò, jetzt mal ich dir das s`ó: *((zeichnet das Quadrat über Seite "2"))* 302 Was ist das?
|_92

|L   304 **Was** ist das?   308 Aha! 309 a-Quadrat, né?
|Da 303 Höche, oder/   306 a-Quadrat
|Ha   305 a-Quadrat.
|At   307 a-Quadrat
|_92

|L   310 Wie **groß** ist das hier?
|Da   306a Ja.
|_93

Die Standardabfolge an der sprachlichen Oberfläche -gekennzeichnet durch kleine lateinische Ziffern- der Musterpositionen -gekennzeichnet durch (Pos) mit arabischen Ziffern- ist folgende:

(i)
Stellen der Aufgabe (Pos 2)[21] durch den Lehrer *((s302) L: "Was ist das?")*
(ii)
Lösungsversuche (Pos7) durch die Schüler *((s305-307) Harun, Daud, Ataschin: "a-Quadrat.")*
(iii)
Positive Einschätzung des Lösungsversuchs (Pos 17) als richtige Lösung durch den Lehrer *((s308,309) L: "Aha! 309 a-Quadrat, ne?")*
[(iv)] [22]
Kenntnisnahme (Pos 18) durch die Schüler. *((s306a) Daud: "Ja.")*
(v)
Stellen der Anschlußaufgabe (Pos 2') durch den Lehrer *(L: "Wie groß ist das hier?").*

'Standardabfolge' bedeutet, daß diese Abfolge die *Folie* darstellt, auf der das sprachliche Handeln sich im Musterwissen der Aktanten abbildet und von der aus Abweichungen im Musterwissen als Abweichungen wahrgenommen und in ihrer Funktion interpretiert werden. So ist im folgenden Beispiel die Wiederholung der Aufgabenstellung (Pos 15) bei einem falschen Lösungsversuch funktional gleichwertig mit der evt. Einfügung eines *Winks* (hier in Gestalt der Interpretierbarkeit der Emphase) in die wiederholte Aufgabenstellung (Pos 14):

(i)
Stellen der Aufgabe (Pos 2) durch den Lehrer *((s302) L: "Was ist das?")*
(ii)
Lösungsversuche (Pos 7) durch die Schüler *((s303) Daud: "Höche, oder/")*
(i')
Wiederholtes Stellen der Aufgabe (Pos 14/15) durch den Lehrer *((s304) L: "**Was** ist das?")*

Daud funktionalisiert das Abweichen der Abfolge *(i)-(ii)-(i')* von der Standardabfolge *(i)-(ii)-(iii)* erfolgreich zu einer scheinbar selbständigen Korrektur seines Lösungsversuchs (s306), ohne daß L zuvor die Falschheit des Lösungsversuchs explizit hätte benennen müssen.

(3) Verdichtungstechnik durch Umkehrung der Standardabfolge von Musterpositionen

Die im folgenden diskutierte Abweichung von der Standardabfolge der positiven Einschätzung und der Anschlußaufgabe hat eine besondere Funktion im Rahmen der

---

21 Zur Kennzeichnung der Musterpositionen (Pos) vgl. 1.9., S. 42, Figur 6.

22 (Pos 18), die Kenntnisnahme, ist eine Musterposition im mentalen Bereich; ihre Realisierung an der sprachlichen Oberfläche ist fakultativ. Ich kennzeichne das durch eckige Klammern.

aufgabenlösenden Kommunikation, die ich als *Verdichtungstechnik* bezeichne. Mit der Verdichtungstechnik steuert der Lehrer über eine Funktionalisierung des Musterwissens des Schülers dessen Syntheseleistungen. Die Standaradabfolge lautet: Erst positive Einschätzung *(iii)*, dann (an der sprachlichen Oberfläche nur fakultativ realisiert) Kenntnisnahme *(iv)*, dann Anschlußaufgabe *(v)*.

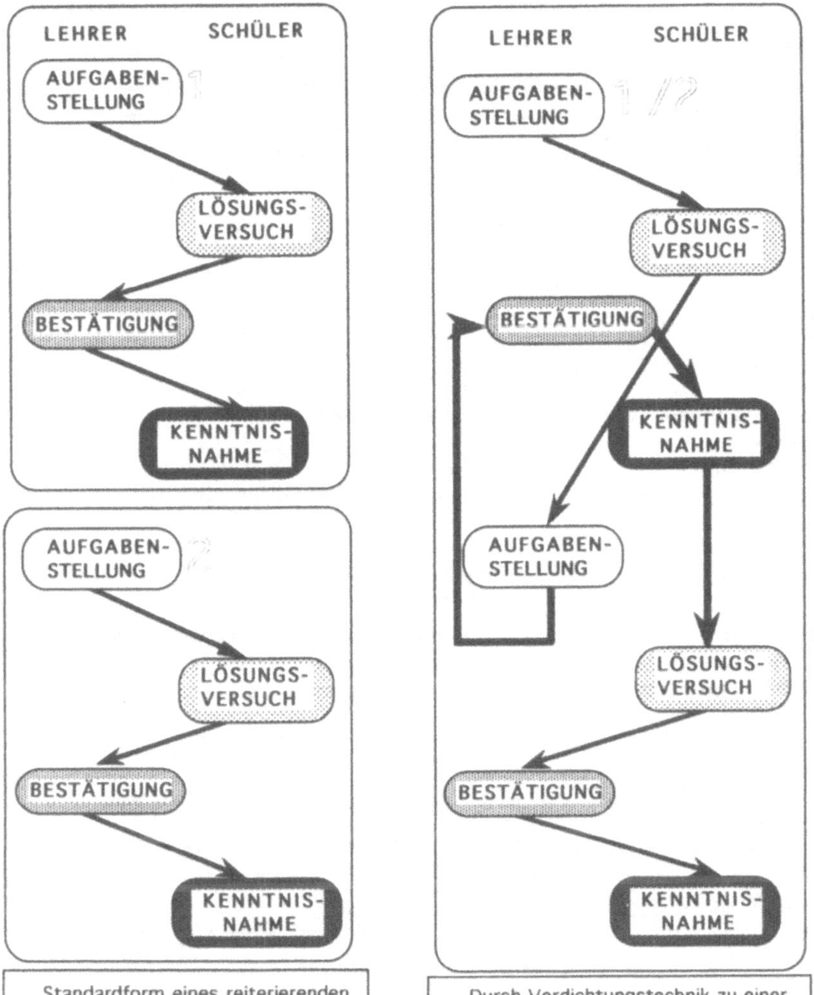

Standardform eines reiterierenden Durchlaufs durch das Aufgabe-Lösungs-Muster: isolierte Aufgaben

Durch Verdichtungstechnik zu einer Einheit verbundene Sequenz von Aufgabe-Lösungs-Muster-Durchläufen

Figur 34: "Verdichtungstechnik durch Umkehrung von Musterpositionen"

Die Verdichtungstechnik kehrt die Standard-Abfolge der Musterpositionen der positiven Einschätzung (Pos 17) des Lösungsversuchs als Lösung *(iii)* und der Weiterführung durch die Anschlußaufgabe (Pos 2') *(v)* an der Sprachlichen Oberfläche dahingehend um, daß auf den richtigen Lösungsversuch des Schülers *(ii)* nicht die positive Einschätzung *(iii)*, sondern *zunächst* die Anschlußaufgabe *(v)* und *dann* die positive Einschätzung *(iii)* folgt. Statt *(i)-(ii)-(iii)-[(iv)]-(v) ergibt sich: (i)-(ii)-(v)-[(iv)]-(iii).*

Dazu ein Beispiel:

|L ((*zeichnet das Quadrat über "x"*)) 338 Sò. 339 Vergleich mal dieses Quadrat ((*zeigt x-*
|_99

|L *Quadrat*)) mit diesen beiden Quadraten ((*zeigt die Quadrate über "2" bzw. "7"*)) ((*--12Sek---*))
|_100

|L 343 Wa**rum** ist es gleich? 343a Ist richtig.
|Ke 340 Und? Gleiche! 344 Ja, a- plus/ a-Quadrat plus be-
|Ha 341 Ja, das ist/
|S 342 Ah, so!
|_101

Durch die Umkehrung:
Erst *(v)*
Anschlußaufgabe *(s343) L: "Warum ist es gleich?"*
dann *(iii)*
Positive Einschätzung *(s343a) L: "Ist richtig"*
werden die aufeinanderfolgenden Anschlußaufgaben wie Glieder einer Kette ineinander verschränkt.

(4) Verdichtungstechnik durch unvollständige Musterrealisierung

Die Bestätigung für einen richtigen Lösungsversuch kann in Unterrichtsphasen, die durch Verdichtungstechnik gekennzeichnet sind, auch gänzlich ausbleiben, bzw.für zwei oder mehrere Aufgaben gemeinsam ausgegeben werden:

|L 244 ((*klopft links auf die Eingabe der Maschine*)) Was kommt hier rein?
|_73

|L 247 Was für ne Fläche? ((---3Sek---)) 249 Welche?
|At 245 Fläche.
|Ke 246 Fläche. 248 Quadrat. 250 a-, be-, ce-, de-,
|_74

|L 251 Ja, welche? 252 Wir haben ja nur ganz bestimmte. 254a a
|Ke egal. 253 Ach, so. 254 a- plus/a- plus be-Quadrat.
|Ab 255 a- plus.../a- plus
be/
|_75

|L ist keine Fläche. 257 Und was noch? 260a Ja,
|Ab 256 a-Quadrat plus be-Quadrat. 258 ce-Quadrat.
|Ke 259 und ce-Quadrat.
|Da 261 geht/...gleich/
|_76

|L kommt hier rein. 260b Und was kommt da raus? 264 Ja, wie heißt die Strecke dann?
|Da 262 Eine Strecke.
|Ke 263 Strecke.
|_77

|L 266 **Vorsicht !!** ((-1Sek-)) 266a Sò. ((--2Sek--))
|Da 265 Verhält/
|Ke 267 Da kommt eine Strécke raus...
|_78

In dieser (aus den weiter oben vgl. 3.2.(8), S. 117f analysierten Gründen vorzeitig abgebrochenen) Sequenz geht es um die mathematisch-begriffliche Konkretisierung der eher allgemeinen Begriffe "Fläche" und "Strecke", als *Quadrat*flächen aus *Dreiecks*strecken d.h. um die Eingliederung der 'Verwandlungsmaschine' in das Ableitungsgeschehen. Zu diesem Zweck sollen nach dem Lehrergesamtplan die als Quadrate aus Dreiecksseiten vernetzten Quadrate a-Quadrat und b-Quadrat unter Berücksichtigung ihrer Gleichheitsbeziehung mit c-Quadrat auf der Flächenseite in die Maschine eingegeben und so der Zugriff auf die gesuchte Dreiecksseite c auf der Streckenseite ermöglicht werden. Dabei handelt es sich also um einen Gedankengang, der nur dann über seine zahlreichen Stationen zu verfolgen ist, wenn er dabei als Ganzer im Bewußtsein gehalten werden kann.

Für diesen Zweck funktional verhält sich die Verdichtungstechnik, mit der mehrere Durchläufe durchs Aufgabe-Lösungs-Muster für die Schüler ersichtlich zu einer zusammengehörigen Einheit synthetisiert werden. Die Verdichtungstechnik spielt eine wichtige Rolle bei der Zusammenführung und Vernetzung von Einzelergebnissen, d.h. beim Herbeiführen von Syntheseleistungen im Rahmen des Aufgabenlösens. Sie ist ein wichtiges Instrument bei der Gegensteuerung zur durch die schrittweise Erarbeitung nach dem Lehrergesamtplan ausgelösten Fragmentarisierung des Wissens

Mit Ausnahme des kurzen "Ja," in "Ja, welche?" (s251), das nicht so sehr den Charakter einer Bestätigung des Inhalts hat, sondern eher den Verbleib des Turns bei Kevin ausdrückt, wird die gesamte, aus sieben Teilaufgaben bestehende Sequenz, mit einem einzigen "Ja," (s260) bestätigt. In diesem Fall ist die positive Einschätzung implizit in der Tatsache enthalten, daß der Lehrer unmittelbar zur Folgeaufgabe übergeht.

Die Unvollständigkeit des Aufgabe-Lösungs-Musters ist in diesem Fall das kommunikative Signal, das den Schülern die Information gibt, daß die Entwicklung des Gedankengangs noch nicht abgeschlossen ist. Die Registrierung der Unvollständigkeit durch die Schüler ist daher als ein wichtiger Steuerungsimpuls gerade die Voraussetzung für die Auslösung ihrer Syntheseleistungen.

Die Wirksamkeit der Verdichtungstechnik fußt also in spezifischer Weise auf dem beiden Koaktanten gemeinsamen Musterwissen. Mit der Verdichtungstechnik wird die unvollständige Musterrealisierung zweckfunktional für die Gegensteuerung zur Fragmentarisierung des Aufgabenlösens und für die Syntheseleistung gemacht.

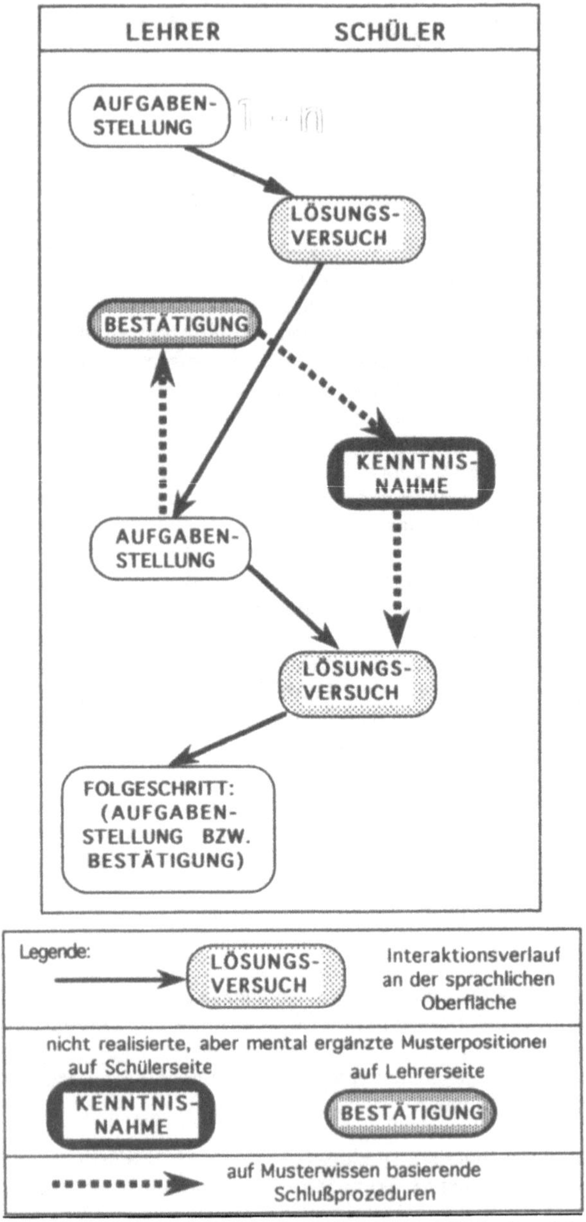

Figur 35: "Verdichtungstechnik durch unvollständige Musterrealisierung"

Aber auch das "Ja," (s260a) ist noch keine Einleitung zu einem vollständigen

Bestätigungs- und Absicherungsverfahren, sondern hat nur den Charakter einer Zwischenbestätigung. Es ist nämlich Bestandteil einer weiterführenden Aufgabe,

(s260a,260b) "Ja, kommt hier rein und was kommt da raus?"

die unmittelbarer Vorgänger der anschließenden entscheidenden Aufgabe (s264) der Sequenz ist, mit der der Zugriff auf die Größe von Strecke c angestrebt werden soll. Auch diese, die entscheidende Folgeaufgabe:

(s264) "Ja, wie heißt die Strecke dann?"

ist mit einer Bestätigung gleichen Charakters *in einer gemeinsamen Sprechhandlung* (s264) zusammengefaßt. Dadurch wird den Schülern sprachlich die Unabgeschlossenheit der Aufgabensequenz vermittelt.

Indem die Musterposition der Bestätigung nicht als eigenständige Sprechhandlung, sondern als *Bruchteil* einer Sprechhandlung realisiert wird, ist auch im Fall der Bestätigung als Zwischenergebnis ein auf dem Musterwissen fußendes Unvollständigkeitssignal gegeben.

Dadurch wird den Schülern die Notwendigkeit vermittelt, die bisherigen Zwischenergebnisse für die Lösung sowohl der Folgeaufgaben als auch der Gesamtsequenz in ihrem mentalen Bereich aktiviert zu halten und entsprechend zu berücksichtigen. *Die Zusammenfassung von Bestätigung und Folgeaufgabe in einer gemeinsamen Sprechhandlung kennzeichnet die gesamte Sequenz als Bearbeitung eines einheitlichen Gedankengangs in einer zusammengehörigen Aufgabensequenz*. Damit ist diese Variante der Verdichtungstechnik ebenfalls ein Bestandteil der erforderlichen Gegensteuerung zur Fragmentarisierung des Aufgabenlösens und eine vergleichbare Förderung der Syntheseleistung, wie jene der Zusammenfassung mehrerer Aufgaben durch eine gemeinsame Bestätigung. Die Verdichtungstechnik fußt auf dem gemeinsamen Musterwissen und bezweckt die Steuerung mentaler Syntheseprozesse auf Schülerseite.

Vollständige Bestätigungs- und Absicherungsverfahren fassen Aufgabensequenzen zusammen und grenzen sie voneinander ab. An ihrem Ende finden sich meist diskursstrukturierende Elemente, wie das berühmte "Sò" in fallender Intonation (s266a) (vgl. auch (s3,25,208,243,301,326,338,352)). In sich werden die einzelnen Aufgaben der Sequenzen durch die Verdichtungstechnik als zusammengehörige Teile eines Ganzen ausgewiesen, deren Vernetzung durch Syntheseleistungen so erleichtert wird. Die Ergebnisse der Sequenzen werden in den Bestätigungs- und Absicherungsverfahren einer Ökonomisierung unterzogen, die sie als Ausgangsstationen anschließender Sequenzen handhabbar für weitere Verdichtungstechniken macht.

4.4. ANGELEITETE ANALYSE- UND SYNTHESE

Im folgenden wird das Metamuster einer Strategie analysiert, die sich auf das Verhältnis der einzelnen Musterdurchläufe und Aufgabensequenzen an der sprachlichen Oberfläche und ihrer Funktion im Rahmen des Lehrergesamtplans bezieht. Das Metamuster prozessiert die Abarbeitung der Zerlegung und Zusammenfassung des Sachverhalts.

Als grundlegende Voraussetzung hat der Analyse- und Syntheseprozeß der zeitlichen

Linearität der Sprache Rechnung zu tragen. Diese Linearität steht aber im Widerspruch zu der Notwendigkeit der interaktiven Zerlegung und Bearbeitung des Sachverhalts in über- und untergeordnete, parallele und nicht parallele, übergreifende und detaillierte, umfangreiche und knappe, direkte und indirekte, mental anspruchsvolle und unmittelbar evidente usw. Einzelschritte. Die Zerlegung und schrittweise Bearbeitung des Sachverhalts geschieht gemäß dem Lehrerplan und in Abstimmung mit den Erfordernissen der kommunikativen Situation im Unterricht. Die Abfolge der sprachlichen Handlungen ist dabei allerdings keine Widerspiegelung der fachlich-inhaltlichen Systematik, vielmehr ist das Verhältnis zwischen beidem komplex.

Die Linearität der Sprache steht aber vor allem im Widerspruch zu der anschließenden Notwendigkeit, den Sachverhalt aus der Summe der auf die einzelnen Schritte bezogenen Lösungen wieder zu rekonstruieren, also der Zusammenfassung der Einzelschritt-Ergebnisse zu immer größeren Einheiten. Diese Zusammenfassung kann wesensgemäß nicht additiv sein, sondern muß als Synthese die Komplexität des ursprünglichen Sachverhalts mental rekonstruieren.

Oben (vgl. 2.4., S.87ff) wurde die Prägung der Beziehung zwischen der logischen Struktur des Sachverhalts und den interaktiven Formen seiner Bearbeitung unter dem Aspekt der Rolle der Vernetzungsarbeit untersucht, d.h. wie sich die Qualität der jeweiligen inhaltlich-methodischen Verbindung zwischen den Wissenselementen der Teilschritte des Lehrerplans an der sprachlichen Oberfläche ausdrückt. Hier soll gezeigt werden, daß, unabhängig von der konkreten Ausformung dieser Prägung entsprechend den jeweiligen Sachverhalten und unabhängig von der Qualität ihrer jeweiligen Bearbeitung, der Analyse- und Syntheseprozeß unter Lehreranleitung dennoch eine bestimmte, verallgemeinerbare methodische Struktur aufweist.

Es geht hier also weniger um die mentale Bewältigung der auf die einzelnen Wissenselemente bezogenen Aufgabenstellungen als um die Darstellung der sprachlich-kommunikativen Gesetzmäßigkeiten, nach denen sie sich im großen Maßstab nach dem Lehrergesamtplan zu ganzen Unterrichtsabschnitten strukturieren.

Die im folgenden geschilderte Analyse- und Synthesestrategie ergibt sich aus der Kombination dieser beiden Voraussetzungen, Linearität der Sprache und Komplexität des Sachverhalts. In den Unterrichtsphasen stehen aus den Aufgabensequenzen die einzelnen Wissenselemente zur Verfügung, die durch den Syntheseprozeß vereinigt und aufs bislang erarbeitete Problemganze zum Zweck von dessen Vervollständigung projiziert werden. Der problemlösende Unterrichtsprozeß ergibt sich aus der Kombination aller drei Bestandteile: Verfügbarkeit der Einzelwissenselemente, Synthese und Rückbezug aufs Problemganze. Der aufgabenlösende Unterricht beschränkt sich im wesentlichen auf den ersten Bestandteil.

(1) Synthese durch Verdichtung, Ökonomisierung und Zusammenfassung

Im vorliegenden Unterricht wird eine Synthesestrategie angewendet, die aus der schematischen Zusammenfassung der Unterrichtsphasen (vgl. 4.1., s. Figur 28, S. 169ff), auf die hier nochmals zurückgegriffen werden muß, hervorgeht:

-In der ersten Phase führt die wiederholte konfrontative Gegenüberstellung zwischen Gesuchtem und Bekanntem verschiedene Schüler zu einem Bewußtsein der Problemstellung, des Rahmens und der Kategorisierung der Elemente auf der allgemeinbegrifflichen Ebene.
-In der zweiten Phase erarbeitet Yirgalem die Vernetzung von allgemeinbegrifflicher und mathematisch-begrifflicher Ebene und Kevin den mathematisch-begrifflichen Zugriff vom Bekannten auf das Gesuchte, während Harun bereits auf die algebraisch-numerische Festlegung der gesuchten Strecken abzielt.
-Die dritte Phase wertet Kevin mit seinem Vorschlag aus, die bekannten Flächen entsprechend der Zeichnung in die "Maschine" zu speisen. Dadurch werden die mathematisch-begriffliche und die algebraisch-symbolische Ebene vernetzt und der algebraisch-symbolische Zugriff auf das Gesuchte ermöglicht. Diese Phase wird aber aus den analysierten Gründen abgebrochen.
-In der vierten Phase vollzieht Harun die Problemlösung auf der algebraisch-numerischen Ebene. Die dafür erforderliche Vernetzungs- und Komplettierungsarbeit wird von Kevin, Yirgalem und Ataschin verbalisiert und erstreckt sich über alle Begriffsebenen des Problems.

Die hier angewendete Synthesestrategie besteht also in der Kombination verschiedener für sie funktionaler sprachlicher Mittel: Die Subaufgaben-Sequenzen werden in sich durch die Verdichtungstechnik als zusammengehörige Einheiten ausgewiesen, deren Ergebnisse durch Absicherungs- und Bestätigungsprozeduren dem Ökonomisierungsprozeß unterworfen werden. Die so (beispielsweise im Fachbegriff) verdichteten Ergebnisse der Ökonomisierungsprozesse werden anschließend auf die Leitfrage der Problemstellung in ihrer jeweils z.B. auf den einzelnen Begriffsebenen aktualisiert abgeleiteten Version projiziert. Der analoge Vorgang findet auch hinsichtlich der Unterrichtsphasen als Ganzer statt. Durch diese Projizierung wird die Einordnung der Ergebnisse der Subaufgaben-Sequenzen und der einzelnen Unterrichtsphasen in Gestalt von Zusammenfassungen in den Gesamtkontext des Problems gewährleistet.

In jeder der vier Phasen läßt sich das Problemganze auf der entsprechenden Begriffsebene darstellen. Auch der Syntheseprozeß verläuft in Phasen. Das Problemganze existiert zunächst in diffuser Gestalt und gewinnt von Phase zu Phase schärfere Konturen, indem weitere Begriffsebenen vernetzt werden. Die Integration der jeweils erarbeiteten neuen Erkenntnisse stützt sich auf das Bewußtsein vom Ganzen entsprechend der letzten Zusammenfassung. Prozessierend für diese Zusammenfassungen sind die phaseneinleitenden oder -abschließenden Leit- oder Regiefragen des Lehrers, in die wachsende Anteile des erarbeiteten Gesamtplans eingehen, bis zuletzt Leitfrage und konkrete Negation des Gesamtproblems identisch sind.

Parallel zur Vervollständigung der Problemgestalt verkleinert sich der den Schülern nicht zugängliche Teil des Gesamtplans. Die erfolgreiche Problemlösung, d.h. die Vernetzung aller Ebenen überträgt auch den Gesamtplan. Durch selbständige Syntheseleistungen wird auch Transferkompetenz erworben. Im Aufgabenlösen bleibt der Gesamtplan alleiniger Besitz des Lehrers. Schematismus ist der einzige Ersatz für einen transferähnlichen Prozeß, der mit dem Aufgabenlösen erreicht werden kann.

(2) Analyse und Synthese an einem komplexen Beispiel
Ich stelle die geschilderte Analyse- und Synthesestrategie zur Verdeutlichung und

weiteren Verallgemeinerung nochmals am Unterrichtsabschnitt "Lösungswegediskussion" (Transkription Nr. 3) dar, der mit einer Dauer von vierundzwanzig Minuten und tausendeinhundertundfünfzehn Segmenten schon äußerlich recht umfangreich ist und in sich eine komplexe Struktur aufweist[23].

Es geht darin gemäß Lehrerplan um den Sachverhalt, daß zum einen die Berechenbarkeit von Dreiecken nur Ausdruck ihres grundsätzlichen Festgelegtseins ist (Leitfrage 1) und zum anderen, daß Dreiecke sich nach der Art der bekannten Teile bestimmten Typen zuordnen lassen, für die sich ein bestimmter Standardlösungsweg ergibt (Leitfrage 2). Im vorliegenden Unterricht werden drei Dreiecke diskutiert, alle als Vertreter des Typs "Winkel-Seite-Winkel" erkannt und der Lösungsweg dann in der Form "Erst Winkelsummensatz dann Sinussatz" standardisiert.

Der Sachverhalt wird vom Lehrer unter zwei Leitfragen (LF) dargeboten und untersucht.

(s7) (LF1) {Wieviele Teile brauche ich, um ein Dreieck festzulegen?}

(s416) (LF2) {Und wir suchen jetzt nach Möglichkeiten, wie wir ausrechnen können.}

Beide Leitfragen untersuchen den Sachverhalt auf verschiedenen Begriffsebenen: (LF1) sinnlich-konkret auf der allgemeinbegrifflichen Ebene der unmittelbaren Anschauung und (LF2) operativ auf der algebraisch-symbolischen Begriffsebene. Aus der Arbeit an beiden Leitfragen ergeben sich -über den oben (vgl. 4.3.) geschilderten Weg der Verdichtungstechnik, Ökonomisierung, Projektion und Zusammenfassung- als deren Lösungen Schlußfolgerungen (Folg).

Abkürzung	Tätigkeit	Begriffsebene	Inhalt
LF1	Untersuchung	mathematisch-zeichnerisch	Hantieren
Folg1	Schlußfolgerung	alltäglich-allgemeinbegrifflich	Beziehung zwischen Gegebensein und Festgelegtsein
LF2	Untersuchung	algebraisch-symbolisch	Operieren
Folg2	Schlußfolgerung	mathematisch-begrifflich	Beziehung zwischen Dreieckstypen und mathematischen Gesetzen

Figur 36: "Leitfragen und Schlußfolgerungen im Unterrichtsabschnitt 'Lösungswegediskussion'"

23 Es liegt in der Natur der Sache, daß die Darstellung eines derart komplexen Ableitungsgeschehens in seiner sprachlichen Mikrostruktur und in seiner logisch-systematischen Hierarchie dem Leser einige Geduld abfordert. Doch treten mit der quantitativen und qualitativen Reduktion des Analyseobjekts auf sehr einfache, grundlegende und kleinschrittige Prozesse, wie sie in der einschlägigen Literatur vorherrschend ist (vgl. Wygotski, Bakhtin, Lurija, Piaget, aber auch Bauersfeld), bestimmte Phänomene gar nicht erst zu Tage, die aber eine diskursanalytische Untersuchung für den Praktiker jenseits der Grundschule erst handlungsrelevant machen.

(Folg1) besteht in der Erkenntnis der allgemeinbegrifflichen Beziehung zwischen dem Gegebensein bestimmter Teile und dem Festgelegtsein der Dreiecksgestalt durch diese Teile (womit nach dem Konzept des Lehrers auch die grundsätzliche Berechenbarkeit erwiesen ist). (Folg2) besteht in der Erkenntnis der mathematisch-begrifflichen Beziehung zwischen bestimmten Dreieckstypen und den entsprechenden algebraisch-symbolischen Formeln zu ihrer Berechnung.

(LF1) soll durch hantierendes Operieren zur Erkenntnis des Festgelegtseins in (Folg1) führen, (LF2) durch algebraisches Operieren zur Erkenntnis der Berechenbarkeit in (Folg2). So wie das hantierende Operieren im algebraischen Operieren, soll dabei das Festgelegtsein in der Berechenbarkeit aufgehoben werden. Leitfragen und Schlußfolgerungen sollen durch Vernetzungen untereinander zur Problemgestalt verbunden werden.

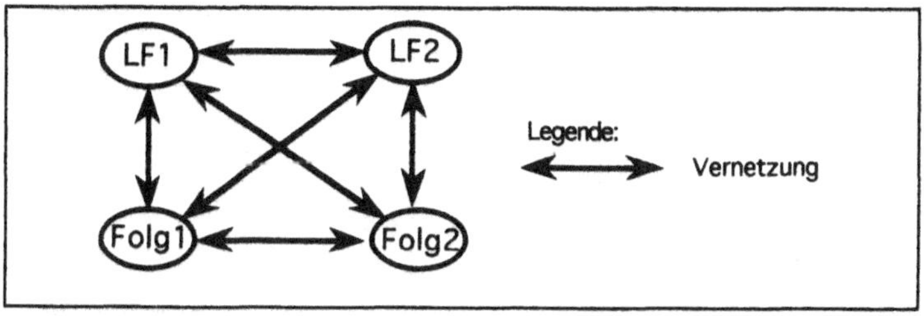

Figur 37: "Beziehungen zwischen Leitfragen und Schlußfolgerungen"

Leitfragen und Schlußfolgerungen werden im Lauf der Arbeit am Sachverhalt in subordinierte Bestandteile zerlegt (Sub) bzw. aus ihnen zusammengefügt (Zus). Die subordinierten Bestandteile realisieren sich je nach dem Handlungsmuster, mit dem sie erarbeitet werden als Subaufgaben oder Subprobleme, wovon die gewählten Bezeichnungen (Sub) bzw. (Zus) abstrahieren. Die subordinierten Bestandteile haben entweder aufschließenden und erklärenden also unterordnenden Charakter oder sind Varianten von vorangehenden zum Zweck der Absicherung, Wiederholung und Ökonomisierung mit nebenordnendem Charakter. Zwischen beiden Typen wird in der Bezeichnung (Sub) nicht unterschieden. Die (Subs) sind ihren jeweiligen Leitfragen und Schlußfolgerungen zugeordnet und werden normalerweise im Prozeß ihrer Bearbeitung in (Subs) zweiter und dritter Ordnung hierarchisch aufgegliedert.

Die Aufgliederung durch (Subs) wird durch Zusammenfassungen (Zus) rückgängig gemacht. Es ist hier nicht von Inhalt, sprachlicher Methodik und mentalen Prozessen die Rede, mit deren Hilfe das im einzelnen geschieht, wie z.B. über Sequenzieren und Verdichtungstechnik, Bestätigen und Absichern und Ökonomisierung etc. (vgl. 4.3.); in diesem Zusammenhang interessiert einzig das kommunikationsstrategische Zusammenspiel dieser Elemente. Die Zusammenfassungen haben für die subordinierten Bestandteile die gleiche Funktion, wie im großen Maßstab die Schlußfolgerungen für die Leitfragen des Sachverhalts.

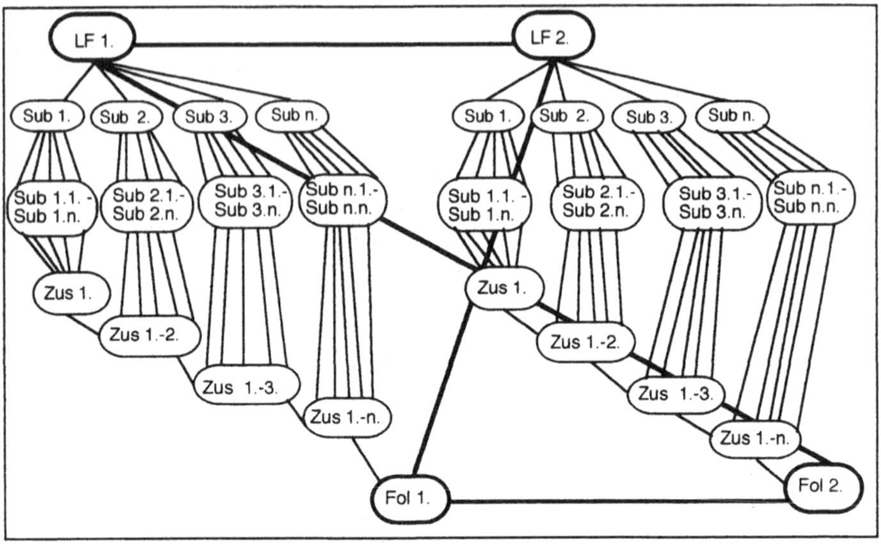

Figur 38: "Logisch-systematische Hierarchie der Struktureinheiten des Unterrichtsabschnitts 'Lösungswegediskussion'"

Die Zusammenfassungen folgen dabei dem Prinzip, die jeweils vorangehenden in sich einzuschließen. Das wird durch bestimmte sprachliche und mentale Techniken und Prozeduren sichergestellt. Dies ist der entscheidende Prozeß bei der Durchführung der gesamten Analyse- und Synthesestrategie. Durch den Einschluß der vorangehenden Zusammenfassungen wird gewährleistet, daß der Sachverhalt nicht atomisiert wird und daß anschließende Zerlegungsschritte stets auf dem Hintergrund des schrittweise weiter aufgeschlossenen Sachverhalts als Ganzem in Angriff genommen werden können.

In das Geflecht der durch Vernetzungen verbundenen Leitfragen und Schlußfolgerungen wird also eine analytisch-synthetische Feinstruktur eingelagert, die die schrittweise Abarbeitung des Lehrergesamtplans repräsentiert. Die Figur 38 veranschaulicht die *logische* Hierarchie und Systematik von Leitfragen, subordinierten Bestandteilen, Zusammenfassungen und Schlußfolgerungen sowie ihre dementsprechenden Verknüpfungen. Die Figur macht keine Aussage über die Aufeinanderfolge der sprachlichen Einheiten an der sprachlichen Oberfläche.

Durch die zeitliche Linearität der Sprache sind die einzelnen Struktureinheiten (Sprechhandlungssequenzen, Musterdurchläufe) nun nicht so miteinander verknüpfbar, wie es der logischen Systematik und Hierarchie entsprechen würde. Vielmehr sind diese Einheiten zunächst ohne Berücksichtigung ihrer unterschiedlichen logischen Funktion zeitlich linear verkettet. Die an der sprachlichen Oberfläche realisierte Abfolge der Struktureinheiten ergibt dementsprechend naturgemäß ein ganz anderes Bild:

Aus der Figur wird also deutlich, welche Struktureinheiten *zeitlich* auseinander hervorgehen. Berücksichtigt man, daß in den Struktureinheiten ja bereits ganze Sprechhandlungs- bzw. Subaufgabensequenzen zu analytischen Einheiten zusammengefaßt sind, so wird leicht ersichtlich, daß die analytisch unaufbereitete sprachliche Oberfläche dem Betrachter ein unentwirrbar und undurchdringlich scheinendes chaotisches Durcheinander von Sprechhandlungen entgegenstellt. Nicht anders ist die Situation aber auch für die Schüler, für die zunächst einmal nur das zeitliche Nacheinander der sprachlichen Oberflächenelemente, d.h. inhaltlich nur ihre additive Reihung als Ordnungsprinzip existiert.

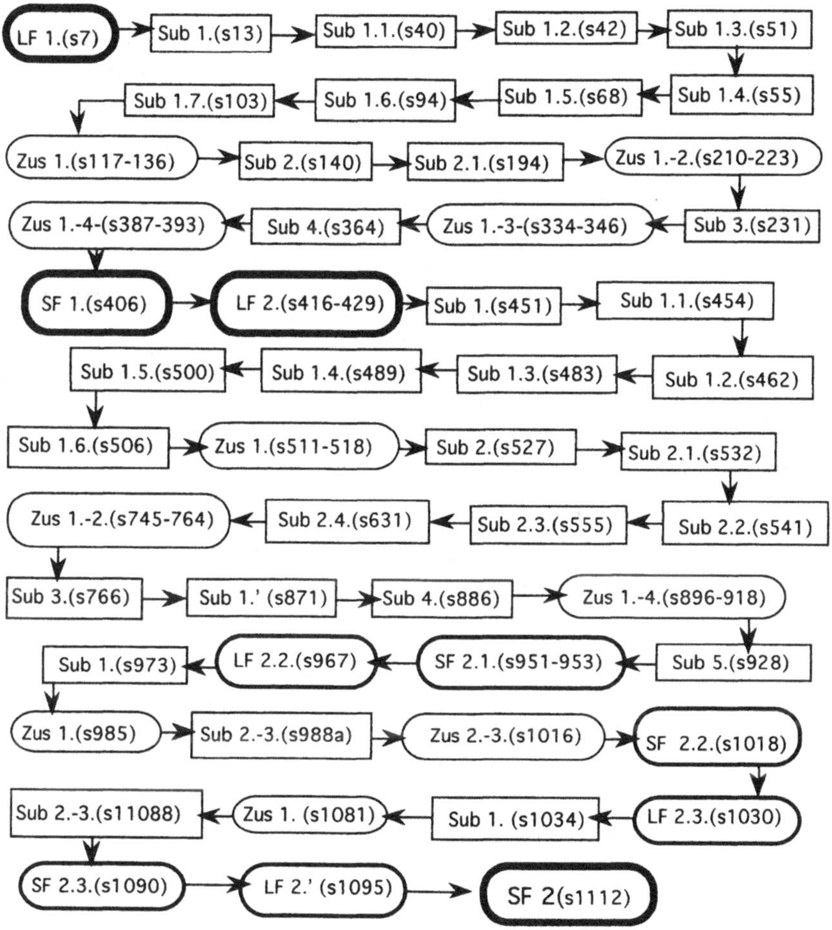

Figur 39: "Sprachlich-lineare Abfolge der wichtigsten Struktureinheiten des Unterrichtsabschnitts 'Lösungswegediskussion'"

Mit der Zusammenfassung stellt die Synthesestrategie ein Instrument zur Verfügung, das geeignet ist, Ordnung in das Chaos des unterschiedslosen Nacheinanders der logisch-systematisch ungleichwertigen Struktureinheiten zu bringen. Aus der Projektion der in ihrer sprachlichen Linearität dargestellten Struktureinheiten auf ihre Funktion gemäß der logischen Systematik und Hierarchie wird die Analyse- und Synthesestrategie deutlich, mit der ein komplexer Sachverhalt unter Lehreranleitung bewältigt werden kann.

Diese Projektion führt im vorliegenden Fall zu der in Figur 40, S. 205 dargestellten Abbildung. Auf den ersten Blick springt ins Auge, daß die lineare Abwicklung des sprachlichen Geschehens unter Projektion auf die logisch-systematische Funktion der sprachlichen Oberflächeneinheiten einen Zick-Zack-Kurs durch das Analyse-Synthese-Schema beschreibt. Darin drückt sich aus, daß nicht etwa zuerst die Summe aller Zerlegungen und dann die aller Zusammenfassungen angegangen würde, sondern daß der Analyse-Syntheseprozeß sich in seinen Einzelphasen von Anfang an ganzheitlich strukturell abbildet.

Eine Teilfrage wird durch Fragmentarisierung in Subaufgaben-Sequenzen soweit aufgegliedert, bis ihre Teile lösbares Niveau erreichen und anschließend bereits als Teilerkenntnis zusammengefaßt, der Ökonomisierung unterzogen und über die Leitfrage wieder auf den Gesamtsachverhalt bezogen, d.h. auf die unter dem ereichten Kenntnisstand schon zu ziehende Schlußfolgerung für das Gesamtproblem hin untersucht. Mit diesem Ergebnis wird die nächste Teilfrage des Sachverhalts entsprechend bearbeitet und ihre Zusammenfassung, die die erste in sich einschließt, erneut in der gleichen Weise über die Leitfrage auf den Gesamtsachverhalt und die zu ziehende Schlußfolgerung angewendet. Dieser Prozeß wiederholt sich für alle Teilfragen, wobei er eine spezifische Dynamik entwickelt.

Die Anzahl der zur Lösung erforderlichen subordinierten Bestandteile verringert sich dabei von Mal zu Mal. Die Anzahl von Bezügen und Analogieprozessen erhöht sich, der Raum zwischen Leitfrage und Schlußfolgerung wird von Nebensächlichem befreit und macht zunehmend den Blick aufs Wesentliche frei. Bildlich gesprochen verändert sich der Kurs der sprachlichen Linearität auf dem Hintergrund seiner logisch-systematischen Funktion, indem seine Amplitude höher wird und seine Frequenz steigt. Die Dauer der Bearbeitungsphasen von subordinierten Bestandteilen gleicher Ordnung verringert sich über Ökonomisierungs- und Analogieprozesse bis hin zum Ausfall ganzer Ordnungen. Durch Ökonomisierungs- und Analogieprozesse kommt es auch zu einer Beschleunigung und sprachlichen Verknappung der Zwischenschritte der Lösungsverfahren bei gleichzeitiger Ausdehnung der eingehenden Anteile des Gesamtsachverhalts. Der Höhepunkt dieser Dynamik ist erreicht, wenn schließlich Leitfrage und Schlußfolgerung unmittelbar aufeinanderfolgen, d.h. wenn der direkte Zugriff von der Problemstellung auf die Problemlösung möglich geworden ist.

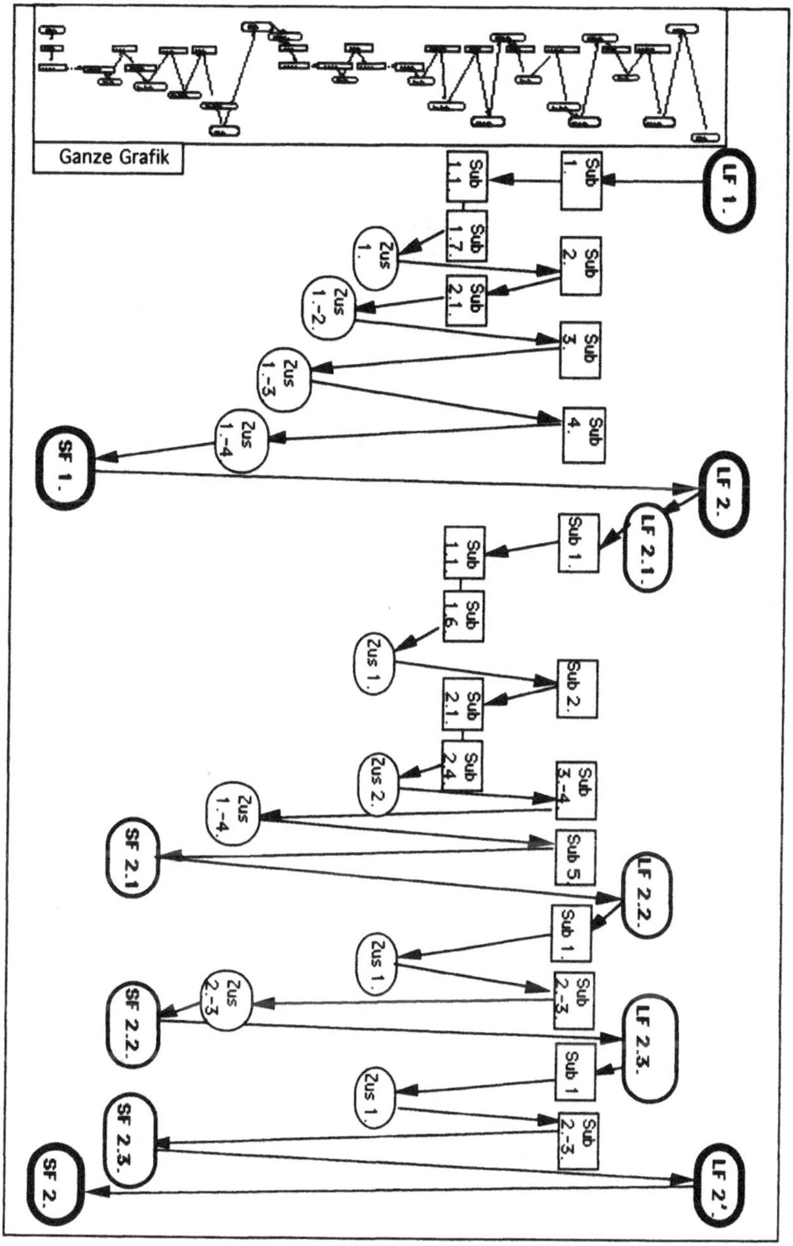

Figur 40: "Projektion der Linearität der wichtigsten Struktureinheiten des Unter-

richtsabschnitts 'Lösungswegediskussion' (s. Figur 39) auf ihre logisch-systematische Hierarchie (s. Figur 38)".

Schematisch läßt sich die so beschriebene Analyse-Synthesestrategie folgendermaßen darstellen: Der lineare Verlauf wird in ein Koordinatensystem eingetragen, dessen Ordinate vom Nullpunkt ausgehend den Komplexitätsgrad (Schwierigkeitsgrad) der Struktureinheiten, also von Problemstellung (P) und subordinierten Bestandteilen (Sub) auf der Problemstellungsseite und von Zusammenfassungen (Zus) und Problemlösung (L) auf der Problemlösungsseite und dessen Abszisse den zeitlichen Ablauf des Handelns darstellt. Aus der Projektion des linearen Ablaufs auf die Ordinate läßt sich so die Differenz der Komplexität der Struktureinheiten ablesen und aus der Projektion auf die Abszisse der Zeitbedarf für ihre Realisierung. Die Dynamik des Prozesses äußert sich darin, daß objektiv immer komplexere Leistungen in immer kürzerer Zeit bewältigt werden, weil in ihre Lösung ein immer größerer Anteil des inhaltlichen und methodischen Gesamtkontexts eingeht.

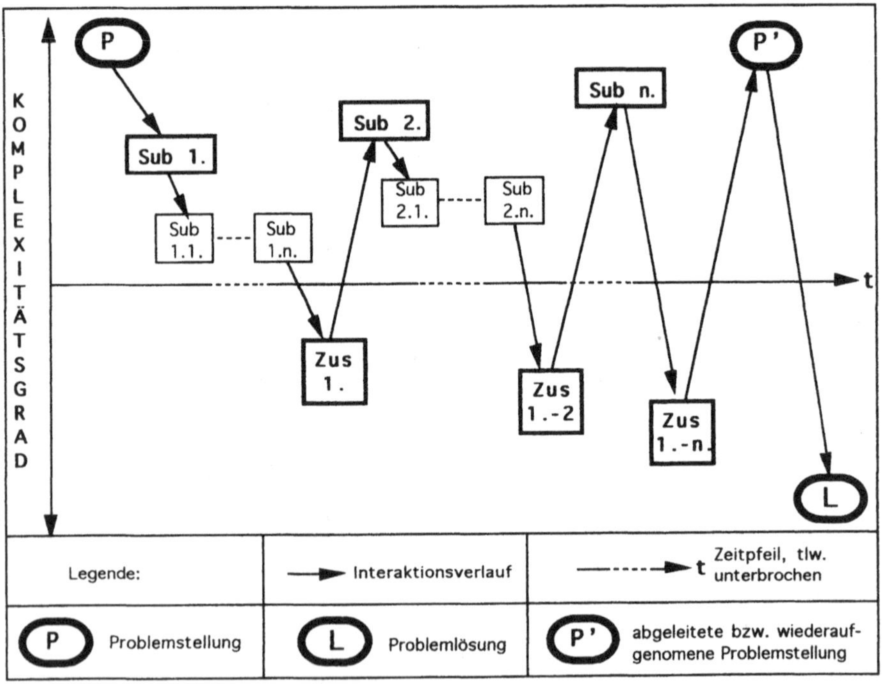

Figur 41: "Schematische Darstellung einer sprachlichen Strategie zur Lösung komplexer Probleme unter Lehreranleitung"

4.5. UMKEHRUNG UND TENDENZIELLE ÜBERWINDUNG DES AUFGABENLÖSENS

In diesem Abschnitt, werden Erscheinungen untersucht, die mit dem problemlösenden Entfalten einer Schüleridee (Transkription Nr.6. "Birols Variante") verbunden sind . Zunächst skizziere ich, inwiefern man bei der diskutierten Schülerleistung von einer selbständigen schulischen Problemlösung sprechen kann (Subabschnitt (1)). Dann gehe ich auf die Widerstände ein, gegen die sich die Problemlösung durchsetzen muß. Obwohl der Lehrer zu Beginn ihre Entfaltung zum offiziellen Hauptgegenstand macht, greift er umfokussierend in die Entfaltung des Vorschlags ein und verfolgt einen längeren, neben der Sache liegenden Exkurs. Dadurch wird das Zielbewußtsein des Schülers zerstört (Subabschnitt (2)). Es kommt zu einer Regression vom Problem- zum Aufgabenlösen (Subabschnitt (3)). Die angeleitete Vervollständigung einer Subaufgabe ermöglicht es dem Schüler, wieder zum Problemlösen zurückzukehren. Erst kurz vor Erreichen der Lösung kommt es zur Rezeption des Vorschlags durch den Lehrer (Subabschnitt (4)). Für die übrigen Schüler ist mit der alternativen Problemlösung kein Erkenntnisfortschritt verbunden, weil das Vernetztsein seiner Operationen nicht begrifflich aufgearbeitet wird. Die entsprechende Umkehrung der Konzeptualierung mathematischer Gesetzmäßigkeiten als systematische Fortführung vernetzter Erkenntnisse alltäglich-allgemeinbegrifflicher Qualität über die anderen Begriffsebenen hinweg wird von einem Schüler zwar angegangen, aber ihre Durchsetzung scheitert an seinem Unvermögen, die begrifflichen Einsichten in der Operation zu rekonstruieren. Der Ersatzcharakter, den auch noch das vernetzte Operieren für das begriffliche Verstehen hat, bleibt unangetastet. Damit kann es nicht zu einem gezielten Arbeiten am problemlösenden Verstehen kommen (Subabschnitt (5)). Dennoch emergieren aus der Verallgemeinerung des Problemlösungsprozesses in Konfrontation mit einer Kritik seiner aufgabenlösenden Entsprechungen die Umrisse einer Überwindung des Aufgabenlösens (Subabschnitt (6)).

(1) Eine selbständige Schüler-Problemlösung

Im vorangehenden Unterricht hatte L die Entfaltung eines Lösungsvorschlags durch Birol unterbunden. In einer Diskussion mit dem Aufnahmeteam in der Pause kam das Gespräch auf das in der Folge damit verbundene, für Birol ungewöhnliche Verhalten der Leistungsverweigerung. Dadurch wird L erneut auf den unterbundenen Vorschlag aufmerksam, rehabilitiert Birol und bittet ihn, seine Idee zu Beginn der folgenden Stunde erneut vorzutragen.

Erst diese ansatzweise Analyse des Schülerhandelns und eine ansatzweise Kritik des eigenen kommunikativ-sozialen Handelns schafft die Voraussetzung für einen Umschlag in der Bearbeitungsqualität des Sachverhalts. Das macht erneut deutlich, daß der Naturwüchsigkeit des Aufgabenlösens in beiden Dimensionen, der Herstellung der Vernetzungen und der Offenlegung und Kritik der kommunikativen und methodischen Bearbeitungsformen gegengesteuert werden muß, um schulisches Problemlösen vom Glücksfall zum System zu machen. Vom Aufgreifen von Birols Lösungsvorschlag erhofft L sich nebenbei einen Beitrag zum Wiederholungsdurchgang für die Ableitung.

Um die Bedeutung der einzelnen Beiträge Birols im Rahmen der Problemlösung verstehen zu können, skizziere ich zunächst die algebraisch-symbolische Standardableitung des Kosinussatzes:

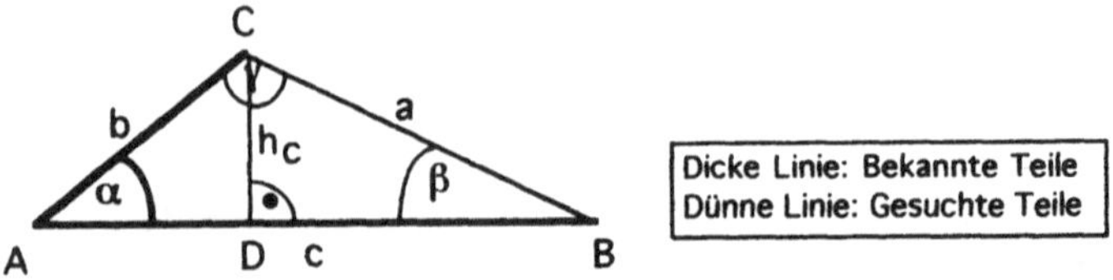

(i) $a^2 = h_c^2 + (DB)^2$	*((Pythagoras im Teildreieck DBC))*
(ii) $h_c^2 = b^2 - (AD)^2$	*((Pythagoras im Teildreieck ADC))*
(iii) $a^2 = b^2 - (AD)^2 + [c - (AD)]^2$	*((Einsetzen (ii) in (i)))*
(iv) $a^2 = b^2 - (AD)^2 + c^2 - 2c(AD) + (AD)^2$	*((Ausmultiplizieren))*
(v) $a^2 = b^2 + c^2 - 2c(AD)$	*((Annullieren))*
(vi) $(AD) = b \bullet \cos \alpha$	*((Kosinusfunktion im Teildreieck ADC))*
(vii) $a^2 = b^2 + c^2 - 2bc \bullet \cos \alpha$	*((Einsetzen (vi) in (v)))*

Die in (i) aufgestellte Gleichung enthält neben der gesuchten Strecke a noch zwei Unbekannte, nämlich Höhe c undStrecke DB. In der Standardversion der Ableitung, wie sie auch im vorangegangenen Unterricht realisiert wurde, wird zuerst hc-Quadrat mit einer zweiten Pythagorasanwendung als b-Quadrat minus AD-Quadrat bestimmt (ii) und Grundseitenteilstrecke DB als Grundseite minus Grundseitenteilstrecke AD umgeformt (iii), womit nur noch Strecke AD als Unbekannte übrigbleibt. Diese Strecke AD wird dann mit einer Kosinusfunktion-Anwendung aus Winkel alpha und Strecke b (vi) bestimmt. Nach der Standardversion der Ableitung ergibt sich also zuerst eine unlösbare Gleichung, die dann in zwei Etappen zur lösbaren umgearbeitet wird. Das bedeutet, daß auch mit der Bestimmung der ersten Unbekannten, Höhe c, sich nichts an der Unlösbarkeit der Gleichung ändert. Die dafür notwendigen Lösungsschritte werden also auch nicht mit dem Ziel der unmittelbaren Problemlösung vor Augen durchgeführt, sondern führen zu einem für sich betrachtet wertlosen Zwischenergebnis. Um dies Zwischenergebnis auch als Zwischenergebnis kategorisieren zu können, muß es mit der Gesamtlösung vernetzt sein, d.h. die Fragmentarisierung des Schülerwissens müßte durch Transparenz des Lehrergesamtplans aufgehoben werden. Dazu war es aber nicht gekommen. Die Verfügung über die Richtung des Syntheseprozesses war nicht auf die Schüler übergegangen. Das ausgebildete Zielbewußtsein reichte höchstens bis zur Erledigung des nächsten Etappenziels.

|| *((Rehabilitation Birols))* || L 1 So, und nun hat **Birol** ((-*1Sek*-)) sich Gedanken gemacht, vorhin,
||_1_____-1-_______ ||_______

|L ganz zu Anfang der Stunde, wie wir ha-ce rauskriegen können und da hab **ich** gesagt: "Nee, laß
|_ 2_______

|L mal!"- und denn is er sauer geworden und hat hièr..4 geschl**afen** 5 Ist ja **logisch**, wenn man nicht
|Be 2 ((-*kichert*-))
|At, Yi 3 ((-*kichern*-))
|_ 3_______

|L wissen will, was einer sacht...... 6 Sò. Und das wolln wir uns jetzt mal anhören. 7 Das ist jetzt
|_ 4_______

|L **Bírols Variànte!** 10 Birol...... 12 Na, er hat eine andere Idee. 13 Die
|Mi 8 ((*ärgerlich*)) Wieso, weil er **sauer** war, oder so?
|Yi 9 eff enn ((*-lacht-*)) ((*=FN: fachbezogene Naturwissenschaften*))
|Be 11 ((*-pfeift anerkennend-*))
|_ 5

|L wolln wir uns jetzt mal angucken. 14 So, Birol, erzähl!
|Yi 15 Unsere Professor.
|Sn 16 ((----------------*lachen*---------))
|_ 6

|| ((*Vor-* || L
|| *stellung* || Bi 17 Wo war das überhaupt...? 19 Das war... am Anfang, wo wi : r hier,
|| *der* || Ke 18 Unser Computer! ((*-grinst-*))
|| *Idee*)) || Yi 20 ((*-kichert-*))
||_ 7 -2- ||

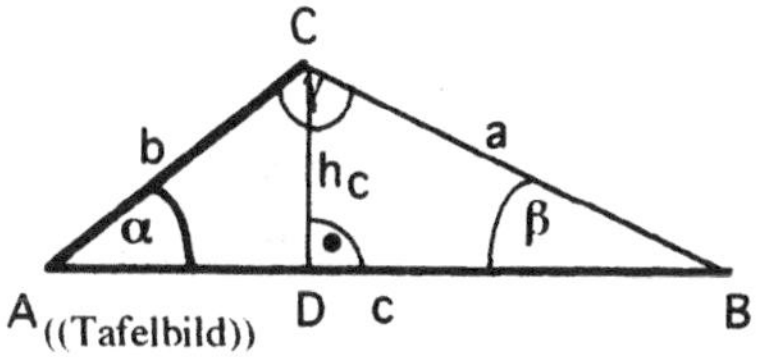

((Tafelbild))

Dicke Linie: Bekannte Teile
Dünne Linie: Gesuchte Teile

|L
|Bi in diesem Dreieck ((*-zeigt DBC-*)) ha-ce rauskriegen wollten 19a Und dá wir natürlich nicht
|_ 8

|L
|Bi wußten... 21 ((--2Sek--))... 22 Ja... 23 Wenn wir in diesem Dreieck, äh, **rein**kommen ((*-zeigt*
|_ 9

|L
|Bi *ADC-*)) 24 Hier haben wir ja Py**tha**goras äh angewendet. 25 Hier möchte ich, äh, äh, **Si**nussatz
|_10

|L 26 **Sinus**satz? 29 ((*zu Sx*)) Ey, nicht so
|Bi anwenden. 27 In/In diesem, äh, Dreieck ((*-zeigt ADC-*)) 28 Und zwar:...wir kennen...
|_11

|L laut! 30 Psst! 31 (*--flüstert ermahnend--*))
|Bi diese Strecke ((*-zeigt Seite b-*)) 29 Und wir kennen diese ((*-zeigt alpha-*)) Winkel ((*-2Sek--*))
|Yi 30 Winkel 30a ((*--flüstert--*))
|_12

|L 33 Welchen Winkel
|Bi 31 Dieses Winkel kennen wir auch ((*-zeigt Winkel ACD-*)) 32 Das mach ich rot......oder gelb.
|_13

|L kenn wir nicht?
|Ma 34 Eine.
|Bi 35 Diesen Winkel kennen wir, jeden. 37 Genau wie hier, also ich weiß nicht. 40
|Mu 36 beta.
|At 38 gamma. 39 gamma.
|_14

|L   43 Welcher ist das?
|Bi Das ist, äh, neunz.../hundertachzig...minus neunzig minus alpha.   44 Das ist gamma.
|At   41 Neunzig Gratt.
|Hi   42 Neunzig
|_15

Die Stunde beginnt mit einer Falschrezeption von Birols Vorschlag durch L:

(s1) L: Sò, und nun hat Birol sich Gedanken gemacht, vorhin, ganz zu Anfang der Stunde, wie wir ha-ce rauskriegen können...

Nach dieser Falschrezeption besteht Birols Vorschlag in einer Variante der Bestimmung von Höhe c. In diesem Sinne schätzt L sie als selbständige Erledigung einer Subaufgabe zur Bewältigung einer Etappe seines Plans ein. L geht von vornherein davon aus, daß sich Birols Vorschlag funktional zu seinem Gesamtplan verhält. In Wirklichkeit liegt mit ihr aber ein alternativer Ableitungsgang, eine selbständige schulische Problemlösung vor.

Zu Beginn seiner Ausführungen rekapituliert Birol die eigene Vernetzung der gegebenen Wissenselemente in den bislang erarbeiteten Problemzusammenhang, das entspricht Position 1 des Musters (vgl. Figur 5, S. 39). Das nimmt unter den gegebenen Umständen die Form des Sich-Erinnerns an. Die Vergegenwärtigung zentraler Bestandteile der damaligen Situation befördert über die Verlagerung des Vorstellungsraums in die Vergangenheit die Aktivierung der damit verbundenen Wissenselemente:

(s17) Birol: Wo war das überhaupt? ...

Die nächste Äußerung stellt die Repräsentation der Problemkonstellation dar:

(s19.19a) Birol: Das war am Anfang, wo wi:r hier, in diesem Dreieck ((zeigt Dreieck DBC)) *ha-ce rauskriegen wollten und dá: wir natürlich nicht wußten ...*

Birols Vorschlag setzt ganz zu Anfang der Ableitung ein, nämlich unmittelbar nach der Teilung des allgemeinen Dreiecks mit Hilfe der Höhe c in zwei rechtwinklige Teildreiecke, ADC und DBC und der Aufstellung des ersten Pythagoras:

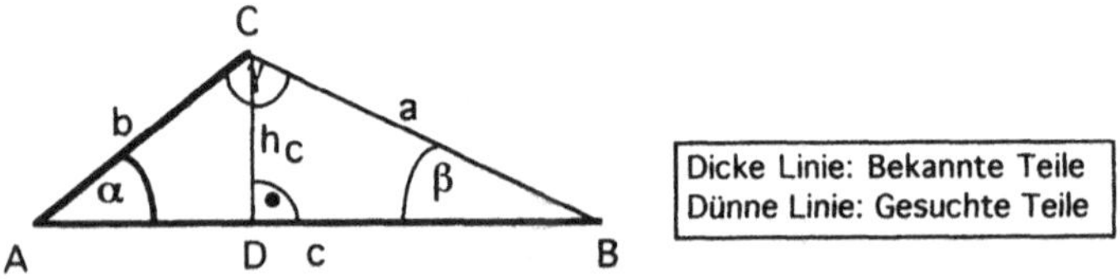

① $a^2 = h_c^2 + \overline{(DB)}^2$ | Pythagoras △ DBC

② $\frac{h_c}{\sin\alpha} = \frac{b}{1} = \frac{\overline{(AD)}}{\sin\sphericalangle ACD}$ | Sinussatz △ ADC

③ $\sphericalangle ACD = 90° - \alpha$

(4) $a^2 = [b \cdot \sin\alpha]^2 + [c - b \cdot \sin(90° - \alpha)]^2$ | Einsetzen (2);(3) in (1)

Figur 42: "Birols Variante der Ableitung des Kosinussatz"

Mit:

(s19a): und dá: wir natürlich nicht wußten ... ((--2 Sek--))

spielt Birol auf diesen Tatbestand an. Damit und in der anschließenden Pause findet ein Abgleich der konstitutiven Elemente von Aporie, Zielbewußtsein und konkreter Negation beider Lösungswege statt. Der Abgleich dient mit der kontrastiven Verschärfung dieser Elemente immer noch der Konsultation des Wissens für die Rekapitulation des eigenen Vorgehens, die dadurch befriedigend abgeschlossen werden kann:

(s22): ... Ja. ...

Die nächste Äußerung bezieht sich auf die konstitutiven Elemente der Zerlegung und Planbildung:

(s23,25): Wenn wir in diesem Dreieck ((zeigt Dreieck ADC)) *äh reinkommen ... Hier haben wir ja Pythagoras äh angewendet. ... Hier möchte ich äh äh Sinussatz anwenden.*

Hier wird die Qualität von Birols Vorschlag als alternativer Problemlösung deutlich: Nach dem mit

*(s25): Hier möchte ich äh äh **Sinussatz** anwenden.*

gekennzeichneten Plan ergibt sich nämlich die Möglichkeit, *beide* Unbekannte, Höhe c und Strecke AD mit einer Sinussatzanwendung zu bestimmen und damit im direkten Zugriff von der aufgestellten Gleichung zur Lösung des Problems, d.h. zur Bestimmung von Seite a zu gelangen.

Damit stößt Birol auf das Unverständnis und Erstaunen des Lehrers:

*(s26) L: **Sinussatz**?*

denn an dieser Stelle weicht der Birol'sche Weg zum ersten Mal deutlich sichtbar von der Standardversion ab, die überhaupt keine Sinusanwendung vorsieht, sondern, wie der Name sagt, eine Anwendung der Kosinusfunktion. Birol interpretiert die Lehrernachfrage als Zweifel an der Machbarkeit dieser Sinussatzanwendung, die vielleicht davon herrührt, daß L der Meinung sei, er wolle den Sinussatz im anderen Teildreieck DBC mit seinen vollständig unbekannten Teilen anwenden. Daher verdeutlicht er nochmals, von welchem Dreieck er jetzt redet:

(s27) Birol: In/ In diesem äh Dreieck ((-zeigt Dreieck ADC-)).

Er geht also in der Folge dazu über, die Winkel und Strecken dieses Teildreiecks ADC in ihrer Bekanntheit zu kennzeichnen und damit die eigentlich unzugänglichen Teile der Problemlösung zu isolieren und die entsprechenden Lösungswege aufzuzeigen:

*(s28,,29,31) Birol: Und zwar ... Wir kennen .. diese **Strecke*** ((zeigt Seite b)). *Und wir kennen diese ...* ((zeigt Winkel alpha)) *Winkel.* ((--2Sek--)) *Dieses* ((zeigt Winkel ACD)) *Winkel kennen wir auch.*

Auf Nachfrage von L:

*(s33) L: **Welchen** Winkel kenn wir nicht ?*

bestimmt Birol noch den bislang fehlenden Winkel ACD korrekt:

(s35,37,40) Birol: Diesen Winkel ((-zeigt Winkel ACD-)) *kennen wir. **Jeden**. Genau*

wie hier, also ich weiß nicht. Das ist äh neunz/. hundertachtzig .. minus neunzig minus alpha.

Indem Birol so die eigentlich unzugänglichen Teile des Problems von den zugänglichen getrennt hat, legt er ein berechenbares rechtwinkliges Teildreieck vor, aus dem beide Unbekannte der primären Gleichung mit einer Anwendung der Sinusfunktion bestimmt werden können. Durch Termumformung läßt sich die Version (4) in die Standardversion des Kosinussatzes überführen:

(v) ((Klammern auflösen)) $a^2 = b^2 \cdot \sin^2 \alpha + c^2 - 2bc \cdot \sin (90° - \alpha) + b^2 \cdot \sin^2 (90° - \alpha)$

(vi) ((Ausklammern)) $a^2 = b^2 \cdot [\sin^2 \alpha + \sin^2 (90° - \alpha)] + c^2 - 2bc \cdot \sin (90° - \alpha)$

(vii) ((Beziehung zwischen Sinus und Kosinus: Phasenverschiebung))
$\sin(90° - \alpha) = \cos \alpha$

(viii) ((Beziehung von Sinus- und Kosinusfunktion: Pythagoras))
$\sin^2 \alpha + \cos^2 \alpha = 1$

(ix)((Einsetzen (vii) und (viii) in (vi))) $a^2 = b^2 + c^2 - 2bc \cdot \cos \alpha$

Insofern ist die Phase (s17-40) im Kern eine vollständige Problemlösung, in deren Verlauf alle konstitutiven Elemente realisiert werden. Nicht direkt nachweisbar sind lediglich die konstitutiven Elemente von Alltagserfahrung bzw. außerschulischem praktischem Wissen und Handlungsinteresse. Beide können aber rückgeschlossen werden: Das Handlungsinteresse aus der Tatsache, daß Birol sich vorübergehend der Mißbilligung des Lehrers aussetzte, um seine Problemlösung durchführen zu können. Als eindeutig abweichend von der schrittweisen Bearbeitung des Lehrerplans, von dieser nicht gefördert, sondern sogar ihre Realisierung behindernd, kann sich Birols Vorschlag nur auf ein eigenes Handlungsinteresse an der Überwindung des Erkenntniswiderstandes der Sache stützen. Lediglich im Hinblick auf die Beziehung der Problemlösung zum außerschulischen praktischen Wissen müssen gewisse Einschränkungen gemacht werden. Birols Betrachtung setzt auf der mathematisch-begrifflichen Ebene ein und findet im wesentlichen auf der algebraisch-symbolischen statt. Die mathematisch-zeichnerische Ebene wird in diesem Sinne verdeutlichend mit einbezogen. Mit dem klaren Bewußtsein der Lösbarkeit (mathematisch-begrifflich) und der Berechenbarkeit (algebraisch-numerisch) geht auch das wesentliche Ergebnis der Betrachtung auf der alltäglich-allgemeinbegrifflichen Ebene, die Evidenz des Festgelegtseins, die Ausdruck des außerschulischen praktischen Wissens bzw. der Alltagserfahrung ist, in die Problemlösung mit ein.

Die Schwäche von Birols Vorschlag liegt in ihrer operativ-algebraischen Begrenztheit. Ihre Initialzündung ist der deiktisch-verweisend durch "gegenüber" organisierte Abgleich der Sinussatz-Formel mit den bekannten Größen des Teildreiecks ADC. Die Lösbarkeit wird von Birol primär als Lösbarkeit einer Gleichung, also algebraisch-symbolisch, nicht mathematisch-begrifffflich erfaßt. Die Einschränkung muß also hinsichtlich des Konzepts gemacht werden, auf das sich der Zugriff vom Bekannten auf das Gesuchte stützt. Es ist bei Birol algebraisch-symbolisch dominiert. Die mathematische Begrifflichkeit wird, wie auch die Zeichnung, im Hinblick auf diejenigen Arbeitsvorgänge funktionalisiert, die auf der als allein wesentlich betrachteten algebraisch-symbolischen Ebene durchzuführen sind. Dadurch bleiben auch bei der Entfaltung von Birols Vorschlag diejenigen Schüler vom Verständnis ausgeschlossen, die gemäß ihrer Anschauung auf der alltäglich-allgemeinbegrifflichen Ebene oder auf der algebraisch-numerisch zugänglichen Ebene des Problems verharren. Noch weniger hilfreich ist sie, um diejenigen Schüler an die Erfassung des Problems heranzuführen, für die sich auf keiner der Begriffsebenen ein Problem abzeichnet. Dieses Manko teilt sie mit der zuvor durchgeführten Standardableitung.

In der algebraisch-symbolischen Dominanz zeigen sich erste Anzeichen einer Professionalisierung. Birols Ausgangspunkt ist nicht wie bei Kevin eine elaborierte und nach dem gesunden Menschenverstand durchgearbeitete sinnliche Wahrnehmung und schon gar nicht deren vernetzende Überführung auf die mathematisch-begriffliche Ebene. Er vervollkommnet das vernetzte Operieren zum kreativen Umgang mit algebraischen Formeln, aber dieses Wissen zeigt mit seiner beginnenden Unübersetzbarkeit auf die alltäglich-allgemeinbegriffliche Ebene auch die ersten negativen Erscheinungen der Professionalisierung hin zur Fachborniertheit.

(2) Zerstörung des Zielbewußtseins durch Verfolgung des Lehrerplans

Von (s43-105) stellt Birol dann die Gleichung des Sinussatzes für das Teildreieck ADC auf und kennzeichnet die bekannten Teile: Da L immer noch darauf fokussiert ist, Birol wolle nur eine alternative Bestimmungsmöglichkeit für Höhe c erreichen, erscheint ihm die Aufstellung des Sinussatz umständlich. Höhe c wäre allerdings leichter über eine einfache Anwendung der Sinusfunktion zu bestimmen: Höhe c ist gleich Seite b mal Sinus alpha. Die anderen Bestandteile des aufgestellten Sinussatz hält L für verwirrendes Beiwerk; er glaubt, daß Birol sie aus Schematismus ohne Überprüfung ihrer Relevanz für die Ableitung mit aufgeschrieben hat und schaltet sich daher in diesem Sinne ein:

L	126 Gilt der Sinussatz eigentlich auch im rechtwinkligen Dreieck?				130 Auch, ja. 131 Ist aber
Be			128 Jo.		
Bi		127 Ja.			
Yi				129 Ja.	
34					

L	unpraktisch. 132 Ja, gilt aber auch. 133 Ja.			135 **Falsch** ist es nicht.	
Bi		134 Ja.	137 Wir wollen ja erstmal ha-ce rauskriegen.		
Be					136 Ja.
35					

In dieser Sequenz versucht L Birol im Sinne seines eigenen Plans umzufokussieren. Die scheinbar kleine Änderung zum 'Praktischeren' hin, die ein Eingehen Birols auf diesen dirigierenden Eingriff für seine Ableitung hätte, ist aber gleichbedeutend mit ihrer Zerstörung als eigenständig alternativer Problemlösung. Diese bindet sich ja an die Zusammenfassung und Bestimmung beider Unbekannter in einer Gleichung. Birol macht zwar deutlich, daß die Bestimmung von Höhe c für ihn nur ein erster Schritt ist:

(s137) Birol: Wir wollen ja erst mal ha ce rauskriegen.

und verteidigt damit implizit seine Aufstellung des Sinussatz als sinnvoll und eben nicht 'unpraktisch', aber dieser Impuls ist viel zu schwach, um bei L eine wirkliche Rezeption von Birols Vorschlag in Gang zu setzen. Von (s137-175) wird dann der Teil der Gleichung, der zur Bestimmung von Höhe c notwendig ist, nochmals herausgeschrieben und dann kommt es von (s176-320) zu dem Exkurs über die Frage:

(s176) L: Was ist eigentlich be geteilt durch eins?

Dieser Exkurs war bereits oben (vgl. 3.6.(3), S. 152ff) Gegenstand der Analyse. Im Rahmen der Ableitung von Birols Vorschlag hat der Exkurs keine Funktion. Nachdem die Operation 'b geteilt durch eins ist b' glücklich durchgeführt und die Bestimmung von Höhe c vervollständigt ist, kommt L abermals auf sein Umfokussierungsanliegen zurück:

|L 335 ((*wendet sich zu Birol*)) 336 Du schreibst Sinussatz auf, du könntest aber auch einfach
|_72

|L Si´nu`s aufschreiben. 337 Sinus ist Gegenkathete durch Hypotenuse. 339 Né? 340 Ja? 341 Kommt
|Bi 338 Jaa.
|_73

|L aufs Gleiche drauf raus. 344 Jaa?
|Bi 342 Ja : 343 Aber was ich machen **wollte**. 345 Das war eigentlich nicht interessant.
|_74

|L 348 Jà, mach mal weiter, mach mal deinen Weg weiter.
|Bi 346 Konnte ich auch dann äh A-De rauskriegen.
|Yi 347 Ri´chtig.347a Ja. 349 Das geht von selbst.
|_75

Bis zu diesem Zeitpunkt besteht mehr als die Hälfte des Unterrichts, der von L ja als "Birols Variante" angekündigt wurde, aus dirigierenden Eingriffen des Lehrers in Birols Ableitung und in der Verfolgung von mit größter Selbstverständlichkeit dazwischengeschalteten Phasen. Allein der Exkurs nimmt mit einhundertsiebzig Segmenten von bislang dreihundertsechsundvierzig fünfzig Prozent des bisherigen Unterrichts in Anspruch. Dadurch ist Birols Zielbewußtsein verloren gegangen. Die Verfolgung des Exkurses und die dirigierenden Eingriffe sowie die Abhandlung diverser Fragen, die sich auf von anderen Schülern Vorgetragenes bezogen, haben dazu geführt, daß der Zusammenhang der gegenwärtigen Ableitungsphase zum Gesamtproblem verloren gegangen ist. Er besteht, wie das von Birol verwendete und intonativ herausgestellte-Tempus zeigt, nurmehr als Erinnerung:

(s343,345,346) Birol: Ja: Aber was ich machen wollte. Das war eigentlich nicht interessant. Konnte ich auch dann äh, AD rauskriegen.

Birol weiß nur noch, daß er auch AD bestimmen konnte, weiß aber nicht mehr wie. Gleichzeitig ist dieser Beitrag eine Rüge für L: ("Das war eigentlich nicht interessant."). Wenn man bedenkt, daß L trotz gegenteiliger Ankündigung hier mit Birol fortgesetzt das macht, was er diesem zuvor bei der Verfolgung seines Plans untersagt hatte, nämlich sich mit Fragen in den Unterricht einschalten, deren Verfolgung das offizielle Geschehen an den Rand drängt, fällt diese Rüge noch sehr milde aus.

(3) Regression vom Problem- zum Aufgabenlösen

Trotz dieser hier sehr deutlichen Bekanntgabe des Unterschieds seiner Ableitung zur Standardversion, kommt es nach wie vor nicht zu dessen Rezeption durch L. Die Zerstörung des Zielbewußtseins äußert sich in der Fragmentarisierung des Wissens: Birol weiß nicht mehr, was er mit dem auf die Qualität eines aufgabenlösenden Zwischenergebnisses heruntergebrachten Wissensfragment der ausgerechneten Höhe c eigentlich machen soll:

|L 375 Undwasmachenwir damit? 377 Ja. 379 Nee, wir wollen
|Bi 376 Was wir damit machen?
|Be 378 Sinus alpha, - wir brauchen aber Kosinus alpha.
|_81

|L gar nichts, wir wollen **a** rauskriegen, Behiye! 381 Und **wie** ist egal. 382 Was machst du **da**mit
|Be 380 Aha.
|_82

|L jetzt, Birol? 384 Ja, wo?
|Bi 383 Das muß ich irgendwo einsetzen. 387 ((-----*5Sek*-----)) 388 ((-*stöhnt*-))
|Yi 385 Beim ha-ce-Quadrat
|Be 386 Wir haben ha-ce-Quadrat.
|_83

|L
|Bi Wir können das.../ 389 Wo haben wir das eingesetzt? 390 ha-ce... ((--*sucht 3Sek*---)) 391 Na
|_84

|L ((*entsetzt*)) 392 **Da** setzt du das ein?
|Bi ...be-Quadrat... hier! 393 Jáà, weil das ha-ce gleich be mal Sinus alpha ist und
|((--*Birol will* $hc = b \cdot \sin \alpha$ *beim Pythagoras für Dreieck ADC:* $hc^2 = b^2 - (AD)^2$ *einsetzen.*--))
|_85

Schon die einleitende Frage

(s382) L: Was machst du damit jetzt, Birol?

ist ein deutlicher Beleg dafür, daß inzwischen eine Regression vom Problem- zum Aufgabenlösen stattgefunden hat, weil sie sich auf die Vernetzung des gegebenen Wissens in den Gesamtzusammenhang des Problems bezieht, der für Birol verloren gegangen ist und den L glaubt, in Birols Sinne verwalten zu können. Birols Antwort charakterisiert ebenfalls die eklektische Beliebigkeit der Verwendung von Wissensfragmenten, die mit dieser Regression verbunden ist:

(s383) Birol: Das muß ich irgendwo einsetzen.

Zur Überwindung seiner Unklarheit versucht Birol erneut auf die Technik der Rekonstruktion des fachlichen Zusammenhangs über die Erinnerung des äußeren, situativen Zusammenhangs (vgl. S. 212) zurückzugreifen, mit der er sich eingangs erfolgreich die Problemkonstellation vergegenwärtigt hatte:

(s388,389) Birol: ((-----5Sek-----)) ((stöhnt)) *Wir können das ... Wo haben wir das eingesetzt?*

Diese Technik muß hier natürlich scheitern, weil es keine erinnerbare Situation gibt, wo Höhe c entsprechend Birols Alternative eingesetzt wurde. Daher führt ihn die Erinnerung zu einem Überwechseln in die Standardversion der Ableitung und er geht daran, seinen Term an der Stelle einzusetzen, wo in der Standardversion Höhe c ersetzt worden war:

(s391) Birol: ((---3Sek---)) *Na ... be-Quadrat ... hier!* ((zeigt auf die zweite Pythagorasanwendung der Standardversion: $h\text{-}c^2 = b^2 - (AD)^2$))

Die Regression vom Problem- zum Aufgabenlösen wird begleitet von der Konfluenz der jeweiligen Ergebnisse. L nimmt diese Fehlleistung mit Entsetzen zur Kenntnis:

(s392) L: ***Da*** *setzt du das ein?*

denn sie führt über eine Umformung zur unsinnigen Aussage b = b..

So kommt es zu folgender merkwürdiger Situation:

(i) L zerstört durch die selbstverständliche Einordnung von Birols Lösungsschritten in den eigenen Plan Birols Zielbewußtsein.

(ii) L hat Birols Lösungsvorschlag immer noch nicht rezipiert.

(iii) Birol muß sich von L bei der Rekonstruktion seines eigenen Kontexts, d.h. bei der Vernetzung des nach seinem Plan bestimmten Wissenselements Höhe c in seinem alternativen Ableitungsgang helfen lassen.

Damit liegt hier eine Unterrichtsphase vor, in der weder der Aufgabensteller noch der Aufgabenlöser über den Gesamtplan verfügen! Daß sich angesichts dieser Situation aufgabenlösende Arbeits- und Kommunikationsstrukturen durchsetzen, ist insofern von besonderem Interesse, als es ein empirischer Beleg für deren Naturwüchsigkeit ist. Der Aufgabensteller dirigiert eine Phase, in der Wissenselemente verarbeitet werden, die nach einem Gesamtplan produziert wurden, den er gar nicht kennt:

(s428,429) L: Jetzt mach doch mal weiter, deinen Weg. Wie muß der denn weiter gehen jetzt?

(4) Rezeption durch den Lehrer

L führt Birol in dieser Unterrichtsphase (s395-498) dazu, mit dem nach seinem Plan gefundenen "b mal Sinus alpha" Höhe c im ersten Pythagoras zu ersetzen. Die Konzentration auf seinen Plan läßt Birol in dieser Phase dessen Kontext wiedererlangen. Das Ergebnis dieser Einsetzung: $a^2 = (c - (AD))^2 + (b \cdot \sin a)^2$, bezeichnet L mit emphatischen Worten:

(s488-496) L: Genau! Das schreib auf! Das wird interessant! ((-leise-)) *Wir finden den 'Satz des Birol'. Nicht den Satz des Pythagoras ... Das ist Spitze, ja.*

Von (s500-593) schließt sich nach der beschriebenen Analyse- und Synthesetechnik ein Wiederholungsdurchgang für das bisherige an. Dann geht es abschließend um die Bestimmung von Strecke AD:

((*Rezeption von Birols Lösungsvorschlag durch L: Bestimmung von AD über Sinussatz im Teildreieck ADC*))	L 594 Sò, was müssen wer jetzt noch **raus**kriegen?
	Bi 595 Strecke
	Yi 596
126 -11-	

L	597 Ja, wie **groß** ist Strecke A-De?
Bi A-De.	600 Na 601 be
Yi Strecke A-De.	598 Müssen wir Kosinus ausrechnen.
Ke	((*Zu Ataschin*)) 598a Mußt du sowas vor der Kamera machen?
Mu	599 Jetzt kommt Kosinus, jà.
127	

|L 603 Das ist **echt** interessánt, was du
|Bi m/ 601a be mál Strécke.../ 602 Na ja, ich schreib das am best an.
|_128

|L da machst, ja. 606 ((---*lacht*---)) 607 Ja, ich freu mich. 608
|Fa 604 Wieso interessànt?
|Be 605 Wie Sie sich **freuen**......
|_129

|L ((--*lacht*--)) 610 Das hab ich noch **nie** gesehn, so was......
|Mi 609 Ah, wir dürfen keine Zeit verlieren!
|At 612 ((--*kichert*--))
|Ma 613 Mit Planskizze...
|Bi 611 ((-*schreibt*-))........ist gleich.........
|Ha 614 Bis jetzt is nicht falsch!
|_130

Erst hier, unmittelbar vor der Vollendung der Problemlösung nach Birols ursprünglichem Plan:

(s346) Birol: Konnte ich auch dann äh AD rauskriegen.

kommt es zur *Rezeption* seiner Idee durch den Lehrer gemäß Position (7) des Musters schulisches Problemlösen. Auslöser dieser Rezeption ist das Fragment des Sinussatzes, mit dem Birol zur Bestimmung von Strecke AD ansetzt:

(s600-602) Birol: Na ... be m/ be mál Strécke ... Na,ja, ich schreib das am best( ) an.

Birols wiederholte Betonung der Möglichkeit dieser Bestimmung nach seinem Vorgehen reichte nicht aus für eine solche Rezeption.

Die Rezeption des Schülervorschlags gemäß Position 7 des Musters schulisches Problemlösen ist auf der Handlungsseite des Lehrers die Entsprechung der Musterposition 1 auf der Handlungsseite der Schüler. In Position 1 wird die Zusammenführung der Wissenselemente und ihre Projektion auf den verfügbaren Kontext des Gesamtproblems geleistet. Aus der Rezeption des Schülervorschlags ergeben sich alle Folgehandlungen auf der Lehrerseite, die den Unterschied zum Aufgabenlösen ausmachen. Mit der Rezeption rekonstruiert der Lehrer den Plan des Schülers und den aktuellen Lösungsschritt in der Zerlegung der Problembestandteile. Während die Vernetzung in Position 1 ein aktiver Prozeß ist, ist die Rezeption in Position 7 naturgemäß eher passiv. Im Problemlösen richtet sich im Gegensatz zum Aufgabenlösen die mentale Tätigkeit des Lehrers nicht so sehr auf die best- und schnellstmögliche Realisierung des eigenen Plans, sondern auf die Rekonstruktion der faktischen mentalen Prozesse beim Schüler als Voraussetzung ihrer begleitenden Entfaltung. Im Aufgabenlösen richtet der Lehrer seine Aufmerksamkeit nur insofern auf die mentalen Prozesse der Schüler, als ihre Registrierung bzw. Antizipation Voraussetzung ihrer Funktionalisierbarkeit für die Realisierung seines eigenen Gesamtplans ist.

Trotz der symbolischen Übergabe der Regie an Birol setzt L fast unverändert die Rolle fort, die ihm im Aufgabenlösen zukommt, wie sie im Abschnitt ''Strategien der Steuerung' beschrieben wurde. Dabei handelt es sich ja sowieso schon um eine außergewöhnliche Situation, weil der gesamte Unterrichtsabschnitt der Präsentation einer Schüleridee dienen soll, der Lehrer also von vornherein viel stärker auf die Wahrnehmung der Schülerleistungen eingestellt ist. In Bezug auf die inhaltliche und kommunikative Kennzeichnung der Qualität von Birols Vorschlag hat über den gesamten Unterricht bis zur tatsächlichen Rezeption Scheinkommunikation stattgefunden. Das gilt auch für die emphatische Belobigung Birols in (s488ff), die sich damit im Nachhinein als taktische soziale Vorgabe erweist.

Ganz anders die kommunikativen Strukturen im Problemlösen: Die Überraschung:
(s603) L: Das ist echt interessánt, was du da machst, ja.
und Freude:
(s606) L: ((--lacht--))
die sich bei L auf Grund seiner tatsächlichen Rezeption von Birols Vorschlag einstellt, ist nicht taktisch, sondern authentisch:
L: Ja, ich freu mich. ((--lacht--)) *Das hab ich noch **nie** gesehen, so was ..*
und wird auch als solche von den Schülern teils solidarisch mit Birol:
*(s605) Behiye: Wie Sie sich **freúen** ...*
teils neidisch registriert:
(s609) Michael: Ah, wir dürfen keine Zeit verlieren!

(5) Keine gezielte begriffliche Aufarbeitung des venetzten Operierens

Im Bezug auf die Vernetzung der Begriffsebenen gibt es keinen Unterschied zum Lösungsweg gemäß dem Lehrerplan:

L	818 **Was**
Be	816 Es ist doch dasselbe, ob man das **so** rechnet, oder wie **Sie** es gemacht haben. 817 Oder?
Bi	819 Tjà.
_172	

L	ist das gleiche? 822 **Was** ist gleich? 826 Das Er**geb**nis, aber der
Yi	820 Aber ...... vielleicht ist das leichter.
Kh	821 Beide sie haben Recht, gleiche!
Ma	823 Gleiche.
At	824 Er**gèb**nis.
Da	825 Gleich.
_173	

L	Weg ist anders, ne. 827 Behiye, viele Wege führen nach Rom.
Be	828 Já, jàà : ......
Mi, Mu	830 ((-----*lachen*-----))
Bi	829 ((---*schreibt, setzt ein 4Sek*---))
_174	

An dieser Stelle wird die Sinnfrage nach Birols Tun gestellt, die dieser selbst auch offenlassen muß:
(s819) Birol: Tjà...
Wenn es sich um einfaches "Rechnen" handelt, wie Behiye hier bezeichnenderweise das vernetzte Operieren bezeichnet, ist allerdings mit einer Wiederholung der Ableitung keine Erweiterung des Verständnisses verbunden:
(s816) Behiye: Es ist doch dasselbe,ob man das so rechnet, oder wie Sie es gemacht haben. Oder?
Die noch klaffende Lücke könnte für viele Schüler nur durch die Vernetzung der alltäglich-allgemeinbegrifflichen Ebene des Lösungswegs mit den mathematischen und algebraischen geschlossen werden. Eine Rechtfertigung kann ohne eine solche

Erkenntniserweiterung für die Schüler nur immanent darin liegen, daß der aufgezeigte Weg praktischer ist:

(s820) Yirgalem: Aber ... vielleicht ist das leichter.

Auch für Khalid, der sich hier interessanterweise in die Debatte einschaltet, ist mit dieser Streitfrage das mathematische Gebiet verlassen und ein eher sozialpolitisches Terrain betreten, auf dem seine Kompetenz sehr viel höher ist:

(s821) Khalid: Beide sie haben Recht, gleiche!

Mit der Rechtfertigung für den alternativen Ableitungsgang, auf die L hinaus will:

*(s818,822) L: **Was** ist das gleiche? ... **Was** ist gleich?*
*(s824) Ataschin: **Ergébnis***
*(s826,827) L: Das **Ergébnis**, aber der **Weg** ist anders, né, Behiye, viele Wege führen nach Rom.*

gibt L in Form einer pädagogischen Leerformel, die ein zweckentleertes allgemeines Erkenntnisinteresse postuliert, im Grunde ein Eingeständnis des Schuldigbleibens dieser Antwort auf die Sinnfrage, was von Behiye auch in diesem Sinne abtuend aufgenommen wird:

(s828) Behiye: Já, jàà ...

Die beiden Lösungswege sind als qualitativ gleichwertige beliebig austauschbar und stellen keinen Fortschritt in der Vernetzung der Problemgestalt dar.

Kevin ist der einzige Schüler, der verschiedentlich Anstrengungen in diese, auf eine wirklich neue Qualität zielende Richtung macht. Ausgehend von der Verarbeitung der unmittelbaren Anschauung beschreibt Kevin schon vorher, im Abschnitt Nr. 4 "Seite-Winkel-Seite" das Festgelegtsein der beiden verbleibenden Unbekannten, Höhe c und Strecke AD im Dreieck ADC durch das Bekanntsein der Strecke b und der Winkel allgemein- und mathematisch-begrifflich:

|L 1001 ha-ce wissen wir? 1002 Wie groß ist denn ha-ce?
|Be 1004 ((--*lacht*--))
|Ke 1000 ha-ce wissen wir! 1003 Jò, das muß man ausrechnen!
|_202

|L 1005 Wie denn?
|Ke 1006 Doch! 1007 Wenn wir A-./ 1008 Jò, wir haben A-Be und wir haben den Winkel. 1010 Denn
|Bi 1009 Ach du Scheiße!
|_203

|L 1013 Wir haben A-Be, sagst du? 1016 Das is/
|Ke mussen wir doch ha-ce kennen! 1012 Wir haben doch Winkel beta...... 1015 Jà.......und
|Bi, Be 1020 ((--------------*flüstern auf türkisch miteinander*------------------))
|At 1011 Wir wissen doch nicht, wie groß A-Be ist! 1014 Wie groß ist denn
|_204

|L 1017 A-Be wissen wir. 1018 Das ist ce, ist rot. 1021 Ja. 1022 Jáà?
|Ke Be-Ce haben wir. 1019 Wir haben klein ce und klein a. 1019a D/d/und wir haben auch beta.
|At das?
|Bi, Be 1020 ((--------------*flüstern auf türkisch miteinander*------------------))
|_205

|L 1025 Welcher Winkel? 1027 Ja, das wissen wir.
|Ke 1023 J/Wir wissen doch, wie groß dieser Winkel ist. 1026 beta.
|Bi, Be 1024 ((--------------------------*flüstern auf türkisch miteinander*-------------------------------))
|_206

|L 1029 Ja, sag doch mal, wie denn? 1030 ((--------7
|Ke 1028 Ja, denn kann wir auch die Höhe rechnen.
|Bi, Be 1020 ((---------------------------------*flüstern auf türkisch miteinander*----------------------))
|_207

|L *Sek*-------))
|Ke 1031 Ja, indem wir die äh Winkel/ 1031a Wenn wir diese äh/ 1031b ((---------10Sek
|Bi, Be 1030a ((-----------------------*flüstern auf türkisch miteinander*-------------------------------))
|At 1032 Ankathete......
|Fa 1033 be ist doch die
|_208

|L 1034 ((--*atmet schwer*--)) 1037 Ham wir diese Strecke?
|Ke ----------)) 1035 **Das muß** 1035a ((---------------*15Sek*------------)) 1036 Wie groß is be?
|Fa Hypotenuse.
|_209

Ausgehend von seiner alltäglich-allgemeinbegrifflichen Beschreibung der Zusammenhänge erkennt Kevin die Evidenz des Festgelegtseins der fehlenden Teile durch die Gegebenen. Zur Begründung bemüht er sich, seine Überlegungen auf die mathematisch-begriffliche Ebene zu überführen:

(s1007,1008,1010,1012,1019,1019a,1023,1026,1028) Kevin: Wenn wir A-./ Jò, wir haben A-Be und wir haben den Winkel. Denn mussen wir doch ha-ce kennen! Wir haben doch Winkel beta. ... Jà..., und Be-Ce haben wir. ... Wir haben klein-ce und klein-a. D/d/und wir haben auch beta. J/Wir wissen doch, wie groß dieser Winkel ist. beta. Ja, denn kann wir auch die Höhe rechnen.

Er versucht, die Lösbarkeit auf der mathematisch-begrifflichen Ebene nachzuweisen: Er benutzt zwar die richtigen Fachbegriffe: -'Höhe', 'Winkel', 'A-Be'-, kann aber die mathematischen Beziehungen zwischen ihnen nicht im Begriff erfassen: - 'kann wir rechnen', 'das muß'. Wegen dieses Unvermögens kann er die Durchführbarkeit der entsprechenden Operationen auf der algebraisch-symbolischen Ebene, bzw. die Berechenbarkeit auf der algebraisch-numerischen Begriffsebene nur postulieren:

(s1003) Jò, das muß man ausrechnen!

Dennoch läßt er es nicht gelten, daß sein Unvermögen, das Festgelegtsein auch auf der mathematisch-begrifflichen Ebene in der Lösbarkeit der Gleichungen und auf der algebraisch-symbolischen Ebene in der Durchführung der Operationen zu rekonstruieren,

(s1005) L: Wie denn?

grundsätzliche Zweifel an der Tatsache zuläßt, daß Lösbarkeit und Berechenbarkeit vorliegen:

(s1006) Kevin: Doch!

Aber L ist nur unter der Bedingung bereit, Kevins Ausführungen aufzunehmen, wenn dieser sie selbständig mit der Durchführung der Operationen auf der algebraisch-symbolischen Ebene vernetzen würde. Durch seine wiederholte Forderung in dieser Richtung verschließt L Kevin schließlich den Mund:

(s1029,1030) L: Ja, sag doch mal, wie denn? ((-------7Sek-------))

(s1031,1035,1035a,1036) Kevin: Ja, indem wir die äh Winkel/ Wenn wir diese äh ((----------10Sek----------)) ***Das muß*** *((---------------15Sek---------------))/ Wie groß is be?*

Obwohl Kevin hier erneut auf Grund seiner algebraischen Begriffssperre an der Überführung seiner Überlegungen ins Operative scheitert, ist für ihn dieses Scheitern von sekundärem Belang, da es nichts an seiner unerschütterlichen Einsicht in die Gegebenheit der Problemlösung zu ändern vermag:

(s1035) ***Das muß***

Mit diesem Gedankengang stellt Kevin die aufgabenlösende Konzeptualisierung mathematischer Gesetzmäßigkeiten als pseudoverbegrifflichter Fortschreibungen algebraisch-numerischer Zusammenhänge vom Kopf wieder auf die Füße. In der begrifflichen Verarbeitung ist Kevin tiefer ins Problem eingedrungen als Birol und auch als L. Die Dominanz des Operativen in der Institution Schule bewertet die schwächeren Vernetzungsleistungen auf den algebraischen Ebenen besser oder gar ausschließlich und läßt diejenigen des gesunden Menschenverstandes auf den anschaulichen und begrifflichen Ebenen verkümmern. Das ist das Elend des mathematisch-naturwissenschaftlichen Unterrichts an unseren Schulen.

(6) Emergenz schulischen Problemlösens

Vor dem Wendepunkt der Rezeption des Vorschlags greift L fortgesetzt strukturierend und verändernd in zu Birols Absicht gegenläufigem und kontraproduktivem Sinn ein, bis tatsächlich ein Verlust des Zielbewußtseins eingetreten ist, der dieses Eingreifen dann nötig macht. Vor allem die Unterrichtsphasen, die sich um den Exkurs "Wie groß ist eigentlich be geteilt durch eins?" gruppieren, veranschaulichen die Selbstverständlichkeit, mit der L jederzeit seine kommunikative Machtposition der Unterrichtssteuerung wahrnimmt, auch um nur geringfügige und nebensächliche Ziele zu verfolgen.

Die Unterrichtsphasen, die der eigentlichen Entfaltung von Birols Vorschlag dienen, veranschaulichen demgegenüber eher die Zähigkeit, mit der sich die Arbeitsteilung des Aufgabenlösens -schrittweise Abarbeitung von Subaufgaben zur Realisierung des Lehrergesamtplans durch die Schüler, Vernetzung und Unterrichtssteuerung durch den Lehrer- auch gegen die erklärte Absicht der Beteiligten in negativer Dynamik durchsetzt. Die späte und mühsame Realisierung der Rezeption des Schülerproblemlösungsvorschlags durch den Lehrer im Sinne der Musterposition 7 trotz dieser ungewöhlich günstigen situativen Bedingungen verdeutlicht die Schwierigkeit, fast Unmöglichkeit, der *naturwüchsigen* Praktizierung schulischen Problemlösens und unterstreicht die Bedeutung einer Reflexion, d.h. einer auf die Methodik und die kommunikativen Formen gerichteten Kritik.

Dies gibt umso mehr zu denken, als die Rezeption einer fremden Idee natürlich umso leichter fällt, je mehr Wissen auf ihrem inhaltlichen Gebiet und je mehr Routinen in kommunikativen Verfahren beim Rezipierenden vorhanden sind. Diesbezüglich hat der Lehrer natürlich einen gewaltigen Vorteil gegenüber den Schülern. Er kann auf seinem Hintergrund ohne weiteres aus rudimentären oder noch mit Fehlern behafteten

Lösungsvorschlägen deren nicht expliziten Kontext erschließen und sich im Sinne von dessen problemlösender Entfaltung mit den Schülern in Kommunikation begeben. In einem solchen Lehren ist eine Umkehrung der schulischen Verhältnisse angelegt.

Im Normalfall des Aufgabenlösens sichert sich der Lehrer jedoch diesbezüglich mit der Durchsetzung seines Plans den leichten Part und bürdet den Schülern die Schwerarbeit der Rezeption auf. Die Rezeption besteht für die Schüler in der Rekonstruktion des Gesamtzusammenhangs entsprechend der schrittweisen Wissenserarbeitung und gegen den Druck der Musterstrukturen. Die Schüler müssen diese Leistung gegen ihr nicht- lücken- oder fehlerhaft vorhandenes Wissen und gegen ihre, verglichen mit dem Lehrer, geringere kommunikative Routine vollbringen.

Für einen problemlösenden Schüler wird die Doppelbelastung (Rekonstruktion des Gesamtzusammenhangs gegen den fragmentarisierenden Druck der Musterstrukturen) tendenziell aufgehoben, indem er von der Rezeptionsarbeit der Erschließung des Lehrerplans weitgehend befreit wird und den eigenen verfolgen kann. Es liegt auf der Hand, daß der traditionelle Frontalunterricht des fragend-entwickelnden Aufgabenlösens dabei auf der Strecke bleibt und zu Gunsten kolloquialerer Formen überwunden wird. Die Konzentration kann sich der Sache zuwenden und wird nicht zwischen deren Bewältigung und dem Erschließen der fremden Methodik aufgerieben.

Die aufgabenlösende Durchsetzung des Lehrerplans kann den einzelnen Subaufgaben bis zur Vollendung der Synthese nie ihre wahre Bedeutung im Kontext des Problems beimessen. Die Verknüpfungen der Subaufgaben sind, wie gezeigt, bestenfalls operativ-komplettierend. Das Kontextbewußtsein wird durch die Funktionalisierung assoziativer, zeitlicher, sprachlogischer, kommunikationstaktischer etc. Evidenzen ersetzt. Gerade die wesentlichen, auf Herkunft und Einordnung des Wissens bezogenen Teile müssen beim Aufgabenlösen verborgen bleiben. Das Aufgabenlösen äußert sich im Verstecken und Versterktsein der Defizite. Es besteht keine Übereinstimmung zwischen der geleisteten mentalen Arbeit und den tatsächlichen Defiziten. Die Schüler befinden sich gegenüber dem Problem an jeweils verschiedenem Ort, der wegen seiner Verborgenheit nicht Gegenstand der Erörterung werden kann. Eine Besserung im Sinne des Problemlösens kann nur durch die Transparenz der Bearbeitungsstrukturen erreicht werden. Das bedeutet die Aufhebung der Arbeitsteilung des Aufgabenlösens durch die bewußte Realisierung der Rezeption der Schülerlösungsvorschläge durch den Lehrer und die Sicherung der Vernetzungen durch die Schüler.

Auch in der Defizitkorrektur kommt es im Problemlösen zur Umkehrung der schulischen Verhältnisse. Dem Aufgabenlösen entspricht gemäß seiner negativen Dynamik eine Korrektur 'nach unten', durch weitere operative Subaufgaben, weitere Fragmentarisierung und fortschreitende kognitive und kommunikative Reduktion (Trichtermuster, Einschrittigkeit). Dem Problemlösen entspricht dagegen eine Korrektur 'nach oben', die entweder auf unbekannten Wegen zum Ziel oder gemeinsam in die Aporie führt, auf jeden Fall aber in Kontakt mit den authentischen Gedanken der Schüler ist. Sie ist spannend, unvorhersehbar und lebendig.

Die *Hilfe* gemäß Position 20 des Musters schulisches Problemlösen unterscheidet sich von der *Aufgabenstellung mit Wink*, Position 14 des Aufgabe-Lösungs-Musters, dadurch, daß sie ein fehlendes Detail im Problemkontext des Schülers vervollständigen kann und nicht, wie beim Aufgabenlösen, ein noch fehlendes Detail zur Ergänzung des Lehrerplans abfragt. Anders ausgedrückt: Beim Problemlösen verfügen beide Koaktanten über den Gesamtplan, der vom Schüler auf den Lehrer übergegangen ist und können die zu seiner Realisierung noch fehlenden Schritte gemeinsam konstruieren, wobei sie sich deren Bedeutung im Problemkontext bewußt sind. Beim Aufgabenlösen dagegen verfügt nur der Lehrer über den Gesamtplan, dessen einzelne Realisierungsschritte -das Paradox des Aufgabenlösens- von den Schülern ohne Wissen um ihre Bedeutung im Gesamtkontext erarbeitet werden sollen

Die nachträgliche Erarbeitung des Gesamtplans und Problemkontexts ist nicht Bestandteil des Aufgabe-Lösungs-Musters. Sie kann auf Eigeninitiative interessierter Schüler im Nachhinein bewältigt werden oder in Ausnahmefällen vom Lehrer nach Abschluß der Aufgabenlösung und damit gegen die im Muster vorliegende Verteilung der Handlungszwänge und gegen die entsprechend ausgebildete Erwartung und Motivation (*>_Was soll das noch, wir wissen doch schon die Lösung!_<) versuchsweise den Schülern zur Adaptation anheim gestellt werden. Das Muster schulisches Problemlösen dagegen funktioniert überhaupt nicht, ohne daß beim Lehrer und beim Schüler das Zielbewußtsein und die Vernetzung der Wissenselemente zu immer vollständigeren Zusammenhängen parallel konstruiert werden.

Beim Aufgabenlösen stehen mentale Schemata und Handlungsroutinen immanenter Sachlogik im Mittelpunkt, beim Problemlösen die Kommunikation mit den wirklichen mentalen Prozessen lebendiger Menschen. Fürs Aufgabenlösen ist der fragend-entwickelnde Frontalunterricht die angemessene Darbietungsform, während sich das Problemlösen in kommunikativen Formen Bahn bricht, die seinem authentischen und individuellen Wesen entsprechen. Ist die Standard-Diskursart des Aufgabenlösens ein Scheindialog, nämlich ein als Dialog getarnter Lehrervortrag mit verteilten Rollen, der sich an der Durchsetzung *eines* Planes orientiert, so ist der Dikurs des Problemlösens ein Dialog, der Pläne etc. verschiedener *Subjekte* in Interaktion setzt. Der aufgabenlösende Frontalunterricht richtet sich an den ideellen Durchschnittsschüler, wie er im Lehrerkopf imaginiert wird. Daher findet der leibhaftige Schüler im Aufgabenlösen nur als *Objekt*, als Widerstand gegen die Durchsetzung des Lehrerplans Berücksichtigung. Sein vermuteter Lernprozeß, eingeschränkt je nach Gründlichkeit der Analyse des Lehrers, wird exemplarisch im Lehrergesamtplan antizipiert. Eine solche Antizipation kann den Erkenntnisprozessen, die konkret und individuell erst in der Kommunikation emergieren, nicht gerecht werden. Die kommunikativ vermittelten Erkenntnisprozesse sind aber Mittelpunkt im Muster schulisches Problemlösen.

Wegen der Undurchsichtigkeit des Aufgabenlösens, des Verborgenbleibens der Steuerungsprozesse und ihrer Monopolisierung auf der Handlungsseite des Lehrers bilden sich im Aufgabenlösen hierarchische soziale Strukturen aus. Umgekehrt erzwingt das Gewebe aus Rezeption und Vernetzung beim Problemlösen das gegenseitige Ernstnehmen und stärkt die Partnerschaftlichkeit. In den Kuckuckseiern seiner Regiefragen verbirgt das Aufgabenlösen den Schülern die Steuerung ihrer mentalen Operationen und gibt sie als ihr eigenes Produkt aus. Die Vorteile dieser Manipulierung für den

Lehrer liegen in der ökonomischeren Plandurchsetzung, weil die Schüler bestimmte Teilarbeiten im vermeintlichen Eigeninteresse ausführen. Für die Schüler liegen die Vorteile weniger überzeugend im geringeren Aufwand durch das Einsparen von Gedankenarbeit und Irrtümern. Das Einlassen auf manipulierte Formen des aufgabenlösenden Lernens sichert ein Maximum an schulischem Erfolg mit einem Minimum an Aufwand.

So bleiben im aufgabenlösenden Unterricht zielgerichtetes Denken und kreative Nutzung von Irrtümern ungeübt, Transfer kurzatmig, Lösungsmethoden unoriginell. Je abgeschirmter die Schüler durch manipuliertes Lernen in der Scheinwelt bleiben, desto hilfloser stehen sie später gegebenenfalls vor solchen Problemen, die kein Schema vertragen. Die Umkehrung der schulischen Verhältnisse im Problemlösen deutet sich im Unterrichtsabschnitt "Birols Variante" mehrfach an: Die Erarbeitung neuer Erkenntnisse, Impulse und Initiativen liegt auf der Handlungsseite des Schülers, ihre Vermittlung,Verdeutlichung und Absicherung auf der des Lehrers. Der Lehrer wird tendenziell zum Mentor. Er nimmt über weite Strecken die Rolle eines Moderators ein, der zwischen Spezialist und Publikum vermittelt.

An die Stelle kontextloser Einschrittigkeit tritt das Erklären raumgreifender Vorschläge. Wo sonst der Zusammenhang in Subaufgabenhierarchien aufgelöst wird, durch kaschierte Vorgaben verloren geht und in mühsamer Synthesearbeit gegen den Strom seines Zustandekommens rekonstruiert werden muß, kann er hier fast beiläufig in Bilanzen, Zusammenfassungen und Einordnungen von Zwischenergebnissen über die Breite des Problems mitgenommen werden. Wo der Lehrer sonst unter der Mehrfachbelastung fachlichen Entwickelns, didaktischer Vermittlung und sozialer Absicherung des Unterrichtsziels in der rigiden Durchsetzung seines Plans sein Heil sucht, kann er hier auf individuelle Probleme des Inhalts, der Methode oder des Sinns des Dargebotenen eingehen. Beim Aufgabenlösen ist mit der lehrerseitigen Vorgabe der wesentlichen Vernetzungsarbeit die Adaptation des Wissens auf der Schülerseite unvermeidlich von der Frustration über das eigene Versagen begleitet und behindert. Das Problemlösen überwindet diese Selbstlähmung mit dem authentischen Lob und der Anerkennung der eigenen Leistung durch Lehrer und Mitschüler und vor allem mit der Freude am Wachsen der eigenen Kräfte.

4.6. METHODISCHE RATSCHLÄGE FÜR PROBLEMLÖSENDES LERNEN IM MATHEMATIKUNTERRICHT[24]

(1) BEGRIFFS- UND VERNETZUNGSARBEIT

Keine kognitive Reduktion aufs algebraische und numerische Operieren - Schwerpunkt Begriffsarbeit!

Diskussion und Erarbeitung der Problematik, vor allem von Problemkonstellation und Aporie, auf alltäglich-allgemeinbegrifflicher Ebene!

Systematische Vernetzung der konstitutiven Elemente des Problems über die Begriffsebenen!

Bewußtmachen und Erarbeiten der spezifischen Leistungen der jeweiligen Begriffsebene:

I Alltäglich-allgemeinbegriffliche Ebene

Verankerung im und Anknüpfen ans Erfahrungswissen.

Beurteilung der Evidenz des Festgelegtseins.

Beschreibung der Abhängigkeiten und Beziehungen zwischen den Größen wie z.B.: >Wenn ..., dann .... Je ..., desto ....<

Nützlichkeit und Notwendigkeit des betreffenden Wisssens.

Gültigkeit und Anwendungsbereiche.

II Mathematisch-zeichnerische Ebene

Überführung der Problembestandteile und ihrer Beziehungen in mathematisch relevante Darstellungs-, Bearbeitungs- und Denkweisen. Averbale Erfassung des Gesamtproblems.

III Mathematisch-fachbegriffliche Ebene

Erarbeitung der mathematischen Qualität der Bestandteile und Größen des Problems.

Erfassung ihrer Beziehungen und Abhängigkeiten, z.B. additiv, proportional, exponentiell, linear, nichtlinear, direkt, indirekt.

Beschreibung der Lösbarkeit

Wohldefiniertheit und Präzision, Ökonomie.

IV Algebgraisch-symbolische Ebene

Überführung der Problembestandteile und Größen in Symbole und Einheiten.

---

24 Wer handlungsrelevante Ratschläge gibt, macht sich angreifbar. Ich bin mir bei der folgenden Zusammenstellung des Risikos der Vereinfachung bewußt, möchte mich aber andererseits nicht der Verpflichtung entziehen, Schlußfolgerungen für eine bessere alltägliche Praxis vorzulegen, die sich aus meiner Analyse des mathematischen Lernens ergeben und diese auch in mehr oder weniger einprägsamen Sätzen niederzulegen.

Überführung der Beziehungen und Abhängigkeiten in Operationen und Algorithmen.

Bestimmung der gesuchten Größen

V Algebraisch-numerische Ebene

Berechnungung der Quantität der Problembestandteile und Größen.

Aufhebung der Arbeitsteilung des Aufgabenlösens - kein operativer Unterricht!

Nachvollzug, möglichst Erarbeitung der Vernetzungen durch die Schüler!

Für Vernetzung gibt es keinen Ersatz!

Vorsicht vor Lösungsschemata und zugerichteter Erfahrung ('Handlungsorientierung')!

Gezieltes Hinterfragen von Selbstverständlichkeiten!

Keine Plandurchsetzung auf Kosten von Fragmentarisierung des Schülerwissens!

Keine Einschränkung der Schülertätigkeit auf operative Hilfsdienste und Lückenfüllung!

Ein- und Abarbeiten geeigneter Problemlösungsstrategien!

Zerlegungs- und Zusammenfassungsdurchläufe unter steigender Verbegrifflichung!

Projektion der Teilergebnisse auf das Gesamtproblem (Vernetzung)!

Zielbewußtsein statt 'Motivierung'!

Verorten (Anknüpfen und Fortführen) der jeweiligen Handlungen (Lösungsschritte, methodische Überlegungen etc.) im Rahmen der Gesamtproblemlösung statt Lösungen abliefern!

(2) METHODISCHE REFLEXION

Integration grundlegender Elemente einer Theorie des sprachlichen Handelns in die Lehrerausbildung und in den Unterricht!

Anerkennung der kommunikativen Konstituiertheit des Lehr-Lernprozesses!

Offenlegung und Kritik der Denk- und Arbeitsmethoden!

Transparenz der Handlungsmuster und der Metamuster ihrer Prozessierung!

Diskussion der Techniken, Taktiken und Strategien der Wissenserarbeitung!

Stärkung der Problemlösungskompetenz durch Offenlegung von Musterwissen!

Bewußtmachen, Kritik und Überwindung der Funktionalisierung kommunikativer Evidenzen!
Herausarbeitung zu Grunde liegender Konzeptualisierungen des Wissens!
Diskussion scheiternder und erfolgreicher Problemlösungen!
Folgerungen aus Musterwissen unterscheiden lernen von Folgerungen aus Sachwissen!
Keine Vermeidung von Vorgaben durch manipulative Inszenierungen!
Rezeption der Schülervorschläge durch Nachfragen!
Reduzierung von Fassadenwissen auf seinen fachlichen Kern!

4.7. ZUSAMMENFASSUNG

(1)
Es zeigt sich, daß der Schlüssel zur Erzeugung von Kontextbewußtsein in der Methode liegt, mit der an das Verstehen herangegangen wird. Das Verstehen und Zurückgreifen auf Gesamtzusammenhänge, wie sie sich naturgemäß zunächst auf alltäglich-allgemeinbegrifflicher Ebene ganzheitlich im gesunden Menschenverstand abbilden, generiert auch unter Vorliegen kognitiver Defizite in den spezifisch mathematischen Wissensbereichen die entscheidenden Transfer- und Vernetzungsleistungen. Paradoxerweise liegt der Zugang zu einem erfolgreichen mathematischen Arbeiten damit genau in jenen Bereichen des Kognitiven, die, obwohl Grundlage des Verstehens, systematisch vom aufgabenlösenden Mathematikunterricht ausgeschlossen sind.

Der Erkenntnisweg muß mit Notwendigkeit übers Begriffliche führen, bevor er die Ebenen des Algebraischen oder Numerischen erreicht. Die Vernetzung des auf seinen jeweiligen Ebenen isolierten Wissens gelingt nur über die Begriffsarbeit. Diese Vernetzung zuvor isolierter Erkenntnisse löst nicht nur die anstehenden Einzelfragen, sondern läßt zugleich die Problemgestalt klarer hervortreten. Dadurch tritt in einem dynamischen Prozeß auch das Problembewußtsein selbst immer schärfer zu Tage. So wird dem Spezifikum des Lernens in der Institution Schule Rechnung getragen, wo auch das Problembewußtsein selbst gelernt, d.h. mental angeeignet werden muß und sich nicht unmittelbar aus dem Handlungsinteresse gegen den Widerstand der Sache ergibt.

(2)
Ein ebenso wichtiger Zugang zum Problemlösen liegt im umgekehrten Prozeß, d.h. in der bewußten Ablehnung und Immunisierung gegenüber dem schulischen System zur Produktion von Fassadenwissen. Dies System ist dadurch gekennzeichnet, daß in ihm die Rezeption und Verarbeitung solcher Schülerbeiträge, die kommunikative Evidenzen zur Produktion von Sachwissen funktionalisieren, als sachbezogener Lösungsvorschläge ein ebenso selbstverständlicher Vorgang ist, wie die sachfremde Produktion dieser Beiträge auf der Schülerseite. Diese Taktiken der Funktionaliserung kommunikativer Evidenzen werden automatisiert und weitgehend unbewußt in komplementärer Weise durch Lehrer und Schüler angewendet, so daß man von der

Entstehung einer professionellen Technik aufgabenlösender Interaktion sprechen kann.

Bei dem zur Überwindung dieses Zustands notwendigen Vorgehen kann man mit einer gewissen Berechtigung von der Erzeugung einer inneren Einstellung, einer Geisteshaltung[25] gegenüber dem zu erwerbenden Wissen sprechen, deren Gewinn über die Bloßstellung und Kritik, also die Bewußtwerdung des schulspezifischen Systems der Erzeugung von Fassadenwissen führt, scheinbar also wenig mit Mathematik zu tun hat. Dieser Prozeß ist auf dem Gebiet der kommunikativen Bearbeitungsformen und der Methode das Pendant der Wissensvernetzung zu einer Problemgestalt auf dem Gebiet der inhaltlichen Problemlösung. Diese kritische innere Einstellung ist Voraussetzung, z.B. die Aporie des Problemlösens auch als solche zu erfahren. Um das System des Fassadenwissens zu überwinden, muß gegen den Strom der Musterstrukturen des Aufgabenlösens gelehrt und gelernt werden. Das ist zunächst mühsam und scheinbar ineffektiv, weil über die Anwendung der durch Funktionalisierung von Musterwissen gekennzeichneten Interaktion die Produktion des schulisch verlangten Wissens reibungslos auf dem Ersatzwege gelingt.

(3)
Die Ökonomisierung führt zum Abkürzen, Ausklammern und Überspringen der begrifflichen Phasen. Die Ökonomisierung ist eine Deproblematisierung ehemals problematischer mentaler Prozesse zu automatisierten Handlungen. Sie verbirgt dem Lehrer mit der expliziten Begriffsarbeit die für den Erkenntnisprozess nötigen Vernetzungen und unterstellt sie als durch die mit ihnen verbundenen algebraischen Operationen und deren Resultate als erledigt.

Die Ökonomisierung ist eine zweischneidige Angelegenheit, weil sie einerseits dem mentalen Suchprozeß alle überflüssigen Stationen erspart und damit der Konzentration auf das eigentlich Unzugängliche des Problems nützt, andererseits aber Gefahr läuft, auch unverzichtbare mentale Arbeitsakte der Verbalisierung zu entziehen und den Problemlösungsprozeß so für die weitere Begriffsbildung und Transferleistungen unfruchtbar zu machen. Die Ökonomisierung kommt dem in der schulischen Mathematik sowieso verhängnisvoll ausgeprägten Drang zum vorzeitigen Algebraisieren entgegen, indem sie zur Ausbildung von Lösungsschemata führt.

Unter Umgehung der in der Ökonomisierung noch vorhandenen, aber schon nicht mehr verbalisierten Begriffsarbeit wird über Einschleifprozesse aus dem Lösungsschema eine Handlungsroutine erzeugt, bei der die mentalen Vorgänge zu operativen Handlungen erstarrt sind.

(4)
Es stellt sich die Frage, wie der durch die geschilderten Techniken, Taktiken und Strategien fortschreitenden Fragmentarisierung gegengesteuert werden kann. Wenn jedes schülerseitig zu produzierende Wissenselement beim Aufgabenlösen isoliert für sich steht und jede Aufgabe mit dem Abliefern der Lösung geschlossen ist, wird die Zusammensetzung von komplexen Sachverhalten zur logischen Unmöglichkeit. Das

25 Eines 'Habitus' im Bourdieu'schen Sinne.

widerspricht offenkundig den Tatsachen, denn auch im Rahmen des Aufgabenlösens kommt es schülerseitig zu Syntheseleistungen.

Beim Zustandekommen dieser Syntheseleistungen innerhalb des Aufgabe-Lösungs-Musters, d.h. ohne systematisch-bewußte Konzentration auf die Vernetzung des gegebenen Wissens durch die Schüler gemäß Position 1 des Musters schulisches Problemlösen, spielt die Verdichtungstechnik eine wichtige Rolle. Sie besteht in einer unvollständigen Musterrealisierung, die den Schülern signalisiert, daß die Ergebnisse mehrerer Durchläufe durchs Aufgabe-Lösungs-Muster, d.h. ganze Subaufgaben-Sequenzen, zu einer Gesamtlösung zusammengesetzt werden müssen. Die Unvollständigkeit der Musterrealisierung kann im Weglassen der Musterposition der Bestätigung, in der Umkehrung der Reihenfolge der Musterpositionen Bestätigung und Folgeaufgabe, oder in der mit der Folgeaufgabe in einer gemeinsamen Sprechhandlung zusammengefaßten Bestätigung bestehen.

Dadurch können die in einer Subaufgaben-Sequenz gemäß dem Lehrerplan unter Fragmentarisierung erarbeiteten Wissenselemente zu einem Wissenselement neuer Qualität synthetisiert werden. Das Ende der Sequenz wird durch diskurssteuernde Elemente ("Sò", "Gùt", etc.) signalisiert. In Bestätigungs- und Absicherungsverfahren werden die Ergebnisse der verdichteteten Subaufgaben-Sequenzen dann einer Ökonomisierung unterzogen, die ein wichtiges Element der Begriffsbildung ist.

Das so erhaltene Wissenselement höherer Qualität wird, zusammen mit neuen, unter abermaliger Fragmentarisierung erarbeiteten Wissenselementen, in der anschließenden Subaufgaben-Sequenz dann wiederum Ausgangspunkt und Objekt neuer Verdichtungstechnik usw.

Sequenzierung und Verdichtungstechnik, Bestätigungs- und Absicherungsverfahren und Ökonomisierung sind Instrumente einer naturwüchsigen Begriffsbildung des schulischen Lehr- Lerndiskurses, die der Wissensfragmentarisierung des Aufgabenlösens gegensteuern können, indem mit ihnen das Musterwissen zur Steuerung der mentalen Prozeduren der Syntheseleistung funktionalisiert wird. Diese Verfahren stellen Metamuster der Prozessierung des Wissenserwerbs mit dem Instrument des Aufgabe-Lösungs-Muster dar.

(5)
Je komplexer ein Sachverhalt, desto komplexer wird auch das Schema seiner Zerlegung und Bearbeitung durch Subaufgaben-Sequenzen. Dadurch entstehen erhebliche, schwer handhabbare Massen von nur additiv verbundenen Teillösungen. Diese Teillösungen müssen aber gleichzeitig vergegenwärtigt weden, um aus ihnen die entscheidenden Syntheseleistungen zu ziehen. Es zeigt sich, daß die Zerlegung in Teilaufgaben und die notwendige Umkehrung der Zerlegung mit den Syntheseleistungen nicht als ungeteilte Ganze im Unterricht bewältigt werden, sondern jeweils schrittweise in größeren Einheiten, die wechselweise aufeinanderfolgen. So wird der Sachverhalt, bzw. die ihn mental repräsentierende Leitfrage, beispielsweise zunächst auf alltäglich-allgemein-begrifflicher Ebene in Subaufgaben fragmentarisierend bearbeitet, aber anschließend auch auf dieser Ebene zusammengefaßt und auf die Leitfrage projiziert.

Die für Zusammenfassungen erforderliche Vernetzungsarbeit kann folgendermaßen unterstützt werden: Die Subaufgaben-Sequenzen werden in sich durch die Verdichtungstechnik als zusammengehörige Einheiten ausgewiesen, deren Ergebnisse durch Absicherungs- und Bestätigungsverfahren dem Ökonomisierungsprozeß unterworfen und anschließend auf die Leitfrage der Problemstellung in ihrer jeweils aktualisiert abgeleiteten Version projiziert. Der analoge Vorgang findet auch hinsichtlich der Unterrichtsphasen als Ganzer statt. Durch diese Projizierung wird die Einordnung der Ergebnisse der Subaufgaben-Sequenzen und der einzelnen Unterrichtsphasen in den Gesamtkontext des Problems gewährleistet.

Mit der Zusammenfassung stellt die Synthesestrategie ein Instrument zur Verfügung, das geeignet ist, Ordnung in das logische Chaos des unterschiedslosen Nacheinanders der systematisch ungleichwertigen Struktureinheiten zu bringen. Dafür werden die linearen sprachlichen Oberflächeneinheiten vom Lehrer gemäß der Funktion, die sie im Rahmen der Problemableitung haben, analysiert und interaktiv kenntlich gemacht. Aus dieser Projektion der sprachlichen Struktureinheiten auf ihre Funktion gemäß der logischen Systematik und Hierarchie des Problems entsteht die Analyse- und Synthesestrategie.

Durch die Zusammenfassung ist es möglich, den Sachverhalt und damit den für die Problemlösung unabdingbaren Kontext als Ganzen auf der jeweiligen Begriffsebene zu repräsentieren. Dieser Prozeß erscheint als Reetablierung der Leitfrage auf den verschiedenen Begriffsebenen. Die Zusammenfassung der Subaufgaben-Sequenzen und ihre Projektion auf die Leitfrage gewährleisten die fortschreitende Durchdringung des Sachverhalts auf seinen verschiedenen Begriffsebenen, ohne daß der Gesamtkontext unter der Fülle qualitativ ununterscheidbarer Teillösungen verloren geht. In der interaktiven Sicherstellung dieses Prozesses besteht die analysierte Strategie zur Lösung komplexer Probleme unter Lehreranleitung. Auch diese Strategie stellt ein Metamuster der Prozessierung der Wissenserarbeitung dar, das die Steuerungskompetenz der Kommunikation durch den Lehrer dazu benutzt, die fragmentarisierenden Konsequenzen dieser Steuerung tendenziell aufzuheben. Ausgehend von der erfolgreichen Kontextrekonstruktion können schrittweise und rückwirkend auch solche Teillösungen aufgewertet werden, die zuvor sachfremd durch Musterwissen und Lehrervorgaben für die Problemlösung irrelevant blieben. So kann die aufgezeigte Strategie der negativen Dynamik des Aufgabenlösens gegensteuern.

(6)
Im Aufgabenlösen ist die Behandlung kognitiver Sachverhalten auf die Durchführbarkeit algebraischer Operationen mit dem Ziel numerischer Ergebnisse, also auf das Konzept der Berechenbarkeit reduziert. In Pseudoverbegrifflichung werden auch der Form nach allgemeingültige Aussagen über die unmittelbare Evidenz des Festgelegtseins, über die mathematisch-begriffliche Lösbarkeit und sogar über die Durchführbarkeit der algebraisch-symbolischen Operationen auf das Konzept algebraisch-numerischer Berechenbarkeit basiert. Der Lösungsweg beschränkt sich entsprechend auf die isolierte Beherrschung der algebraisch-numerischen Ebene. Eine teilweise dabei auch entstehende Fähigkeit, den Lösungsweg für die Anwendung in anderen Fällen zu verallge-

meinern, stützt sich dann auf ein Konzept, das durch vorbegrifflichen Schematismus charakterisiert ist. Durch diese Konzeptualisierung wird im Aufgabenlösen das Verhältnis der Realität zu ihrer mathematischen Erfassung in spezifischer Weise umgekehrt. Das als Dogma bzw. als Faustregel[26] gefaßte mathematische Prinzip generiert den Sachverhalt. Der Sachverhalt ist in seiner Aussagequalität und Gültigkeit eingeschränkt auf den Rahmen seiner Generierung, also der schulischen Mathematik selbst und wird dadurch in spezifischer Weise pervertiert.

Der vorbegriffliche Schematismus besteht in der memorierenden Reproduktion operativer Abläufe und wird in den jeweiligen Algorithmen niedergelegt. Er erlaubt keine Einsicht in das tiefer liegende Wesen, über das das konkrete Beispiel im Begriff mit den anderen seines Typs verbunden ist. Die aufgabenlösende Konzeptualisierung mathematischer Gesetzmäßigkeiten besteht in einer Kombination aus numerisch-konkreten Einzelfällen und vorbegrifflichem Schematismus bzw. in der Erzeugung eines algebraischen Lösungsschemas und seiner operativen Verfestigung durch Einschleifen zur Handlungsroutine

Ein zur Problemlösung taugliches Konzept einer mathematischen Gesetzmäßigkeit erfordert die systematische Beschreibung der betreffenden Abhängigkeiten mit den Darstellungsmethoden und Aussagequalitäten der jeweiligen Begriffsebenen und ihre vernetzende Überführung ineinander. Die problemlösende Konzeptualisierung mathematischer Gesetzmäßigkeiten verfolgt die Qualitäten und Abhängigkeiten der konstitutiven Elemente des Problems vernetzend über die verschiedenen Begriffsebenen.

(7)
Im problemlösenden Ableiten kommt es zu einer Umkehr und tendenziellen Überwindung des Aufgabenlösens. Die Realisierung von Handlungsmustern, die sich nur in wenigen Positionen unterscheiden, führt zu unterschiedlichen Wissens-, Interaktions- und Verhaltensqualitäten der Koaktanten. Die Ablehnung von Fassadenwissen durch den Einsatz von Musterevidenzen durch einen Schüler erfordert und ermöglicht einen Einstieg ins Problemlösen. Die Vernetzung durch die Schüler und die Rezeption der Lösungsvorschläge durch den Lehrer ist die Keimzelle, aus der der Komplex des problemlösenden Lernens mit allen analysierten Einzelphänomenen entsteht.

Zur Sicherstellung dieser beiden zentralen Musterpositionen gilt es allerdings durch Offenlegung und Kritik der die Muster prozessierenden Metamuster, die kognitiven, emotionalen und sozialen Barrieren zu überwinden, die die Realisierung von Rezeption und Vernetzung verhindern, bzw. als überflüssig oder erledigt erscheinen lassen.

---

26 "Umstellen von Formeln. Vertauschen von Formelseiten: Formeln sind Gleichungen. Das Gleichheitszeichen (=) sagt, daß die linke und die rechte Seite der Formel gleich sind. Die Seiten können daher vertauscht werden. (...) Formeln mit + und - : Kommt ein + Glied auf die andere Seite, wird es - Kommt ein - Glied auf die andere Seite, wird es + (Kasten:) Aus plus wird minus; aus minus wird plus (...) Formeln mit "mal" und "geteilt durch" Ein über dem Bruchstrich stehendes Glied kommt auf der anderen Seite unter den Bruchstrich und umgekehrt. (Kasten:) Aus mal wird geteilt durch, aus geteilt durch wird mal" Aus: 'Formelsammlung für das Metallgewerbe', Gustav Grüner 1986, S.6, *18. Auflage. 226.-235. Tausend.* (!!)
Bei der immensen Verbreitung eines so zur Karikatur heruntergebrachten handwerkelnden Operierens darf man sich natürlich nicht über den 'Merseburger' Charakter der Volksalgebra wundern.

(8)
Der aufgabenlösende Unterricht bietet durch die Eingeschliffenheit seines Ablaufs den Koaktanten die Möglichkeit, den Schein zu wahren. Dem Schüler den Schein der Integration in den Fachunterricht, dem Lehrer über das Hervorlocken des Fassadenwissens den Schein der Lernzielerreichung für alle Schülergruppen. Die Wichtigkeit dieses Scheins erhellt aus seiner Verteidigung: Gerät der Schein in Gefahr, weil die Sinnleere der Handlungsroutinen und die Peinlichkeit ihrer Methodik bei anderen Schülern Erscheinungen von Kritik, Belustigung oder Langeweile hervoruft, so greift der Lehrer zum Instrumentarium der Uminterpretation, Verleugnung oder Unterdrückung dieser Erscheinungen.

Der Lehrer braucht den Nachweis des Erfolges; die Institution fordert ihn. Er steht im Dilemma des Widerspruchs zwischen den Imperativen der Institution: -Eltern, vorgesetzten Behörden, Kultusministerien, die Bildungsabteilungen der Parteien, der Handels- und Handwerkskammern auf der einen- und den Anforderungen der Schüler, die tlw. andere Inhalte, vor allem aber ganz andere Formen der Arbeit brauchen, auf der anderen Seite. Das Elend der Didaktik ist nur die Folge dieses Dilemmas der Institution.

Schule reproduziert Gesellschaft. Das bezieht sich nicht nur auf die Weitergabe des Produktionswissens an die Folgegeneration, sondern auch auf den Bereich des ideologischen Wissens, d.h. die Widerspiegelung der gesellschaftlichen Verhältnisse im Bewußtsein der Menschen. Auf den Teibereich der schulischen Reproduktion des ideologischen Wissens gewendet, zeigt sich, daß die Widerspiegelung der naturwüchsigen aufgabenlösenden Wissensvermittlung in weiten Teilen in einem System von Illusionen über die Qualität des schulischen Wissens, über die Sachgerechtheit seiner Erzeugung und das Maß seiner Handlungsrelevanz und Anwendbarkeit besteht.

Dieses System von Illusionen entzieht sich weitgehend der Bewußtheit, indem es als unmittelbar evident erscheint. Widersprüche, die diese Illusionen zur Realität aufweisen, werden im professionellen Wissen der Lehrer und Schüler durch ein System von Maximen und Sentenzen aufgefangen, das einerseits nicht mehr hinterfragbar, andererseits aber in sich widersprüchlich ist und gerade in diesem Eklektizismus eine spezifische Form des Zurechtkommens mit den Widersprüchen darstellt. Problemlösende Wissenserarbeitung setzt die Kritik dieser Illusionen und ihre Ersetzung durch Transparenz der Bearbeitungsformen der Wissensvermittlung voraus.

(9)
Während im Fall des Aufgabenlösens eine Arbeitsteilung stabilisiert wird, die durch ein Funktionieren in Rahmenbedingungen charakterisiert ist, die weder nach dem Woher des Input noch nach dem Wohin des Output fragen, ist Problemlösen nur als Ganzes möglich, d.h. es nimmt seinen Anfang im vernetzten Wissen des Problemlösenden über den mental vermittelten Widerstand der Sache gegen eigenes Handlungsinteresse und verfolgt den Lösungsprozeß bis zur Aufhebung dieses Widerstandes.

Der Vollzug arbeitsteiliger Prozesse wird im Problemlösen auf einer Transparenz des

Gesamtprozesses basiert. Mit dieser Transparenz sind elementare Voraussetzungen einer Kontrolle und kritischen Einwirkung gegeben. Die gezielte Innovation der gesellschaftlichen Strukturen ist unvereinbar mit der erkenntnismäßigen Unzugänglichkeit ihrer Ursachen. Aufgabenlösendes Lernen betreibt insofern eine Anpassung an eine Arbeitsteilung, die bestehende gesellschaftliche Strukturen fortschreibt, bzw. nur naturwüchsig modifiziert, während problemlösendes Lernen die gezielte Innovation auf bestimmte bewußte Zwecke hin begünstigt. Darin ist die gesellschaftliche Relevanz der Methode angelegt. Darauf gründen sich aber auch die gesellschaftlichen Eingriffe in die Durchsetzung und Förderung bestimmter Methoden.

(10)
Auch wenn ein Schüler eine Problemlösung über weitere Strecken oder vollständig abarbeitet, ändert das noch nicht prinzipiell (sondern eben nur tendenziell) die Struktur der unterrichtlichen Kommunikation, nämlich nur für den betreffenden Schüler. Das Problem zweiter Stufe, die Übermittlung des Plans der Problemabarbeitung bleibt in voller Schärfe erhalten. Nur tritt in diesem Fall die Verfolgung des Schülerplans für die übrigen Schüler an die Stelle der Rekonstruktion des Lehrerplans. Es kommt zu einer punktuellen Umkehrung der Strukturen des Aufgabenlösens, nicht zu ihrer Überwindung. Da wohl nur in seltenen Ausnahmefällen ein Schüler auf Anhieb über einen besseren Plan und professionellere Methoden seiner Durchsetzung verfügt, als ein Lehrer, beschränkt sich auch der Gewinn im Sinne des Problemlösens in diesem Fall auf einen einzigen Schüler.

Für die übrigen macht es keinen Unterschied, wer derjenige ist, dessen Plan durchgesetzt wird, wie Behiye sehr hellsichtig bemerkt (Nr. 6, s816, 817): *"Es ist doch dasselbe, ob man das so rechnet, oder wie Sie es gemacht haben. Oder?"*

Hier wird ein grundlegendes Dilemma des *naturwüchsigen* (d.h. ungezielten, punktuellen, nicht auf der methodischen Metaebene abgesicherten) Problemlösens evident. Es ist in der Pädagogik eine nicht unbekannte Tatsache, daß die Verfolgung eines eigenen Handlungsinteresses ein Zielbewußtsein generiert, das Voraussetzung einer problemlösenden Wissenserarbeitung ist. Eine Reihe von Unterrichtsformen ('Projektunterricht', 'handlungsorientierter Unterricht', 'offener Unterricht') sind in diesem Interesse entwickelt worden. Ihr gemeinsamer Nenner ist ein partielles Außerkraftsetzen des traditionellen Frontalunterrichts durch eine Verlagerung initialer konstitutiver Elemente des Problemlösens auf die Schülerseite. Es handelt sich meist aber nur um die konstitutiven Elemente der *Erfahrung* der Problemkonstellation, seltener der Erarbeitung der konkreten Negation, noch seltener der Ausprägung einer Zielstellung (Zielbewußtsein) und so gut wie nie der Erarbeitung von Lösungswegen und Lösungen. Denn dafür ist die Konsultation des Wissens, die Zerlegung des kognitiven Sachverhalts und die entsprechende Planbildung, kurz eine *Verarbeitung* des Wissens Voraussetzung.

Auf sich allein gestellt würden Schüler zur Lösung der Probleme nicht wesentlich kürzer brauchen, als die Menschheit insgesamt - jeder weiß daß ein solches Konzept gesellschaftlicher Wissensvermittlung absurd ist. In der unumgänglichen Akzeleration des Wissenserwerbs greifen dann auch die Vertreter der genannten Unterrichtsformen wieder zum zurhandenen Handwerkszeug des Aufgabe-Lösungs-Musters (mit seinen

Regiefragen, seiner Durchsetzung des Lehrerplans usw.), es sei denn, sie ließen ihre Schüler bei der Verarbeitung des Wissens allein.

Der ideologische Überbau, den diese Unterrichtsformen von sich gebildet haben, trägt allerdings meist nur der initialen Selbstätigkeit der Schüler Rechnung und subsumiert ihrem Charakter auch das traditionell aufgabenlösend im akzelerierten Wissenserwerb Erarbeitete als 'freie Schülertätigkeit' o.ä. Ich bezeichne diese Unterrichtsformen aus diesem Grund als pädagogische Moden. Sie ändern nichts an der grundlegenden Struktur der Wissensvermittlung, sondern nur etwas an ihrer Oberflächenerscheinung, weil sie sie sich die Struktur und das Funktionieren der Wissensvermittlung als eines kommunikativ konstituierten Geschehens entsprechend ihrer Dethematisierung des sprachlichen Geschehens gar nicht als Erkenntnisziel setzen.

Die Überwindung des Aufgabenlösens ist gleichbedeutend mit der Überwindung des Dilemmas, daß immer nur ein Gesamtplan, egal ob der des Lehrers oder der eines Schülers problemlösend abgearbeitet werden kann, während die übrigen Schüler auf seine schrittweise Rekonstruktion angewiesen sind. Diese Überwindung liegt darin, daß die Abarbeitung des verfolgten Plans für alle nachvollziehbar gemacht wird. Um Problemlösen in der Schule zum Regelfall zu machen, müssen nicht nur die primären Bearbeitungsmuster der Wissensweitergabe, (das Aufgabe-Lösungs-Muster und das Muster schulisches Problemlösen), sondern darüber hinaus die jeweiligen Metamuster einsichtig gemacht werden, die sich auf die Techniken, Taktiken und Strategien des Zurechtkommens mit dem Instrument des Aufgabe-Lösungs-Musters bzw. auf die Wissenserarbeitung im Muster schulisches Problemlösen beziehen.

Ich komme zu dem Ergebnis, daß die Transparenz und Kritik der Methode, die Reflexion der Metamuster, die der Prozessierung der Wissenserarbeitung in dem jeweiligen Primärmuster dienen, der letzten Endes entscheidende Vorgang beim schulischen Problemlösen ist. Ich habe mit dieser Arbeit einen Anfang in der Beschreibung und Analyse solcher Metamuster gemacht.

5. ZUR AUSLÄNDERSPEZIFIK DER UNTERSUCHUNG

Nach den Ergebnissen der Analyse sind die ausländerspezifischen Charakteristika im untersuchten Mathematikunterricht sprachlich-kommunikativer und nicht mentaler (kognitiver, psychischer) Art. Sie führen im wesentlichen zu einer Verdeutlichung von Phänomenen, die auch bei deutsch-muttersprachlichen Schülern gegeben sind, weil sie sich auf *Verstehensprozesse* beziehen und von Herkunft, Muttersprache u.a. relativ unabhängig sind. Daß der Lehr-Lernprozess kommunikativ konstituiert ist, gilt nicht *nur* für Ausländer, sondern *auch* für sie. Dieser Sachverhalt stellt ein wichtiges Untersuchungsergebnis dar.

Die grundlegenden Schwierigkeiten der (vor-) fachsprachlichen Begriffsbildung werden durch ausländertypische sprachliche Defizite auf den Gebieten von Grammatik, Syntax und Lexik zwar verdeutlicht, aber keineswegs systematisch erfaßt. Die Schwierigkeiten der fachsprachlichen Begriffsbildung sind durch eine isolierte Betrachtung grammatischer, syntaktischer und lexikalischer Defizite nicht zu erfassen. Sie liegen vielmehr, wie die vorgelegte Arbeit zeigt, im Bereich komplexen sprachlichen Handelns, dessen Ausbildung durch ausländerspezifische sprachliche Defizite insgesamt behindert ist.

Da es naturgemäß keine ausländerspezifischen Anforderungen an das zur fachsprachlichen Begriffsbildung erforderliche komplexe Handeln gibt, liegt die Antwort auf die Frage nach der Ausländerspezifik der vorgelegten Untersuchung in der Feststellung und Beschreibung desjenigen komplexen sprachlichen Handelns selbst, das zur Bewältigung der analysierten Aufgaben- und Problembearbeitungen erforderlich ist.

Traditionelle 'Sprachstandserhebungen', die unter Abstraktion von der Funktionalität des sprachlichen Handelns versuchen, in Grammatik, Lexik oder Syntax Defizitanalysen und Therapievorschläge nachzuweisen, gehen an den tatsächlich für nicht-deutschmuttersprachliche Jugendliche verschärft vorliegenden Schwierigkeiten der fachsprachlichen Begriffsbildung vorbei. Für die Untauglichkeit eines solchen (positivistischen) Vorgehens gerade bei scheinbar umfassender und empirisch genauer Beschreibung der defizitären Sachverhalte kann die folgende Auflistung der grammatischen Defizite des in den Transkriptionen dokumentierten Materials ein Beleg sein:

Fehlergebiet	Prozentanteil
Deklination im weiteren Sinne (Flexionsmorpheme der Adjektive und Substantive, Präpositionen usw.)	43,0%
Auslassungen und Verwechslungen (Pronomina, Artikel, Präfixe, Partikeln usw.)	21,5%
Aussprache (phonematische Fehler und Verwechslungen)	20,3%
Verbformen und Satzgliedstellung	15,2%

Figur 43: "Statistik der grammatischen Defizite im untersuchten Sprachmaterial"

Die größte Fehlerquelle liegt im Gebiet der Deklination, vor allem der Adjektivdeklination:

(Nr. 2, s128) Yirgalem: "Ein Teil von einem rechtwinkliges Dreieck"

Die Kasusmorpheme der drei Adjektivdeklinationstypen, die sich oft innerhalb ganzer Präpositionalgruppen wieder unterscheiden, bilden erfahrungsgemäß für Ausländer eine der am spätesten beherrschten grammatikalischen Schwierigkeiten des Deutschen. Ferner sind viele falsche Genuszuordnungen zu verzeichnen.

Unter Aussprachefehlern habe ich entweder phonematische Abweichungen gefaßt:

(Nr. 1, s230) Harun: "Nein, das ist ein R/Richtik/Rich/Richteck."

oder Entstellungen,in denen sich auch nationale Besonderheiten ablesen lassen: So hat Hai z.B. als Vietnamese starke Schwierigkeiten mit den Silbenverschlüssen:

(Nr. 6, s677) Hai: "Ha du ***au´*** *!" ((=* "Hast du auch"*))*

Lautsprachliche Abweichungen vom Schriftsprachlichen, die üblich, bzw. Ausdruck der grundsätzlich abweichenden Realisierung bestimmter Morpheme in der gesprochenen gegenüber der geschriebenen Sprache sind, (vgl. dazu Reck, 1987) blieben hier unberücksichtigt

"Mit ei:m rechtwinkling Dreieck"

Eine größere Fehlerquelle sind hier auch die Sproßvokaleinfügungen z.B. türkischer und Farsi- bzw. Paschtu- Sprecher:

"Eschiterecke" vs. "Strecke"

Auslassungen und Verwechslungen fallen vor allem Pronomina und Artikel zum Opfer, in geringerem Ausmaß Partikeln und Präfixe

"mit Sinussatz kann rechnen" vs. "das kann er mit Sinussatz ausrechnen".

In der Satzgliedstellung, besonders bei zusammengesetzten Verbformen stellt die Satzklammer eine erhebliche Schwierigkeit dar sowie, besonders bei serbokroatischen Sprechern, die Inversion von Subjekt und Prädikat im eingeleiteten Hauptsatz

"und dann wir ausrechnen alpha" vs. "und dann rechnen wir alpha aus".

Natürlich ist die Fehlerverteilung je nach Schüler und Muttersprache individuell verschieden, aber sie unterstützt dennoch den summarischen Eindruck: Je besser die Schüler Deutsch sprechen, desto höher wird der relative Anteil der Deklinationsfehler. Das läßt sich am Beispiel der Schüler Ataschin, Behiye, Birol, Yirgalem leicht ablesen. Im Fall des Schülers Kevin wird die gleiche prozentuale Verteilung dadurch verzerrt, daß z.B. von sieben Verbformfehlern sechs auf die muttersprachliche Anwendung von "kann" im Sinne des englischen "can" zurückgehen:

"Dann kann wir das ausrechnen."

Die entscheidenden Fragen bleiben allerdings durch solcherlei Statistik unbeantwortet:

(1) Wie wird das Auftreten bestimmter Fehler durch spezifische sprachlich-

kommunikative Prozesse gesteuert ?
(2) Welche Rolle spielen die sprachlichen Defizienzen in der mündlichen Unterrichtskommunikation bei der Problemlösung ?

Weite Passagen der vorliegenden Unterrichtskommunikation laufen in ausgeprägter Kleinschrittigkeit ab. In diesen Phasen befinden sich die Schüleräußerungen auf dem Ein- oder Wenig-Wort-Niveau. Daher sind natürlich auch die Möglichkeiten des Auftretens grammatikalischer Defizite beschränkt auf die Fehlergebiete der Flexionsmorpheme, der Artikel, der Aussprache. Andere Fehlergebiete, wie z.B. die Wortstellung, die im Deutschen komplex und schwierig ist (vgl. z.B. den Positionswechsel zwischen Dativ- und Akkusativ-Objekten, je nachdem ob Symbolfeldausdrücke vorliegen oder diese phorisch repräsentiert werden: *"Gib Harun die Kreide!"* vs. *"Gib sie ihm!"*) können in solchen Phasen nicht auftauchen. Durch die kleinschrittige Fragestrategie des Lehrers wird so das Auftauchen bestimmter Fehlergebiete verhindert.

Dabei ist zu beobachten, daß die Phasen der Kleinschrittigkeit im wesentlichen durch die kognitive Reduktion des Aufgabenlösens verursacht werden und erst in zweiter Linie durch die Tatsache, daß es sich um Schüler handelt, die noch sehr schwach im Deutschen sind. So produziert Harun etwa im Unterrichtsabschnitt "Subtraktion von Restflächen" nahezu ausschließlich Einwort-Beiträge entsprechend der extremen kognitiven Reduktion dieser Phase, während er zu späterem Zeitpunkt, im Unterrichtsabschnitt Nr. 3 "Lösungswegediskussion", wo er das Geschehen problemlösend verarbeitet, in für seine Begriffe durchaus elaborierten Formen spricht:

> *(s717-731) "Das ist falsch! Das ist falsch! a mal sinus alpha geteilt durch sinus alpha ist gleich c mal sinus alpha geteilt durch sinus gamma. Ja. Zweimal sinus alpha: Einmal mal und einmal geteilt durch."*

oder:

> *(s791) "Wenn wir alpha haben, zum Beispiel vierzig, dann gucken wir die Tabelle."*

Hier formuliert Harun eigene Gedanken in eigenen Sätzen in funktionaler Einheit. Er konstruiert einen Konditionalsatz und pointiert auf einen Fehler, ist also sprachlich durchaus in der Lage, die geforderten Gedanken auszudrücken. Der hier auftretende Satzklammerfehler wäre in der Phase der Kleinschrittigkeit genauso vermieden worden, wie die fehlende Präposition und der entsprechende Kasus *("...gucken wir die Tabelle" vs.* "...gucken wir in der Tabelle nach"*).*

Nebenbei bemerkt zeigt das Beispiel, wie eine scheinbar objektive, statistisch orientierte Betrachtung widersinnigerweise dem elaborierten Sprechen größere Fehlerhaftigkeit bescheinigt als den Ein-Wort-Beiträgen unter den Bedingungen kognitiver Reduktion: Für ihr wirkliches Verständnis müssen Fehler daher im Einzelfall funktional analytisch interpretiert werden.

Die primäre Ursache der sprachlichen Reduktion ist nicht in quasi- 'objektiv' vorliegenden sprachlichen Defiziten zu suchen, sondern in der kognitiven Reduktion des Aufgabenlösens. Der 'foreigner-talk' (Ferguson 1964), den der Lehrer in den einschrittigen Phasen des Aufgabenlösens mit den Schülern praktiziert, ist Ausdruck und Folge, nicht Ursache der kognitiven Reduktion. Die sprachliche Armut der

Schüler verschärft höchstens diese Tendenz, die in einer rein muttersprachlichen Umgebung ebenso zu beobachten ist.

Umgekehrt erfordert die beim Problemlösen von den Schülern zu bewältigende Vernetzung entsprechend ihrer fachlichen Komplexität auch komplexe sprachliche Strukturen:

> "*Also er schreibt wieder das/ dasgleiche auf, also be durch sinus beta, und/ also wenn wir, äh, jetzt* ***Zahlen*** *gehabt hätten, ne, hätten wir die gleich aufgeschrieben. Und diese Gradzahlen, äh, al/ also auf unserer Tabelle gesucht. Und die numerische Werte hätten wir aufgeschrieben. Aber weil wir keine Zahlen kennen, brauchen wir/ müssen wir nur auf/ aufzuschreiben, 'be durch sinus beta ist gleich ce durch sinus gamma'!*" (Behiye im Unterrichtsabschnitt Nr. 3 "Lösungswegediskussion" (s624 ff).

Auch bei diesem Beitrag handelt es sich um die eigenständige Formulierung eines eigenen Gedankens, der im Lehrerplan so nicht vorgesehen war und deshalb entweder nur unter der Bedingung des Verzichts auf die interaktive Unterstützung durch den Lehrer zustandekommen konnte oder gar nicht. Überall, wo es im vorliegenden Material zu ähnlich elaborierten Beiträgen kommt, ist kein bzw. nur ein auf Hilfestellungen eingeschränktes Eingreifen durch den Lehrer zu registrieren.

Andererseits wären öfter elaborierte Beiträge von Schülern möglich, kommen aber nicht zu Stande. Das Regulativ dafür ist in den zu Grunde liegenden kognitiv-mentalen und kommunikativen Prozessen aufzufinden und nicht an der sprachlichen Oberfläche. Ausmaß und Komplexität des sprachlichen Handelns realisiert sich nicht entsprechend der statischen Größe der 'an sich' verfügbaren grammatischen, lexikalischen und syntaktischen Strukturen oder entsprechend dem 'objektiv' beim Schüler vorhandenen Wissen. Auch sprachlich und fachlich weit entwickelte Schüler produzieren unter den Bedingungen der Kontextzerstörung und der Einschrittigkeit der Aufgabe-Lösungs-Muster sprachliche Ruinen. Die Anforderungen an die sprachliche Komplexität resultieren aus der auszudrückenden fachlichen Komplexität; will man Fortschritte in der sprachlichen Elaboriertheit, muß man den Zusammenhang und die Kommunikationsstrukturen selbst zur Debatte stellen. Die inhaltlichen und methodischen Entscheidungen regieren die sprachliche Oberfläche, nicht umgekehrt. Das sprachliche Niveau der Unterrichtsinteraktion, ihrer grammatischen und syntaktischen Komplexität, der Frequenz und Verteilung ihrer sprachlichen Anteile auf die Aktanten ist eine Funktion der zur Sicherstellung des Wissenserwerbs verfolgten Handlungsmuster und der für ihre Realisierung erforderlichen mentalen und sprachlichen Aktivitäten.

Es läßt sich im Material kein Beispiel dafür finden, daß eine Musterrealisierung an sprachlichen Defiziten scheitert. Es kann von einer Beeinflussung gesprochen werden, die von sprachlicher Restriktion in Richtung kognitiver Reduktion und Einschrittigkeit ausgeht, doch gibt es genügend Gegenbeispiele. So gibt Harun in starker sprachlicher Restriktion die erste implizite Pythagorasanwendung:

> "*Ix ? Äh, Wurzel äh dreiund äh fünfzig*" (Unterrichtsabschnitt Nr.2 "Quadrat, Dreieck, Streckenverhältnis" (s332 ff)),

oder Kevin drückt in einfachen Worten einen komplizierten Vorgang aus, wenn er vorschlägt:

"Das kann wir auch da oben machen!" (ebd. (s269))

Die anaphorischen bzw. deiktischen Ausdrücke "das" und "da oben" ersetzen ihm hier die explizite verbale Herstellung der in diesem Fall recht komplizierten Referenzen. Die durch den Interaktionsprozeß im gemeinsamen Handlungsraum schon manifestierten Prozesse und Bezüge können so diesseits ihrer begrifflichen Repräsentation vollwertig in die Problemlösung einfließen.

Während im Rahmen der mündlichen Unterrichtskommunikation kaum davon die Rede sein kann, daß Schüler sich durch sprachliche Restriktion an der Realisierung komplexer Gedankengänge hindern lassen, kann umgekehrt nicht beobachtet werden, daß entwickelte sprachliche Elaboriertheit ein Garant für problemlösende Interaktion wäre. Im Gegenteil dient die sprachliche Gewandtheit nicht selten dazu, den Kontextverlust zu kaschieren (vgl. 3.2.(5), (6), S. 98ff).

Insofern ist die These aufzustellen, daß im Rahmen der *mündlichen* Unterrichtskommunikation ausländerspezifische sprachliche Defizite nicht für die Beeinträchtigung problemlösenden Lernens verantwortlich gemacht werden dürfen. Das problemlösende Lernen fördert zwar das elaborierte Sprechen, arrangiert sich aber auch mit restringiertem. Das aufgabenlösende Lernen dagegen behindert das elaborierte Sprechen, kann aber durch elaboriertes nicht ursächlich überwunden werden. Elaboriertes Sprechen kann zu komplexen Interaktionsformen bei der Lösung einfacher Aufgaben führen und an komplexen Problemen scheitern. (Zu den Begriffen 'elaboriertes' bzw. 'restringiertes' Sprechen (vgl. Bernstein 1973)

Auf den ersten Blick mag es also überraschen, daß die Defizienzen im Rahmen der Unterrichtsinteraktion keine wesentliche Rolle spielen. Die Erklärung liegt in der Mündlichkeit der Kommunikation. So kann z.B. auf die Beherrschung des korrekten Gebrauchs der Anaphora oder der Unterschiede zwischen bestimmtem und unbestimmtem Artikel zur Herstellung kontextueller Bezüge trotz ihrer herausragenden Rolle verzichtet werden, wenn diese Bezüge durch den Verlauf der Interaktion evident sind. An keiner Stelle kommt im vorliegenden Material die Erfassung des zu bewältigenden Problems wegen sprachlicher Defizite zum Erliegen. Daher sind sie in der vorliegenden Untersuchung auch nicht Objekt eigenständiger Diskussion. *Zusammenfassend kann die These aufgestellt werden, daß in der mündlichen Kommunikation des Fachunterrichts sprachliche Defizite funktional aufgelöst werden können.*

So kann der *Einstieg* in das Lernen in der zweiten Sprache gewährleistet werden. Die Hauptarbeit für die Jugendlichen liegt aber auch nach dem erfolgreichen Abschluß besonderer Unterrichtsmaßnahmen für Ausländer noch vor ihnen, nämlich in ihrer integrierten mündlichen vor allem aber *schriftlichen* Teilnahme am fachspezifischen Diskurs.

Buhlmann/Fearns (1982, 1987) haben gezeigt, in welch hohem Maß noch überdurchschnittlich gebildete ausländische Jugendliche, Absolventen des Studienkollegs, bei der Rezeption und vor allem Produktion von Texten mit Fachinhalten an sprachlichen Defiziten scheitern. Die Gründe liegen nach Buhlmann/Fearns in der mangelnden Bewältigung von fachspezifischen logischen Bezügen, Textbauplänen, Methodiken, Zusammenhängen, Arbeitsstrategien u.a., die sich in entsprechend komplizierten sprachlichen Strukturen ausdrücken.

In der mündlichen Unterrichtskommunikation dienen zahlreiche sprachliche Instrumente des gemeinsamen Handlungs- und Rederaums der sequenziellen Bewältigung dieser Schwierigkeiten: Vorgaben von Lehrer- oder Mitschülerseite; Nachfragen und Erklären logischer Strukturen bei Bedarf; Registrieren, Anwenden, Kontrollieren und Reparieren von Verständnis; deiktische Prozeduren und praktisch-handelnde Problembearbeitung usw. Die Eindeutigkeit, Vielseitigkeit und der Bezugsreichtum des lebendigen Kontexts gleicht sprachliche Beschränktheiten aus. Im Schriftlichen ist davon keine Spur. In der Textproduktion und -rezeption entfällt der gemeinsame Handlungsraum mit der Kopräsenz des Adressaten und der Rederaum verwandelt sich in den unflexiblen Textraum. Der interaktive Bereich wird durch eine statische, meist entsprechend komplexe Struktur ersetzt, bei der schon 'kleine' Mißverständnisse,- etwa bestimmter vs. unbestimmter Artikel-, das Verstehen eines Sachverhalts nachhaltig behindern können. Im Schriftlichen, beim Schreiben von Texten, und mehr noch beim Lernen aus Büchern stehen die ausländischen Jugendlichen mit ihrem begrenzten strukturellen Instrumentarium dann aber weitgehend vor dem Nichts.

Das bestätigen auch immer wieder die schockhaften Erfahrungen ausländischer Jugendlicher auch mit hervorragenden Leistungen gerade in mathematisch-naturwissenschaftlichen Fächern nach ihrem Übergang in Regelklassen weiterführender (Berufs-) Schulen, wo sie faktisch von der Unterrichtskommunikation ausgeschlossen bleiben und beim Lernen aus Büchern und in schriftlichen Arbeiten weitgehend versagen. So gelang es z.B. Birol, eine Facharbeiterausbildung als KFZ-Mechaniker abzuschließen, nicht aber, ein Begabten-Stipendium für ein Ingenieur oder Mathematik-Studium zu erhalten. Der Ausschluß der Ausländer vom Zugang zu den höherqualifizierten Berufen unserer Gesellschaft ist auch Folge ihres Ausschlusses von den über Formen der Schriftlichkeit vermittelten Bereichen der fachsprachlichen Begriffsbildung. Auf diesem Gebiet herrscht im bundesrepublikanischen Ausbildungssystem ein gewaltiger Handlungsbedarf[27].

---

27 Der Verf. hat 1989 ein Konzept für einen Schulversuch "Fachoberschule für Ausländer" vorgelegt, es Anfang 1991 in überarbeiteter Form als "Entwurf für einen Modellversuch 'fachsprachliche Begriffsbildung' zur Förderung von Jugendlichen nicht-deutscher Muttersprachen" erneut durchzusetzen versucht. Ende 1991 hat er widerstrebend die inhaltlichen und organisatorischen Konzepte, -behördlicher Empfehlung ('bessere Durchsetzbarkeit') folgend-, auf einen "Antrag auf Einrichtung eines Arbeitskreises 'Fachsprachliche Begriffsbildung bei Jugendlichen nicht-deutscher Muttersprachen'" reduziert. Zur Kritik und Verbesserung der gegenwärtigen Beschulungsform ausländischer Jugendlicher in sog. "Berufsvorbereitungsklassen für Ausländer" hat der Verf. 1992 ein weiteres Konzept vorgelegt: "Beschulung von Jugendlichen nicht-deutscher Muttersprachen in Berufsvorbereitungsklassen: ein Konzept der Festschreibung von Unterprivilegierung und der Unterdrückung der Muttersprache". Das Ziel all dieser Anläufe und der darauf folgenden Verhandlungen war, nicht-deutsch-muttersprachlichen Jugendlichen eine Beschulung zu ermöglichen, die ihren spezifischen Defiziten Rechnung trägt und sie nicht von vornherein als Lern- oder Sozialschwache abstempelt. Es liegen positive Gutachten und Stellungnahmen von Wissenschaftlern (Rehbein, Bar-

Die Hilflosigkeit und das Unverständnis sehr vieler Lehrer gegenüber diesem Phänomen beruht m.E. im wesentlichen auf der Unreflektiertheit und Selbstverständlichkeit, mit der sie als voll ausgebildete Muttersprachler von ihrer naturwüchsigen Fähigkeit Gebrauch machen, zwischen diesen beiden medialen Formen der Sprache (Mündlichkeit und Schriftlichkeit) hin- und herzu'switchen'. Das professionelle Durchschnittsbewußtsein in dieser Frage reicht nicht viel weiter als bis zu der Feststellung:

>SCHRIFTLICH IST IRGENDWIE SCHWIERIGER ALS MÜNDLICH<

Ich komme zu dem Ergebnis, daß das Ausländerspezifische des untersuchten Unterrichts vor allem im Prozeß der interaktiven Einregelung eines mündlichen Kommunikationsniveaus besteht, das das Abarbeiten der komplexen fachlichen Problematik noch gewährleistet. Der mündliche Unterricht trägt gerade in seinem Funktionieren, also in seinem von sprachlichen Defiziten nicht grundsätzlich in Frage gestellten Ablauf den Stempel dieser Defizite. In der Qualität des sprachlichen Handelns als Ganzem, d.h. im Vorherrschen aufgaben- oder problemlösender Strukturen drückt sich die Spezifik des Unterrichts aus.

Das Verstehen bzw. die Vernetzung des gegebenen Wissens zu einem sinnvollen Ganzen muß einerseits grundsätzlich gegen die Strukturen des Aufgabe-Lösungs-Musters erarbeitet werden und ist insofern kein ausländerspezifisches Problem. Andererseits ist das Verstehen bzw. die Vernetzung des gegebenen Wissens ein mentaler Prozeß sprachlich-, genauer gesagt *muttersprachlich*-vermittelter Natur. Die Unterschiede zwischen aufgaben- und problemlösendem Lernen sind nicht ausländerspezifisch, sondern für die Institution Schule und ihre gesellschaftliche Funktion spezifisch, dennoch ist die Weiterentwicklung des aufgabenlösenden zu einem problemlösenden Lernen sprachlich-begrifflich gesteuert. Die negativen Eigenschaften des Aufgabenlösens treten unter sprachlicher Behinderung (auch und gerade auf der Lehrerseite) lediglich prägnanter hervor, als in einer muttersprachlich unterrichteten Klasse. Insofern kommt es bei ausländischen Schülern zu einer Verdeutlichung von Phänomenen, die sonst vielleicht nicht in dieser Schärfe zu Tage treten.

Auf keinen Fall darf der Nachweis der erfolgreichen Bewältigung auch komplexer Probleme mit reduzierten sprachlichen Mitteln in der mündlichen Unterrichtskommunikation dazu mißbraucht werden, die Notwendigkeit weiterer intensiver Förderung der ausländischen Jugendlichen zur fachsprachlichen Begriffsbildung vor allem auf schriftlichem Gebiet zu verleugnen. Im Gegenteil macht die Untersuchung gerade durch den Nachweis vorhandener Kompetenzen deutlich, wie weitgehend es immer noch die (in diesem Falle schriftliche) Sprachbarriere ist, die nach wie vor eine annähernde Chancengleichheit für ausländische Jugendliche verhindert.

---

kowski) und Lehr- und Behördenpersonen (G 20, Daschner, Düwel) vor. Es hat alles nichts genutzt. Eine Änderung der Ausländerbeschulung in Richtung Chancengleichheit ist offensichtlich derzeitig nicht gewollt (nicht bezahlbar, nicht politisch durchsetzbar). Demgegenüber sind die Konzepte der Ausländerbeschulung,, die behördlich und gewerkschaftlich durchsetzbar sind, hinter dem Stand der wissenschaftlichen Erkenntnis zurückgeblieben.

6. UNTERRICHT: INTERAKTION ODER STOFFDARBIETUNG?

In diesem Kapitel konfrontiere ich die Ergebnisse meiner Untersuchung mit zwei Strömungen, die sich nach einer groben Einteilung in der vorliegenden Literatur zum Thema ausmachen lassen: Die eine, zu der sich auch der Verfasser zählt, stellt den Interaktionsprozeß in den Mittelpunkt der Lehr-Lernvorgänge, die andere den Lernstoff und seine Aufbereitung. Ich beginne mit der Diskussion der letzteren Strömung am Beispiel von Rosemarie Buhlmann und Anneliese Fearns, schließe einige Bemerkungen zu ähnlichen, weniger extrem am Stoff orientierten Konzepten und Mischformen an und wende mich dann im siebten Kapitel der Diskussion der ersten Strömung am Beispiel von Bauersfeld, Krummheuer & Voigt zu.

Summarisch gesprochen liegen die Differenzen zum einen in der Fundierung der Erklärungsmodelle auf konkretem sprachlichem Material, d.h. in der Rekonstruierbarkeit -und damit gezielten Veränderbarkeit- des konkreten Handelns im Rahmen seiner begrifflichen Erklärung. Zum anderen ergeben sich die Differenzen aus der Analyse des schulischen Geschehens als gesellschaftlichem Handeln, d.h. aus einem Verständnis des individuellen und subjektiven Handelns als institutionell vermittelter Reproduktion bzw. Innovation gesellschaftlicher Strukturen.

Ich sehe beide Aspekte als einheitlichen Komplex, denn die Ausklammerung gesellschaftlicher, institutioneller Strukturen aus der Analyse des sprachlichen Handelns führt über die Einführung idealistischer und subjektivistischer Erklärungsmodelle genauso an handlungsrelevanten und praktikablen Änderungsvorschlägen vorbei, wie die systematische Nichtberücksichtigung der im konkreten sprachlichen Handeln niedergelegten Voraussetzungen des Verstehens bzw. die Gleichsetzung des Verstehens mit einer Kopie des Sachverhalts, seiner Systematik etc.

6.1. DER LERNPROZESS ALS KOPIE DES SACHVERHALTS

Buhlmann & Fearns legen ihr Konzept dar im "Handbuch des Fachsprachenunterrichts" mit dem Untertitel: "Unter besonderer Berücksichtigung naturwissenschaftlich-technischer Fachsprachen" (1987). Das Werk gibt u.a. einen umfangreichen, systematischen Katalog von aufeinander abgestimmten und -aufbauenden Übungen, die zum Erfassen der naturwissenschaftlich-technischen Fachsprache geeignet sind. Im einzelnen ist das Buch folgendermaßen aufgebaut: Die Besonderheiten der Fachsprache werden ausführlich in ihren verschiedenen Aspekten analysiert - hinsichtlich der Morphologie, der lexikalischen und syntaktischen Besonderheiten der Texte. Konsequenzen für die Didaktik werden gezogen. Die fachsprachlichen Merkmale werden unter dem Gesichtspunkt der Vermittlung gewertet. Der Fachsprachenunterricht wird im Bezug zum Fachunterricht einerseits und zum allgemeinen Sprachunterricht andererseits eingeordnet. Die sprachliche Handlungsfähigkeit im Fach als Ziel des Fachsprachenunterrichts wird untersucht, konkrete Lernziele und ihre Realisierungsmöglichkeiten im Unterricht dargestellt. Der Lerner im Fachsprachenunterricht wird unter verschiedenen Aspekten, wie Lerngewohnheiten, -problemen und -erwartungen betrachtet. Fachsprachliche Lehrwerke werden beurteilt und die Handlungsräume von Lehrern und Lernern im Fachsprachenunterricht interdependent dargestellt. Kursplanung und Kurserstelltung im Dienst der Realisierung der Lernziele werden erklärt. Den Hauptteil des Werkes nehmen mit einhundertzehn Seiten Beispiele konkreter Übungen ein. Abschließend werden Transfermöglichkeiten in andere Fachsprachen nachgewiesen.

In dem knapp vierhundert Seiten starken Werk findet sich allerdings nur ein einziges Beispiel (quasi-) authentischer mündlicher Kommunikation (Buhlmann & Fearns 1987, S.293 f.). Ansonsten entpuppt sich das als 'mündlich' Bezeichnete durchgehend als mündliche Version eines *Textes* und wird entsprechend als 'mündlicher Text' bezeichnet. Selbstverständlich gibt es mündliche Texte, etwa in Gestalt von Märchenerzählungen, jedoch fällt die Diskursart 'Lehr-Lern-Diskurs' nicht unter diese Kategorie. Ein spezifisch mündlicher Interaktionsprozeß ist nicht Gegenstand des "Handbuchs".

Die Nichtunterscheidung von Text und Diskurs ist typisch für ein Fokusdefizit, das in einer Dethematisierung der Besonderheiten der Mündlichkeit und in ihrer impliziten Gleichsetzung mit derSchriftlichkeit besteht. Demgegenüber ist festzuhalten, daß die formale Struktur einer Redeform jeweils mit oder ohne Kopräsenz des Adressaten eine andere ist (vgl. Rehbein 1988). Die Unterscheidung zwischen Text und Diskurs ist gerade auf dem Gebiet des Unterrichts konstitutiv. In der Gleichsetzung von Text und Diskurs drückt sich der zentrale Mangel des "Handbuchs" aus: Der Lernprozeß wird auf die Kopie des Lernstoffs reduziert.

Im folgenden kommt es mir darauf an, diejenigen Unterschiede herauszuarbeiten, die sich aus der Beschränkung von Buhlmann & Fearns aufs Schriftliche bzw. aus der Nichtberücksichtigung der mündlichen Interaktion und aus der Abkapselung der Fachsprache vom nicht- bzw. vorfachsprachlichen Unterricht für das Konzept eines (mathematisch-naturwissenschaftlichen) Lehr- und Lernprozesses ergeben.

Im Kapitel "Sprachliche Handlungsfähigkeit im Fach als Ziel des Fachsprachenunterrichts" (a.a.O. S.87 ff.) wird zwischen mündlichen und schriftlichen Formen der Kommunikation keine systematische Differenzierung vorgenommen, bzw. es wird unausgesprochen davon ausgegangen, daß die geschilderten Anforderungen im Schriftlichen automatisch und ohne spezifische Veränderung identisch mit den mündlichen seien. Davon kann aber in Wirklichkeit nicht die Rede sein:

> "Was die mündliche Textproduktion betrifft, so zerfällt sie ebenso wie die schriftliche in die Produktion von Kurztexten als Antworten auf Aufgabenstellungen in Vorlesung, Übung, Labor, Werkstatt etc. und in längere Texte, wie z.B. Referate. Wir drucken als Beispiel für die Anforderungen an Kurzantworten einen kurzen Ausschnitt aus einer Vorlesung[28] (Elektrische Energietechnik, 4. Semester) ab:

Prof. K.: Damit ist also die Aufgabe gelöst. Was läßt sich aus der Aufgabe aus - als Erkenntnis ableiten? Herr Z.? - Was meinen Sie, was ist aus dieser *((zeigt auf Ersatzschaltbild))* zunächst mal allgemein gehaltenen Aufgabe - weil wir keine konkreten Werte für den Widerstand R und auch keine konkreten Werte für die Spannungen gesetzt haben - was können wir allgemein

---

28 Tatsächlich sind in dem folgenden 'Vorlesungsauschnitt' aber wesentliche Charakteristika von Authentizität eliminiert.

aus dieser Aufgabe ableiten bezüglich unsymmetrischer Belastungen im Drehstromnetz?
Herr Z.: Das kann man zeichnerisch lösen.
Prof. K.: Es gibt also eine zeichnerische Lösung, das ist klar, die wird natürlich ergänzt werden müssen, durch rechnerische, durch Nebenrechnungen, aber - äh - interessant ist, was wir über die Lage des Laststernpunktes feststellen können, soweit es überhaupt möglich ist, einen Laststernpunkt anzugeben - äh - Herr O.? Wann gibt es überhaupt nur einen Sternpunktleiter der Last? Wenn die Last welche Schaltung hat?
Herr O.: Sternpunktschaltung.
Prof. K.: Wenn die Last in Sternpunktschaltung vorliegt. Liegt die Last in Dreieckschaltung vor, ist es sowieso unmöglich, ja? Wir beschränken uns jetzt mal auf die Lastschaltung in Sternschaltung, was ist dann interessanterweise festzustellen bezüglich der potentialmäßigen Lage des Laststernpunktes?
Herr O.: Daß ... also ... eine Richtung ... ist extrem groß, ja.
Prof. K.: In dem Fall hier ja.
Herr O.: Also daß die Schaltung nicht mehr - nicht mehr symmetrisch ist.
Prof. K.: Richtig. Die Schaltung verliert ihre Symmetrie dadurch; schon aus den Widerständen heraus sehen wir das. Das hat was zur Folge bezüglich des Laststernpunktes? Herr O.?
Herr O.: Also der Punkte, der Punkt ... nicht mehr in der Mitte.
Prof. K.: Jawohl, der Laststernpunkt wandert aus dem Zentrum *((zeigt))* des Zeigerbildes aus und erhält hier eine Lage zufällig auf dem Verbindungszeiger (zeigt) zwischen den Potentialpunkten 2 und 3 *((zeigt auf die Potentialpunkte))*. Entscheidend wird sein für kompliziertere Fälle - und wir betrachten als nächsten Fall hier eine Ohmsche Kapazität für Belastungsanordnung - wo liegt der Laststernpunkt? Unser Ziel wird also sein, zu bestimmen bei solchen unsymmetrischen Drehstromlasten *((zeigt))* die Lage des Laststernpunktes, und dann kann ich daraus ableitend alle anderen Punkte bestimmen. Sie sehen, in diesem Fall z.B. die Spannung 1M, dieser Zeiger *((zeichnet Zeiger in Zeigerdiagramm))* das wäre also der Zeiger in dieser Form. Das ist der Spannungszeiger U_{1M} Der liegt zunächst mal quer im Zeigerbild. Das ergibt sich aufgrund der Verhältnisse." (a.a.O. S.293 f.)

Die vornehme Bezeichnung der Tätigkeit der Schüler/Studenten durch Buhlmann & Fearns als "Kurzantworten" trifft weder mental noch interaktiv den Kern der Sache. Die Struktur dieses Beispiels ist aus den obigen Ausführungen zum operativen Unterricht (vgl. 3.5.), zur Einschrittigkeit und zum Trichtermuster (vgl. 2.2.) bekannt. Die Schüler/Studenten produzieren Ein-Wort-Ruinen:

Herr O.: "Sternpunktschaltung."

deren sprachliche und kontextuelle Einordnung vom Lehrer/Professor vorgenommen wird. Die Schüler/Studenten verbleiben auf der Ebene alltäglich-allgemeiner Begrifflichkeit:

Herr Z.: "Das kann man zeichnerisch lösen."
Herr O.: "Also der Punkte, der Punkt ... nicht mehr in der Mitte."
Herr O.: "Daß ... also ... eine Richtung ... ist extrem groß, ja."

während die Begriffsarbeit der Vernetzung dieser Ebene mit der fachlich-zeichnerischen, der fachbegrifflichen und sogar der symbolischen, die die eigentliche kognitive Leistung beinhaltet, im Alleingang vom Lehrer/Professor vorgegeben wird. Die Schüler/Studenten werden sprachlich und kognitiv in klassischer Weise der Reduktion des Aufgabenlösens (vgl.1.5., S. 16ff, 3.2.(2), S. 91ff) bzw der dieser Reduktion noch vorauseilenden Technik trichtermusterhaften Einsprechens des Lehrers/Professors unterworfen:

Prof. K.: " ... aber - äh - interessant ist, was wir über die Lage des Laststernpunktes feststellen können, soweit es überhaupt möglich ist, einen Laststernpunkt anzugeben - äh - Herr O.? Wann gibt es überhaupt nur einen Sternpunktleiter der Last? Wenn die Last welche Schaltung hat?"

Die komplettierende Antwort

Herr O.: "Sternpunktschaltung"

ergibt sich in logischer Evidenz schon aus dem Sprachwissen der Schüler/Studenten, denn alle Antwortelemente sind bereits als verkleidete Vorgaben Bestandteil der Frage bzw. ihrer diskursiven Richtungsangabe. Die zur Realisierung der Antwort erforderliche Leistung ist einschrittig, sie dient im Rahmen des Lehrer/Professorenmonologs der Kontrolle einer gewissen Beteiligung des Schülers/Studenten und ist im Sinne der fachlichen Entwicklung des Gedankens evident und überflüssig.

Die von dem Studenten Herrn O. verlangte Folgerung

> Prof. K.: "Das hat was zur Folge bezüglich des Laststernpunktes? Herr O.?"

kann von Herrn O. nicht gezogen werden. Er umschreibt lediglich wiederholend den in der Frage von Prof. K. schon vorgegebenen Sachverhalt

> Prof. K.: "Die Schaltung verliert ihre Symmetrie dadurch; schon aus den Widerständen heraus sehen wir das."

unter Reduktion auf seinen alltäglich-allgemeinbegrifflichen Aspekt

> Herr O.: " Also der Punkte, der Punkt ... nicht mehr in der Mitte."

Diese Äußerung wird vom Lehrer/Professor im Sinne der Durchsetzung seines Plans (vgl. 3.3.) funktionalisiert. Der Lehrer/Professor nutzt sie nämlich als Stichwortlieferung, um einen weiteren Schritt in der Entfaltung seines propositionalen Gesamtplans daran aufzuhängen

> Prof. K.: "Jawohl, der Laststernpunkt wandert aus dem Zentrum ((zeigt)) des Zeigerbildes aus und erhält hier eine Lage zufällig auf dem Verbindungszeiger (zeigt) zwischen den Potentialpunkten 2 und 3 ((zeigt auf die Potentialpunkte)). Entscheidend wird sein für kompliziertere Fälle - und wir betrachten als nächsten Fall hier eine Ohmsche Kapazität für Belastungsanordnung - wo liegt der Laststernpunkt?"

der so den Anschein erhält, Schüler/Studentenseitig produziert zu sein. In Wirklichkeit ist aber noch nicht einmal der vorige Schritt im angestrebten Sinne fachbegrifflich rezipiert worden, wie die begriffliche Reduktion von der fachbegrifflichen Vorgabe der Aufgabe ("Schaltung", "Symmetrie", "Widerstände", "Folge bezüglich Laststernpunkt") zur alltäglich-allgemeinbegrifflichen Ebene des Lösungsversuchs ("Punkte", "Punkt", "Mitte") zeigt. Statt diesen im Lösungsversuch offengelegten Defiziten Rechnung zu tragen, fährt der Lehrer/Professor in verschärftem fachlichem Tempo in seinem Monolog fort, der Episode so nachträglich den Charakter einer diskursiven Lockerungsübung verleihend.

Der dokumentierte 'Vorlesungsabschnitt' ist ein beredtes Beispiel dafür, wie sich die Erwachsenen'pädagogik', die Voraussetzung des Interesses der Lernenden an der Sache ausnützend, keinerlei didaktische Zwänge mehr antun zu müssen glaubt und im Wesentlichen aus Stoffpaukerei besteht, die die interaktiven Bedingungen des Lernens unberücksichtigt läßt. Als Unterricht würde der zitierte Abschnitt so in keiner Lehrprobe keiner Schulart durchgehen. Solche massive Außerkraftsetzung der Binsenweisheiten der Wissensvermittlung ist nur an Hochschulen möglich. Herr O. und Herr Z. können einem leid tun. Andererseits offenbart der Abschnitt gerade in seiner hanebüchenen Beschaffenheit die kognitiven, kommunikativen und sozialen Welten, die zwischen der klinisch reinen Systematik der Sache und ihrer diskursiven Aneignung im sprachlichen Handeln der Menschen liegen.

Was nützen die detailliertesten Übungen und ihre theoretischen Hintergründe, wenn ihre kommunikative Realisierung sie in der dokumentierten Weise Lügen straft? Wie beweiskräftig sind nach diesem Konzept -unter Ausschluß der Begriffsarbeit- letztenendes auswendig gelernte korrekte Versionen der Stoffrepräsentation? Die von Buhlmann & Fearns gelieferten Modelle, Übungen und Konzepte sind nur die eine, die sachbezogene Seite des Lernprozesses. Die andere ist durch die Voraussetzungen bei den Lernenden gegeben. Der Lernprozeß besteht in der mentalen Bewältigung der Sache durch den Lernenden im Rahmen der Institution und ist ein Interaktionsprozeß. Der Lernprozeß ist nicht Gegenstand des Werkes von Buhlmann & Fearns.

Das vorfachsprachliche Hinübergleiten in den Umgang mit einzelnen Fachbegriffen, als das der oben untersuchte Mathematikunterricht in diesem Zusammenhang beschrieben werden kann, hat ein komplexes Eigenleben in jeder Beziehung, das nicht einfach in der mechanisch fortschreitenden Kopie -im 'Abklatsch'- der objektiven Sachverhalte besteht. Das Hinübergleiten ist von der Institution und deren interaktiven Gegebenheiten ebenso stark geprägt wie von der objektiv in der Sache vorliegenden Systematik, deren sprachliche Seite Gegenstand des "Handbuchs" ist. Der Anspruch von Buhlmann & Fearns beschränkt sich aber nicht darauf, die lexikalischen, syntaktischen und grammatischen Strukturen dargestellt zu haben, in denen der Sachverhalt normalerweise schriftlich niedergelegt ist, (was in einer äußerst nützlichen Weise der Fall ist), sondern er geht weit darüber hinaus: *Buhlmann & Fearns subsumieren den Unterrichtsprozeß selbst, d.h. das Lernen, unter die Systematik des Sachverhalts.*

Mit diesem Handstreich wird, ohne auch nur ein einziges Wort darüber zu verlieren, vom sozialen Charakter des Lernens, vom gesellschaftlichen Wesen der interaktiven Wissensvermittlung abstrahiert. Implikation dieser Nicht-Existenz der Interaktion bei Buhlmann & Fearns ist das professionalistische ('fachidiotische') Verständnis vom Lernen als platter Adaptation an objektive Sachverhalte. Unterstellt wird die *Identität* der interaktiv vermittelten kognitiven Prozesse mit den sachlichen Strukturen. Gesellschaftlich-soziale, psychisch-emotionale, identitätsbezogene Prozesse schließlich scheint es nach Buhlmann & Fearns beim Lernen einer Fachsprache nicht in berücksichtigenswerter Weise zu geben. Die Institution Fachhochschule bzw. Universität gerät als gesellschaftliche Rahmenbedingung, die den in ihr ablaufenden Prozessen, also auch dem zur Debatte stehenden Fachsprachenunterricht, den Stempel aufdrückt, an keiner Stelle ins Blickfeld der Verfasserinnen.

Als *Materialsammlung* von Übungen und als Anleitung für die korrekte Erstellung fachdidaktischer Analysen bei der Herstellung von Unterrichtsmaterial ist das "Handbuch" von Buhlmann & Fearns ein wichtiger Beitrag, der eine Lücke in der Didaktik der Fachsprache schließt. Als Anleitung für den Fachsprachen*unterricht* muß es dagegen zurückgewiesen werden. Die implizit nahegelegte mechanische Umsetzung der fachlichen Konzepte in ein Unterrichtsmodell führt weit hinter den erreichten Stand der Pädagogik zurück zur 'Paukschule'.

Der Gleichsetzung der Struktur der Sache mit den Strukturen des Unterrichts, bzw. der darin enthaltenen Implikation, Lernen sei dasselbe wie Wissen, entspricht Buhlmann & Fearns's Konzept vom *Sprechen* als identisch mit der "Produktion von mündlichen Texten" und vom *Hören* als der Rezeption von Texten. Sprechen und Hören wird systematisch in die gleiche Kategorie gefaßt, wie *Schreiben* und *Lesen*. Das mag in

Einzelfällen -etwa beim Selbststudium- zutreffen. Lernen als versprachlichter Vorgang innerhalb einer Institution fällt aber in eine andere Kategorie: Es wird handelnd in Interaktionsformen realisiert, die die Reproduktion der gesellschaftlichen Praxis ausdrücken und nicht nur die mentale Widerspiegelung kognitiver Sachverhalte und ihrer inhärenten Systematik sind.

In gemeinsamer Interaktion sprechend-handelnd eignen sich die Aktanten das Wissen an. Die kontextuellen Referenzen, Strukturen, logischen Bezüge werden in einer Weise hergestellt, die vor allem und zunächst eine gemeinsame Kommunikation sicherstellt (vgl. Bauersfeld 1983, S.30). Die Systematik der kognitiven Sachverhalte kann erst in diesem Rahmen entfaltet werden, d.h. hier liegt die Determinante dessen, was fachlich-systematisch zu erarbeiten und zu verstehen ist. Das Verstehen ist eine Funktion der Interaktion und nicht Funktion objektiver fachlicher Gegebenheiten. Die Strukturen der Kommunikation bilden sich in ihrer Komplexität unter anderem nach dem Erfordernis, die Strukturen der Sache in sich abbilden zu können (vgl. 4.), sind aber nicht mit ihnen identisch.

Nicht einmal im hilfsweise unterstellten Modell des Selbststudiums kann die Bewältigung der Sache identisch mit der Abbildung der Systematik der Sache sein: Auch der im Selbststudium Lernende leistet die Hauptarbeit in der *Entschlüsselung* der Fachbegriffe, Fachstrukturen usw. Die Metamuster, Strategien, Techniken und Taktiken, derer er sich dabei bedient, sind der Kern des Lernens. Der Beitrag der fachlichen Aufbereitung der Sache zu diesem Prozeß liegt in seiner Übereinstimmung mit der Sache, in seiner systematisch aufeinander aufbauenden Darstellung, vermiedener Lückenhaftigkeit, sinnvoller Bezüge, Verweise, Hilfen etc. wie Buhlmann & Fearns es vorführen, aber es bleibt ein Beitrag.

Den Gegebenheiten des Lernprozesses Rechnung zu tragen, bedeutet zunächst, diese in den Mittelpunkt der Analyse zu rücken und dann zu schauen, wie die kognitiven Sachverhalte in ihm zu bewältigen sind. Die Systematik des Fachs kann gar nicht anders, als sich in den Gegebenheiten der Interaktion zu entfalten. Insofern liegt im Unterricht genau der umgekehrte Prozeß vor, wie das "Handbuch" nahelegt. Wie der zitierte Vorlesungsabschnitt veranschaulicht und u.a. Bauersfelds (1982, 1983) und meine Untersuchungen bestätigen, gehen Übungen, die nicht interaktiv vermittelt sind, sondern nur von den objektiven Erfordernissen des Fachs ausgehen, am Lerner vorbei. Möglich bleibt die Adaptation durch Auswendiglernen bzw. Zufallstreffer. Die entscheidende Arbeit der interaktiven Verknüpfung mit dem Stoff, sei sie institutionellen Bedingungen direkt unterworfen, oder finde sie vermittelt im Selbststudium statt, läßt das "Handbuch" unberücksichtigt. Es abstrahiert vom Lernprozeß und hat die Verarbeitung von Gelesenem und die Produktion von Geschriebenem zum Gegenstand, das sich auf objektive Sachverhalte bezieht.

6.2. DIE BEDEUTUNG ALLGEMEINER BEGRIFFSARBEIT: ZUR ENTSTEHUNG VON FACHBORNIERTHEIT

Das Konzept des "Handbuchs" vom Lehr-Lernprozeß widerspricht dem dieser

Arbeit von Grund auf. Es läuft darauf hinaus, daß der Lehrer sich aus dem eigentlichen Lernprozeß zurückzieht und sich darauf beschränkt, Entschlüsselungsstrategien fachlicher Texte zu liefern, bzw. Material zur Verfügung zu stellen, das den systematischen, präzisen und ökonomischen Aufbau der Fachsprache erschließen hilft:

> "Der Lehrer bestimmt, steuert, kontrolliert weniger die Lernprozesse, als daß der sie ermöglicht" (Buhlmann & Fearns 1987, S.119).

Diese Auffassung wird unter Referenz auf Lehreräußerungen noch prägnanter formuliert:

> "Sind Textsorten und Aufgabenstellung adäquat ausgewählt und zugeordnet, so 'erreichen die Studenten ihr Lernziel selbst durch Interaktion', das heißt durch selbständige Auseinandersetzung mit den Inhalten und ihrer eigenen Meinungsbildung" (a.a.O. S. 122).

Dies Konzept liest sich wie eine Charakterisierung des problemlösenden Lernens. Das eingangs angeführte Beispiel operativen aufgabenlösenden Lernens begründet mit seiner kognitiven und sprachlichen Reduziertheit allerdings Zweifel an dieser optimistischen Einschätzung und legt die Vermutung nahe, daß Lernen mit der Übernahme von Begriffen in Pseudoverbegrifflichung, von Lösungsschemata und Handlungsroutinen bzw. mit dem Memorieren isolierter Fakten gleichgesetzt wird und daß die Erfolgskontrolle in der unhinterfragten Reproduktion dieser Übernahme gesehen wird. Steht der Interaktionsprozeß, wenn auch als automatisiert ablaufend, nach Ansicht der im Zitat angeführten Lehrer zumindest noch verantwortlich für den Lernprozeß, so wird er von Buhlmann & Fearns zu Gunsten des Stoffs aus der Betrachtung ganz eliminiert, wenn Mündlichkeit als

> "gesprochene Texte" (a.a.O. S.64 ff.)

und

> "Textarbeit wichtiger als Sprechfertigkeit" (a.a.O. S.121)

verstanden wird.

Die kommunikative Realisierung der mentalen Aneignung der Sachverhalte erscheint selbständig von den Lernenden gesteuert und wird damit zur vernachlässigbaren Größe. Allerdings wird das Interesse der Lernenden an der Sache, das Prämisse einer solchen Vernachlässigung ist, dabei exzessiv ausgebeutet. Es scheint eine grundsätzlich verschiedene Ausgangssituation zum (allgemeinbildenden) schulischen Lernen bzw. Aufgabenlösen vorzuliegen, indem das
"Handlungsinteresse gegen den Widerstand der Sache" (Ehlich & Rehbein 1986, S. 10), das das Zielbewußtsein des Problemlösens generiert, von vornherein gegeben erscheint. Die Lernenden scheinen die Dissoziierung des schulischen Problemlösens in einem entscheidenden Punkt aufzuheben, indem sie selbst

> "Lehrerfunktionen übernehmen" (Buhlmann & Fearns1987, S. 119)

und es so zu einem

> "Zurücktreten des Lehrers" (ebd.)

kommen kann. Davon ausgehend ergibt sich die Einschätzung von Buhlmann & Fearns, daß alltäglich-allgemeine Begriffsarbeit im Grunde genommen Zeitverschwendung und sogar kontraproduktiv für die möglichst effiziente Herstellung der "sprachlichen Handlungsfähigkeit im Fach", d.h. für Übernahme der Prägnanz und Ökonomie der Fachsprache durch den Lernenden ist und daß die Lehrenden zugunsten des Monologs oder der schriftlichen Assertionskette im Text auf die interaktive Bewältigung des Lernprozesses verzichten können. Die berufsschulische Realität zumindest sieht anders aus, das ist auch Buhlmann & Fearns bekannt:

> "Ähnlich ist es bei der Gestaltung monologischer gesprochener Texte im Berufsschul- oder Theorieunterricht - hier folgt der Vortragende selbstverständlich den im Fach üblichen Darstellungsmethoden. Da er aber bei seinen Hörern in der Regel nicht allzu weitreichende theoretische Kenntnisse auf dem in Frage kommenden Gebiet voraussetzen kann, ist er, um seine Aussagen für sie nachvollziehbar zu machen, gezwungen, verstärkt auf ihr Alltagswissen zurückzugreifen. Durch die Einbeziehung der Alltagserfahrungen wird die Darstellung stärker auf praktische Beispiele bezogen, sie wird automatisch ausführlicher und erhält einen höheren Anteil an allgemeinsprachlichen Elementen. Es wird mehr Sprachaufwand getrieben, die Texte werden weniger knapp und stringent. Sie sind zwar in ihrem Gesamtablauf noch vorhersehbar, nicht aber unbedingt in jedem Einzelteil. (...) Hier kommt es sehr oft zu grundsätzlichen Problemen: Mit dem Vorwissen, das Zuhörer auf diesem Ausbildungsstand haben, kann ein mehr oder weniger großer Teil des Lernstoffs oft gar nicht nachvollzogen, sondern nur noch auswendig gelernt werden. Das führt in diesen Texten zu einem hohen Anteil an Definitionen und Regeln, in denen das Grundwissen repräsentiert ist (oft eingeführt mit Merke: ...). Ein weiteres Problem ist die parallele Verwendung von genormter und ungenormter Terminologie. Erstens ist die ungenormte Sprache in der Werkstatt, in die der Auszubildende ja auch kommt, üblich. Zweitens ist die Tendenz zum ungenormten Begriff um so stärker, je niedriger der Spezialisierungsgrad bei der Vermittlung ist. Drittens wird dann aber in der Prüfungssituation genormte Terminologie verlangt. Aufgrund des Vorwissens ist für den Lerner aber die Identität des genormten und ungenormten Begriffs nicht unbedingt erkennbar." (Buhlmann & Fearns 1987, S.66 f.)

Zunächst erscheint es mir unangebracht, in der Berufsschule von 'Hörer' und 'Vortragendem' zu sprechen, wo es sich doch um *Schüler* und *Lehrer* handelt. In dieser Kategorisierung der Aktanten drückt sich die Abstraktion von den spezifischen Bedingungen der Institution bzw. des institutionellen Lernens aus. So gern Buhlmann & Fearns auch die dem 'Hörer - Vortragender' - Konzept zu Grunde liegenden Vorstellungen vom im Dozentenmonolog vorgetragenen, fachlich und systematisch einwandfreien Stoff und dessen 'Nürnberger' Rezeption durch die Studenten auf die Berufsschule fortschreiben würden, so wenig läßt sich dies Konzept da verwirklichen, wo es eben um die *Überführung* von 'Grundwissen' in Fachwissen geht. In dieser Überführung liegt ja gerade die eigentliche Leistung des Lehrers: Ihre interaktive Realisierung unterscheidet ihn vom Fachbuch -eine Differenz, die Buhlmann & Fearns negativ zu bewerten scheinen, wenn sie mit einem gewissen Bedauern davon sprechen, daß vom "Vortragenden" deswegen "mehr Sprachaufwand getrieben" werden muß, "die Texte weniger knapp und stringent (werden)" und nur "in ihrem Gesamtablauf noch vorhersehbar (sind), nicht aber unbedingt in jedem Einzelteil".

Die hier beschriebene schulische Realität:

> "Mit dem Vorwissen, das Zuhörer auf diesem Ausbildungsstand haben, kann ein mehr oder weniger großer Teil des Lernstoffs oft gar nicht nachvollzogen, sondern nur noch auswendig gelernt werden" (a.a.o.)

unterscheidet sich nur unwesentlich von der in dieser Arbeit (und auch im obigen Vorlesungsabschnitt) vorgefundenen. Die Begriffsarbeit zur Vernetzung vor allem der alltäglich-allgemeinbegrifflichen ("ungenormte Terminologie", "Alltagswissen", "Alltagserfahrung", "allgemeinsprachliche Elemente") und der fachbegrifflichen Ebene ("genormte Terminologie") erscheint daher hier wie dort im gleichen Maße als notwendig angezeigt. Mit vollem Recht registrieren Buhlmann & Fearns, daß es mit dieser Situation zu "grundsätzlichen Problemen" kommt, deren Bewältigung in einem Lehr-Lernprozeß, der diesen Namen auch verdient, in der Tat sogar als *das* "grundsätzliche Problem" von Schule beschrieben werden kann. Denn es dürfte unbestritten sein, daß als Alternative dazu das Auswendiglernen heutzutage nicht mehr ernsthaft als zentrale Methode der Wissensvermittlung in Betracht kommt.

Demnach ist die Bewältigung dieses Problems (die Begriffsarbeit zur Vernetzung der Ebenen) das entscheidende Scharnier zwischen Fachbegrifflichkeit und -systematik und dem Grundwissen. Vor diesem Problem zu resignieren oder es wie Buhlmann & Fearns mit seiner Registrierung für erledigt zu halten, bedeutet, Sprache, Begriffe und Systematik des Fachs, das ganze Fachwissen und die 'Fachmannschaft' von Anfang an mit einem zentralen Defizit zu belasten: Die Nichtbeachtung bzw. der Verzicht auf die anstehende Begriffsarbeit heißt auch unter der Bedingung der grundsätzlichen Motiviertheit, d.h. des vorliegenden Handlungsinteresses gegen den mental vermittelten Widerstand der Sache (Ehlich & Rehbein a.a.O.) auf eine zentrale Voraussetzung des problemlösenden Wissens zu verzichten und am Beginn des Eindringens ins Fach dessen Isolierung von der Begriffswelt des Alltäglich-Allgemeinen zu verankern. *Die Spezialisierung verkommt zur Borniertheit.* Die Isolierung des Fachwissens vom alltäglich-allgemeinbegrifflichen Grundwissen äußert sich über diese Borniertheit hinaus in Unkontrollierbarkeit und erschwerten Einsichtsbedingungen in die Verantwortung des Spezialistentums für das Allgemeine.

Es ist bezeichnend, daß Buhlmann & Fearns im Kapitel "Fachunterricht, Fachsprachenunterricht und allgemeinsprachlicher Unterricht" (a.a.O. S.81 ff.) diese Leistung der alltäglich-allgemeinen Begriffsarbeit für die Verhinderung der negativen Folgen von Fachborniertheit genausowenig thematisieren, wie im obigen Beispiel die zentrale Rolle der Vernetzung der alltäglich-allgemeinbegrifflichen Ebene mit den fachlichen Ebenen für den Lernprozeß überhaupt. Buhlmann & Fearns analysieren am allgemeinsprachlichen Unterricht nur die Defizienzen, die er vor dem eingeengten Blickwinkel der Erfordernisse des Eindringens ins Fach aufweist. Den allgemeinsprachlichen Unterricht charakterisieren Buhlmann & Fearns als

> "primär auf Kommunikationsfähigkeit (bzw. "für das Überleben") in der Alltagssituation gerichtet" (a.a.O. S.81 bzw. 82).

Dieses reduktionistische Verständnis hat Folgen sowohl für den Einstieg in die Fachbegrifflichkeit, die als abgehoben, unvermittelbar, in sich abgeschlossen und dem fachübergreifenden Transfer unzugänglich erscheinen muß, als auch für das Berufs- und Professionalitätsverständnis des mathematisch-naturwissenschaftlichen Technikers überhaupt, das sich nicht in seiner gesamtgesellschaftlichen Funktion und Relevanz erkennt, sondern als neutrales, gesellschaftlich-wertfreies Spezialistentum gibt.

Schon sprachlich wird durch die Beschränkung auf die fachbegrifflichen Ebenen der Übergang zu anderen Bereichen gesellschaftlicher Praxis verwehrt. Die Fachbegrifflichkeit wird von Buhlmann & Fearns so stark gegen die Allgemeinbegrifflichkeit und den Allgemeinunterricht abgeschottet und das mit solcher Überzeugung und solch ausschließlich fachlichen Argumenten, daß man von einer gewisssen Borniertheit sprechen muß. Durch die Einkapselung in der Fachsprache ist das Spezialgebiet von der Kontrolle durch und der Verantwortlichkeit für die Gesellschaft abgetrennt.

Solches Spezialistentum richtet bekanntlich zunehmend mehr Schaden in der Gesellschaft an, als es nützt. Die Abgrenzung der Fachsprache von der Allgemeinsprache, die Buhlmann & Fearns betreiben, ist ein Glied dieser Entwicklung. Wenn Buhlmann & Fearns es zum Ziel erheben, alltägliche und allgemeinverständliche "populärwissenschaftliche" Darstellungen zu vermeiden, wenn diese als untauglich, überflüsssig und schädlich für die Entwicklung der "Fachkompetenz" bzw. der "sprachlichen Handlungskompetenz im Fach" angesehen werden, so wird damit verschärfter Wissensfraktionierung und Arbeitsteilung, verschärfter Abgrenzung des Spezialistentums und verschärfter Borniertheit das Wort geredet.

Eine Schule, die sich kritisch oder komplementär zu gesellschaftlich als negativ erkannten Tendenzen versteht, muß gegensteuern. Ein Beitrag dazu besteht im Zur-Verfügung-Stellen der Möglichkeit, die eigene Fachkompetenz in den Rahmen des Allgemeinen einzuordnen. Die -auch sprachlich betriebene- Abgrenzung der Fachtechniken und Naturwissenschaften von der Gesamtgesellschaft und ihre Perfektionierung führt gesamtgesellschaftlich zu Rücksichtslosigkeit, Verschwendung und Zerstörung natürlicher Ressourcen. Die Vernetzung der Fachsprache mit der alltäglich-allgemeinen Begrifflichkeit ist eine Bedingung eines vernünftigen, humanen, ganzheitlich orientierten Umgangs mit Spezialgebiet und Fachkompetenz. Es ist m.E. Pflicht einer auf die Ausbildungsinstitutionen bezogenen Wissenschaft, einer unkritisch-betriebsblind vorangetriebenen Perfektionierung der sowieso schon dominierenden Tendenzen zur Verselbständigung und Selbstherrlichkeit der Spezialgebiete und zum Entzugs der Kontrollkompetenz durch Nicht-Spezialisten entgegenzuarbeiten, auch wenn das nicht gerade den Beifall und die materielle Unterstützung des naturwissenschaftlich-technischen Interessenkomplexes findet

Indem Buhlmann & Fearns gerade diesen Aspekt aus dem "Handbuch" ausklammern, erweist sich ihr Werk als Beispiel für

"Institutionswissen zweiter Stufe" (vgl. Ehlich & Rehbein 1977, S. 41),

das im Wesentlichen in der Optimierung des Agentenwissens (d.h. der als Lehrende Tätigen) der Institution (Fachschulen, Fachhochschulen etc.) besteht und weder die gesellschaftliche Funktion der Institution selbst, noch auch die Widersprüche des Agentenwissens kritisch-wissenschaftlich in ihrem Gesamtzusammenhang reflektiert.

Der Effizienz des isoliert fachsprachlichen Zugriffs auf das zu bewältigende Wissen entspricht im allgemeinbildenden Schulwesen die 'Effizienz' des aufgabenlösenden operativen Unterrichts mit seiner Herausbildung von Lösungsschemata und seiner unbestrittenen Fähigkeit, im bornierten Rahmen der schulischen Anforderungen die benötigten Resultate mit dem geringsten Aufwand zu produzieren. Ich habe oben die allseitige Reduktion kritisiert, die mit dieser Borniertheit auf kognitivem, sprachlich-kommunikativem und sozial-pädagogischem Gebiet einher geht. Mir scheint, daß Buhlmann & Fearns mit dem "Handbuch" ein in sich abgerundetes Konzept aufgabenlösenden Lernens in der Fachausbildung vorlegen, dessen Hauptprinzip die Effizienz ist. So wie sich das Aufgabenlösen weitgehend im schulischen Selbstzweck erschöpft, so überschreitet die in der Fachsprache isolierte naturwissenschaftlich-technische Kompetenz nicht den Rahmen betriebswirtschaftlicher Effizienz.

Da die Abschottung des Fachwissens von der gesamtgesellschaftlichen Funktion und Verantwortung eine naturwüchsige Tendenz ist und weil der Spezialisierungsgrad der Fachsprache für die Lernenden oft ein positiv besetztes Moment der Gruppenidentitätsbildung durch Zugehörigkeit zum angestrebten Fach darstellt, muß bei dem Versuch des Gegensteuerns auch mit dem unreflektierten Widerstand der Lernenden gerechnet werden. Jeder Deutsch/Politik-Lehrer an Berufschulen kennt diesen Widerstand, der die dargebotenen Themen allein unter dem Kriterium ihrer unmittelbaren Nützlichkeit fürs Fach beurteilt und so die Borniertheit zur Existenzgrundlage ausweitet:

> *>WOZU SOLLEN WIR DAS LERNEN, DAS BRAUCHEN WIR DOCH GAR NICHT!<

Und in der Tat sind Themen und Methodik ja im Normalfall aufgabenlösenden Lernens genauso zusammenhanglos und irrelevant hinsichtlich der gesamtgesellschaftlichen Zusammenhänge, wie der fachliche Stoff: Nur sind sie zusätzlich auch noch mit dem Handicap ihrer Irrelevanz für die subjektiven Perspektiven belastet - dahingestellt, ob dies Folge oder Ursache des ihnen entgegengebrachten Desinteresses sein mag. Daß so beschaffene Themen und Methoden nicht in der Lage sind, die Ausbildung von Fachborniertheit zu verhindern, darf nicht zur Rechtfertigung von deren Reproduktion verwandt werden. Die Auslagerung dieser Thematiken als additives Element in zusätzliche Fächer bestärkt die Lernenden nur im Bewußtsein von deren Irrelevanz im Fach. Um sie im Gegenteil zum integralen Bestandteil einer Ausbildung zu machen, die zu gesellschaftlich-fachlicher Kompetenz führt, *muß die gesamtgesellschaftliche Relevanz in den Fach- und Fachsprachenunterricht hineingetragen werden.* Dafür sind Konzepte wie das von Buhlmann & Fearns in ihrer Borniertheit zu überwinden bzw. um die beschriebene Dimension zu erweitern.

Mit dem Ausschluß der alltäglich-allgemeinbegrifflichen Begriffsarbeit -ihrer Denkmethoden, Kommunikationsverfahren und ihrer spezifischen Leistung der gesellschaftlichen Vermittlung- aus dem Erwerb der Fachsprache wird einerseits deren interaktiver Erwerb selbst behindert, andererseits ein Instrumentarium geschaffen, das das Denken und Handeln im Fach vor dem Aspekt seiner Funktion und Verantwortung in der Gesellschaft bewahrt. Diese Bezüge sind fachsprachlich weder herstellbar noch zugänglich und erscheinen, insofern sie außerfachsprachlich angeregt oder aufgedrängt werden, als 'unwissenschaftlich' bzw. bar jeder inneren Beziehung zum Fach. In gewisser Weise liegt gerade in dieser Abgrenzung ein Spezifikum der Institution Fachhochschule bzw. der Fachausbildung, insofern nämlich, als mit ihr die

> "Weitergabe des Wissens in fraktionierter Form an unterschiedliche Gesellschaftsgruppen" (Ehlich & Rehbein 1986, S 169),

d.h. eine Voraussetzung für die Fortschreibung der gesellschaftlichen Arbeitsteilung gewährleistet wird. Dadurch bleibt

> "die Fraktionierung des Wissens selbst"

erhalten und das fraktionierte Wissen wird so auf

> "die entsprechenden gesellschaftlichen Klassen und Subklassen verteilt", (daß) "im Bereich des Wissens"

diejenigen Voraussetzungen reproduziert werden, die

> "für die Reproduktion der Gesellschaftsformation erforderlich sind" (ebd.).

Das unvollständige Bewußtsein über die gesamtgesellschaftliche Funktion der eigenen Arbeit bzw. des eigenen Wissens gewinnt durch die aus dem Blick geratenden Konsequenzen der Teilhandlungen, -arbeiten, -eingriffe und der damit verbundenen Gefährdung der gesamtgesellschaftlichen Reproduktion eine Relevanz, die in den Fokus von gesellschaftlichen Kräften, Gruppierungen, Wissenschaftlern und Politikern gerückt ist, die die Verantwortung fürs Ganze im Sinn haben. Vor diesem Hintergrund wird die wissenschaftliche Festschreibung der Wissensfraktionierung bzw. der Fachborniertheit unter dem Kriterium der Effizienz, wie sie Buhlmann & Fearns beteiben, zur ideologischen Handlung.

6.3. NICHT-SPRACHLICHE BEGRIFFSBILDUNG IN DER SCHULE?

In seinem Buch "Wir fördern mathematisches Denken bei Kindern mit Sprachschwierigkeiten" (1980) gibt A. Ottmann

> "Lehrern und Lehramtsstudenten Anregungen zur Erstellung von Unterrichtsentwürfen und zur Gestaltung von Arbeitsaufträgen und Arbeitsblättern" (a.a.O. S.9).

Dies geschieht gesondert für zwölf Themenbereiche: Begriffsbildung, Rechteckschema (Tabellen), Umgang mit Maschinenmodellen, Zuordnungen, Ordnungsrelationen, Orientierung im Raum, Flächenpropädeutik, Ausschneideübungen, Spiegelung und Symmetrie, Größen, Folgen, Natürliche Zahlen und Grundrechenarten.

> "Allen konkreten Lernziel- und Aufgabenvorschlägen liegen folgende Zielvorstellungen zu Grunde:
> 1. In altersgemäßer Weise soll das Kind mathematische Begriffe aus Handlungen abstrahieren. Aus diesem Grunde werden häufig entsprechend der Aktivitätsstufen von Bruner (1971) zuerst konkrete Handlungen (enaktive Stufe), z.T. an Modellen und in Spielform, durchgeführt, daran schließen sich bildhafte Aufgaben (ikonische Stufe) an, und schließlich werden diese symbolhaft in Worten oder Zahlen (symbolische Stufe) dargestellt. (...)
> 2. Es soll ein ausgewogenes Verhältnis zwischen kognitiven, affektiven und motorischen Anforderungen bestehen. Deshalb wurde bei der Auswahl und Gestaltung der Aufgaben das Prinzip 'Freude am Tun' besonders berücksichtigt, denn gerade der affektive Bereich wird im Unterricht häufig zu wenig beachtet.
> 3. Mangelndes Sprachverständnis soll kein Hindernis zur Bewältigung der Aufgaben sein. Die Anweisungen werden deshalb weitgehend nichtverbal gestaltet. Das sprachgehemmte oder -behinderte Kind sollte seine Stärken im nicht verbalen Bereich zeigen und so indirekt, durch Förderung seines Selbstbewußtseins, zu stärkerem spontanen Sprechen angeregt werden. Sprachverständnis und Sprechfähigkeit bzw. -fertigkeit sollten kein Gradmesser des Erfolges sein" (Ottmann 1980, S. 10 f.).

Hinsichtlich der Begriffsbildung geht Ottmann von einem Modell aus ("enaktive, ikonische, symbolische Stufe"), das in seiner Schichtung gewisse Parallelen zu den Begriffsebenen eines schulischen mathematischen Problems hat, mit denen in dieser Untersuchung gearbeitet wird. Die Unterschiede liegen in Folgendem:

(1)
Die Musteranalyse des schulischen Problemlösens geht von einer grundsätzlich versprachlichten Repräsentation desjenigen konkreten Handelns aus, das im Rahmen der

Problemkonstellation am Widerstand der Sache gescheitert war. Sie faßt die konkreten Handlungen, die der Veranschaulichung der Problemkonstellation dienen sollen, als spezifisch schulische Funktionalisierungen bzw. Vermittlungsformen und ist sich deren Unterschied als "aufbereiteter Erfahrung" (Bauersfeld 1983) zur außerschulischen Problemkonstellation bewußt.

(2)
Konkrete Handlungen sind nicht per se die unterste Stufe der Begriffsbildungen, sondern neben mentalen und interaktionalen Aktivitäten (Aktionen, Prozeduren, Akten) (vgl. Rehbein 1979 S. 12 ff.) Bestandteile umfassenden Handelns. Auch auf der Stufe des 'ikonischen' und 'symbolischen' wird 'konkret' gehandelt. Der praktisch handelnde Umgang mit Modellen etc. kann eine hoch abstrakte, weit verbegrifflichte Tätigkeit sein, während das Sprechen in abstrakten Begriffen unmittelbare Anschaulichkeit aufweisen kann. Bauersfeld weist in diesem Zusammenhang daraufhin, daß es nichts nützt, den Kontext

> "nach außerhalb in irgendwelche Lernarrangements zu verlegen" (1982)

d.h. Veranschaulichungen werden erst durch ihre begriffliche Aufarbeitung zu Erkenntnishilfen - Begriffsarbeit läßt sich nicht umgehen. Entsprechend sieht die Musteranalyse die 'Stufen' nicht in den Formen des Handelns gegeben, sondern im Grad seiner Verbegrifflichung.

(3)
Deswegen macht die Musteranalyse innerhalb dessen, was Ottmann als 'symbolische Stufe' bezeichnet, alle Ebenen der Verbegrifflichung aus: alltäglich-allgemeinbegriffliche, zeichnerische, fachbegriffliche, (fach-)symbolische, numerisch-symbolische. Alle Ebenen werden in Begriffen dargestellt bzw. sprachlich repräsentiert. Es ist von daher fraglich, 'Worte' und 'Zahlen' systematisch gleichrangig als 'symbolisch' zu behandeln. Die Dreiteilung 'enaktiv - ikonisch - symbolisch' beschränkt das sprachliche Geschehen auf die letzte Stufe und unterstellt zumindest teilweise eine nicht-sprachliche Begriffsbildung. In der Praxis erweist sich jedoch auch das 'konkrete' z.B spielerische Handeln am Modell und die 'bildhaften Aufgaben' als in einem stärkeren Maße sprachvermittelt und sprachabhängig, als es die organisierenden Lehrer oft vermuten[29]. Zwar sind ggf. Material und Ergebnisse seiner Bearbeitung nicht-sprachlicher Art, aber seine Vor- und Aufbereitung, Erklärung und Verarbeitung haben sehr wohl sprachliche Qualität.

Insofern ist es fraglich, ob das Ziel Ottmanns:

> "3. Mangelndes Sprachverständnis soll kein Hindernis zur Bewältigung der Aufgaben sein" (a.a.O.)

überhaupt durch ein Konzept realisierbar ist, das, angesichts der unstrittigen Schwierigkeiten versucht, die 'Aufgaben' aus der Domäne des Sprachverständnisses in davon unbelangte Bereiche zu verlagern, oder ob diesen Defiziten nicht eher mit der Forderung verstärkter sprachlicher Förderung zu begegnen sein müßte, wie es für

---

29 vgl. die Untersuchung von M. Weigt 1985: "Bilingualer Fachunterricht. Möglichkeiten sonderpädagogischer und sprachpädagogischer Förderung türkischer Schüler in einer 6. Klasse der Schule für Lernbehinderte (SFL)"

den Bereich der Ausländer mit der Forderung nach bilingualem Unterricht der Fall ist (vgl. BAGIV (Hrsg.) 1985 "Memorandum zum muttersprachlichen Unterricht") oder mit der Entwicklung vonUnterrichtsmodellen, die, ausgehend von einer Einsicht in die Bedingungen fachsprachlicher Begriffsbildung, deren gezielte Förderung in den Mittelpunkt stellen (vgl. v. Kügelgen 1989, 1991,1992).

Auf jeden Fall ist Ottmann zu unterstützen, wenn er die Bedeutung anschaulichen und systematisch aufgebauten Materials herausstreicht. Das Zur-Verfügung-Stellen didaktisch wohlaufbereiteten Stoffs ist eine Voraussetzung des Lernprozesses, darf aber nicht mit ihm gleichgesetzt werden, indem seiner sprachlich-interaktiven Realisierung keine Beachtung geschenkt wird, oder indem zusätzlich von einer nichtsprachlichen Begriffsbildung ausgegangen wird. Die Schulung der Begriffsbildung ist unerläßliche Voraussetzung für eine qualifizierte Berufsausbildung in einer industriellen Gesellschaft. Sie kann nicht umgangen werden. Insofern bleibt es eine pädagogische Wunschvorstellung, wenn Ottmann fordert:

> "Sprachverständnis und Sprechfähigkeit bzw. -fertigkeit sollten kein Gradmesser des Erfolgs sein" (a.a.O. S.11).

Wie bei Buhlmann & Fearns werden auch bei Ottmann die interaktive Umsetzung des vorzüglichen Materials und der didaktischen und pädagogischen Prinzipien ins sprachlich-kommunikative Unterrichtsgeschehen einerseits und dessen institutionelle Rahmenbedingungen andererseits aus der Betrachtung ausgeklammert, bzw. implizit als dem Stoff inhärente Qualitäten behandelt.

6.4. 'ENTVERDINGLICHUNG' UND 'HANDLUNGSORIENTIERUNG' ODER BEGRIFFSBILDUNG UND VERNETZUNG?

In dem Artikel "Mathematikunterricht mit ausländischen Jugendlichen: Darstellung einer Unterrichtseinheit zum Winkelbegriff" (W. Heil u.a. 1979) konkretisieren die Verfasser ein Konzept, das von zwei Mitgliedern der Autorengruppe (Kurth & Menk 1979) in einem Aufsatz als "Lernen in der Fremdsprache" in verallgemeinerter Form vorgelegt wurde und auch weiteren Veröffentlichungen der Autorengruppe zu Grunde liegt. (1981, 1982). Ich diskutiere diesen Ansatz zunächst am Beispiel der vorgelegten Unterrichtseinheit (1) und dann grundsätzlich, insofern es sich um den Versuch der theoretischen Grundlegung des sog. 'handlungsorientierten Unterrichts' handelt (2).

(1) Ein Beispiel für 'Entverdinglichung' und 'Handlungsorientierung'

Kurth & Menk gehen m.E. von einer realistischen Sichtweise aus, wenn sie feststellen,

> "daß auch ein großer Anteil von deutschen Lernenden in allen Bereichen unseres Bildungssystems im Mathematikunterricht rein formalistisches Wissen erwirbt, das meist nicht einmal in der Unterrichtssituation zur Lösung schon weitgehend mathematisierter Probleme ausreicht, aber kaum je zu einer kompetenten und autonomen Bewältigung realer Lebenssituationen befähigt" (Kurth & Menk 1979, S.7).

Das Konzept der Autoren wird in einer "Unterrichteinheit zum Winkelbegriff"

(1979) exemplarisch vorgeführt. Ausgehend von theoretischen Überlegungen (s. (2)) wird die Darstellung des Winkels in Schulbüchern einer Kritik unterzogen: Der Winkel wird, so Kurth & Menk, in Schulbüchern letztlich definiert als Paar von Halbgeraden mit gemeinsamem Anfangspunkt (Schenkel und Scheitelpunkt des Winkels),

> "also als Summe seiner abstrakten Teile" (a.a.O. S.14). Das wird "mit dem 'anschaulichen' Begriff Drehung verbunden (...) oder mit dem 'anschaulichen' Begriff Winkelfeld oder mit beiden nebeneinander" (ebd). Beide Konzeptionen, die "dynamische" der Drehung und die "statische" des Winkelfeldes enthalten keinen "Erkenntnisfortschritt", sondern werden offenbar nur "für später gebraucht" (a.a.O. S.15). Auch die Winkelbeispiele von Uhrzeigern, Scheibenwischern oder Tachometern helfen dem nicht ab, so Kurth & Menk, denn es bleibe unklar, warum der Begriff Winkel überhaupt wichtig sei. Folge der verfehlten Konzeptionen ist u.a.: "Unsicherheiten im Gebrauch des Geo-Dreiecks z.B. sind keine Seltenheit" (ebd.).

Dieses Konzept des "für später" wird von Kurth & Menk scharf abgelehnt. Im Gegensatz dazu

> "haben wir nach einem integrierenden Handlungszusammenhang weniger Fragestellungen gesucht, in denen der Winkelbegriff natürlicherweise eine zentrale Rolle bei der Lösung spielt und zu einem Erkenntnisfortschritt führt und die möglichst alle Aspekte des Winkelbegriffs umfassen" (a.a.O. S.15). Diese "zentrale Rolle" wird von Kurth & Menk in der "Bestimmung eines Ziels in Relation zum eigenen Standort a) richtungsmäßig b) entfernungsmäßig" und in der "Bestimmung des eigenen Standorts in Relation zu fixen Gegenständen/Orten" (a.a.O. S.15) gesehen.

Dieses Finden eines einschlägigen "Handlungszusammenhangs" bezeichnen Kurth & Menk als "'Entverdinglichung'" des Winkelbegriffs. Zahlreiche Übungen werden entwickelt, um die genannten Leistungen des Winkelbegriffs zu veranschaulichen. Sie wirken allerdings eher unrealistisch und konstruiert. "Handlungszusammenhänge", aus denen heraus die vorgelegten Übungen "Erkenntnisfortschritte" sein könnten, sind schwer vorstellbar. Kurth & Menk behaupten:

> "Festlegung des Standorts: (...) Sie stehen in Hamburg (...) Festlegung der Bezugsrichtung: Sieh mal da ist die Turnhalle! Da ist Norden. Wir kennen die Nordrichtung. Wir zeichnen die Richtung von Bremen nach Hannover. Sie sehen in Richtung Hannover. (...) Dann befindet sich Hamburg 25° weiter rechts" (a.a.O. S.18).

Oder als typisches Beispiel eines der zahlreichen Arbeitsblätter zum selben Thema:

> "Von Bremen aus gesehen liegt Stade 62° weiter links als Soltau" (a.a.O. S.24).

Anschließend wird der so 'entverdinglichte' Winkelbegriff 'kindgerecht' auf das Problem einer Landvermesssung in Texas angewendet, die drei Rinderzüchtern Zugang zu Fluß und Eisenbahn gewähren soll. Die Arbeitsgruppe um Kurth & Menk hat viel Sorgfalt in die Entwicklung Schritt um Schritt aufbauender Arbeitsblätter dafür gesteckt. So wird das Problem der Landvermessung nicht nur schnöde geometrisch präsentiert, sondern in 'aus dem Leben gegriffene' (vgl. 1.5., S.16, 1.10., S. 35ff) Situationen eingebettet.

Das Problem des Konzepts von Kurth & Menk liegt u.a. gerade in seiner Systematik: Vom Standpunkt des Lehrers aus ergibt sich aus Übungen wie "Von Bremen aus (liegt Stade 62° weiter links) als Soltau" (s.o.) ein Erkenntnisfortschritt im Hinblick auf das angepeilte Ziel der Landvermessung. Vom Schüler aus muß diese Übung ihren durchaus fragwürdigen Sinn zunächst einmal in sich selbst tragen. Von "Handlungszusammenhängen" im geforderten Sinne kann bei einer so isolierten und praxisfern-konstruierten Aufgabe m.E. nicht die Rede sein, wo ja kaum eine punktuelle Situation vorstellbar ist, die mit "Erkenntnissen" der Art wie "Dann befindet sich Hamburg 25° weiter rechts" fortentwickelt werden könnte. Es scheint eher so, daß diese etwas hölzernen Beispiele im Dienst der theoretischen Ablehnung der "Schulbuch-Konzepte des 'für später'" entwickelt wurden.

Die in ihnen eingeübte Erkenntnis bekommt für die Schüler auch bei Kurth & Menk erst später einen Sinn, nämlich bei der Landvermessungsaufgabe. Faktisch besteht hinsichtlich des 'für später' kein signifikanter Unterschied, wohl aber im theoretischen Anspruch. Ihm liegt ein undialektisch-schematisches Verständnis der Begriffsentwicklung zu Grunde, daß nämlich *erst* die Aspekte eines Begriffs zu "entverdinglichen" seien und *dann* mit dem Begriff gearbeitet werden kann. Demgegenüber ist festzuhalten, daß die Klärung der Leistungen eines Begriffs wie des Winkels sich im Wesentlichen aus seiner Anwendung ergibt, also *während* mit ihm gearbeitet wird. Diese Einwendung wird gerade durch den Anspruch, den Kurth & Menk auch erheben, nämlich "möglichst alle Aspekte des Winkelbegriffs (zu) umfassen" (a.a.O. S.15) verdeutlicht: Wie soll denn der zentrale Aspekt des Zusammenhangs von Winkeln und Strecken im Dreieck anders entwickelt werden, als indem der Winkelbegriff neben anderen Begriffsinstrumenten auf das zu lösende Problem angewendet wird?

Die von der Autorengruppe um Kurth & Menk vorgestellte Unterrichtseinheit zum Winkelbegriff umfaßt ganz offensichtlich in keiner Weise "alle Aspekte des Winkelbegriffs" -einen solchen Exhaustionsanspruch an eine Unterrichtseinheit halte ich für vermessen- sondern eher solche Bestimmungen, die bereits weitgehend Bestandteil des Grund- und Alltagswissens der Schüler gewesen sein dürften. Ein evt. "Rückgängigmachen der Verdinglichung" darf nicht absolut gefordert, sondern muß in Bezug zu den Begriffskonzepten gesetzt werden, die nach den Gegebenheiten des vorliegenden Wissens wirksam sind. Dieses in Beziehung setzen von subjektiv vorliegenden Konzepten mit weitergehenden fachspezifischen Aspekten des Begriffs, d.h. das Zugänglich machen der neuen Aspekte durch die alten Konzepte besteht im mentalen Vorgang der Vernetzung. Der Einstieg in vollkommen zureichend erfaßte Probleme kann weit im Bereich des "Verdinglichten" liegen, wie u.a. eine Beobachtung von Bauersfeld im Rahmen der Lösung von Problemaufgaben bestätigt:

> "Daß die benutzten Aufgaben abstrakt und ohne direkten Lebensbezug sind, hat zu keiner erkennbaren Einbuße in der Aktualisierung der Kompetenzen beim Schüler oder in der Stärke der empfundenen Herausforderung geführt" (Bauersfeld 1978, S 234).

Es kommt nicht auf ein veräußerlichtes und damit seinerseits wieder, nämlich im Material 'verdinglichtes' "Rückgängigmachen der Verdinglichung" an, sondern auf die Zusammenhänge, die die Schüler mental zwischen den Begriffen und dem Problem, das mit ihrer Hilfe gelöst werden soll, herstellen können. Dieser Prozeß ist die Vernetzung des Begriffs. Die Vernetzung ist insofern das subjektiv-mentale Äquivalent des (verdinglichten) "Rückgängigmachen der Verdinglichung"-Konzepts. Der Begriff der Vernetzung hat dem des "Rückgängigmachen der Verdinglichung" seine in der

Unterrichtsinteraktion hergestellte funktionale Bezogenheit sowohl auf das zu lösende Problem als auch auf die subjektiven Gegebenheiten beim Lernenden voraus.

Die anstehende Vernetzung kann von Schüler zu Schüler verschiedene Äußerungsgestalt annehmen, die es dem Lehrer nicht erlaubt, eine 'objektive' für alle gültige Form dieser zentralen Erkenntnisleistung festzuschreiben, geschweige denn, sie als im Material der Übungen oder Arbeitsblätter gegeben zu unterstellen. Das "Rückgängigmachen der Verdinglichung" bezieht sich selber auf ein einseitig verdinglichtes und veräußerlichtes Verständnis des Erkenntnisprozesses bzw. der Begriffsbildung. (Ich werde unten (vgl. 7. Kapitel) am Beispiel von Bauersfeld, Krummheuer & Voigt ein Konzept eines einseitig subjektiven Verständnisses von Erkenntnisprozeß und Begriffsbildung diskutieren.)

Kurth & Menk versuchen, die von ihnen für die Verstehensschwierigkeiten verantwortlich gemachte 'Verdinglichung' im Material rückgängig zu machen, statt im Diskurs seiner Verarbeitung. Nach meiner Analyse muß demgegenüber der Lernprozeß zunächst die sprachliche Repräsentation der in der subjektiven Erfahrung der Lernenden (in ihrem Grund- und Sprachwissen) aufgehobenen Wirklichkeit leisten und erkenntnismäßig am Begriff und nicht an seinen Konkretionen ausgerichtet sein, d.h. an der Vernetzung noch unerschlossener Begriffsebenen. Der Winkelbegriff ist z.B. bei der Ähnlichkeit von Dreiecken, bei den Streckenverhältnissen im rechtwinkligen Dreieck, bei den in den Winkelfunktionen beschriebenen Abhängigkeiten von Winkeln und Strecken in rechtwinkligen und allgemeinen Dreiecken sowie als Steigung beim Einstieg in die Differential- und Integralrechnung zentral und wird entsprechend vertieft.

Jede Vertiefung kann neue Handlungszusammenhänge und Bezüge zur Wirklichkeit erhellen, die ihrerseits auf ein vertieftes Verständnis des Winkelbegriffs zurückschlagen. Dafür ist die folgende Äußerung Birols ein gutes Beispiel, mit der er in einem bis dato unzugänglichen "Handlungszusammenhang", Streckengrößen in einer Weise beurteilt, die Beleg einer durch 'abstraktes' Wissen geschärften *Anschauung* ist:

(Nr.4., s786) Birol: "Kannst du auch **sehen**: *Die Winkeln sind nicht gleich!".*

Die mit der Problemlösung voranschreitende *Begriffsbildung* (nicht: Verdinglichung) kann so zu vertiefter unmittelbarer Anschauung führen, d.h. zum geforderten "Rückgängigmachen der Verdinglichung". Zunächst durch beschränkten Bezug zu Aspekten der Wirklichkeit gekennzeichnetes, teilweise formalisiertes Wissen z.B. vom Winkelbegriff kann sich rückwirkend aus seiner praktischen Anwendung bei der Lösung weitergehender Probleme entformalisieren und erhellen. Man geht nie mit einem ein für alle Mal fertigen und einwandfrei "entverdinglichten" Begriff z.B. des Winkels an das nächste Problem heran, sondern schärft und spezialisiert das eigene Begriffsinstrumentarium in der Anwendung, seine Anwendbarkeit dabei gleichzeitig ausdehnend.

Das Konzept vom "Rückgängigmachen der Verdinglichung" geht von einem statischen Begriffsverständnis aus. Bedingung einer dynamischen Realisierung dieses Konzepts wäre es, den sprachlichen und mentalen Interaktionsprozeß zu ergreifen, in welchem ein Lerner einen Begriff nach seinen Bedingungen mit konkretisierenden und abstrahierenden Bezügen versieht. Dafür allerdings ist die Analyse des konkreten sprachlichen

Materials, in dem sich diese Prozesse niederschlagen, unabdingbare Voraussetzung. Kurth & Menk glauben, diese Analyse des konkreten sprachlichen Materials durch die 'objektivere' des Lernstoffs ersetzen zu können.

Das Konzept vom "Rückgängigmachen der Verdinglichung" durch Abarbeiten systematisch aufeinander aufbauenden Materials von einem (gesetzten) Nullpunkt aus kann völlig am Lernenden vorbei gehen. Das eigentliche Problem, das sich seiner Erkenntnis hindernd in den Weg stellt, kann durch ausufernde, vom Lehrer nach der 'objektiven' Systematik des Stoffs erstellte Übungen, die für den Schüler völlig neben der Sache liegen, aus dem Blick geraten. Das "Rückgängigmachen der Verdinglichung" ist 'subjektiv' zu wenden, d.h. nicht am Stoff, sondern in Form von Vernetzungsarbeit am mentalen Bereich des Schülers interaktiv fest zu machen.

Die im Lehr-Lerndiskurs zu leistende Vernetzungsarbeit definiert sich vom Ziel der Problemlösung her, nicht von der Auflösung der objektiv im Begriff kondensierten, bereits zurückgelegten Abstraktionstätigkeit in die ursprünglichen Zusammenhänge her. Damit soll nicht bestritten werden, daß eine solche Rückführung im Rahmen der Vernetzungsarbeit notwendig werden kann. Kurth & Menk konstruieren den Unterricht um die Veranschaulichung des Begriffs herum; die Musteranalyse sieht die Begriffe und ihre Vernetzung als Instrumente für die Problemlösung.

(2) Zum konzeptuellen Kern der sog. "Handlungsorientierung"

Die theoretische Grundlage ihres Konzeptes fassen Kurth & Menk folgendermaßen zusammen:

> "Die Lernenden eignen sich die mathematischen Kenntnisse, die als Produkte menschlicher Erfahrung und Erkenntnistätigkeit in einer historisch je besonderen und sich ständig wandelnden äußeren Form auftreten, nur in dieser äußeren Form an, ohne subjektiv die Beziehung zu entsprechenden Aspekten der Wirklichkeit hergestellt zu haben. (...) Die menschlichen Erfahrungen und Erkenntnisse, die sich in den mathematischen Kenntnissen niederschlagen, haben in gewisser Weise einen nichtempirischen Charakter, sie sind methodischer Art. Sie entspringen nicht unmittelbar der Umwelt, sondern bestimmten formalisierbaren und automatisierbaren Aspekten menschlicher Handlungen. Da die Handlungen ihrerseits auf die Umwelt bezogen sind, spiegeln insofern auch die mathematischen Kenntnisse die Umwelt wider, aber eben immer über diese Handlungen vermittelt. Indem die isolierten Handlungsteile einem 'Verdinglichungsprozeß' unterworfen werden (z.B.: das Zählen wird zur Menge der natürlichen Zahlen, bestimmte Handlungen bei der Landvermessung zur Geraden), können die Ergebnisse dieses Prozesses selbst zum Gegenstand eines anderen Handlungsteils werden. Durch diese Synthese zweier ursprünglich isolierter Handlungsteile entsteht eine neue methodische Erkenntnis, die zunächst nicht Teil einer menschlichen Handlung zu sein braucht, es potentiell aber stets werden kann (Anwendungen). Dieser Prozeß ist beliebig wiederholbar: Neu gewonnene methodische Erkenntnisse können immer wieder von neuem verdinglicht und so zum Gegenstand anderer methodischer Erkenntnisse gemacht werden, so daß sich Synthesen auf immer höheren Abstraktionsstufen bilden können. Soll dieser Erkenntnisgehalt im Mathematikunterricht sichtbar gemacht werden, so muß der 'Verdinglichungsprozeß' rekonstruiert und das heißt zunächst einmal rückgängig gemacht werden. Es müssen Handlungen gefunden werden, von denen bestimmte Aspekte als mathematische Kenntnisse isoliert werden

können. Dabei müssen die Funktion dieser Kenntnisse in den Handlungen und die Beziehungen zwischen verschiedenen Handlungen in einem komplexen Handlungszusammenhang sichtbar gemacht werden, um den Lernenden eine inhaltliche Orientierung für die oben beschriebenen Abstraktionsprozesse zu ermöglichen" (a.a.O. S.7,8)

Kurth & Menk betreiben das "Rückgängigmachen der 'Verdinglichung'"[30] durch Konstruktion sog. "Handlungszusammenhänge", die aber in Wirklichkeit ihrerseits aus Arbeitsblättern und Aufgaben bestehen, also versprachlichte Symbolisierungen absenter Sachverhalte sind. Die sog. "Handlungszusammenhänge" stützen sich also auf die Fähigkeit der Schüler, die in diesen Versprachlichungen enthaltenen Konzepte mental aufzurufen und mit ihnen weiter zu arbeiten. Auch Kurth & Menk bedienen sich also in Wirklichkeit (selbstverständlich aber ohne sich darüber Rechenschaft darüber abzulegen) des tlw. in hohem Maße bereits im Alltagswissen 'verdinglichten' Wissens, das die Schüler in ihrem Begriffsinstrumentarium mitbringen, klammern aber die Arbeit an schulspezifisch neuen Fachbegriffen durch 'didaktische Reduktion' aus. *Nicht die Herstellung von Erfahrungen sondern ihre Verarbeitung muß Schwerpunkt der Schule sein.* Die Abstraktheit von Problemen stellt eo ipso kein Hindernis des Problemcharakters dar (vgl. Bauersfeld a.a.O.). Mit dem "Rückgängigmachen der Verdinglichung" wird der Verarbeitungs- und Verstehensprozeß, um den es ja eigentlich geht, dem Anspruch nach aktional aufgelöst, während er in Wirklichkeit nur in zugerichtetes Lehrmaterial verlagert wird.

Diese Verlagerung scheinbar unbewältigbarer Verstehens- und Verarbeitungsprobleme ins Aktionale (hier in 'theoretischer' Repräsentation von Arbeitsblättern und Aufgaben) ist der zentrale Kunstgriff des sog. "handlungsorientierten Unterrichts". Verlagerung ins Aktionale dient aber gerade der *Umgehung* der Arbeit an der Begriffsbildung, denn die eigentliche Erkenntnisleistung besteht im Auffinden und Zurichten von Material, das geeignet erscheint, die Leistung des anstehenden Begriffs in Beispielen und Anwendungen vorzuführen. Der Nachvollzug der Anschaulichkeit dieser Beispiele und Anwendungen tritt im Konzept des "Rückgängigmachens der Verdinglichung" ersatzweise an die Stelle der Begriffsarbeit, die i.w. in den wechselseitigen Konkretions- und Abstraktionsprozessen besteht, mittels derer Begriff und Beispiele miteinander vernetzt und aufeinander angewendet werden.

Vor allem aber scheint mir in Wirklichkeit nicht ein Verdinglichungsprozeß, sondern das genaue Gegenteil, nämlich ein *Verbegrifflichungsprozeß* vorzuliegen, d.h. eine durch zunehmende Abstraktion gewonnene Einsicht in Zusammenhänge, die sich gerade jenseits der phänomenologischen Oberfläche (jenseits der "Dinge") erst erschließen. Dieser Prozeß jedenfalls liegt den angeführten Beispielen zu Grunde. Im Terminus der 'Verdinglichung' schlägt sich insofern eine Analyse der Begriffsbildung nieder, die die wirklichen Verhältnisse bei der Herausbildung mathematischen Verstehens auf den Kopf stellt: Die Aneignung der mathematischen Sachverhalte wird der Rekonstruktion derjenigen "Handlungszusammenhänge" gleichgesetzt, deren Bewältigung unter mathematishen Gesichtspunkten über die Entwicklung der jeweiligen

30 Ich halte den Terminus der "'Verdinglichung'" für den geschilderten Prozeß schon deswegen für verunklarend, weil er, durch die Anführungszeichen gekennzeichnet, in uneigentlicher Bedeutung verwendet wird, während die eigentliche ungenannt bleibt.

Begriffe erfolgt ist. Damit wird der eigentliche Erkenntniswert dem "Handlungszusammenhang" zugesprochen, dem Begriff, dem methodischen Extrakt, dem Bereich des Abstrakten aber kein *eigener* Erkenntniswert zugebilligt.

Demgegenüber gilt es festzuhalten, daß der Begriff sowohl in der Erkenntnistiefe, wie in der Bedeutungsweite über die Einzelfälle hinausgeht, die die jeweiligen "Handlungszusammenhänge" konstituieren. Die spezifischen Defizite von Schülern in der fachsprachlichen Begriffsbildung, um die es in der Mathematik ja geht, und auf die es auch Kurth & Menk abgesehen haben, liegen aber keineswegs im Bereich nicht vorhandener, bzw. nicht aufrufbarer Einzelfälle oder "Handlungszusammenhänge". Im Gegenteil ist die Erfahrungswelt der Schüler reicher an "Handlungszusamenhängen" als diese im Unterricht geschaffen werden könnten. Die Defizite liegen vielmehr gerade im Bereich des Begrifflichen, der Schulung der Abstraktionsfähigkeit, der Erkenntnis des Gemeinsamen, Wesentlichen, Übergreifenden, das in den vorhandenen Einzelfällen der "Handlungszusammenhänge" der Lebenswelt der Schüler wirksam ist und dessen Erarbeitung zu qualitativ neuen, tieferen und weiteren Einsichten führt.

Angesichts dieser, für den schulischen Lehr-Lerndiskurs typischen Konstellation die Schüler in Gestalt des "Rückgängigmachens der Verdinglichung" noch weiter in Richtung Konkretion bzw. Aufrufen von Einzelfällen zu führen, heißt, sie von der Bearbeitung ihrer eigentlichen Defizite abzulenken. Nur scheinbar kommt ein solches Vorgehen, welches den konzeptuellen Kern des heute so beliebten "handlungsorientierten Unterrichts" ausmacht, dem Lerninteresse der Schüler entgegen: Es spiegelt ihnen vor, die zu bewältigende Erkenntnis sei ihnen schon lange vertraut, indem es sie in Beispiele und aktionale Umschreibungen banalisiert, läßt sie aber bei der entscheidenden Verarbeitung (Vertiefung und Weiterführung) der Erfahrungen allein.

Bei der Entwicklung dieses Verfahrens dürfte ein Anbiedern an den und Ausweichen gegenüber dem Unwillen von Schülern, sich mit Verbegrifflichungsprozessen auseinanderzusetzen, von denen sie im gängigen Schulbetrieb stets nur die schwierige, uneinsichtige und unproduktive Seite kennengelernt haben, eine nicht unwesentliche Rolle gespielt haben. Anbiedern und Ausweichen wird allerdings auf Seiten der Lehrenden in der Illusion abgebildet, daß mit dem Aufrufen von Beispielen und "Handlungszusammenhängen", die sich auf die anstehenden mathematischen Begriffe beziehen, auf Schülerseite in gleicher Weise eine Vernetzung zwischen Begriffen und Beispielen stattfinde, wie bei den Lehrenden, die sich diese Beispiele und "Handlungszusammenhänge" im Hinblick auf die Verdeutlichung des anstehenden Begriffes, *über den sie* (normalerweise) *bereits verfügen*, ausdenken.

Für die Schüler besteht der Ertrag der "Handlungsorientierung" im schulspezifischen, d.h. funktionalisierten Aufrufen irgendwelcher Erfahrungen, an die dann unvermittelt und ohne Erkenntniszugewinn der 'Stoff', d.h. der mathematische Begriff, der in den betr. Phänomenen erscheint, additiv angelagert wird. Nach einer gewissen Zeit verliert auch diese pädagogische Mode ihren motivierenden Reiz und die alte Langeweile stellt sich (um mehrere Grade abgebrüht) wieder ein. Geistige Abenteuer, wie sie mit der Entdeckung und Erarbeitung neuer begrifflicher Horizonte verbunden sind, sind so nicht zu gewinnen. Dafür müssen genau diejenigen Bereiche des Begrifflichen, die vom Konzept des 'handlungsorientierten Unterrichts' systematisch ausgeklammert werden, ins Zentrum des Lehr-Lerndiskurses gerückt werden.

6.5. VOM NUTZEN EINES APPELLS - ZUR BEDEUTUNG DER ANALYSE SPRACHLICHEN HANDELNS

N. Matros entwickelt in "Mathematik und schöpferische Vernunft - Zur Humanisierung des Mathematikunterrichtes" (1983) ausgehend von "Aspekten der Antihumanität im Mathematikunterricht" über ein alternatives Beispiel ein Konzept "humanen Lernens" durch Erwartung und Erfahrung. Er konfrontiert die "antihumanen" Aspekte der "Dogmatisierung, der Ritualisierung und der einseitigen Intellektualisierung" (a.a.O. S.159 ff.) mit den humanen der

> "Erkenntnisgewinnung aus Erwartung und Erfahrung, des Lernens aus Fehlern, der kritischen Reflexion als Akt der Selbststeuerung und der Gewohnheiten als Instrument der Selbststeuerung"

(so seine Untergliederung). Ich möchte zeigen, wie nach Auffassung der Musteranalyse diese Erscheinungen in ihrem Spielraum und ihrer Veränderbarkeit aus der Funktion der Institution und der Vermittlung des Lernens durch sie heraus zu erklären sind und wie sie als kommunikative bzw. sozialphilosophische Konsequenzen des Aufgabenlösens ("antihuman") bzw. des Problemlösens ("human") in einen handlungsrelevanten Zusammenhang mit dem sprachlichen Geschehen und den institutionellen Realitäten gestellt werden können, der die Möglichkeit kritischer Veränderung einbegreift.

Das sprachliche Geschehen als konkreter Ausdruck der beschriebenen Prozesse bleibt bei Matros unberücksichtigt; es scheint sich nach ihm um eine geistige Alternative mit philosophisch-kommunikativen Dimensionen zu handeln. Vom Standpunkt der Musteranalyse erscheinen Matros' Beobachtungen als Überbau institutioneller Strukturen, deren konkrete Realität sprachlicher Natur ist. Natürlich kann man auf die im positiven Sinne strukturierende Kraft von Maximen wie >**Lerne aus Fehlern!**< oder >**Reflektiere kritisch den Erwartungs- Erfahrungskreislauf!**<, die sich aus Matros' Ausführungen ergeben, für eine bessere Schule setzen, allein die Verhältnisse sind zäh in der Verteidigung und Reproduktion ihrer aufgabenlösenden Verkehrsformen.

Matros deutet den für die Musteranalyse zentralen Zusammenhang von selbständigem Problemlösungsprozeß, seiner institutionell bedingten Reduktion durch den akzelerierten Wissenserwerb und die Ausbildung entsprechender sprachlicher Handlungsmuster an, wenn er schreibt, daß Kerschensteiners Schilderung der Anforderung ans Problemlösen dadurch eingeschränkt werden,

> "daß es unmöglich sei, den Schüler alles entdecken zu lassen, was die 'Menschheit in vieltausendjähriger Arbeit' gefunden hat" (a.a.O. S.162) und: "Jede Anweisung schließt eine frei aufsteigende Vermutung aus, und jede anfallende Vermutung verringert die Mannigfaltigkeit der Analyse und Verifikation und schwächt damit den Erziehungsprozeß im Denkverfahren" (ebd.).

Daraus leitet sich die Absage an den sogenannten "fragend-entwickelnden Unterricht" ab. Dieser Begriff umfaßt nach seinem undefiniert bleibenden Inhalt bestimmte Erscheinungsformen, die in dieser Arbeit dem aufgabenlösenden Unterricht zugeschrieben werden. Er bildet nach Matros ein

> "Ritualmodell der Sprache" aus, das "insbesondere im Mathematikunterricht gewisse stereotype Formen der Kommunikation (heraufbeschwört)" (ebd.)

In diesen vagen Begriff "gewisser stereotyper Formen der Kommunikation" sind, wenn man so will, sowohl das sprachliche Handlungsmuster des Aufgabenlösens als auch mannigfache in Konsequenz dieses Musters ausgebildete Phänomene, wie sie im 2., 4. und 5. Kapitel dieser Arbeit beschrieben wurden, einzuordnen.

Matros führt ein Unterrichtsbeispiel von Bauersfeld zum Beleg an. Der Unterrichtsabschnitt ist in seiner fortschreitenden Reduktion aufs komplettierende bzw. memorierende Operieren ein Beispiel für einen reiterierenden Durchlauf durchs Aufgabe-Lösungs-Muster in Trichterform:

> "Nach einer Textaufgabe im Schulbuch soll die Wassermenge berechnet werden, die eine Heilquelle a) täglich, b) monatlich, c) jährlich liefert bei einer Ausschüttung von 200 hl pro Stunde.
> L: ... da ist ja kein bestimmter Monat angegeben, dann nimmt man 30 Tage und rechnet mit den 30 Tagen, und in a) ist ja die Wassermenge von einem Tag schon angegeben. Wieviel ist denn das für einen Monat?
> S: (schweigt).
> L: Na, du weißt, ein Monat hat 30 Tage ...
> S: (bejahend) Hm ...
> L: ... und nun?
> S: (schweigt)
> L: Eine Stunde, du brauchst ja jetzt noch gar nicht zu sagen, wieviel ein Tag hat, das mußt du ja erst ausrechnen, also ein Tag hat x Hektoliter, nich, und dann kannst du x Hektoliter mal wieviel nehmen?
> S: (schweigt)
> L: Na, wieviel haben wir gesagt für einen Monat?
> S: 30 Tage
> L: Also x Hektoliter mal 30. Das wären dann die Hektoliter für einen Monat" (Bauersfeld 1978, S.159 f. zit. nach a.a.O. S.163).

Einleitend steht die Kontextvorgabe durch den Lehrer und die daraus folgende Zerlegung der Aufgabe in Subaufgaben, deren Anforderungen an den Schüler sich schließlich auf die (nicht glückende) Komplettierung der Lehrervorgabe durch die Operation "mal dreißig" beschränken und dann mit der memorierenden Wiederholung der Lehrervorgabe "... dann nimmt man 30 Tage und rechnet mit den 30 Tagen" in Form von "30 Tage" ihren Tiefststand erreichen. Die vernetzende Begriffsarbeit zur Rekonstruktion der Problemkonstellation, d.h. zur mentalen Aufhebung der Dissoziierung des Problemlösens durch den Schüler wäre eingangs die Voraussetzung gewesen, die kritisierte "Ritualisierung" im "anti-humanen" Sinne zu vermeiden.

Ähnliches gilt für die "anti-humane einseitige Intellektualisierung" und ihre "humane" Ersetzung durch "Erkenntnisgewinn aus Erwartung und Erfahrung" (a.a.O. S.173). Matros erhebt die Forderung,

> "mathematische Sachverhalte, insbesondere der Arithmetik, in Bilder umzusetzen" (a.a.O. S.165); er verallgemeinert: "Für viele Menschen ist die Mathematik auch durch die 'Entbilderung' der Sprache ein Greuel" (ebd.).

Ich fasse Matros' Forderung als die Umschreibung der notwendigen Vernetzung von alltäglich-allgemeinbegrifflicher und mathematisch-zeichnerischer Ebene des Problems als Voraussetzung seiner Bearbeitung auf den fachlichen Ebenen des mathematisch-Begrifflichen und des algebraisch- bzw. numerisch-Symbolischen.

Matros stellt sich die Frage, woher bestimmte Erwartungen hinsichtlich der Problemlösung kommen. Er stellt fest, daß der Erwartungsinhalt in der Hauptschule eine Regelmäßigkeit oder Gesetzmäßigkeit sein wird (vgl. a.a.O., S.174). Leider verfolgt er diese Erkenntnis nicht vertiefend auf die Rolle der Institution in dem Sinne, daß die Lösungserwartung bereits institutionsspezifisch in Zusammenhang mit der

> "Weitergabe des Wissens in fraktionierter Form an unterschiedliche Gesellschaftsgruppen" (Ehlich & Rehbein 1986, S.169)

gesetzt wird. Ferner entgeht ihm, daß Schüler wegen der so institutionsspezifisch repräsentierten Problemkonstellation durch Ausnutzung der entsprechenden Evidenz des Musterwissens (fachspezifische Unterrichtsbaupläne, Stoffbaupläne, Lösungsschemata, Konzeptualisierungen etc.) sachfremd Lösungserwartungen und Mathematisierungen des Stoffs produzieren können, die inhaltlich nicht gedeckt sind; d.h. Matros bleibt bei der Registrierung der 'Ritualisierungen' an der Oberfläche stehen und erkennt ihre Entstehung aus tieferliegenden Strukturen nicht.

Musteranalytisch erscheinen 'Ritualisierung' und 'Verfälschung' darin verursacht, daß Lösungsversuche nicht für die praktisch handelnde Bewältigung eines (außer-) schulischen Problems ausgebildet werden, sondern auf dem Ersatzweg aus dem Kommunikationsprozeß erschlossen werden. Die Strukturen des akzelerierten Wissenserwerbs (z.B. die Evidenz des Unterrichtsbauplans im Hinblick auf die Auswertung von Experimenten) führen schülerseitig zu der Erwartung, daß alle eingeführte Erfahrung unbeschränkt gültig und in allgemeine Wissensstrukturen überführbar sei. Die Funktionalisierung der Erfahrung zum Veranschaulichungssubstrat für Lehrzwecke, -egal ob im Experiment, im praktischen Tun gemacht oder sprachlich repräsentiert,- ist ein fester Bestandteil schulischen Handelns.

Die künstliche Beschleunigung des Übergangs vom partikularen Erfahrungswissen zur Verallgemeinerung in der Regelhaftigkeit, in der Norm, in der Sentenz (vgl (Ehlich & Rehbein 1977, S.44 ff.), ist ein institutionsspezifischer Ausdruck des akzelerierten Wissenserwerbs und damit auch Bestandteil des Musterwissens der Schüler. Von diesem Musterwissen machen sie im kurzfristigen Interesse der Erfüllung institutioneller Normen (Lösungen abliefern) in einer Form Gebrauch, die zu den von Matros an der Oberfläche kritisierten Formen 'rituellen' Handelns etc. führt. Es nützt wenig, Klage über Erscheinungen zu führen, die nicht dem bösen Willen entspringen, sondern Ausdruck echter Problemlösungen sind, die sich allerdings nicht auf das in der Lösung enthaltene Wissen, wohl aber auf seine Produktion unter den Voraussetzungen des Aufgabenlösens beziehen. Die Klage führt zum Besserungsappell, die Analyse zur Einsicht in die zur Änderung erforderlichen strukturellen Eingriffe in die Interaktion.

Die Rekonstruktion des Problemlösens muß zunächst die entsprechende Vernetzungsarbeit sicherstellen. Dafür müssen die Schemata und Rituale des Aufgabenlösens außer Kraft gesetzt werden. Das kann z.B. durch kreative Verunsicherungen über beigebrachte widersprüchliche partikulare Erfahrungen geschehen, oder in der Form der Verweigerung der Kontextvorgaben und kleinschrittigen Zerlegungen der Problematik in Subaufgaben und im Aussetzen der fortgesetzten Bewertungen, an denen sich die Schüler unter Ausnutzung diverser Evidenzen zum Ziel durchhangeln können. Vor allem aber durch Transparenz und Kritik der Metamuster der Wissensprozessierung, d.h. dadurch daß der Wissenserwerb selbst zum Objekt des Lehr-Lerndiskurses wird.

6.6. DIE GRENZEN DER "SPRECHAKT" - THEORIE

H. Winter stellt in seinem Aufsatz über "Umgangssprache - Fachsprache im Mathematikunterricht" (1978) in der Ablehnung eines Unterrichtskonzepts, das sich an der Stoffdarbietung und Systematik des Stoffs orientiert, den 'Sprechakt' des Schülers in den Mittelpunkt, in dem sich mathematisches Denken ausdrücken muß. Winter grenzt "Lernen durch Belehrung" ab vom "Lernen durch Selbstentdeckung". Das erstere ist durch zahlreiche negative Eigenschaften gekennzeichnet, die sich weitgehend mit solchen des Aufgabenlösens decken. Beim "Lernen durch Selbstentdeckung" nimmt wie beim problemlösenden Lernen die eigenständige Denkleistung des Schülers die entscheidende Position ein. Winter mißt dem Lehrer die wesentliche Rolle zu, diese Denktätigkeit anzuregen:

> "Für einen Unterricht, der entdeckendes Lernen ermöglichen will, ist die Kultivierung des Fragens, (und des Begründens und Bewertens) von entscheidender Bedeutung" (a.a.O. S.20)

Winter sieht in der "Sprechakttheorie nach Austin, Searle und Wunderlich" ein Instrument dieser "Kultivierung", insofern sie dazu in der Lage ist, die illokutive Funktion einzelner Sprechakte zu erhellen, bzw. überhaupt erst das Bewußtsein der illokutiven Dimension beim Lehrer zu erzeugen. Winter sieht den Beitrag der Sprechakttheorie in der Erhellung der kommunikativen Prozesse, die mathematisches Lernen ausmachen. Er führt eine Reihe von Beispielen dafür an, wie das Verständnis der illokutiven Funktion einer Sprechhandlung die mathematische Analyse eines Sachverhalts vertiefen kann. Winter richtet seine Aufmerksamkeit aber auch auf den gegenteiligen Prozeß:

> "Geradezu typisch scheint mir für den Mathematikunterricht das Mißlingen von Sprechakten (bzw. von Ketten von Sprechakten, Diskursen) zu sein, wenn es um Beweise (Rechtfertigungen, Begründungen, Schlußfolgerungen) geht" (a.a.O. S.23).

Die Ursachen sieht Winter in folgendem:

> "Der Schüler erhält zu wenig Gelegenheit, um Sprechakte auszuführen,die ihn aktiv in das kommunikative Geschehen wirklich einbinden: mutmaßen, meinen, zweifeln, kritisieren, anerkennen, fallen lassen, annehmen, das Gegenteil annehmen, zurücknehmen, berichtigen, Beispiele angeben, notwendige oder hinreichende Bedingungen aufspüren, Fälle unterscheiden, veranschaulichen, Gegenfragen stellen, zurückweisen, zustimmen, erhärten, bestätigen, näher erläutern, zurückverweisen, auf etwas beziehen, bewerten, usw." (a.a.O. S.25).

Entsprechend konstatiert Winter:

> "Bedauerlicherweise gibt es im Mathematikunterricht weithin keinen Mangel an erfolglos verlaufenden Sprechakten: Es zeigt sich in Bewährungssituationen, daß der Schüler tatsächlich nicht verstanden hat, was er hätte verstehen sollen. Es ist z.B.

etwas bewiesen worden, aber der Schüler verwertet es nicht. Erfolglosigkeit kann nun aber m.E. nicht mehr innerhalb der Sprechakttheorie analysiert werden, speziell nicht die Erfolglosigkeit von Sprechakten im Mathematikunterricht, deren Intension auf Verstehen, Einsicht, Sinnerfassung, Erkenntnis gerichtet ist" (a.a.O. S.26).

In der Tat zeigen diese Ausführungen den Nutzen und die begrenzte Anwendbarkeit der Sprechakttheorie in ihrer Austin-Searle'schen Ausprägung. Sie führt nicht weiter als zur Erkenntnis nicht prinzipiell gegebener Übereinstimmung von propositionalem Gehalt und illokutiver Funktion des isolierten Sprechakts. Sie ist geeignet, im Sinne des von Winter zusammengestellten Katalogs das Bewußtsein von Varietäten von Ausdrucksmöglichkeiten zu schärfen und wird in diesem Sinne von Winter auch als ein Konzept einer didaktischen Hilfsquelle genutzt, das zum Gewinn vereinzelter Strategien kommunikativer Teilzwecke führt. Zu Recht bemerkt Winter, daß die Sprechakttheorie die Bewältigung der Erfolglosigkeit komplexer mathematischer Problemlösungen ("Verstehen, Einsicht, Sinnerfassung, Erkenntnis" (s.o.)) nicht gewährleistet.

Die Sprechakttheorie kann außerhalb der unmittelbaren Interaktion zu verortende strukturelle Bestandteile der 'Situation' nicht anders als additiv berücksichtigen und blendet sie damit aus der Erklärung der Interaktion aus. Damit entziehen sich natürlich auch diejenigen sprachlichen Handlungen der Analyse, die als Realisierungen gesellschaftlicher oder institutioneller Zwecke (z.B. Beweisverfahren in der Mathematik) zu verstehen sind. Beide Theorien, Sprechakt- und Diskurs- bzw. Konversationsanalyse sehen im sprachlichen Handeln letztlich eine Verknüpfung systematisch gleichwertiger oder isolierter Einzelteile (Sprechakte oder Frage-Antwort-Einheiten).
Die Sprechakttheorie kann Winters Forderung,

"Man kann entdeckendes Lernen nur in Gang bringen, wenn man die Totalität kommunikativer Situationen beachtet" (a.a.O. S.20)

nicht einlösen. Sie versagt in dem Augenblick, wo komplexe sprachliche Handlungen zur Debatte stehen und registriert in diesem Fall das "Scheitern eines Sprechakts". Genau genommen ist es aber nicht der 'Sprechakt', der scheitert, sondern es ist das dem konkreten sprachlichen Handeln übergestülpte *Modell* der Sprechakttheorie, welches nicht dazu in der Lage ist, das Geschehen in seiner Komplexität zu verstehen und zu beschreiben. Die Diskurs- bzw. Konversationsanalyse kann komplexe, interaktiv realisierte, sprachliche Handlungssequenzen nicht erfassen, weil sie deren Wesen als strukturierter Bearbeitung von institutionellen oder gesellschaftlichen Zwecken nicht erkennt.

So muß Winter in dem Augenblick, wo seine Analyse sich den Ursachen der Erfolglosigkeit mathematischer Schulkomunikation zuwendet, zusammen mit dem realen sprachlichen Geschehen, das sich in dieser Hinsicht durch Sprechakttheorie und Diskurs- bzw. Konversationsanalyse nicht aufschließen läßt, auch gleichzeitig auf eine materielle Grundlegung seiner Erklärungen verzichten:

"Erfolglosigkeit kann nun aber m.E. nicht mehr innerhalb der Sprechakttheorie analysiert werden, speziell nicht die Erfolglosigkeit von Sprechakten im Mathematikunterricht, deren Intension auf Verstehen, Einsicht, Sinnerfassung, Erkenntnis gerichtet ist"(a.a.O.)

Mit diesem Verzicht auf einen Nachweis der Erklärungsmodelle im sprachlichen Handeln aber hängt die Didaktik, so zutreffend sie auch sein mag, gewissermaßen in der Luft. Es ist Winter hoch anzurechnen, daß er trotz dieser Beschränktheiten schon 1978 auf die mögliche Rolle sprechhandlungsanalytischer Untersuchungsverfahren in der Mathematikdidaktik hingewiesen hat und weitere Bemühungen in dieser Richtung für lohnenswert hält (vgl. a.a.O. S. 26).

Die Sprechakttheorie findet ihre Grenze in der Erklärung von komplexeren funktionalen Einheiten und bezeichnet den Diskurs entsprechend additiv als Summe seiner als Sprechakte gefaßten verketteten Teile. In dem hier angedeuteten Konzept vom Diskurs als 'Kette von Sprechakten', also als Summe seiner additiv verstandenen Teile, d.h. als nur quantitativ unterschiedlicher Struktur, müssen auf sprachwissenschaftlicher Ebene die Restriktionen verortet werden, denen Winters Analyse hinsichtlich der Erfassung komplexen sprachlichen Handelns unterliegt. Um die Grenzen dieses additiven Verständnisses zu sprengen, müssen die Erscheinungen analytisch aufgeschlossen werden, so daß Strukturen deutlich werden, die nicht identisch mit denen der sprachlichen Oberfläche sind, aber gleichwohl das Wesentliche in sich bergen. Die gesellschaftlich institutionellen Zwecke des sprachlichen Handelns sind im einzelnen 'Sprechakt'nicht festzumachen und auch nicht durch die Angliederung der Kategorie der Illokution zureichend zu beschreiben.

Genauso wenig wie die Diskurs- oder Konversationsanalyse ist die Sprechakttheorie dazu in der Lage, komplexe Einheiten sprachlichen Handelns auf den Begriff zu bringen, die sich nicht oder nicht eins-zu-eins in Symbolfeldausdrücken abbilden lassen. Besteht schon hinsichtlich des FRAGENS eine ganze Palette zu Grunde liegender Konzepte, so gibt es gerade in institutionellen Zusammenhängen zusammengesetzte, sequentielle sprachliche Handlungsformen, die nicht in die Summe ihrer Bestandteile auflösbar sind, sondern sich zu neuen Strukturen -Handlungsmustern- fügen, die keine eins-zu-eins-Abbildung an der sprachlichen Oberfläche aufweisen, sondern analytische Tiefenstrukturen sind, wie z.B. das AUFGABENLÖSEN, fachspezifische Formen des BEWEISENS, das BEGRÜNDEN usw.. Mit anderen Worten: die Erklärungskompetenz der Sprechakttheorie hört gerade da auf, wo das spezifisch institutionelle Handeln beginnt. Schulische Wissensprozessierung geht weit über 'Fragetechnik' hinaus. Diese Grenzen registriert Winter sehr genau, macht aber nicht die Beschränktheit der gewählten Analysemethode dafür verantwortlich, sondern verzichtet für die Erklärbarkeit mathematischer Begriffsbildung letztlich doch wieder auf die Annahme ihrer kommunikativen Konstituiertheit.

7. GESELLSCHAFTLICHES HANDELN ODER SUBJEKTIVE ERFAHRUNG? - Eine Auseinandersetzung mit dem Konzept H. Bauersfelds und seiner Mitarbeiter -

Heinrich Bauersfeld und seine Mitarbeiter Götz Krummheuer und Jörg Voigt vom Bielefelder Institut für Didaktik der Mathematik haben in einer Reihe von Schriften ein umfassendes Konzept einer Interaktionstheorie des Lernens und Lehrens von Mathematik vorgelegt (Bauersfeld 1983; Bauersfeld, Krummheuer & Voigt 1986; Krummheuer & Voigt 1988). Hier soll an Hand der Diskusion von vier Komplexen eine kritische Auseinandersetzung vom Standpunkt der Musteranalyse aus mit diesem Konzept geführt werden:

-Der erste Komplex (7.1., 7.2.,) betrifft Methodik und Methodologie der Analyse mathematischer mündlicher Unterrichtskommunikation und die daraus resultierenden Vorstellungen von mathematischen Lehr- und Lernprozessen.

-Der zweite Komplex (7.3.) betrifft die Rolle der Institution Schule und das Verständnis der sprachlichen Wissens- und Handlungsstrukturen bei der Integration der einzelnen Forschungsergebnisse in ein einheitliches Modell des Mathematiklernens und -lehrens.

-Der dritte Komplex (7.4.) betrifft die erkenntnistheoretischen Grundlagen auf denen Bauersfeld, Krummheuer & Voigt aufbauen.

7.1. 'FREIE GRUPPENSITUATION' ODER AUFGABENLÖSEN OHNE LEHRER? - EINE REINTERPRETATION

In "Analysen zur Kommunikation im Mathematikunterricht und in darauf bezogenen Situationen" (1982) entwickelt Bauersfeld seine Analysemethoden, auf denen auch die späteren Arbeiten der Forschungsgruppe Bauersfeld, Krummheuer & Voigt (1986) fundiert sind. Genau wie die Musteranalyse fußt Bauersfeld auf Transkriptionen audiovisueller Aufzeichnungen der Kommunikation und nicht auf bereits im Vorfeld des Datenmaterials im Interesse der Bestätigung einer vorgefaßten Theorie zurechtinterpretierten Teilbeobachtungen. Genau wie in der vorliegenden Arbeit wird versucht, den Lehr- und Lernprozeß ohne Beschönigung in seiner Komplexität zu erfassen und nicht in didaktische Wunschvorstellungen und amtliche Lehrpläne zu pressen. Wenn in diesen Ausführungen der Schwerpunkt auf einer Kritik der Bauersfeld'schen Forschungsgrundlagen liegt, so soll das nicht eine weitgehende Übereinstimmung hinsichtlich der Anforderungen an die Qualitätsmerkmale sinnvollen Lernens und hinsichtlich der Ablehnung diverser Erscheinungsformen des 'Paukens' vergessen machen.

Bauersfeld stellt seiner Untersuchung ein Zitat von Roland Barthes voran:

> "Denn was in einem Unterricht unterdrückend sein kann, ist letztlich nicht das Wissen oder die Kultur, die er transportiert, sondern sind die Diskursformen, durch die man sie anbietet" (a.a.O. S. 1).

Um ein Ergebnis meiner Ausführungen vorwegzunehmen, hat Bauersfeld das Postulat dieses Zitats nicht eingelöst, nämlich den konkreten Nachweis des "Unterdrückenden" der "Diskursformen" im sprachlichen Geschehen des Unterrichts selbst. Bauersfeld bleibt vor der Analyse des sprachlichen Handelns stehen. Die Ausklammerung sprachwissenschaftlicher Ansätze wie der Sprechhandlungs- oder der Musteranalyse bzw. der funktionalen Pragmatik hindert ihn an diesem Schritt. So kann es sicherlich von Nutzen sein, zu den zahlreichen Wissenschaftlern, deren Ergebnisse und Ansätze Bauersfeld in seine Theorie integriert, auch einen Sprachwissenschaftler aufzunehmen, der sich anders als der Semiotiker Barthes mit gesellschaftlichem Handeln in mündlicher Kommunikation befaßt.

Für die Musteranalyse resultieren die Kommunikationsformen des Unterrichts wesentlich aus den Veränderungen, denen sich das Problemlösen beim Übergang in die Schule als Institution akzelerierten Wissenserwerbs unterziehen muß. Im sprachlichen Handlungsmuster des Aufgabe-Stellen/Aufgabe Lösen sind die kommunikativen Handlungen in spezifischer Weise verteilt. Aus dieser Verteilung resultieren die kognitiven, kommunikativen sozialen und psychischen Phänomene, die ihrerseits wieder auf die Verteilung zurückwirken. Die Musternalyse sieht das schulische sprachliche Handeln als Bestandteil der in der Institution vermittelten Reproduktion der Gesellschaft, hier in der Vermittlung von Standardlösungen gesellschaftlicher Probleme im akzelerierten Wissenserwerb. Damit gehen alle Größen in die Analyse ein, die ein ganzheitlicher Lehr- Lernprozeß in sich einschließt: die objektive Realität des Sachverhalts, die soziale Realität der Gesellschaft, vermittelt über die Institution und ihre Strukturen und die subjektive Realität der individuellen kognitiven und emotionalen Prozesse.

Bauersfeld legt in seiner Analyse die Netze verschiedener Erklärungsmodelle über die kommunikativen Tatbestände, untersucht sie in deren Licht und übernimmt die brauchbaren Resultate, bis alles Wünschenswerte berücksichtigt ist. Diese Resultate werden nicht aus der Struktur der Kommunikation, aus der sprachlichen Realität selbst heraus entwickelt. Bei aller Ergiebigkeit dieses Vorgehens -jedes neue Theoriekonzept fügt weitere taugliche Aspekte hinzu- weist es jedoch einen Mangel an Schlüssigkeit auf. Da es nicht aus der Sprechhandlung abgeleitet wird, vermag es diese auch nicht anzuleiten. Es kommt zu einer Kumulierung von in sich unverbundenen und deswegen für eine verändernde schulische Praxis tendenziell unverwertbar bleibenden Spezialanalysen. Ich möchte diese Behauptungen im folgenden an Bauersfelds Untersuchungen erhärten. Gegenstand der Untersuchung ist ein Transkript der Bearbeitung einer Geometrieaufgabe zur Termumformung durch eine freiwillige Kleingruppe aus vier etwa fünfzehnjährigen Gymnasialschülerinnen, nachmittags außerhalb des Unterrichts. Ein Lehrer ist nicht anwesend. Die Aufgabe lautet:

> "Für eine Schule, die 1000 Schüler hat, soll ein rechteckiger Schulhof gebaut werden. Die Breite ist der Abstand des Schulgebäudes von der Straße, sie beträgt 30 m. Wie lang muß nun der Schulhof sein, damit jeder einzelne Schüler 3 m^2 Platz hätte?" (a.a.O. S. 3)

Es schließt sich das Transkript einer siebenminütigen Bearbeitung dieser Phase an. Wegen der fehlenden Partiturschreibweise läßt sich die zeitliche Zuordnung der Beiträge und damit ihr Bezug aufeinander teilweise nicht eindeutig rekonstruieren. Das Transkript ist natürlich entsprechend der Analysemethode auch nicht in Segmente oder Sequenzen gegliedert, sondern zeilenweise (Zahlenangabe in Klammern) durchnumeriert.

Musteranalytisch betrachtet handelt es sich bei dem Geschehen um ein "Aufgabenlösen ohne Lehrer", d.h. um Durchläufe durch das Aufgabe-Lösungs-Muster, wobei die Musterpositionen, die sich auf der Handlungsseite des Lehrers befinden, in pervertierter Weise von den Schülerinnen selbst realisiert werden. Im Verlauf der sieben Minuten werden von den Schülerinnen folgende Lösungsversuche verbalisiert:

1. Ja,dreißig mal, mal dreißig und- (...) neun an sich (41), (50)
2. drei Quadratmeter mal dreißig (46)
3. neunzig Meter (52)
4. neunzig Quadratmeter (56)
5. Schüler mal Breite (77)
6. Dreißig Meter (78)
7. jetzt müsse wahrscheinlich die dreitausend (Quadratmeter) geteilt durch dreißig (81-93)
8. dreihundert Quadratmeter (99)
9. dreihundert lang (160)
10. drei mal dreihundert, das sind .. dreitausend (162)
11. dreihundert Meter (182,183)
12. einhundert (200) (a.a.O. S. 4-9)

Die Lösungsvorschläge werden unbegründet eingebracht und ohne Begründung, Prüfung oder Auswertung wieder zurückgezogen oder abgebrochen bzw. gemäß allgemeiner Plausibilität korrigiert. Dementsprechend wird der Lösungsvorschlag: 12. "einhundert" (200) auch nicht durch eine Probe oder einen entsprechenden Richtigkeitsnachweis zum Endergebnis, sondern durch unwidersprochene Akzeptanz auf Grund von Plausibilität.

> "Es ist als ob erst durch das Auftauchen eines überzeugenden Endergebnisses und dann freilich schlagartig alle Zweifel und Ungelöstheiten beseitigt würden - wie durch einen reinigenden Blitz" (a.a.O. S.14).

Das zu Grunde liegende Konzept von der richtig-falsch-Kategorisierung von Lösungsvorschlägen besteht nicht im sachlichen Nachweis der Richtigkeit, sondern in der *Akzeptanz*. Darin bildet sich zerrspiegelhaft die Musterposition der positiven Einschätzung durch den Lehrer. Im Aufgabenlösen stützt sich die positive Einschätzung genauso wenig auf eine Überprüfung des Ergebnisses, sondern wird für die Schüler unvorhersehbar bei bestimmten Lösungsvorschlägen ausgesprochen, bei anderen verweigert und bezieht ihre Gültigkeit aus der Autorität des Lehrers. Diese Grundstruktur des Schüler Konzepts der richtig-falsch-Kategorisierung wird, -durch die korrekte Lösung des Lehrers überlagert-, im Normalfall nur verborgen und müßte durch Desambiguierungen des Lehrers (z.B. in Form durch In-Frage-Stellen des Ergebnisses) offengelegt werden. Ich habe die auf Grund von Musterevidenzen etc. gegebene Schwierigkeit der Desambiguierung *ohne Transparenz der Metamuster* mehrfach in den Interpretationen nachgewiesen.

Die Lösungsvorschläge bestehen in beliebigen Kombinationen des in der Aufgabe gegebenen Zahlenmaterials mit der "mal"-Operation; einmal wird die Divisionsoperation unter memorierendem Bezug auf ein operatives Schema angeführt:

7. jetzt müsse wahrscheinlich die dreitausend (Quadratmeter) geteilt durch dreißig (81-93).

Das führt nach der Anweisung:

Mach doch eine Null weg, dann haste dreihundert Quadratmeter (96,97)

zu dem Ergebnis:

Hamma dreihundert Quadratmeter, ja müßte hinkommen. (99).

Die Schülerinnen halten sich, obwohl kein Lehrer anwesend ist, an ihren Part in der Arbeitsteilung des operativen Unterrichts: Sie folgen der Logik des komplettierenden Operierens auf der algebraisch-numerischen Ebene. Das Chaos und die Beliebigkeit, die diesem Vorgehen eignet, tritt, da sie nicht von einem Lehrer durch Vorgabe der erforderlichen Vernetzungen verborgen wird, in gnadenloser Schärfe zu Tage. Die Schülerinnen praktizieren das *Lösung abliefern* des Aufgabenlösens:

"Das tut er (der Schüler-R.v.K.) dann, wenn er - ohne über die Problemstellung und die Zielsetzung zu verfügen - Lösungen oder doch Lösungsvorschläge vorbringt. (...) Entsprechend beschränken sich die Schüler notwendig darauf, einzelne Wissenselemente, die sie haben, als Lösungsversuch anzubieten. (...) Unter dem Gesichtspunkt der Problemlösung wäre von seiten der Schüler zu erwarten, daß sie (die Schüler) - selbst auf die Lösung des Problems hin orientiert - das weitere Ergehen ihres Lösungsversuchs interessiert. Nicht jedoch beim Aufgaben-Stellen. Hier interessiert sie allenfalls, ob die Lehrerin einen Pluspunkt für die vorgetragene Lösung verteilt oder nicht. (...) Deshalb kann die Schülerin hier auf die Kontinuität der Aufmerksamkeitsorientierung verzichten. Das legt ihr das Aufgabe-Lösungs-Muster ohnehin nahe - anders als das Muster des Problemlösens es tun würde, in dem gerade die Kontinuität der Aufmerksamkeitsorientierung auf die Zielsetzung als Steuerungsmechanismus bei der Abarbeitung des Gesamtmusters zentral ist. Das Muster Aufgabe-Stellen/Aufgabe-Lösen ist dagegen durchlaufen, wenn die Lösung vorgetragen ist. (vgl. 1.5. - R.v.K.) (...) Das Muster ist also für die Schülerin an der Stelle komplett. (...) Wir nennen diese spezielle Ausführung des Aufgabe-Lösungs-Musters 'Lösung abliefern' "(Ehlich & Rehbein 1986, S. 21-25).

Der Eifer der in der von Bauersfeld protokollierten Schülerinnengruppe immer dann entsteht, wenn eine neue operative Verknüpfung gefunden oder vorgestellt wird, entspricht genau der normalerweise mit der positiven Einschätzung einer Aufgabenlösung durch den Lehrer verbundenen Anerkennung. Die Abwesenheit eines Lehrers legt nur die prinzipielle Unbegreiflichkeit, mit der Lob und Tadel auf einen Lösungsversuch folgen, offen. Die ständige latente Aggressivität, die Bauersfeld in der Schülerinnengruppe registriert, läßt sich so als Ersatz für eine Bestätigung durch den Lehrer erklären bzw. als Folge der Tatsache, daß keine Schülerin von sich aus eine anerkannte fachliche Bestätigung geben kann, weil diese Musterposition prinzipiell in der Kompetenz des Lehrers liegt. Die Aggressivität ist insofern Ausdruck des Versuchs, auf sozialem Gebiet eine Kompetenz zu usurpieren, die die fachliche ersetzen kann (Konvertibilität von Kompetenzen).

Was für die Musterposition der positiven Einschätzung gilt, läßt sich auch auf andere, von Bauersfeld bei den Schülerinnen vermißte, kognitive Prozeduren, Praktiken und Aktionen ausdehenen, wie z.B.

"die explizite Deutung der Größe" (Bauersfeld, a.a.O. S.12)

die nicht stattfindet. Die dafür erforderliche Kontexteinordnung ist im Aufgabenlösen eben Lehrersache, bzw. wird durch den Lehrer schülerseitig nur evoziert. Das

Weglassen der Einheiten sogar bei der anerkannten Lösung:
einhundert mal', ja, kommt hin, kommt hin (204) (a.a.O. S.9)
oder die Angabe abenteuerlicher Einheiten:
Schüler mal Breite (77) oder
dreihundert Quadratmeter (für die Länge)(99) (ebd.)
ist Ausdruck der Logik des komplettierenden Operierens, das wesensgemäß ohne Kontext zur mathematisch- oder alltäglich-allgemeinbegrifflichen Ebene des Problems ist. Auch die Beobachtung,
"daß keine abschließende Formulierung eines Ergebnisses und seiner Bedeutung stattfindet: Ohne jede Reflektion geht man zur nächsten Aufgabe über, 'Jetzt kommt die vier' (209)" (a.a.O. S.15)
fügt sich bestätigend in die Kennzeichnung des Geschehens als "Aufgabenlösen ohne Lehrer", denn mit dem Abliefern der Lösung schließt das Muster für die Schüler ab und verlangt keine weitere Verarbeitung der Ergebnisse. Diese geschieht gemäß dem Lehrergesamtplan (vgl. 5.4.).

Während so die negativen Erscheinungen eine spontane Reproduktion des Aufgabe-Lösungs-Musters unter der Bedingung der Abwesenheit des Lehrers sind, gilt umgekehrt für jene Beiträge, die zur schließlichen Lösung führen, daß sie durch Herstellung von Kontextbezügen gewonnen werden. So gelangt eine Schülerin, Cornie, schon im ersten Drittel des Transkripts in Reichweite der Lösung:

(Cornie) (81-83): (laut) Ja, äh, wir müssen ja auch mal (A und P sehen C an) äh, hier das, da steht ja, daß jeder einzelne Schüler drei Quadratmeter Platz hätte, ne, da müsse mer also die tausend Schüler auch irgendwie da, mit unterbringen
Das geschieht auch:
(Cornie) (87): Dreitausend Quadratmeter
und wird weitergeführt:
(Patty) (90): Ja, jetzt müss mer- jetzt müsse wahrscheinlich die dreitausend ...
(Cornie) (91): (dazwischen einfallend) "geteilt durch"
(Patty) (92): geteilt durch dreißig
Als Lösung dieser Aufgabe erscheint dann
(Patty) (99): Hamma dreihundert Quadratmeter, ja müßte hinkommen
Hier ist es wieder Cornie, die die Unsinnigkeit dieses Lösungsvorschlags im Kontext der Aufgabe erkennt: "
(Cornie) (108): Die Frage ist ja ganz anders
und das ausführt, indem sie in einem entscheidenden Zwischenschritt die benötigte Raumgröße des Schulhofs bestimmt:
(Cornie): (hastig und laut) Äähh, das geht gar nicht, dreitausend Quadratmeter muß ja die Schule schon mal sein, (bei den ersten Worten sich aufrichtend) damit jeder, äh, Schüler drei Quadratmeter Platz hat.
und später auch erklärt:
(schnell, sich überhaspelnd, zu allen dreien) Quadratmeter, das is innen drin, der Inhalt, also der Raum ..(151,152).
Folgerichtig ist es auch diese Schülerin, die schließlich erkennt, daß man eine "einhundert"(199) braucht, um mit "mal rechnen"(196) von der "Breite dreißig Meter" (189) zum "Raum" "dreitausend Quadratmeter" zu gelangen.

Im Verlauf dieser Überlegungen hat Cornie die numerisch- und symbolisch-algebraischen und die begrifflichen Ebenen vernetzt und die betreffenden Größen miteinander in Beziehung gesetzt: Schülerzahl, Flächenbedarf, Raumgröße des Schulhofs, Breite des Schulhofs, sowie den Faktor "einhundert" als erforderlich für den Übergang von der gegebenen Breite zur benötigten Raumgröße des Schulhofs. Cornies Handeln ist in den beschriebenen Passagen als problemlösendes von einer anderen kognitiven Qualität als das aufgabenlösende der übrigen Schülerinnen. Die unterschiedliche Qualität der Verteidigungen ihrer Lösungen ist insofern eine Folge der unterschiedlichen Muster als deren Realisierung sie entwickelt werden. Entsprechend verhält sie sich auch sozial verschieden: Sie argumentiert an der Sache statt über Plausibilität, sie entwickelt und verfolgt Gedanken weiträumig, statt nur Lösungen abzuliefern, sie überzeugt, statt nur lautstark zu werden, sie steuert die anderen im Sinne des Nachvollzuges ihrer Erkenntnisse, sie entwickelt Ansätze zur Beurteilung ihres eigenen Tuns aus einer gewissen Distanz heraus.

Diese Vervollständigung der Problemgestalt durch Cornie drückt sich emotional in Lautstärke, Körperhaltung und Erregung aus (81, 113, 151, 196, 199) und erlaubt ihr sogar, wie Bauersfeld notiert,

> "einen Anflug von Spott" (a.a.O. S.15)

der -(siehe Kevin (vgl. 3.6.(3), S.152ff, 4.1.))- ein erstes Anzeichen einer Distanzierung bzw Durchleuchtung des eigenen methodischen Vorgehens sein könnte. Diese emotionale Bewegung ist auseinanderzuhalten von der Lautstärke und Heftigkeit, die mit dem Anbieten (denn zum Abliefern ist niemand empfangsberechtigt) numerischer Lösungen einhergeht. Beim Aufgabenlösen trägt derjenige den Preis davon, der als erster das Richtige sagt. Wie er dazu kam, steht nicht zur Debatte. Die Lösung trägt die Rechtfertigung ihres Zustandekommens unhinterfragbar in sich. Das Motiv ist die gute Note beim Lehrer. Eine positive emotionale Reaktion, die sich nicht unmittelbar auf die numerische Lösung bezieht, kann ihre Energie auch nicht aus der Erwartung unmittelbar bevorstehenden Lobes erhalten, sondern ist ein Anzeichen der Überwältigung mentaler Widerstände gegen eigenes Erkenntnisinteresse. Bauersfeld gelangt hinsichtlich der Emotionalisierung zu folgendem Ergebnis:

> "Wenn die Ansätze und Ergebnisse der rechnerischen Fähigkeiten unserer vier Schüler so unsicher sind, wie das Protokoll zeigt (...), dann wächst damit auch die Abhängigkeit von der jeweils aktuellen Bestätigung durch die andern (vgl. die zahlreichen Signale dieser Art, wie "oder net?", "ne?" usw.). Da die Schüler sehr wohl wissen dürften, daß 'man' das alles in ihrem Alter 'eigentlich' längst können sollte, vertieft das die soziale Bedeutung der Unsicherheit. Und somit wäre eine Emotionalisierung immer in Begleitung der jeweils empfindlichsten Handlungsabschnitte zu erwarten: bei der Konzeptualisierung und bei der Resultatkontrolle (...)" (a.a.O. S.18)

Im ersten Teil dieser Interpretation konstatiert Bauersfeld m.E. zurecht "die Abhängigkeit von der jeweils aktuellen Bestätigung durch die andern" als eine Ursache der Emotionalisierung, unterläßt es aber, als ein wesentliches Merkmal der ablaufenden Kommunikation die Rolle, die die Abwesenheit des Lehrers spielt, zu untersuchen, so daß er nicht die Funktion der Gefühlsbewegungen, nämlich die Ersetzung nicht gegebener fachlicher Kompetenz durch die Usurpation der sozialen erkennt. Im zweiten Teil der Interpretation bleibt in Bauersfelds Einschätzung der Ausgangssituation:

> "Da die Schüler sehr wohl wissen dürften, daß 'man' das alles in ihrem Alter 'eigentlich' längst können sollte (...)"

der zu analysierende Widerspruch diffus, indem er in den in Anführungszeichen gesetzten "man" und "eigentlich" lediglich mit einer nicht näher spezifizierten, uneigentlichen Verwendung von Alltagskategorien beschrieben wird, die somit unhinterfragt zur Grundlage einer Analyse gemacht werden.

Die Widersprüchlichkeit des Schülerwissens besteht darin, daß das betreffende Wissen nur schulisch in einer spezifischen Weise im Rahmen des Aufgabe-Lösungs-Musters interaktiv realisiert werden kann und außerhalb der institutionellen Rahmenbedingungen sehr schnell seine Gültigkeit und Produzierbarkeit verliert. Indem Bauersfeld hier den Widerspruch zwischen dem in institutioneller Interaktion produzierten Wissen und dem unabhängig von diesen Rahmenbedingungen reproduzierbaren nicht zum Gegenstand der Untersuchung macht, bzw. beide Typen unausgesprochen durch die Verwendung der Alltagskategorien in eins setzt, verstellt er sich den Blick auf das Wesentliche.

Wenn man das Geschehen als Aufgabenlösen ohne Lehrer erklärt, wird offensichtlich, warum hier auf Seite der Schülerinnen diejenigen Wissenselemente, die entscheidend für die Lösung der Aufgabe sind, nicht ohne weiteres produziert werden: Sie scheitern genau an den Stellen und produzieren dort den größten Unsinn, wo das Aufgabenlösen auf eine Einordnung der gegebenen Wissenselemente in den Gesamtkontext des Problems angewiesen ist, d.h. wo die Vorgaben des Lehrers im Rahmen des Aufgabe-Lösungs-Musters entweder von alleine kommen oder schülerseitig elizitiert werden. Offensichtlich funktioniert das Verbergen dieser Vorgaben im Rahmen der Unterrichtsinteraktion, bzw. seine Ausweisung als genuiner Schülerleistungen so gut, daß es bisweilen sogar einem so erfahrenen Analytiker wie Bauersfeld den qualitativen Unterschied zu einer nicht interaktiv abgesicherten und angeleiteten Wissensproduktion verborgen halten kann. Die hier zu notierende Erregung ist Ausdruck der fachlich-inhaltlichen Übernahme dieser vernetzenden Lehrerfunktionen durch die Schülerinnen. Dieses problemlösende Herangehen, das den subjektiven Horizont erweitert, indem es die negativen Folgen der Dissoziierung des Problemlösens rückgängig macht, ist als kreative Anwendung der eigenen Kräfte emotional positiv besetzt.

Die Tatsache, daß Bauersfeld hier die Qualität der praktizierten Diskursart nicht beachtet, ist allerdings kein Zufall, sondern logische Konsequenz der zu Grunde liegenden "turn-by-turn"-Analyse der ethnomethodologischen Konversationsanalyse, auf die Bauersfeld, Krummheuer & Voigt sich unter Berufung auf Garfinkel, Cicourel und Streeck beziehen (Bauersfeld, Krummheuer & Voigt 1986a, S.2; 1986b S. 18). Diese Form der Sprachanalyse "rekonstruiert" das Geschehen aus sich selbst heraus, d.h. ohne auf irgendwelche außerhalb gegebenen "strukturierenden Prinzipien", wie hier z.B. die Reproduktion schulisch-institutioneller Handlungsmuster unter der Bedingung der Abwesenheit des Lehrers zurückzugreifen (vgl. dazu auch unten 7.6.).

Anschließend wendet sich Bauersfeld in den Abschnitten 4.2 und 4.3 der Frage nach den

> "Regelhaftigkeiten im Interaktionsprozeß" (a.a.O. S.18) zu, "die zwar möglicherweise den Handelnden nicht bewußt sind, aber gleichwohl in dem Sinne 'wirken', daß sie ihr Handeln zu strukturieren scheinen." (ebd.).

Als solche "Regelhaftigkeiten" stellt Bauersfeld heraus:

(1)

"Mit Ausnahme von Cornie handeln die Schüler also so, als orientierten sich ihre spontanen Einfälle zu Ansätzen an Paaren lokal betonter Zahlen. Diese Situationsabhängigkeit der Ansätze trägt sicher zu dem anfänglichen Eindruck der Planlosigkeit des Handelns bei, doch gehen regelmäßig die Zahlenpaare voraus.
(2)
Der Eindruck des Planlosen und Zufälligen wird sicher auch durch die Armut an Begründungen und das Fehlen von 'Argumentieren', wie es die Richtlinien als eines der vornehmlichsten Bildungsziele formulieren, hervorgerufen. Inder Tat setzen die Schüler häufig Behauptung gegen Behauptung oder stellen - ebenso ohne eine Begründung oder Ableitung eine Behauptung auf (...). Doch finden sich auch Versuche zu Begründungen. Die erste, häufigere Form appelliert lediglich an Plausibilitäten (...) Die zweite, anspruchsvolle Form wird nur von Cornie gebraucht: (...) aus dem Text begründend (...) Zusammenfassung des bisher Erreichten (...) prospektive, konstruktive Funktion." (a.a.O. S.19f) (...)
(3)
"Im Verein mit der Lokalität (oder Bindung an spontane Assoziationen) der Suchorientierung (4.2.1) und dem Mangel an prospektiven Begründungen (4.2.2) kennzeichnet auch der restriktive Umgang mit der Textfrage den Lösungsprozeß der Schülergruppe" (a.a.O. S.21)
(4)
"Wie das Transkript zeigt, genügen der Erhalt einer minimalen Kontrollfähigkeit, intuitive Definitionen der Begriffe - für die Cornies Erklärung 'Quadratmeter, das is innen drin, der Inhalt, also der Raum' (151/152) ein vorzügliches Beispiel stellt - und eine plausible Größenschätzung, um angesichts der strengen innermathematischen Logik und ihrer algorithmischen Zwänge die im ganzen endlichen Handlungsmöglichkeiten im 'Versuch und Irrtum' des Interaktionsprozesses allmählich soweit einzuengen, daß (mit etwas Glück) nur 'die' Lösung übrigbleibt." (a.a.O. S.21)

Zunächst scheinen mir diese von Bauersfeld als unbewußt zu Grunde liegende "Handlungsstrukturen" bzw. "Regelhaftigkeiten" bezeichneten Erscheinungen nicht mehr zu sein als eine Bestandsaufnahme von Oberflächenerscheinungen, die aber ihrerseits der Interpretation und funktionalen Erklärung im Sinne der Beantwortung der folgenden Fragen bedarf:

- Was ist genau unter "Situationsabhängigkeit der Ansätze" zu verstehen?
- Was sind die spezifischen Kennzeichen einer "Situation", die die geschilderte "Orientierung an Paaren lokal betonter Zahlen" hervorbringt?
- Wie kommt es zu dem Unterschied zwischen den "Begründungsformen"?
- Worin besteht ihre Qualität?
- Was sind die Bedingungen ihres Auftretens?
- Welcher Art sind die Auswirkungen eines nicht "restriktiven Umgangs mit der Textfrage" auf den Gang der mathematischen Problemlösung und:
- Welche kognitiven Prozesse laufen da ab, bzw. werden verhindert?
- Welche detaillierten mentalen und interaktionalen Handlungen treten schließlich zu Tage, wenn man die diffusen Allerweltskategorien wie "'Versuch und Irrtum' des Interaktionsprozesses" auseinanderfaltet?
- Was setzt die Schülerinnen in die Lage, ihre Interaktion von "der strengen innermathematischen Logik" und ihren "algorithmischen Zwänge(n)" anleiten zu lassen, wenn ihre Defizite doch gerade in deren Nichtwahrnehmung bestehen?
- Wieso ist Cornies Beitrag "Quadratmeter, das is innen drin, der Inhalt, also der Raum" (151/152), mit dem sie entscheidende Begriffsarbeit leistet, "ein vorzügliches Beispiel" für "intuitive Definitionen der Begriffe"?

-Inwiefern ist diese Vernetzung der alltäglich-allgemeinbegrifflichen mit der mathematisch-begrifflichen Ebene mit der Qualifizierung "intuitiv" zu beschreiben?
-Welche Leistung vermag schließlich überhaupt der Begriff der "Intuition" bzw. die "Annahme", daß das "Vorgehen der Schüler durch Intuition strukturiert" (a.a.O. S.23) werde, für die zur Debatte gestellte Frage nach der "Formierung der Handlungsstrukturen" (a.a.O. S.21) zu geben?
-Wird hier nicht von Bauersfeld eine Unbekannte durch die nächste ersetzt?

Die unter (1) bis (4) angeführten Erscheinungen sind in dieser Form oberflächenorientiert, additiv, isoliert und unsystematisch. Ich habe diese und andere Erscheinungen in ihrer Funktionalität, wechselseitigen Abhängigkeit und Durchdringung als aus den beiden alternativen sprachlichen Handlungsmustern herrührend dargestellt und für den hier vorliegenden Fall interpretierend angedeutet.

Unter den durch die Frageform ihrerseits wieder als vorläufig gekennzeichneten Antworten Bauersfelds auf seine im Anschluß gestellte Frage: "Wie formieren sich derartige Handlungsstrukturen?" (a.a.O. S.21) findet sich die Möglichkeit:

> "Oder unterscheidet sich die freie Gruppenarbeitssituation so sehr von den schulischen Lern- und Prüfsituationen, daß dort Erworbenes für die Schüler jetzt nicht abrufbar oder relevant wird?" (ebd.)

In dieser hier als möglich angedeuteten Alternative: "freie Gruppenarbeitssituation" versus "schulische Lern- und Prüfsituationen" bzw. "dort Erworbenes" versus "jetzt nicht Abrufbares oder Relevantes" offenbart sich ganz unabhängig von der Antwort ein Verständnis des schulischen Interaktionsprozesses, in dem wir den Schlüssel zu den Unstimmigkeiten der Bauersfeld'schen Analysen finden werden: Wenn man die stattfindende Interaktion in der Kleingruppe als Aufgabenlösen ohne Lehrer charakterisiert, ist sie gerade in dieser Prägung von "den schulischen Lern- und Prüfsituationen" in ihrer Qualität entscheidend bestimmt und die aufscheinenden Defizite erklären sich als die prägnante Zuspitzung und Verdeutlichung von Handlungsformen, die nicht nur nicht im Widerspruch zu den schulischen stehen, sondern gerade von diesen verursacht werden. Allerdings offenbart sich diese Verursachung nur demjenigen, der die sprachliche Oberfläche der schulischen Interaktion nicht als Basisgröße betrachtet, sondern als spezifische Ausprägung der tieferliegenden Handlungsmuster, in denen die gesellschaftliche Praxis der Wissensvermittlung in ihrer inneren Widersprüchlichkeit organisiert ist. Insofern ist die "Gruppenarbeitssituation" gerade deswegen nicht "frei", weil und indem sie das in der Schule "Erworbene" reproduziert. In dieser Rückverfolgung des Geschehens auf die institutionellen Wesenszüge der schulischen Interaktion, die von Bauersfeld ausgeschlossen wird, muß die Antwort auf die Frage: "Wie formieren sich derartige Handlungsstrukturen?" gesucht werden.

Bauersfeld sucht die Formierung seiner Handlungsstrukturen nicht im gesellschaftlichen Funktionieren der Institution Schule, sondern intern im eng begrenzten Rahmen der Interaktion von gesellschaftlich gesichtslos und unterschiedslos bleibenden Individuen selbst. So besteht das Geschehen für ihn aus:

> "Den vorstehenden Beispielen zur interaktiven Konstitution von Bedeutungen und zum sozialen Aushandeln eines Konsensus (...)" (a.a.O. S.23)

Ich werde im Abschnitt zu den erkenntnistheoretischen Grundlagen (vgl. 7.6.) noch ausführlich auf dieses *Credo der ethnomethodologischen Konversationsanalyse* eingehen. Es nimmt jedenfalls nicht Wunder, daß, wenn die gesellschaftliche Realität der Institution Schule aus den in Betracht zu ziehenden Ursachen der Handlungsstrukturen herausgenommen und durch "interaktive Konstitution von Bedeutungen" und "soziales Aushandeln eines Konsensus" ersetzt wird, Kriterien Eingang in die Analyse finden, die sich einer klaren Definition ihrer Herkunft, ihres Inhalts und ihrer Funktionsweise entziehen, wie "Situationsabhängigkeit der Ansätze" oder "intuitives Vorgehen der Schüler" (a.a.O. S.23).

7.2. 'HABITUS' ODER HANDLUNGSMUSTER? - ZUR STRUKTUR DER KOMMUNIKATION

Im Kapitel 5 "Vertiefung durch theoretische Erweiterungen" systematisiert Bauersfeld die Beobachtungen durch vier Einzelanalysen, deren Netze zusätzlich über die bisherige Deutung des Geschehens gelegt werden. Im Abschnitt "5.1. Mathematikunterricht und Habitus" dreht es sich um die Beschreibung und Einführung von Strukturen, die sich mit der "interaktiven Konstitution von Bedeutungen" und dem "sozialen Aushandeln eines Konsensus" vertragen. Das Konzept der "interaktiven Konstitution von Bedeutungen" und des "sozialen Aushandelns eines Konsensus" steht im Zentrum der Bauersfeld'schen Auffassungen. Ich vertrete die These, daß dieses Konzept eine Strukturlosigkeit beinhaltet und einer Beliebigkeit der Erklärungsmodelle und Deutungshypothesen die Tür öffnet. Beides widerspricht der an der Oberfläche wahnehmbaren Repetitivität und Strukturiertheit der schulischen Unterrichtsinteraktion bzw. auch außerhalb der Schule stattfindender Lehr-Lerndiskurse. Bauersfeld versucht, mit Hilfe des Bourdieu'schen 'Habitus'-Begriffes bzw. dem der "Rahmungsprozesse" (Goffman 1977, Krummheuer 1982) einen Halt in dieser Situation zu 'konstituieren'. Ich stelle Bauersfelds Ausführungen zu diesem Punkt umfassend dar, weil sie nicht nur die Grundlegung seiner Kommunikationsanalyse darstellen, sondern auch die Differenzen dieses Konzepts zu dem der Musteranalyse in sich konzentrieren:

> "Mathematikunterricht in der Schule 'läuft' nur auf der Grundlage von bereits entwickelten Zielvorstellungen, Motiven und Erwartungen sowie von verfügbaren Deutungs- und Handlungsmustern beim Lehrer und bei den Schülern. Diese Dispositionen umfassen sowohl die mathematisch-gegenständlichen Inhalte als auch die Normen der Institution Schule und die auf beide bezogene soziale Interaktion der Beteiligten. Die wechselseitige Antizipierung und Reflektiertheit dieser Dispositionen und der Umfang ihrer wechselseitigen Deckung bedingen die Möglichkeit der Verständigung der Beteiligten und der Gemeinsamkeit ihres Handelns. Umgekehrt wirken die Verständigung und die Gemeinsamkeit des Handelns zurück in Richtung auf eine Entwicklung und Stabilisierung der Dispositionen der Beteiligten: Sie 'verwirklichen' das System in sich selbst und durch sich für die anderen Beteiligten.
>
> In die gleiche Richtung weist der 'Habitus'-Begriff von P. Bourdieu, wenngleich der

Begriff von ihm viel fundamentaler zur Kennzeichnung der Praxis von (gesellschaftlichen) Klassen benutzt wird:

> 'Als erworbenes System von Generierungsschemata ermöglicht der Habitus die freie Erzeugung aller der in den Grenzen der besonderen Bedingungen seiner Erzeugung einbeschriebenen Gedanken, Wahrnehmungen und Handlungen, und nur dieser. Vermittels des Habitus regiert die Struktur, deren Produkt er ist, die Praxis'.
>
> Bedingt durch die historischen und sozialen Grenzen seiner Genese ist die Freiheit des Habitus 'ebensoweit von der Schaffung unvorhersehbarer Neuheit entfernt wie von der einfachen mechanischen Reproduktion der ursprünglichen Konditionierungen.' (1982, S.92)
>
> Andererseits (...) ist (Mathematikunterricht) nicht zureichend beschreibbar allein auf der Grundlage der - wie komplett auch immer erhobenen Dispositionen. Vielmehr findet immer auch eine aktuelle, situationsgebundene Ausformung der Dispositionen statt (...) Diese Situationsdefinition läßt sich ebenfalls nicht allein aus den individuellen Dispositionen erklären, sie ist das zuzeiten sich schnell ändernde Produkt aus den Beziehungen des Beteiligten zur objektiven, zur sozialen und zur subjektiven Welt, genauer: seiner Interpretation dieser Beziehungen. Mithin wird ein vorweg nicht genau bestimmbarer Teil des Verhaltens erst in der Situation selbst entschieden. Das aber heißt: Die Beteiligten konstituieren die Situation gemeinsam. Was die Situation für sie bedeutet und wie sie in dieser sozialen Interaktion von Schritt zu Schritt handeln, das entscheidet sich konkret in jedem Augenblick des Prozesses (Hervorhebung v. mir, R.v.K.)." (a.a.O. S.26f)

So stellt Bauersfeld schließlich die Forderung auf:

> "Das bedeutet freilich auch, daß von Theorien des Lernens oder Lehrens eine angemessene Abbildung gerade individuellen Lernens nur dann erwartet werden kann, wenn sie die Wechselwirkungen zwischen den Dispositionen bezw. dem Habitus des Schülers (und Lehrers) und den situationsspezifischen Interaktionen einbeziehen und klären. (...) Für die Fortführung der Interpretation können wir nun mit der Annahme arbeiten, daß die den Schülern bezw. ihrer Interaktion zugeschriebenen Regelhaftigkeiten Teile ihres Individualhabitus bezw. des Gruppenhabitus seien" (a.a.O. S.27)

Zur näheren Bestimmung dieses 'Habitus' zitiert Bauersfeld erneut Bourdieu:

> "Im Sinne Bourdieus folgt diese Praxis dem 'Prinzip der dirigentenlosen Konzertierung', das 'den Praxisformen selbst bei Fehlen jeder spontanen oder aufgezwungenen Organisation der individuellen Entwürfe Regelmäßigkeit, Einheitlichkeit und Systematik verleiht' (1982, S.99).

Als konkret bestimmbare Inhalte dieser betreffenden "Regelmäßigkeit, Einheitlichkeit und Systematik" führt Bauersfeld schließlich an:

> "Zunächst reproduzieren die vier Schüler über die nahezu ständig registrierbare leichte Aggression von jedem gegen jeden deutlich den Konkurrenzdruck, wie er so oft einen sogenannten fragend-entwickelnden Mathematikunterricht begleitet, aber auch Wiederholungen, Übungssituationen usw. Dann zeigen sich die Schüler gerade an denjenigen Stellen emotionalisiert, an denen in der Unterrichtdiskussion üblicherweise der Lehrer über 'brauchbar oder unbrauchbar' und 'richtig oder falsch' entscheidet, nämlich bei der Genese der weiterführenden Ansätze sowie bei der Kontrolle und der endgültigen Annahme der Ergebnisse ihrer Ausführung" (a.a.O. S.28)

Auch mit der anschließenden Ausführung, die sich genauso aufs unmittelbare Unterrichtsgeschehen bezieht, vertritt Bauersfeld eine Einschätzung, die scheinbar weitgehend mit der schulischen Musteranalyse konform geht:

> "In vielen Unterrichtsituationen, so auch bei der frontalen Bearbeitung einer Textaufgabe mit der ganzen Klasse, folgt die Unterrichtsdiskussion dem dreischrittigen Schema Aufforderung-Beantwortung-Bewertung (vgl. A.Bellack et al.1974 und das Schema 'initiation-reply-evaluation' bei H. Mehan 1979). Der Druck, den eine diesem Dreischritt-Schema unterworfene Diskussion, zumal bei rascher Verkettung der Schemata, auf die Schüler ausübt, begrenzt zweifellos den möglichen argumentativen Ausgriff auf das unmittelbar Verhandelte und fördert die enge lokale Orientierung am gerade Gesagten bei der Suche nach einer passenden Antwort" (a.a.O. S.28).

Bauersfelds abschließende Auswertung seiner Ausführungen zum 'Habitus'-Begriff ist folgende:

> "Der Schüler kann - 'können' ist dabei im Sinne einer Kompetenz, einer strukturierenden Fähigkeit gemeint - im Bereich seines mathematikbezogenen Handelns nur dann sachliche Ansätze erzeugen und ausführen, rational statt diffus intuitiv vorgehen, auf weitere Sachzusammenhänge ausgreifen und argumentieren oder Daten angemessen organisieren, und das alles in der nötigen Entspannung und Gelassenheit, wenn dies Bestandteil der Praxis selbst ist, die den Habitus erzeugt" (a.a.O. S.29).

M.E. steht und fällt das Bauersfeld'sche Kommunikationsmodell, das er in der späteren Arbeit "Subjektive Erfahrungsbereiche als Grundlage einer Interaktionstheorie des Mathematiklernens und -lehrens" (1983) weiter ausgearbeitet hat, mit der Richtigkeit, Genauigkeit und Tauglichkeit des hier umrissenen theoretischen Instrumentariums. Da es sich bei Bauersfelds Ausführungen zum 'Habitus'-Begriff gewissermaßen um einen Überbau über seiner Einschätzung des konkreten schulisch-mathematischen Geschehens handelt, möchte ich in dieser Reihenfolge dazu Stellung nehmen.

Ich habe oben die Emotionalisierung, die Bauersfeld hier als "nahezu ständig registrierbare leichte Aggression von jedem gegen jeden" analysiert, qualitativ unterschieden und von den sprachlichen Handlungsmustern abgeleitet, in deren Rahmen sie realisiert werden. Für Bauersfeld reproduzieren sie

> "deutlich den Konkurrenzdruck, wie er so oft einen sogenannten fragend-entwickelnden Mathematikunterricht begleitet, aber auch Wiederholungen, Übungssituationen usw." (a.a.O. S.28).

Der hier in die Untersuchung eingeführte

> "sogenannte fragend-entwickelnde Mathematikunterricht" (ebd.)

ist keineswegs eine Basiskategorie, die keiner weiteren analytischen Aufschließung bedarf oder unmittelbar evident wäre. Bauersfeld benutzt hier eine Kategorie aus dem Institutionswissen als wissenschaftlichen Begriff, von dem Erscheinungen abgeleitet werden, bzw. der zu ihrer Erklärung herhalten soll. Der Begriff, der undefiniert zur näheren Beurteilung und Einordnung des sprachlichen Geschehens herangezogen wird, orientiert sich an Oberflächenerscheinungen, die erklärungsbedürftig und vor allem funktional zu analysieren sind.

Als weiteren Nachweis wirksamer Strukturen, die die Interaktion beeinflussen, macht Bauersfeld folgendes aus:

> "In vielen Unterrichtsituationen, so auch bei der frontalen Bearbeitung einer Textaufgabe mit der ganzen Klasse, folgt die Unterrichtsdiskussion dem dreischrittigen Schema Aufforderung-Beantwortung-Bewertung (vgl. A.Bellack et al.1974 und das Schema 'initiation-reply-evaluation' bei H. Mehan 1979)" (a.a.O. S.28).

Genauso oberflächenorientiert ist das zu diesem Zweck angeführte "dreischrittige Schema Aufforderung-Beantwortung-Bewertung", in dessen Raster die Komplexität der sprachlichen Interaktion nur unter Verzicht auf wesentliche ihrer Merkmale einzupassen ist. Nach meiner Analyse ist es unvertretbar, das komplexe sprachliche Geschehen im Unterricht in ein mechanistisches Dreischritt-Schema pressen zu wollen und Bauersfeld tut gut daran, der Untauglichkeit eines solchen unreflektiert31 an der sprachlichen Oberfläche bleibenden Schemas dadurch Rechnung zu tragen, daß er es nur eingeschränkt auf bestimmte Situationen in seinen Katalog der die Praxis formierenden Strukturen aufnimmt. Weder 'Drei-Schritt-Schema' noch "sogenannter fragend-entwickelnder Unterricht" sind analytische Begriffe. Es kann mit beiden nicht gelingen, identische Funktionen verschiedener Oberflächenstrukturen oder verschiedene Funktionen identischer Oberflächenstrukturen zu erfassen. Über die Ausklammerung der Funktion wird der analytische Übergang von der individuellen Ausprägung der Sprechhandlung zu ihren komplexen sozialen, kommunikativen und subjektiven Dimensionen versperrt. Diese Dimensionen sind dann notwendig durch additive Zusatzerklärungsmodelle anzugliedern. Wegen dieser begrifflichen Mängel kann Bauersfeld das sprachliche Handeln nicht systematisch, d.h. unter Herstellung seiner Bezüge zu den anderen Dimensionen, die er von einer Kommunikationsanalyse zu Recht verlangt, fassen, sondern nur punktuell.

Da das sprachliche Geschehen gar nicht unter dem Anspruch untersucht wird, die Strukturen von Institution und Gesellschaft konkret und vollständig zu bergen und mit den individuellen zu vereinen, müssen auch keine analytischen Begriffe entwickelt werden, die dazu fähig wären. Die nur additiv-unsystematisch gegebene Angliederung an das Konzept als zusätzlicher Erklärungs-'Faktor' und der Verzicht auf die Integration der Erklärungsansätze in ein integrales Funktionsmodell der Interaktion und damit auf handlungsleitende bzw. -verändernde Relevanz der Theorie ist das geringere Übel im Vergleich zu dem Versuch, die gesamte Interaktion in das Prokrustesbett etwa des 'Drei-Schritt-Schemas' zwängen zu wollen.

Adorno spricht angesichts einer solchen Zerlegung der funktionalen Einheit eines "Gegenstandes" (gemeint ist die Gesellschaft bzw. ein gesellschaftliches Phänomen, wie hier der schulische Lehr-Lernprozeß) im kritischen Sinne von der Verwandlung der Wissenschaft in "Ideologie":

---

31 In ihrer Analyse des Bellack'schen Kodierungssystems kommen J. Rehbein und H. Mazeland u.a. zu folgenden Ergebnissen:
"(1) Die Erfassung der kommunikativen Daten in quantitativ verfahrenden Kodierungssystemen (wie dem Bellacks - R.v.K.) enthält unausgewiesene und unreflektierte interpretative Verfahren. Diese sind vor allem gekennzeichnet durch ein spezifisches Zusammenspiel von Einordnungs- und Entschlußprozeduren. Quantitativ verfahrende Kodiersysteme sind also an mindestens einer spezifischen Stelle ihres Gesamtablaufs qualitativ, nämlich dort, wo es um die Kodierentscheidungen geht. (...) (4) Die qualitative Erfassung der sprachlichen Daten ist somit auf die in dem Kodiersystem standardisierten Kategorien begrenzt." (Rehbein & Mazeland (o. Jahresangabe) Kodierentscheidungen. Zur Kontrolle interpretativer Prozesse bei der Kommunikationsanalyse. DFG-Projekt "Analysemethoden von Unterrichtskommunikation" (Az Re 524))
Das o.a. Drei-Schritt-Schema stellt eine unreflektierte Oberflächenkategorie dar, die beim Kodieren über das Material gelegt wird und - was Wunder - zum Abschluß der Untersuchung 'wissenschaftlich erhärtet' wieder auftaucht.

"Sie (Soziologie) wird Ideologie im strengen Sinn, notwendiger Schein. Schein, weil die Vielfalt der Methoden an die Einheit des Gegenstandes nicht heranreicht und sie hinter sogenannten Faktoren versteckt, in die sie ihn der Handlichkeit wegen zerlegt; notwendig, weil der Gegenstand, die Gesellschaft, nichts so sehr fürchtet, wie beim Namen gerufen zu werden, und darum unwillkürlich nur solche Erkenntnisse ihrer selbst fördert und duldet, die von ihr abgleiten' (Adorno 1969b : 90)" (Flader & von Trotha 1987, S.108)

Zur Abgrenzung von solchen Schemata erinnere ich an das dialektisch-komplexe Verhältnis von sprachlicher Oberfläche und analytischer Tiefenstruktur bzw. Funktionalität des sprachlichen Handelns, das Kennzeichen der Musteranalyse ist:

"Sprachliche Handlungen als Handlungen zu analysieren, erfordert die Rekonstruktion der Zwecke, zu denen sie unternommen werden" (Ehlich & Rehbein 1986, S.135).

Diese Zwecke sind keineswegs im Verhältnis unmittelbarer Identität im Handlungswissen der Aktanten abgebildet. Damit stellen sich ihrer Rekonstruktion bestimmte Hindernisse entgegen:

"Ein erstes und zentrales derartiges Hindernis besteht darin, daß das Handlungswissen, soweit es bewußt wird, auf die Handlungen des einzelnen Aktanten bezogen ist. Dadurch gerät sozusagen von vornherein eine Grundbestimmung des sprachlichen Handelns explizit nicht in den Blick, daß nämlich sprachliches Handeln nicht in der Dyade zweier isolierter Aktanten entsteht - wie doch der Augenschein des unmittelbaren Handlungsvollzuges suggeriert" (ebd. S.136).

Die Beschränkung auf den Augenschein der sprachlichen Oberfläche verbirgt nicht nur den genuin gesellschaftlichen Charakter des sprachlichen Geschehens, sondern verzerrt auch die Analyse der Oberflächenerscheinungen selbst:

"Zwar ist die Oberflächenbeobachtung und -beschreibung wesentlich als ein Ausgangspunkt der Analyse. Sie stellt zugleich einen Zielpunkt für sie dar. Aber die rein empirische Zugangsweise verkürzt den Analysezweck entscheidend. An die Stelle der Rekonstruktion der inneren Zusammenhänge und damit der Komplexion des Konkreten treten partikulare Analyseziele, deren Objekte durch ihre prima-vista-Sichtbarkeit sich der Analyse als einzige empfehlen. (...) Vollends bleibt einer solchen Analyse der Zugang zur inneren Systematik der Erscheinungen versperrt" (ebd.S.138)

Aus diesen Überlegungen ergeben sich Einschränkungen der schematischen Verfahren, die die sprachliche Oberfläche nicht durchdringen, gegenüber der Musteranalyse:

"Das liegt unter anderem daran, daß man es bei der Linearität der Oberflächenabläufe nicht mit systematischen Größen zu tun hat, sondern mit Teilrealisierungen, die ihren Sinn nur aus der Struktur der zugrundeliegenden Handlungsmuster erhalten. Die Handlungsmuster, ohne selbst unmittelbar greifbar zu sein, determinieren die Qualität der einzelnen, in der Realisierung linear angeordneten Einheiten. Deshalb ist deren Qualität analytisch nur über der Rückgang auf die zugrundeliegenden Muster möglich. Die Sukzession in der Zeit ist dabei nicht identisch mit der Sukzession im Muster" (ebd. S.139)

Die Summe aus argumentativ begrenzendem
"Druck" des Schemas plus "Konkurrenzdruck" des "fragend-entwickelnden Unterrichts" plus die oben schon diskutierten Erscheinungen "situationsspezifische Dispositionen", "Emotionalisierung anläßlich von Konzeptualisierungen und Ergebniskritik",

"enge Lokalität der Suchorientierungen", "Intuitivität des Vorgehens" und "restriktiver Umgang mit der Aufgabenfrage" (Bauersfeld 1982, S.27f)
erweisen sich so als die konkreten Inhalte jenes Bourdieu'schen

> "'Prinzip(s) der dirigentenlosen Konzertierung', das 'den Praxisformen selbst bei Fehlen jeder spontanen oder aufgezwungenen Organisation der individuellen Entwürfe Regelmäßigkeit, Einheitlichkeit und Systematik verleiht' (1982, S.99)" (ebd. S.28).

Die Wahrnehmung des "Fehlens jeder Organisation" hat dabei das Verharren der Analyse auf der sprachlichen Oberfläche bzw. die Fixierung auf einen unmittelbar evidenten "Dirigenten" zur Voraussetzung. Es ist nach einer musteranalytischen Darstellung der Interaktion nicht haltbar.

Es bleibt fraglich, wo Bauersfeld in dieser Summe von Beobachtungen seinen Anspruch eingelöst sieht:

> "Das bedeutet freilich auch, daß von Theorien des Lernens oder Lehrens eine angemessene Abbildung gerade individuellen Lernens nur dann erwartet werden kann, wenn sie die Wechselwirkungen zwischen den Dispositionen bezw. dem Habitus des Schülers (und Lehrers) und den situationsspezifischen Interaktionen einbeziehen und klären" (a.a.O. S.27).

Da die konkret nachgewiesenen strukturierenden Prinzipien in dieser Form nicht oder nur in geringem Umfang zur Erklärung der Komplexität der von Bauersfeld sehr genau registrierten Realität der Interaktion beitragen können, bleibt das eingangs gegebene Versprechen unausgefüllt:

> "Mathematikunterricht in der Schule 'läuft' nur auf der Grundlage von bereits entwickelten Zielvorstellungen, Motiven und Erwartungen sowie von verfügbaren Deutungs- und Handlungsmustern beim Lehrer und bei den Schülern. Diese Dispositionen umfassen sowohl die mathematisch-gegenständlichen Inhalte als auch die Normen der Institution Schule und die auf beide bezogene soziale Interaktion der Beteiligten" (a.a.O. S.26).

Der entscheidende Teil der Analyse, der ihre Komplexität und Lebendigkeit auffängt, muß so außerhalb der "verfügbaren Deutungs- und Handlungsmuster[32]" wieder in die unstrukturiert bleibenden "Dispositionen" der Interaktion selbst hineinverlagert werden. Dasjenige Modell, das diese strukturierenden Prinzipien auf allgemeingültiger Ebene abbilden soll, muß diesen Defiziten Rechnung tragen. Der 'Habitus'-Begriff tut dies durch seine spezifische Diffusität, mit der er den Kunstgriff des Zirkelschlusses

---

32 In einem "Mathematikunterricht und Lebensgeschichte" überschriebenen Artikel entwickeln K. Heipcke, E. Carstensen, L. Fraune, R. Gebhart-Hermanns und G. Krummheuer (1978) Überlegungen, die sich als im Vorfeld des Bauersfeld'schen Konzepts vom 'Handlungs- und Deutungsmuster' befindlich charakterisieren lassen.

Die Beispiele, an denen die Autoren ihre Überlegungen ableiten, stammen durchweg nicht aus der Unterrichtsinteraktion selbst, sondern aus Gesprächen mit Schülern über ihre Vorstellungen und Konzepte von bestimmten mathematischen Sachverhalten ("das Unendliche", "der Zufall" usw.), die direkte Korrelate im Alltagswissen haben, bzw. aus der Protokollierung von selbständigen Aufgabenbearbeitungen durch zwei Schülerinnen. Möglicherweise wird die Vernachlässigung der institutionellen Strukturen durch dieses "setting" beeinflußt, das nur noch indirekt, indem es sich mehr oder weniger unmittelbar auf den Unterricht bezieht, von diesen Strukturen geprägt ist. Um in einem Beispiel die Reaktion der Schülerinnen zu erklären benutzen die Autoren nun den Begriff "Deutungsmuster 'Mathematikunterricht'" (a.a.O. S.414):

verbirgt, durch den er die "Praxis", die er erklären will, tendenziell mit der "Struktur", die, unerklärt, dem Ganzen zu Grunde liegt, gleichsetzt:

> "Vermittels des Habitus regiert die Struktur, deren Produkt er ist, die Praxis" (a.a.O. S.26).

Der 'Habitus'-Begriff erweist sich so als *Zugeständnis* an die Geordnetheit der Interaktion, die sich aber mehr aus dem aller Erfahrung, Logik und Wahrscheinlichkeit nach zu erwartenden Nicht Vorliegen eines Chaos in der Genese der Interaktion verdankt, als einer (mit dem 'Habitus'-Begriff nicht zu leistenden) Rekonstruktion des Konkreten im Begriff. *Mit dem 'Habitus'-Begriff wird tendenziell die Interaktion zu ihrer eigenen Ursache und zu ihrer eigenen Struktur erklärt*: Die Interaktion ist so strukturiert und so verursacht, wie sie nun mal eben ist.

Bauersfelds 'Habitus' -Begriff ist der paradoxe Versuch, jenseits und unter Ausklammerung der Analyse institutioneller und gesellschaftlicher Strukturen dennoch überindividuelle und intersubjektive Regelhaftigkeiten, die sich als evident aus der Kommunikation aufdrängen, additiv an das Konzept der ethnomethodologischen Konversationsanalyse anzulagern. Damit ist der Ausflug in die Welt der Strukturen beendet und man kann mit den Ergebnissen zum Credo der ethnomethodologischen Konversationsanalyse zurückkehren:

> "Die Beteiligten konstituieren die Situation gemeinsam. Was die Situation für sie bedeutet und wie sie in dieser sozialen Interaktion von Schritt zu Schritt handeln, das entscheidet sich konkret in jedem Augenblick des Prozesses" (a.a.O. S.27).

> "Claudia und Felizitas greifen zum Deutungsmuster 'Mathematikunterricht'. Damit legen sie vorab, bei je verschiedenen subjektiven Voraussetzungen die Möglichkeiten ihres Handelns und ihre Selbstdarstellung fest. So die Auffassung, es müsse sich um definitiv lösbare Aufgaben handeln; Unstimmigkeiten müßten so weit bereinigt werden, daß gerechnet werden kann. Nachdenken über etwas sei nur dann sinnvoll, wenn das Ergebnis am Schluß auch mit richtig/ falsch qualifiziert wird. Rückfragen jeglicher Art sind Zeichen von Schwäche, von Kapitulation vor der Aufgabe. Zu diesen Deutungsmustern von Mathematikunterricht gehört in unserem Beispiel auch die Regel, daß Aufgaben immer mit den zuletzt erarbeiteten Methoden zu lösen sein müssen" (ebd.).

Die Einführung der Begriffe "Deutungsmuster Mathematikunterricht" bzw. von (verschiedenen möglichen) "Deutungsmustern von Mathematikunterricht" ist insofern interessant, als es mit ihrer Hilfe möglich zu werden scheint, das spezifisch Schulische der Situation zu erfassen. Musteranalytisch betrachtet handelt es sich bei den mit "Deutungsmuster Mathematikunterricht" beschriebenen konkreten Phänomenen um auf operativen aufgabenlösenden Unterricht bezogenes Musterwissen, bzw. um kommunikative Evidenzen ("Auffassung, es müsse sich um definitiv lösbare Aufgaben handeln", "Unstimmigkeiten müßten so weit bereinigt werden, daß gerechnet werden kann", "Ergebnis am Schluß auch mit richtig/falsch qualifiziert wird", "Aufgaben immer mit den zuletzt erarbeiteten Methoden zu lösen sein müssen", "Rückfragen jeglicher Art sind Zeichen von Schwäche"). Bei all diesen Erscheinungen handelt es sich nach Ansicht der Musteranalyse um auf die Wissensprozessierung im Primärmuster des Aufgabenlösens bezogene Metamuster.

Im Mittelpunkt des Interesses der Verfasser bleibt die Frage nach den "Beziehungen" und ihrer Verankerung in "Deutungsmustern", nicht das analytische Aufschließen der Funktion und der Strukturen der Institution. Die zentrale Frage der Musteranalyse gilt dem Handeln der Aktanten in seiner Funktion als Reproduktion der Verhältnisse in gesellschaftlicher Praxis, von der bestimmte Teile in Institutionen anblaufen. Die Musteranalyse geht davon aus, daß auch das subjektive und individuelle Handeln auf diese Strukturen bezogen werden muß, um es in seinem Wesen zu erkennen.

Der 'Habitus'-Begriff leistet die Einbeziehung oberflächenorientierter, additiver konkreter und funktional irrelevant bleibender, diffuser allgemeiner Strukturprinzipien im Sinne der von Adorno kritisierten 'Faktoren' in das Konstitutions- und Aushandlungsmodell der ethnomethodologischen Konversationsanalyse.

Bauersfelds abschließende Auswertung seiner Ausführungen zum 'Habitus'-Begriff:

> "Der Schüler kann - 'können' ist dabei im Sinne einer Kompetenz, einer strukturierenden Fähigkeit gemeint - im Bereich seines mathematikbezogenen Handelns nur dann sachliche Ansätze erzeugen und ausführen, rational statt diffus intuitiv vorgehen, auf weitere Sachzusammenhänge ausgreifen und argumentieren oder Daten angemessen organisieren, und das alles in der nötigen Entspannung und Gelassenheit, wenn dies Bestandteil der Praxis selbst ist, die den Habitus erzeugt" (a.a.O. S.29),

läßt den als Lehrer praktizierenden Leser mit dem gleichen Rüstzeug zurück, das Bauersfeld ihm schon zuvor zur Verfügung gestellt hatte: Einer Erhebung bestimmter Defizite im Mathematikunterricht und darauf bezogener additiver Erklärungsmodelle, von deren Berücksichtigung eine Verbesserung der Situation zu erwarten ist. Eine funktionale Zusammenführung in einer praxistauglichen Interpretation oder Anleitung der Interaktion liefert das 'Habitus'-Modell genausowenig, wie das alles und nichts erklärende Konzept der "Konstitution der Situation" und der "Aushandlung eines Konsensus".

Die Bauersfeld'schen Ausführungen betreffen die Widerspiegelung der Zusammenhänge zwischen Gesellschaft, Institution Schule und individuellem Handeln in der Kommunikation. Beide Begriffe, mit denen dieser Zusammenhang umrissen wird, der 'Habitus' und die 'Situationsdefinition' bleiben aber letztlich unausgefüllt. Der Nachweis ihrer konkreten Realisierung in der Interaktion steht aus.
Wo sind die konkreten Bestandteile, Forderungen, Strukturen von 'Habitus' und 'Situationsdefinition'?
Wo und inwiefern nehmen diese Begriffe über die Forderungen hinaus, die an die Leistungen gestellt werden, die sie vollbringen sollen, klare Konturen an?
Wo und wie ist das konkrete sprachliche Handeln in diesen Begriffen zu rekonstruieren?

Für die Musteranalyse besteht der Zusamenhang zwischen Gesellschaft, Institution und individuellem Handeln in folgendem: Die Schule als Institution wird als gesellschaftlicher Apparat gefaßt:

> "Institutionen als gesellschaftliche Apparate bilden Bewegungsformen, in denen sich die gesellschaftlichen Kämpfe zwischen den verschiedenen Klassen und Subklassen abspielen: 'Die politischen und ideologischen Verhältnisse' existieren 'in Apparaten verkörpert' (Poulantzas 1975, S.25) Als ein solcher Apparat erfüllt die Schule einen gesellschaftlichen Zweck, indem sie zur Reproduktion ihrer Gesellschaftsformen beiträgt und das heißt, indem sie ihre Widersprüche und Kämpfe auf spezifische Weise widerspiegelt und handlungsmäßig transformiert. Dazu bedient sie sich insbesondere der sprachlichen Handlungsmuster" (Ehlich & Rehbein 1986, S.175).

Der 'Habitus'-Begriff versucht als "strukturierende Struktur" (Bauersfeld 1982, S.25) diese Tatbestände auszudrücken, bleibt aber unkonkret und eindimensional. Wenn vom 'Habitus'-Begriff gesagt wird:

"Vermittels des Habitus regiert die Struktur, deren Produkt er ist, die Praxis" (ebd.S.26), so abstrahiert er von der wesentlichen Tatsache, daß dieser Prozeß in gesellschaftlichen Institutionen bewältigt wird. Mit dieser Abstraktion wird der Zusammenhang zwischen dem schulischen Geschehen und dem gesellschaftlichen aber zerrissen bzw. in diffuse Ferne gerückt. Der 'Habitus'-Begriff ist schon auf Grund seiner Abstraktheit untauglich, die Rolle und Bedingtheit des schulischen Handelns bei der Reproduktion der Gesellschaft in den Fokus zu nehmen. Die Begriffe des 'Habitus' und der 'Situationsdefinition' stellen genauso wenig eine systematische Beziehung zwischen dem individuellen Handeln und der Institution als Apparat gesellschaftlicher Reproduktion her, wie dies mit der turn-by-turn-Konversationsanalyse im Sinne von Cicourel oder Streeck als sprachlichem Analyseinstrumentarium in der konkreten Interpretation des Unterrichts möglich ist. Im Gegensatz dazu stehen diese Beziehungen im Mittelpunkt der sprachlichen Handlungsmustern:

> "Die Repetitivität der gesellschaftlichen Praxis (wie die darauf bezogene und in sie eingebettete Innovation) ergibt sich aus den immer erneuten Handlungsanforderungen, die durch die Wirklichkeitsstrukturen bestimmt sind. Die gesellschaftliche Praxis ist selbst Teil dieser Strukturen. Zugleich verändert sie sie durch das handelnde Eingreifen. Die gesellschaftliche Praxis bildet Formen aus, in denen sie sich abspielt (Hervorh. v. mir, R.v.K.). Sie sind handelnde Umsetzung von Handlungszwecken. Die Zwecke determinieren die Formen des Handelns. Durch sie werden spezifische Ensembles von Tätigkeiten und Tätigkeitsfolgen konstituiert. Solche Ensembles nennen wir Handlungsmuster" (Ehlich & Rehbein 1986, S.137).

Aufgabe-Stellen/Aufgabe-Lösen und schulisches Problemlösen sind schulische sprachliche Handlungsmuster, in denen sich die Wissensvermittlung so organisiert, daß dadurch die Reproduktion der Gesellschaft in diesem Teilbereich in ihren Widersprüchen gewährleistet ist. Beide Muster stellen verschiedene Pole dieser Widersprüchlichkeit dar, insofern als mit dem unterschiedlichen Maß an Fraktionierung und Entfremdung des Wissens, das über sie erworben wird, die

> "biographische Distribution der Teilung des gesellschaftlichen Wissens" (a.a.O. S.169)

geleistet wird. Grob gesagt qualifiziert problemlösendes Lernen zu höher qualifizierten, weniger entfremdeten und fraktionierten gesellschaftlichen Tätigkeiten als aufgabenlösendes. Die beiden gegensätzlichen Handlungsmuster sind wesentlich in der Funktion,

> "das individuell zu konkretisieren, was die Gesamtgesellschaft unter dem Gesichtspunkt des Wissens von der jeweils neuen Generation erfordert. Schule muß herausfinden, welche zukünftigen Aktanten für die verschiedenen Aufgaben und Tätigkeiten geeignet sind, oder sie muß doch zumindest potentiell eine solche Zuordnung vornehmen" (a.a.O. S.169).

Die Musteranalyse ist ein Mittel, um aus der sprachlichen Kommunikation die Zusammenhänge zwischen Gesellschaft, Institution Schule und individuellem Handeln zu rekonstruieren. Damit wird sowohl die Auflösung der Interpretation in subjektive 'Faktoren' als auch die Determinierung des Handelns durch starr-mechanische Schemata vermieden: Das Erfassen individueller Handlungsspielräume und -eigenheiten ist ebenso Bestandteil dieser Analyse wie die Genese des Handelns in der sozialen Interaktion und die Innovation der Reproduktionsstrukturen selbst im Prozeß ihrer Anwendung. Die Diffusität des 'Habitus'-Begriffes verstellt das Verständnis der Rolle der Institution. Das "Aufgabenlösen ohne Lehrer", das im interpretierten Transkript stattfindet, ist als "Prinzip der dirigentenlosen Konzertierung" nur unter Abstraktion von seinen wesentlichen Gesellschafts- und Institutionsspezifika gefaßt. Damit wird auch der Zugriff auf das sprachliche Handeln als Ausdruck dieser Spezifik unmöglich.

Es spricht für die Sorgfalt und den Scharfsinn der Bauersfeld'schen Untersuchungen, daß trotz der im Analyseinstrumentarium angelegten fehlenden inneren Systematik und Handlungsrelevanz der Erscheinungen keine Abstriche von der Darstellung der Komplexität der Kommunikation gemacht werden. Da Bauersfeld eindimensionale Erklärungsmuster ablehnt und die Komplexität der Erscheinungen wohl analysiert, bleibt als Methode ihrer Verbindung nur die Addition, deren theoretischer Rechtfertigung ein Gutteil seiner Arbeit, wie z.B. der Abschnitt zum 'Habitus'-Begriff letztenendes gezollt ist.

Während in den schulischen sprachlichen Handlungsmustern Aufgaben- bzw. Problemlösen die

> "eigene Reproduktion in der Produktion der Praxis" (Bauersfeld 1982, S.29)

in ihrer gesellschaftlichen und individuellen Relevanz gezeigt werden kann, muß dies Postulat bei Bauersfeld durch den zweifachen Bruch, den sein theoretischer Überbau zum sprachlichen Geschehen einerseits und zur gesellschaftlichen Institution andererseits aufweist, unerfüllt bleiben.

7.3. DIE KONSEQUENZEN DER AUSKLAMMERUNG DER INSTITUTION AUS DER ANALYSE:- ZUM 'SEB'-MODELL

In seiner Arbeit "Subjektive Erfahrungsbereiche als Grundlage einer Interaktionstheorie des Mathematiklernens und -lehrens" (1983) integriert Bauersfeld seine Ergebnisse in ein einheitliches Modell, das auch den späteren Arbeiten zusammen mit Krummheuer und Voigt (1986) und von Krummheuer und Voigt (1988) zu Grunde liegt. Ich möchte anknüpfend an die vorstehenden Ausführungen dieses Modell unter zwei Gesichtspunkten diskutieren: (1) Ist Lernen subjektive Erfahrung oder institutionell vermittelte Reproduktion der Gesellschaft? (2) Welche Rolle spielt die Rekonstruierbarkeit konkreten sprachlichen Handelns im Rahmen einer Interaktionstheorie mathematischen Lernens und Lehrens?

(1) Lernen: Eher subjektive Erfahrung oder institutionell vermittelte Reproduktion der Gesellschaft?

Das Modell der "subjektiven Erfahrungsbereiche"

> "geht aus von einer nicht hierarchischen, kumulativen Speicherung der Erfahrung beim Individuum, und zwar entsprechend der situativen Bindung in deutlich getrennten 'Subjektiven Erfahrungsbereichen' (im weiteren kurz 'SEB'). Die SEB'e umfassen stets die Gesamtheit des als subjektiv wichtig Erfahrenen und Verarbeiteten, einschließlich der Gefühle, der Körpererfahrung usw., also nicht nur die kognitive Dimension. Die SEB'e haben Prozeßcharakter und daher eine je eigene Wandlungsgeschichte ihrer Zustände vom Entstehen bis zum möglichen Verfall (Vergessenwerden). Verstehen und Handeln erscheinen möglich allein auf der Basis von SEB'en. Die SEB'e werden konkurrierend aktiviert und ermöglichen mit der Entscheidung (unter gleichzeitiger

Unterdrückung der Konkurrenten) die subjektive Wahrnehmung der gegebenen aktuellen Situation. Die fortschreitende Verknüpfung der SEB'e, die sich mit dem Entstehen neuer SEB'e verbindet, kennzeichnet die Entwicklung zu 'selbstreferentiellen Systemen' (Luhmann 1982, S.44 f.) beim Individuum und damit zu einer 'society of mind' (Minsky 1975,1977 und 1980)." (a.a.O. S.2).

Im Abschnitt "Imagination vor Imitation - zur Soziologie" referiert Bauersfeld Beobachtungen von Auwärter und Kirsch (1981),

> "'daß die imaginativen Anteile am kindlichen -Rollenspiel weitaus größere Bedeutung als die imitativen haben' (...) 'Ebenso ist offenkundig geworden, daß das Lernen von Inhalten und der Erwerb von sozialer Erfahrung und normativen Kenntnissen im Rollenspiel hinter die Einübung in Prozeduren - etwa der Sicherung von Verständigung und Kooperation - zurücktreten.' In der Analyse habe sich 'auch der Eindruck verstärkt, daß das 'kognitive' Spielen mit den inszenierten Inhalten insbesondere der sozialen Realität ein nicht weniger starkes Motiv ist als das 'emotionale' Spielen mit aktualisierten Gefühlen, mit ausagierten Ängsten und Konflikten'"(a.a.O. S.29).

Bauersfeld deutet aus dieser Sicht zuvor diskutierte originelle Problemlösungen (so z.B. die Kreation des Wortes "*tendy*" analog zu den anderen Zehnern der englischen Zahlenreihe für das noch unbekannte "hundred") durch ein im Heimunterricht am Computer Addieren lernendes Vorschulkind als

> "kreative Einsätze, als *spontane aktive Sinnkonstruktion aus zuhandenen Elementen*" (ebd.).

Bauersfeld wendet das verallgemeinernd an:

> "SEB'e werden nicht einfach nur durch 'Verfeinerung und Spezialisierung' im Gebrauch entwickelt. Ihre Grenzen überschreitet das Individuum aktiv entwerfend, erprobend und aushandelnd in Situationen sozialer Interaktion. Ein mächtiges Instrument dazu ist gerade im Felde des Mathematischen die Fortsetzung geläufiger Konstruktionsprinzipien in neue Gebiete hinein." Bauersfeld bezeichnet diesen Vorgang als "'*metonymisches Fortsetzen*'" (a.a.O. S.31).

Musteranalytisch betrachtet ergeben sich die hier geschilderten Präferenzen aus der Ganzheitlichkeit der bewältigten Problemlösungsprozesse: Das Imaginierte vor dem ohne inneres Verständnis lediglich Imitierbaren, die Sicherstellung des Rahmens der Kommunikation vor einzelnen ihrer Produkte und das Anwenden und Variieren bereits erarbeiteter kognitiver Sachverhalte in imaginierten Zusammenhängen. Entscheidend für den Verlust dieser Fertigkeit in der Schule ist die institutionsbedingte Dissoziierung des Problemlösungsprozesses und die Verteilung seiner Musterpositionen auf die verschiedenen Aktanten so, daß für die Schüler die Voraussetzungen des "metonymischen Fortsetzens" normalerweise verloren gehen, indem diejenigen Fähigkeiten, die das Ganze verlangen, zum Erliegen kommen und durch Eingrenzung auf reduzierte Formen wie Imitation und Konzentration auf Teilinhalte ersetzt werden. Angesichts der schulischen Praxis, in der ein problemlösendes Vorgehen bzw. ein "metonymisches Fortsetzen" auch nach Bauersfelds Überzeugung die große Ausnahme ist, stellt sich natürlich die Frage, was für diesen bedauerlichen Umstand verantwortlich ist:

> "Da man die entsprechende Kompetenz zur Grundausstattung des menschlichen Geistes zählen darf, wird sie auch weiterhin, wiewohl das System Schule als System vom ersten Schuljahr an massiv zu deren Einebnung und zivilisierender Anpassung beiträgt,

gewissermaßen subversiv und produktiv störend fortwirken und den Mathematikunterricht allen Systembedingungen zum Trotz gelegentlich zum Abenteuer werden lassen. Ein einfühlsamer 'wissender' Lehrer kann dieser Kompetenz zu sinnerfüllender Entfaltung verhelfen" (ebd.)

Ich habe oben in zahlreichen Einzelanalysen die "Subversivität" des Problemlösens und seine "produktive Störung" des aufgabenlösenden Ableitens genauso beschrieben, wie den auf "Anpassung" und "Einebnung" gerichteten Druck des Aufgabe-Lösungs-Musters. M.E. ist Bauersfeld hier an einer für eine positive Veränderung des Schulbetriebs zentralen Frage angelangt. Es ist umso bedauerlicher, daß er die verantwortlichen Mechanismen nicht genauer als: "System Schule als System" beschreibt und für die Abhilfe an "Einfühlung" und "'Wissen'" (im nicht näher bezeichneten uneigentlichen Sinne) des Lehrers verweist. Mit diesen Ratschlägen müssen sich Lehrer und Schüler im Stich gelassen fühlen. In ihnen spiegelt sich die Hilflosigkeit des 'SEB'-Modells vor der zu verändernden schulischen Praxis. Da sie nicht aus den Strukturen der Institution selbst heraus entwickelt werden, verbleiben Funktionsweisen und Hintergründe des beklagten Tatbestandes in der Diffusität des nicht weiter aufgeschlossenen "Systems Schule als System" bzw. im Dunkel der "Einfühlung" des "'wissenden'" Lehrers.

Hier am praktischen Kern der Problematik, nämlich hinsichtlich der institutionellen Verursachung des weitgehenden Abbaus einer "Kompetenz", die man immerhin "zur Grundausstattung des menschlichen Geistes zählen" darf und hinsichtlich der Maßnahmen, mit denen dieser verhängnisvolle Vorgang zu verhindern ist, operiert Bauersfeld erneut mit analytisch nicht erklärten und aufgeschlossenen Alltagskategorien. Ein solcher Appell an den guten Willen des guten Lehrers und eine solche Delegation der Verantwortung ans "System" bedeutet aber, die gang-und-gäbe-Vorstellungen des Alltagswissens in den Rang wissenschaftlicher Erkenntnis zu erheben, bzw, was nichts anderes ist, im Kern des wissenschaftlichen Begriffs nichts anderes zu rekonstruieren, als die gang-und-gäbe-Vorstellungen des Alltagswissens und dieses damit als wissenschaftlich abgesichert festzuschreiben. Ich beharre deswegen so nachdrücklich auf diesem Punkt, weil er mir bezeichnend für das zu sein scheint, was mit dem Konzept der "Konstitution der Bedeutungen" gemäß der "subjektiven Erfahrung" und dem "Aushandeln eines Konsensus" dort zu erreichen ist, wo Phänomene erklärt werden sollen, die eindeutig institutionell-gesellschaftlich bedingt sind.

Ein genaues Verständnis des hier von Bauersfeld an der Oberfläche scharf registrierten Vorgangs als Erwerb der institutionsspezifischen Handlungsmuster sowie der Ausprägung des entsprechenden kognitiven und sozialen Verhaltens bzw. eben als ihre Durchsetzung auch gegen die Gefühle und Interessen der davon Betroffenen ist Voraussetzung, um die diversen Einzelanalysen zu einem System schulischen Lernens und Lehrens vereinigen zu können, das, über dessen Kontemplation hinausgehend, im positiven Sinne verändernd eingreifen kann.

(2) Ausklammerung der Institution aus der Analyse

Bauersfelds Ausklammerung der Institution aus der Analyse schlägt sich im Abschnitt "Funktion der Sprache - zum symbolischen Interaktionismus" in einem subjektividealistischen Verständnis des sprachlichen Geschehens nieder. Die objektive Realität des schulischen Handelns als gesellschaftliche, institutionell vermittelte Praxis der Reproduktion der Gesellschaft, auf die sich das sprachliche Geschehen mit seinen Begrifflichkeiten widerspiegelnd bezieht, findet keinen systematischen Eingang in das 'SEB'-Modell:

> "Wenn kein Begriff für sich allein stehen kann und nur aus dem Netz seiner Beziehungen zu anderen Begriffen verständlich und erklärbar ist, dann sollte auch einleuchten, daß jede Wortbedeutung einen bestimmten SEB zur Heimat hat. Andererseits gehört zu jedem SEB ein spezifischer Sprachgebrauch. Jeder SEB stellt, zusammen mit seinen 'Vorfahren' und den durch ihn verknüpften anderen SEB'en, einen abgeschlossenen Kontext in dem Sinne dar, daß die Netze seiner Begriffe nicht aus diesem Verbund hinausreichen. Das hat zur Folge, daß das gleiche Wort in unverbundenen SEB'en in spezifisch verschiedenen Beziehungsnetzen benutzt wird und daher vom Sprecher nicht als 'dasselbe' Wort - d.h. mit einer einheitlichen SEB-übergreifenden Bedeutung versehen - wahrgenommen wird" (a.a.O. S.32).

Mit der Leugnung der Beziehung der Begriffe zu den Dingen, d.h. der Leugnung der objektiv-realen Beziehung der Begriffe ist eine Voraussetzung dieser Theorie ermöglicht: Die Verlagerung der Sprache als eines Mediums der Verständigung in ein Konzept von Sprache als subjektiver Erfahrung. Wenn es überhaupt etwas genuin Gesellschaftliches, d.h. Intersubjektives, über das Subjektive hinausgehendes gibt, dann ist das die Sprache. Mit der Einpassung der Sprache über die Theorie des symbolischen Interaktionismus in das 'SEB'-Modell kommt es zu dem Paradox, daß die Verständigung zum Hauptproblem der Sprache wird.

Den Beispielen, auf die Bauersfeld sich bezieht, liegen Bedeutungsdifferenzen von Begriffen divergierender Begriffsebenen und Kontexte zu Grunde. Die dadurch erforderlich werdende Begriffsarbeit bezieht sich auf die Entdeckung des nicht unmittelbar evidenten Wesens der Erscheinungen im Begriff wie im Ding. Von der Notwendigkeit der Begriffsarbeit auf eine nur subjektiv gegebene Bedeutung der Begriffe zu schließen, das über das Modell der "Begriffsnetze" auf die Sprache als Ganzes auszudehnen und damit den intersubjektiven gesellschaftlichen Charakter der Sprache zu leugnen, heißt übers Ziel hinausschießen. Man kann der Sprache nicht anlasten, daß sie den komplexen Strukturen der Realität folgt.

(3) Zur Frage der Beziehung zwischen Lernen und gesellschaftlicher Realität: das Problem der Intersubjektivität

Das Problem, einen Austausch zu Stande kommen zu lassen, der nicht von vornherein an der Subjektivität der Begrifflichkeit scheitert, d.h. das Problem der Herstellung von Intersubjektivität, also von Verständigung, das Bauersfeld sich damit einhandelt, macht Konzepte, wie das der "Konstitution von Bedeutungen" bzw. des "Aushandelns eines Konsensus" genauso notwendig, wie es deren erkenntnistheoretische Konsequenz ist. Daher sieht sich Bauersfeld, der viel zu sehr erfahrener Praktiker ist, um diese Konsequenz bis zu Ende zu verfolgen, genötigt, zur Lösung des Verständigungsproblems doch wieder objektive Bezugsgrößen in die Analyse einzuführen, aus der sie zuvor mit der Ausdehnung des 'SEB'-Modells auf die Sprache, -das in dieser

Hinsicht wiederum nur eine lerntheoretische Wendung der ethnomethodologischen Konversationsanalyse ist-, entfernt wurden.

Bauersfeld findet eine solche Bezugsgröße in der Rücknahme (oder Ausdehnung) des "Subjektiven Erfahrungsbereichs" zum "Erfahrungsbereich":

> "Bei aller Verschiedenheit der aus Fallstudien und anderen Dokumenten rekonstruierbaren 'Subjektiven Erfahrungsbereiche (SEB)' und ihrer biographisch bedingten individuellen Besonderheiten lassen sich viele Ähnlichkeiten und Übereinstimmungen zwischen ihnen wie überindividuelle, gesellschaftlich-historische Wirklichkeiten behandeln. Aus soziologischer Sicht sind sie Kernstück der gesellschaftlichen Wirklichkeit. Die weitreichende Normierung unseres Alltags, unterstützt von dem Einfluß der Medien (Reklame, 'Sesam-Straße' usw.) und die Gemeinsamkeit der kulturellen Tradition erzeugen die Identität der bestehenden Gesellschaft. Sie ist eine wichtige Voraussetzung für das Funktionieren von Schule und Unterricht in den vorhandenen Formen. Diese gesellschaftlich-historische Identität ermöglicht es dem Lehrer, von einer hinreichenden Übereinstimmung zwischen SEB'en auszugehen, die je auf denselben Ausschnitt der objektiven Welt oder der gesellschaftlichen Wirklichkeit bezogen sind. Zur Unterscheidung von den SEB'en sollen die interindividuellen Kongruenzen der subjektiven Erfahrungen entsprechend als 'Erfahrungsbereiche' bezeichnet werden. Eine Vorurteile vermeidende Rekonstruktion derartiger intersubjektiv geteilter Erfahrungsbereiche scheint mit nur über die vergleichende Analyse von SEB'en möglich zu sein." (a.a.O. S.33)

Bauersfeld überspielt den Widerspruch zwischen einer intersubjektiven gesellschaftlichen Realität als Bezugsgröße der Begriffe und der Aufrechterhaltung des "SEB-Modells", indem er diese Realität zum konstruierten Schein macht, wenn er von

> "*vielen* Ähnlichkeiten und Übereinstimmungen" spricht, die sich "*behandeln lassen wie ...*" (Hervorhebung von mir-R.v.K.)

gesellschaftlich-historische Wirklichkeiten. Getreu dem Konzept der "Konstitution von Bedeutungen", nach dem es keine Wirklichkeit, sondern nur Interpretationen schon interpretierter Ereignisse gibt (vgl. Bauersfeld, Krummheuer & Voigt 1986b, S.3), bedient sich Bauersfeld im ganzen Abschnitt zur Intersubjektivität einer zu diesem Zweck praktikablen Sichtweise, nämlich der "Sicht des Soziologen", die sich bei anderer Bedarfslage, d.h., wenn das Problem der Intersubjektivität abgehandelt ist, wieder aus der Diskussion entfernen läßt. Genau gegen diese Art von zerlegender Betrachtung eines einheitlichen Forschungsgegenstandes in einzelne 'Faktoren', deren innere Unstimmigkeit bzw Unfähigkeit, das Ganze abzubilden, hinter einer eklektischen Erkenntnistheorie abgesichert wird, wendet sich Adorno in der oben (S.277) bereits angeführten Weise.

In Sichtweise der Musteranalyse sind Lehrer und Schüler Koaktanten, die in gemeinsamer, in Form von Handlungsmustern ablaufender Interaktion die Übereinstimmung ihrer kommunikativen Praxis realisieren. Beide Koaktanten sind Bestandteil dieses Systems; das System besteht im Zusammenwirken beider nach spezifischen Handlungsmustern und wird in diesem Zusammenwirken reproduziert. Bei Bauersfeld steht der Lehrer außerhalb desjenigen Systems, das die Übereinstimmung der 'SEB'e' gewährleistet, er ist genauso wenig wie die Schüler an der Produktion der Strukturen beteiligt, die den intersubjektiven Austausch überhaupt erst möglich machen. Beide sind mit diesen Strukturen als äußerlichen, statischen, unkonkreten und damit unbeeinflußbaren Mächten

"Normierung des Alltags", "Medien", "Gemeinsamkeit kultureller Tradition"
konfrontiert, die für beide Koaktanten in der Interaktion handlungsmäßig irrelevant bleiben. Der Lehrer kann bei seiner Tätigkeit auf ein System von.

> "weitreichende(r) Normierung unseres Alltags, unterstützt von dem Einfluß der Medien (Reklame, 'Sesam-Straße' usw.) und d(er) Gemeinsamkeit der kulturellen Tradition"

zurückgreifen, das ganz unabhängig von ihm, von seinem interaktiven Handeln gemeinsam mit den Schülern existiert:

> "Diese gesellschaftlich-historische Identität ermöglicht es dem Lehrer, von einer hinreichenden Übereinstimmung zwischen SEB'en auszugehen".

Nach der Musteranalyse ist diese gesellschaftliche Realität nicht zureichend beschrieben als:

> "eine wichtige Voraussetzung für das Funktionieren von Schule und Unterricht in den vorhandenen Formen",

sondern das Funktionieren von Schule und Unterricht ist gesellschaftliche Realität. Die Musteranalyse rekonstruiert die gesellschaftliche Realität im Funktionieren von Schule und Unterricht.

Wo Bauersfeld eben noch Bourdieu zustimmend

> "das Funktionieren des Habitus als eigene Reproduktion in der Produktion der Praxis gedeutet" (Bauersfeld 1982, S.29)

haben wollte, sieht er sich hier, wo es sich um den konkreten Nachweis der Entstehung von Intersubjektivität erlaubenden Strukturen handelt, die dem Postulat der "eigenen Reproduktion in der Produktion der Praxis" gerecht werden sollen, dazu genötigt, den Lehrer von außen, unter Bezug auf ein von ihm nicht beeinflußbares, geschweige denn in seinem Eingreifen reproduziertes Normensystem, die Verständigung organisieren zu lassen. *Damit wird das System der Verständigung, die Sprache, aus dem Anspruch des Nachweises der "eigenen Reproduktion in der Produktion der Praxis" herausgenommen.* Für die Analyse einer versprachlichten Institution wie der Schule bedeutet ein solcher Verzicht aber den Verzicht aufs Wesentliche.

Die Arbeit des konkreten Nachweises wie und in welcher Form subjektive Erfahrung überhaupt gemacht werden kann und welche Konsequenzen die Formen gesellschaftlicher Praxis, in denen Erfahrung gemacht wird, für die Verarbeitung dieser Erfahrung haben, d.h. wie konkret das Subjektive sich im Objektiven rekonstruiert, fängt da an, wo Bauersfelds Analyse aufhört. An dieser Stelle *muß* von der Schule als Institution die Rede sein, muß die schulische Realität, wie sie sich im sprachlichen Handeln der Aktanten spiegelt, analysiert werden. Es ist unzureichend, die

> "weitreichende Normierung unseres Alltags"

in neben der Sache liegenden ("Reklame", "'Sesam-Straße'") oder nichtssagenden Allerweltskategorien ("Gemeinsamkeit kultureller Tradition") ursächlich fassen zu wollen, die Rolle der Schule als Institution aber in der Analyse nicht zu berücksichtigen. Das

> "Funktionieren von Schule und Unterricht in den vorhandenen Formen"

so erklären zu wollen heißt es nicht erklären. Hier fehlt die Hauptsache, nämlich der Nachweis, wie aus der Rolle der Institution Schule als gesellschaftlichem Apparat der Reproduktion der Verhältnisse die Ausprägung weiter und präziser festgelegter 'Erfahrungen' sowie der Formen ihres Erwerbs, d.h. der gesamten Interaktion folgt, das sprachliche Geschehen konkret prägt und sich in ihm rekonstruiert, als das mit dem 'SEB'-Modell geleistet werden kann.

Die Einschränkung seines Universalanspruchs auf eine Koexistenz mit einem Modell der "'Erfahrungsbereiche'" (a.a.O. S.33), die das Scheitern des 'SEB'-Modells am Problem der Intersubjektivität verhindern soll, ist vielleicht ein erster Schritt in diese Richtung; es taucht allerdings an keiner späteren Stelle wieder auf. Demgegenüber geht es mir um die Rekonstruktion der subjektiven Erfahrung als gesellschaftlicher (institutionell vermittelter) Erfahrung.

In der Institution setzt die Entstehung spezifischer -für die Schule sprachlicher-Handlungsmuster ein, in denen sich die gesellschaftlichen Verhältnisse ausdrücken und in deren Rahemen das Individuum seine Erfahrungen macht. Ohne eine solche gesellschaftlich bedingte und weit in das Subjektive eindringende Festlegung kommunikativer Standardlösungen und Handlungsmuster wäre die gesellschaftliche Verständigung weitgehend chaotisch, bzw von einem permanenten Verständigungsproblem lahmgelegt. Die Sorge für die Übernahme dieser Muster durch die Schüler und ihre Vermittlung an sie ist eine Hauptaufgabe der Schule. Das schulische Geschehen ist weitgehend nur zu verstehen als Funktionalisierung der Wisensvermittlung für diesen Zweck, d.h. für die Adaptation der institutionsspezifischen Muster und des entsprechenden kognitiven und sozialen Verhaltens. Davon abstrahiert hätte es nur noch einen weitgehend absurden, geistfeindlichen und lächerlichen Charakter. In der Analyse dieser Muster liegt der Zugang zum Verständnis der in der Kommunikation ablaufenden Prozesse als einem Handeln, in dem sich die Reproduktion der Gesellschaft ausdrückt, also auch der Zugang zum Verständnis des Entstehens subjektiver Erfahrung.

Die analytische Vernachlässigung der Institution im 'SEB'-Modell wird unterstützt von einem reduziertem Problemverständnis, wie es auch in Bauersfelds Schrift "Metagnose mit Problemaufgaben" niedergelegt ist. Im Rahmen des 'SEB'-Modells werden Probleme allein aus den Anforderungen zu ihrer subjektiven Bewältigung definiert. Probleme werden nicht als mental ergriffene Widerstände der Sache gegen das subjektive (oder gesellschaftliche) Handlungsinteresse aufgefaßt. Das Handeln in standardisierten Verfahren zur Lösung repetitiver Probleme wird nicht als Abarbeiten gesellschaftlicher Handlungsmuster begriffen Das Handlungs- und Sachwissen wird nicht als auf gesellschaftliche Problemlösungen bezogen verstanden, deren (im Vergleich zu seinem Entstehen aus der Praxis) akzeleriertem Erwerb die Schule dienen soll. Insofern sind SEB'e' abhängige und abgeleitete Größen der Interaktion des Individuums mit den Reproduktionsbedingungen der Gesellschaft, in deren Funktion und Interesse Institutionen ausgebildet werden, die diese Reproduktion in den betreffenden Teilbereichen sicherstellen. Damit setzt die Musteranalyse des gesellschaftlichen Problemlösens und seiner Transformation zum schulischen Aufgaben- bzw. Problemlösen einerseits an grundsätzlicheren Strukturen an als das 'SEB'-Modell, verfolgt sie andererseits aber weiter, nämlich bis in ihre Rekonstruktion im konkreten sprachlichen Geschehen.

(4) aktive Sinnkonstruktion vs. Handlungsinteresse gegen den mental vermittelten Widerstand der Sache

Im Abschnitt "Veranschaulichung als methodisches Prinzip- zur Erkenntnistheorie" (a.a.O. S.34-38) stellt Bauersfeld sich die Frage, wie es zur Verallgemeinerung von Begriffen kommt. Er sieht diesen Prozeß durch die

> "aktive Bemühung um die Verknüpfung der Perspektiven von SEB'en (gegeben), das heißt über die Gründung eines neuen SEB, in dem die Beschreibung der Vergleichsaspekte die Perspektive bildet" (a.a.O. S.34).

Bauersfeld versucht auch hier, den Prozeß ohne Bezug auf oder Steuerung durch die Widersprüche der subjektiven zur objektiven Realität zu beschreiben. Er stellt dar, daß die Erkenntnis der Gemeinsamkeiten zu verknüpfender 'SEB'e' nur rückwirkend von dem noch zu erreichenden Gemeinsamen her möglich ist, wenn man die Bereichsgebundenheit der Erfahrung ernst nimmt:

> "Mit der Perspektive dieses dritten SEB können die Beschreibungen der beiden ersten SEB'e parallel gesehen, verglichen und das strukturell Gleiche benannt werden" (a.a.O. S.38).

Bauersfeld analysiert die

> "metonymische Fortsetzung" als "die Fortsetzung geläufiger Konstruktionsprinzipien in neue Gebiete hinein" (a.a.O. S.31)

als einen Weg, der das Individuum selbständig von der alten zur neuen Perspektive führen kann. Er erfordert aber "aktive Sinnkonstruktion" (a.a.O. S.35), da mit dem neuen Kontext auch der Begriff seine Bedeutung wechselt. Die Fortsetzung des Begriffs in den neuen 'SEB' ohne "aktive Sinnkonstruktion" z.B. durch Vorgabe von Veranschaulichungsbeispielen etc. führt dagegen in ein Paradox, denn dann wird

> "vertraute Erfahrung (...) zu Veranschaulichungszwecken deformiert (...) Die zugerichtete Erfahrung muß zur Erklärung des neuen Begriffs herhalten. Als Deformation ihrerseits erklärungsbedürftig muß sie als Erklärung dienen, - ein klassischer Zirkel" (a.a.O. S.37).

Von dieser Analyse ausgehend grenzt Bauersfeld sich von Konzepten ab, die nicht erkennen, daß es zur Gründung dieses dritten 'SEB'

> "einer aktiven Sinnkonstruktion (bedarf), die zwar von außen unterstützt, aber nicht gewissermaßen stellvertretend für das Individuum vollzogen werden kann" (a.a.O. S.35).

Bauersfeld läßt die Frage offen: Worauf gründet die "aktive Sinnkonstruktion"?

Die musteranalytische Auffassung des Problemlösens bietet eine dezidierte Antwort auf diese Frage nach der Erweiterungsdynamik des Erkennens: Das Zielbewußtsein, mit dem an einen Problemlösungsprozeß herangegangen wird, generiert sich aus der Problemkonstellation heraus, d.h. aus dem Handlungsinteresse gegen den mental vermittelten Widerstand der Sache. Der Problemlöser sucht nach Handlungslinien zwischen dem gegenwärtigen unbefriedigenden Zustand und dem zukünftigen, in dem der Widerstand der Sache überwunden ist. Das vorhandene Wissen wird auf die konkreten Qualitäten des Handlungswiderstandes angewendet (vgl. Ehlich & Rehbein 1986, S.10).

> "Die Problematik wird zerlegt, um bekannte Teilelemente zu identifizieren und handlungsmäßig zugänglich zu machen. Die eigentlich unzugänglichen Teile werden so isoliert und besser strukturiert. Damit entsteht eine konkrete Negation, d.h. eine Auszeichnung des Unbekannten als unbekannt. Bestimmte Praktiken dienen dazu, die unbekannten Teile mit unterschiedlichen Sicherheitsgraden des Erfolges weiter zu bearbeiten" (ebd.).

Ich habe oben das sprachliche Handlungsmuster schulisches Problemlösen, in dem die Problembearbeitung stattfinden kann, vorgestellt und den Prozeß der Vernetzung als die wesentliche kognitive Leistung des Problemlösens analysiert, sowie kommunikative und andere Strategien und eine Anzahl von Techniken und Taktiken geschildert, in denen das Problemlösen interaktiv im Unterricht realisiert werden kann. Bestimmte Aspekte der Bauersfeld'schen "aktiven Sinnkonstruktion" sind als die Notwendigkeit beschrieben, daß beim Problemlösen der 'subjektive Kontext' rekonstruiert wird, d.h., daß die Problemgestalt weitestmöglich vervollständigt wird, indem analoge Problembestandteile der verschiedenen Begriffsebenen des Problems bzw. ganze Begriffsebenen vernetzt werden.

Nach meiner Vorstellung spielt die im 'SEB'-Modell vernachlässigte gesellschaftlich-institutionelle Realität eine wesentliche Rolle bei der "aktiven Sinnkonstruktion", bzw. beim Problemlösen: Der Prozeß wird gesteuert durch die Fähigkeit zur mentalen Verarbeitung der Widersprüche zwischen der individuellen oder gesellschaftlichen menschlichen Praxis und der gesellschaftlich-institutionellen Realität, wobei das kreative Fortschreiten von einer Position der Problemlösung zur nächsten eine conditio humana ist. Die Existenz und Widerspiegelung des gesellschaftlich-institutionellen Kontexts begründet das Problemlösen.

Bauersfeld sagt:

> "Für den Lernenden ist Kontext immer subjektiver Kontext" (a.a.O. S.36).

Damit grenzt sich Bauersfeld zu Recht von Auffassungen ab, die den Kontext schon für gegeben halten, wenn sie ihn durch Veranschaulichungen

> "außerhalb in irgendwelche Lernarrangements" (ebd.)

verlegen und damit die notwendige Begriffsarbeit für erledigt halten. Die Kritik solcher in diversen pädagogischen Moden virulenter Veranschaulichungskonzepte ist sehr weiterführend, darf aber nicht zur Eskamotierung des gesellschaftlich-institutionellen Kontexts führen, denn die Interaktion mit ihm bleibt treibende Kraft der Entwicklung des subjektiven Kontexts. Sie resultiert aus dem Widerspruch der bereits verarbeiteten, d.h. vernetzten Anteile oder Begriffsebenen der Problemgestalt zu den zwar schon wahrgenommenen aber noch nicht verarbeiteten, also aus dem Widerspruch zwischen subjektiv verarbeitetem und als gegenläufig wahrgenommenem realem Kontext, oder anders ausgedrückt zwischen Erscheinung und Wesen.

Das 'SEB'-Modell klammert von seinen Grundsätzen her die gesellschaftliche Realität als integralen Bestandteil der Interaktionstheorie des Mathematik-Lernens und -lehrens aus und abstrahiert insbesondere von der institutionell definierten Realität des schulischen Lernens.

7.4. 'KONSTITUTION' VON BEDEUTUNGEN DURCH "AUSHANDELN"? - ZUR ERKENNTNISTHEORIE

Auf die zentrale Rolle von Bauersfelds erkenntnistheoretischer Grundannahme der "Konstitution von Bedeutungen" und des "sozialen Aushandelns eines Konsensus" (Bauersfeld 1982, S.23) habe ich an verschiedener Stelle hingewiesen. Die "Konstitution von Bedeutungen" kehrt, auf die Interaktion gewendet, als "Konstitution der Situation" wieder:

> "Die Beteiligten konstituieren die Situation gemeinsam. Was die Situation für sie bedeutet und wie sie in dieser sozialen Interaktion von Schritt zu Schritt handeln, das entscheidet sich konkret erst in jedem Augenblick des Prozesses" (ebd. S. 27).

Diese Grundannahmen werden unverändert in der Forschungsgruppe Bauersfeld, Krummheuer & Voigt fortgeschrieben:

> "Die soziale Interaktion findet zwischen einander wechselseitig interpretierenden Subjekten statt und formt sich in aktiven Aushandlungsprozessen, in denen sich Bedeutungen, Strukturen und Geltungsnormen stabilisieren. (...)
> Als theoretische Grundlagen dienen uns hier Konzepte zur unterrichtlichen Kommunikation und Interaktion, Konzepte aus dem Symbolischen Interaktionismus, der Ethnomethodologie und der Phänomenologie, aber auch Modelle aus der Cognitive Science. Wir berufen uns dabei auf die Arbeiten von Herbert Blumer (1973) und Ervin Goffman (1959, 1973, 1980) zum Symbolischen Interaktionismus, auf die Arbeit von Alfred Schütz (1979) zur Phänomenologie, auf die Arbeiten von Harold Garfinkel (1967) und Aaron Cicourel (1973) zur Ethnomethodologie und in ergänzenden Aspekten auf die Arbeiten von Marvin Minsky (1975, 1980) und Robert Lawler (1981) zur Cognitive Science. Gemeinsam ist diesen Arbeiten die konstruktivistische Sichtweise (s. Mehan 1981), die wir versuchen fruchtbar zu machen für das Mathematiklehren und -lernen und damit weiterentwickeln und modifizieren müssen." (Bauersfeld, Krummheuer & Voigt 1986 a, S1f.)

Bei der Analyse des sprachlichen Geschehens in der "Interaktionsanalyse" berufen sich Bauersfeld, Krummheuer & Voigt auf Streeck (1980):

> "Mit der Interaktionsanalyse werden Aspekte dieser von den Beteiligten konstruierten Aushandlungsprozesse zu rekonstruieren versucht. Die Rekonstruktion basiert analog zu originären Konstruktionen auf der Interpretation des Wissenschaftlers. Sie bezieht sich auf die durch wechselseitige Interpretationen hervorgerufene Handlungen der Akteure im Unterricht. Die Rekonstruktion ist immer die Interpretation einer schon interpretierten Wirklichkeit." (Bauersfeld, Krummheuer & Voigt1986b, S 3) (...)
> "Den methodischen Ansatz bezeichnen wir als 'Mikroethnographie' im Sinne von Streeck (1981, S 310) (...)
> Manche Wissenschaftler vergleichen die heute mögliche Verwendung von Videogeräten zur Analyse von Mikroprozessen mit der Einführung des Mikroskops in die Biologie (s. Bergmann 1981, S.18f)" (ebd. S5).
> "In einem vierten Schritt werden die Vorhersagen an den nächsten Handlungen der anderen Beteiligten in der Interaktion gemessen. Das geschieht in der 'turn-by-turn'-Analyse, der zentralen Methode der Interaktionsanalyse (s. Streeck 1980, Mehan 1979). Analyseeinheit ist hier die Interaktionssequenz. In der turn-by-turn-Analyse wird die Bedeutung einer Handlung aus den Reaktionen der anderen Beteiligten auf diese Handlung erschlossen, d.h. es wird nicht mehr versucht, die gemeinte Bedeutung einer Handlung zu erfassen, sondern die Bedeutung, die die anderen Beteiligten dieser Handlung zumessen. So ist es mit diesem Schritt z.B. möglich, zu untersuchen, ob das von einem Beteiligten Gemeinte auch so verstanden wird, und es wird möglich, die Dynamik des Unter-richtsgesprächs zu beschreiben, in dem Sinne, daß durch die Reaktionen im Unterrichtsgespräch Bedeutung interaktiv konstituiert wird" (ebd. S.18)

(1) 'Aushandeln'

Diese Zitate belegen, daß sich die erkenntnistheoretischen Voraussetzungen der Arbeitsgruppe Bauersfeld, Krummheuer & Voigt nach wie vor um das Konzept der "Konstitution" und des "Aushandelns" gruppieren. Mit der "Konversationsanalyse" im Sinne von Streeck ist ein zu diesem Konzept passendes Interpretationsmodell des sprachlichen Geschehens gefunden worden. Ich möchte zunächst kurz darauf eingehen, warum Kommunikation, insbesondere schulische, kein "Aushandlungsprozeß" ist.

Ich berufe mich dabei auf eine Untersuchung von W. Dieckmann & I. Paul: "'Aushandeln' als Konzept der Konversationsanalyse" (1983). Dieckmann & Paul stellen zunächst fest, daß dieser für die

> "interaktionistisch, wissenssoziologisch und/oder ethnomethodologisch orientierte Konversationsanalyse" (a.a.O. S.169)

so zentrale Begriff

> "meist weder eingeführt und definiert noch sonstwie erläutert" (ebd.S.170)

wird. So auch bei Bauersfeld, Krummheuer & Voigt. Ich habe oben schon mehrfach auf die Problematik von Bauersfelds Verwendung von Alltagsbegriffen als analytischer Kategorien hingewiesen. Als Alltagskonzept ist "Aushandeln" eine Metapher aus dem Commerzbereich. Die Übernahme des "Aushandeln"-Konzepts unterwirft den Bereich der gesellschaftlichen Verständigung einer -wenn auch erfolgreichen- kaufmännischen Verkehrsform. Prinzipiell gleichberechtigte, erfolgsorientierte Aktanten beabsichtigen, über Aushandlungsprozesse einen Interessenausgleich beim Austausch bzw. bei der Verteilung herbeizuführen. Durch die Übertragung des Konzepts auf die Kommunikation ergibt sich als modifizierter Inhalt:

> "gemeinsam mit dem Ziel einer Einigung kommunikativ einen Interessenausgleich herbeiführen" (a.a.O. S.172).

Beide Konzepte, das ursprüngliche und das kommunikativ übertragene sind denkbar ungeeignet, zur Erklärung der schulischen Interaktion:

Erstens handelt es sich in der Schule nicht um prinzipiell Gleichberechtigte, sondern um *Agenten* und *Klienten* einer *Institution* mit unterschiedlichen zum Teil sogar gegensätzlichen Voraussetzungen, Interessen und Aufgaben. Weder die Rahmenbedingungen der Interaktion, wie Unterrichtsbeginn und -ende oder Unterrichtsvolumen und -gegenstände (Stundentafel und Fächer) werden auch nur im Geringsten "ausgehandelt", noch steht z.B. die Bewertungskompetenz des Lehrers, der die Schülerbeiträge in der Interaktion prinzipiell unterworfen sind, in irgendeiner Weise zur "aushandelnden" Disposition. Wo in der Schule tatsächlich einmal 'ausgehandelt' wird, handeln immer Aktanten miteinander, deren gesellschaftlich-institutionelle Position als 'Verhandlungskapital' mit in die Interaktion eingeht.

Auch der turn-Apparat, d.h. die Verfügungsgewalt über das Rederecht, bzw. seine zwangsweise Zuteilung oder Entziehung, befindet sich fest in der Hand des Lehrers und wird von ihm funktional für die Durchsetzung der Wissensvermitlung eingesetzt.. Wer auch nur einen Augenblick ernsthaft konkret an die Schule denkt, kann das Geschehen in dieser Institution unmöglich unter den Begriff des "Aushandelns" subsumieren. *Groteskerweise scheitert das von Bauersfeld, Krummheuer & Voigt zur Interaktionsanalyse des sprachlichen Geschehens ausgewählte Streeck - Mehan'sche Modell ausgerechnet und offenkundig bereits an der Erklärung oder dem Begreifen desjenigen Phänomens, nach dem es sich als "turn-by-turn-Analyse" benennt: dem turn-Apparat!* In diesem Scheitern wird die prinzipielle Untauglichkeit der "turn-by-turn"-Konversationsanalyse hinsichtlich eines sprachlichen Geschehens deutlich, das über die idealistische Konstruktion des freien Austauschs freier Ansichten von freien Individuen in gegenseitiger, nur von der eigenen Interpretationsfähigkeit gebundener, "Bedeutungskonstitution" hinausgeht, d.h. reales Geschehen ist, das in gesellschaftlichen bzw hier gesellschaftlich-institutionell geprägten Strukturen abläuft.

Zweitens handelt es sich beim Lernen und Lehren nicht um Tausch- Austausch- oder (Ver-)Teilungsprobleme, sondern um Verständigung, Wissensvermittlung, soziale Formung, gesellschaftliche Teilreproduktion. Die freie Disponierbarkeit, die das Modell des "Aushandelns" unterstellt, bezieht sich auf (Tausch- oder Gebrauchs-) Werte und findet ihre Grenzen am subjektiven erfolgsorientierten Interesse des (Aus-) Händlers, ist also grundsätzlich nicht verständigungsorientiert. Die Ausweitung des Konzepts auf Bedeutungen und Inhalte etc., wie sie Bauersfeld, Krummheuer & Voigt vornehmen, sprengt das Fassungsvermögen des zu Grunde liegenden Konzepts bzw. dehnt es unzulässig auf die genannten Bereiche aus und unterwirft diese je nach Bedarf der freien Disponierbarkeit oder dem erfolgsorientierten (Commerz-) Interesse.

Das "Aushandlungs"-Konzept drückt die Ausklammerung der objektiven Realität aus dem Verständnis von Interaktion aus. Es dürfte gerade dieses Interesse sein, was zur maßlosen Ausdehnung des "Aushandlungs"-Konzepts über die wirtschaftswissenschaftliche und soziologische Verhandlungsforschung hinaus zum "Aushandeln" von Identitäten und Bedeutungen (Scott/Lymann 1986, vgl. auch Garfinkel 1967 und Goffman 1955, 1959) geführt hat. Mit Cicourel ist schließlich nach Dieckmann und Paul nahezu eine Gleichsetzung von Kommunikation und "Aushandeln" erreicht, wie sie auch dem Ansatz von Bauersfeld, Krummheuer & Voigt zu Grunde liegt, die sich ja (1986a, S.2) u.a. auf diesen Autor berufen:

> "Bei Cicourel *kommunizieren* die Akteure jedoch nicht nur, *um (mehr oder weniger häufig) etwas auszuhandeln*, was über die mit der Einigung verbundenen Obligationen das Verhalten nach dem Kommunikationsereignis beeinflußt, sondern *sie kommunizieren aushandelnd, wann immer sie kommunizieren.* Kommunizieren selbst wird als Aushandlungsprozeß beschrieben, und erst jetzt werden die Bedeutungen der sprachlichen Ausdrücke, die Sachverhalte, die sozialen Beziehungen zwischen den Akteuren (Status und Rolle), die kommunikativen Handlungsschemata, Anfang und Ende der Kommunikation, Sprecherwechsel und die gesamte Ablauforganisation selbst noch Gegenstand des Aushandelns" (Dieckmann & Paul 1983, S.183).

Dieckmann und Paul weisen zu Recht auf die Überlappung dieses Konzepts mit dem der "Konstitution" bzw. der "Herstellung einer Situationsdefinition" hin (vgl. ebd.). Gegen diese ungezügelte Ausdehnung des "Aushandlungs"-Konzepts auf die Kommunikation steht u. a. Habermas 1981 mit seiner Grundthese, daß Kommunikation verständigungsorientierte Handlungskoordination und keine Form erfolgsorientierten Handelns ist.

Wenn schlechthin alles im Bereich der Kommunikation "ausgehandelt" werden muß, bzw. sich die Kommunikation erst in einem "Aushandlungsprozeß" "konstituiert", wird die Kommunikation mit einem absurden Verständigungsaufwand belastet. Daher fehlen selbstverständlich auch die konkreten Nachweise, die auch nur annähernd einen derart umfassenden Geltungsanspruch des Konzepts untermauern könnten. Darüber hinaus und davon unabhängig ist die unspezifische und undifferenzierte

Betrachtungsweise einer auf dem Mega-Konzept der "Aushandlungs" gegründeten Interaktionsanalyse, die alle Kommunikation, egal ob am Kiosk oder Frühstückstisch, vor dem Strafrichter oder im Forschungskolloquium, auf dem Flohmarkt oder unterm Tannenbaum, in der Mathematik- oder in der Sprechstunde, in einen Topf wirft, ohne die Qualitäten der Diskursarten und die Vielzahl der realisierten Muster zu berücksichtigen, als unwissenschaftlich zurückzuweisen.

(2) 'Konstitution'

Ein, wenn nicht der zentrale Begriff in der Interaktionstheorie von Bauersfeld, Krummheuer & Voigt ist die "Konstitution" bzw. "Konstruktion" von Bedeutungen etc.:

> "Gemeinsam ist diesen Arbeiten die konstruktivistische Sichtweise (s. Mehan 1981), die wir versuchen fruchtbar zu machen für das Mathematiklehren und -lernen und damit weiterentwickeln und modifizieren müssen." (Bauersfeld & Krummheuer &Voigt 1986 a, S1f.)

Ich beziehe mich in der Diskussion dieses Theorieansatzes auf eine Arbeit von D. Flader und Th. von Trotha (1987): "Über den geheimen Positivismus und andere Eigentümlichkeiten der ethnomethodologischen Konversationsanalyse".
Der Begriff der "Konstitution" geht auf Alfred Schütz zurück und hat im Lauf der Zeit unter der Hand seine ursprüngliche Bedeutung geändert:

> "'At the beginning of phenomenology, constitution meant clarification of the sense-structure of conscious life (...) But unobtrusively, and almost unaware, it seems to me, the idea of constitution has changed from a clarification of sense-structure, from an explication of the sense of beeing, into the foundation of the structure of beeing, it has changed from explication into creation (Kreation)' (Schütz 1970: S.83)" (Flader & von Trotha 1987, S.93)

Es ist diese letztere, veränderte Bedeutung von "Konstitution", in der der Begriff auch von Bauersfeld, Krummheuer & Voigt benutzt wird. Diese Umdeutung und Ausweitung des "Konstitutions"-Konzepts geht auf Garfinkel zurück, auf den Bauersfeld, Krummheuer & Voigt sich ebenfalls berufen (1986a, S.2). Aber schon in seiner ursprünglichen Schütz'schen Bedeutung liegt dem Begriff eine

> "idealistische Vorstellung vom freien Ich" (Flader & von Trotha 1987, S.94)

zu Grunde, weil Schütz Erfahrung und ihren Zusammenhang lediglich als reflexive Zuwendung des freien Ich auf seine eigenen Erlebnisse definiert. Der "Sinn" wiederum ist nach Schütz nicht mit dem Handeln verbunden, sondern wird als das "besondere Wie" der reflexiven Zuwendung des Ich zum eigenen Erlebnis definiert, geht also "konstituierend" dem Handeln voraus (vgl. Schütz 1974).

Die Abgrenzung vom Handeln und die Hineinverlagerung aller Ursprünge von Gewissheit ins Ich machen die Schütz'sche Konstitutionsanalyse denkbar ungeeignet als Grundlage einer Interaktionstheorie des sprachlichen Handelns. Flader & von Trotha bezeichnen diese Position von Schütz als "solipsistisch" (a.a.O. S.94). Sie benennen eine wesentliche Parallele zu Bauersfeld, Krummheuer & Voigt, wenn sie davon sprechen, daß mit der Konstitutionsanalyse bei Schütz der Versuch unternommen wird,

> "die Husserl'sche Methode der phänomenologischen Reduktion sozialphilosophisch fruchtbar zu machen - die Methode nämlich, von der historischen, kulturellen und

sprachlichen Dimension von Sinn zu abstrahieren, um zu dem zu gelangen, was allein als unmittelbar evident gilt-: dem subjektiven Erleben"(Flader & von Trotha 1987, S.94).

In Konsequenz der Eskamotierung der objektiven Erfahrung als Grundlage des Verstehens ergibt sich für Schütz das Problem des "Fremdverstehens", denn grundsätzlich ist fremder gemeinter Sinn etc. unzugänglich, da er ja wesentlich subjektiv ist. Zur Umgehung dieses Paradoxons stellt Schütz die

> "'Generalthesis vom Du als 'fremdes Ich'" auf, "'die besagt, daß jedes Du als Nebenmensch die Konstitution seiner Bewußtseinserlebnisse in der gleichen Weise vollzieht, wie ich die meiner eigenen Erlebnisse' (Schütz 1974 S.189)" (a.a.O. S.95)

Damit stellt sich das Problem der Intersubjektivität für Schütz nur graduell schärfer als für Bauersfeld, der die darauf bezogene Aporie seines 'SEB'-Modells dadurch abzufangen versucht, daß er die

> "weitreichende Normierung unseres Alltags, unterstützt von dem Einfluß der Medien (Reklame, 'Sesam-Straße' usw.) und die Gemeinsamkeit der kulturellen Tradition" (Bauersfeld 1983, S.33)

als diffuse gemeinsame Bezugsgrößen für "Ich" und "Du" anerkennt und sie dem 'SEB'-Modell als 'EB'-Modell additiv anlagert. Genau wie Schütz sprechen Bauersfeld, Krummheuer & Voigt allerdings in Konsequenz der subjektiven "Konstituierung" von Bedeutungen nicht vom Verstehen eines anderen, sondern davon, daß die durch die Interaktionsanalyse ermöglichte

> "Rekonstruktion" der "Aushandlungsprozesse" "immer die Interpretation einer schon interpretierten Wirklichkeit" (Bauersfeld, Krummheuer & Voigt 1986b S.3)

ist. Genau wie Schütz müssen sie sich daher folgenden Vorwurf gefallen lassen:

> "Wenn wir 'Verstehen' (als Nachvollzug der Erfahrung eines anderen) unterscheiden von 'Interpretieren' (als Sinnzuschreibung, die dann im Alltag wie in der Wissenschaft erforderlich wird, wenn Verstehensprobleme auftreten), dann geht das Modell des 'Fremdverstehens' von Schütz stillschweigend davon aus, daß Verstehen im Medium von Sprache nicht möglich ist. Dieses Modell ist gewissermaßen die Bemühung, Sprachverstehen als elementaren Prozeß sozialer Interaktion zu unterlaufen" (Flader & von Trotha 1987, S.96)

Flader & von Trotha weisen darauf hin, daß es mit der Ethnomethodologie Garfinkels zu einer Verlagerung des Ortes der "Konstitution" vom "freien Ich" in die soziale Interaktion kommt. Die Erzeugung der Ordnungsstrukturen und Bedeutungen, die bei Schütz vom "freien Ich" den Erlebnissen zugemessen werden, sind jetzt in die soziale Interaktion verlagert: *Die soziale Interaktion wird zum generierenden Prinzip der Bedeutungen und ihres Sinns. Die solipsistische Unmöglichkeit der Verständigung kehrt wieder in der Notwendigkeit permanenten "Aushandelns eines Konsensus"* und einer grundsätzlich nur über Interpretationsvorgänge erreichbaren Intersubjektivität.

Gemeinsam ist weiterhin die Ausklammerung der objektiven Welt als Bezugspunkt der Interaktion. Dadurch werden auch die Ordnungsstrukturen der Interaktion selbst zum Gegenstand des "Aushandelns". Die in der sozialen Interaktion ablaufenden Handlungen erzeugen alles für ihre Organisation, Interpretation und Strukturierung notwendige aus sich selbst heraus.

> "Any setting organizes its activities" (Garfinkel).

Strukturen, Organisationsprinzipien und Bedeutungen können jeweils nur punktuell und individuell hergestellt werden: Das Erkennen gesellschaftlicher Handlungsmuster ist erkenntnistheoretisch blockiert.

Während Schütz allein das "freie Ich" und Garfinkel allein die soziale Interaktion für die "Konstitution" von Erfahrungen verantwortlich machen, findet sich bei Bauersfeld, Krummheuer & Voigt mit der zusätzlichen Einführung einer "sozialen Interaktion" zur "subjektiven Interpretation" eine spezifische Durchmischung aus beiden Positionen, indem die

> "subjektiven Interpretationen in der sozialen Interaktion mit anderen Subjekten"

die Wirklichkeit konstituieren, wobei diese

> "soziale Interaktion" aus "Aushandlungsprozessen" von "einander wechselseitig interpretierenden Subjekten" (1986b, S.3)

besteht. Bei genauem Hinsehen wird nach diesem Konzept allerdings nur die subjektive Bedeutungskonstitution auf den Inhalt der "sozialen Interaktion" ausgedehnt: "Soziale Interaktion" wird als Aushandlung der subjektiven Bedeutung des einen Subjekts mit der subjektiven Bedeutung des anderen Subjekts bzw. als in Bezug setzen der wechselseitigen Interpretationen dieser subjektiven Bedeutungen gefaßt, während umgekehrt der Inhalt der subjektiven Erfahrung des Subjekts und damit die individuelle Identität des Subjekts selbst nicht über die Inhalte der so gefaßten "sozialen Interaktion" hinausgehen kann. Damit erklären sich beide Begriffe gegenseitig und das heißt überhaupt nicht.

Allen drei Positionen gemeinsam ist die Leugnung eines unabhängig von der gegebenen Interaktionssituation existierenden Sprachwissens, eines gesellschaftlichen Grundwissens, eines Musterwissens, auf das die Aktanten als Gemeinsames zurückgreifen können und das nur im Falle des Scheiterns der Interaktion zu deren Gegenstand gemacht werden muß.

Das ethnomethodologische Interaktionskonzept setzt den Interaktionsprozeß

> "(...) selber zum einzigen, unbedingten, sebstreflexiven 'Subjekt' der Kommunikation, während die als Aktanten oder Beobachter Beteiligten diese der reinen Prozessualität immanente 'Subjektivität' nur reproduzieren. 'Any setting organizes its activities' (Garfinkel). Die Substanzialisierung des Interaktionsprozesses erfordert eine Entsubstanzialisierung aller sprachlichen, sozio-kulturellen und historischen Wissensbestände (und Wissensformen), von denen Aktanten Gebrauch machen, wenn sie jeweilige Handlungsziele verfolgen. Im gleichen Maße, wie sich Wirklichkeit allein im (selbstreflexiven) Einzelprozeß konstituiert, schrumpft der Realitätsgehalt der Interaktanten einerseits und der von ihnen aktualisierten 'methodischen Apparate' andererseits auf den Status einer Fiktion. Und insofern der Ethnomethodologe Relationen herstellt und analysiert, die keine Relate haben, entziehen sich seine Forschungsergebnisse der Überprüfbarkeit.
>
> Die von den Ethnomethodologen rekonstruierten Regelapparate und die Interaktanten sind, weil sich die Untersuchungen nicht mehr mit dem Verhältnis von allgemeinem Handlungswissen und seinem spezifischen Gebrauch befassen, abstrakte Zurechnungspunkte für eine formalisierende Interaktionsanalyse. Die Blässe und inhaltliche Indifferenz der methodischen Apparate spiegelt die der beteiligten Aktanten: Beide sind von der Realität konkreter sprachlicher Handlungsprozesse abgeleitete Sekundärphänomene. Deshalb ist es für die Ethnomethodologen so schwierig, ja unmöglich, irgend-

welche allgemeinen Aussagen über die Gesellschaft, die Kommunikationsstrukturen oder die Beschaffenheit interagierender Subjekte zu machen. Die systematische analytische Aufschlüsselung des Kontextes einer bestimmten Interaktion im Hinblick auf das Wissen der beteiligten Aktanten und hinsichtlich der Vorannahmen des Beobachters muß von einem ethnomethodologisch verfahrenden Wissenschaftler nicht mehr geleistet werden, da sich jede Interaktion ihren speziellen Kontext erst im Prozeß ihres Ablaufs aus der prinzipiell unbegrenzbaren, amorphen Masse ihrer möglichen Verlaufsformen selber auswählt und ihn auf diese Weise herstellt" (Flader & von Trotha 1987, S. 102f.)

(3) 'Der geheime Positivismus der ethnomethoodologischen Konversationsanalyse'

Flader und von Trotha weisen im Anschluß darauf hin, daß die ethnomethodologische Konversationsanalyse im Bezug auf das Verhältnis von Faktenmaterial und allgemeinen Sätzen sogar noch über den Positivismus hinausgeht. Der Positivismus betrachtet diese allgemeinen Sätze als dem Faktenmaterial in einer Weise inhärent, die darin besteht, daß sich das empirische Material selbst nach diesen allgemeinen Sätzen organisiert, also unmittelbar positiv einsichtig ist. Diesem, vom Positivismus unterstellten einfachen Korrespondenzverhältnis von Theorie und Praxis ist das dialektische Verhältnis von Erscheinung und Wesen, von konkreter sprachlicher Handlung und wissenschaftlichem Begriff, von sprachlicher Oberfläche und funktional-analytischer Tiefenstruktur fremd, an dem sich die Musteranalyse orientiert, wobei immer das erstere, unmittelbarer Evidenz zugängliche Glied dieses Verhältnisses vom letzteren, nur der Analyse zugänglichen in Bedeutung, Tragweite und Erkenntnistiefe überschritten wird.

Die ethnomethodologische Konversationsanalyse, bzw bei Bauersfeld, Krummheuer & Voigt die

"turn-by-turn"-Analyse als "zentrale Methode der Interaktionsanlyse" (1986b ,S.18),

geht nun insofern noch über den klassischen Positivismus hinaus, als sie sich nicht einmal mehr wie dieser bemüht, allgemeine Sätze etc. im Material aufzuspüren, sondern ein *unmittelbares Gegebensein der Ordnungsstrukturen im sprachlichen Material selbst* unterstellt:

"Die soziale Interaktion findet zwischen einander wechselseitig interpretierenden Subjekten statt und formt sich in aktiven Aushandlungsprozessen, in denen sich Bedeutungen, Strukturen und Geltungsnormen stabilisieren" (Bauersfeld, Krummheuer & Voigt 1986a, S.1):

Das läuft letztlich auf ein einfaches Identitätsverhältnis von Theorie und Praxis, sprachlicher Oberflächen- und analytischer Tiefenstruktur hinaus, da die Bedeutungen der Handlungen nie über das hinausgehen können, was in der Interaktion nicht schon an konstituierenden Strukturen enthalten wäre:

"Das vom Positivismus hypostasierte Korrespondenzverhältnis zwischen Allgemeinem und Besonderem stellt sich für die Ethnomethodologie als einfaches Selbstverhältnis des Faktenmaterials heraus. Die Beschreibung der Faktitzität konstituiert Wirklichkeit im selben Maße, wie Wirklichkeit die Voraussetzung dafür ist, daß Faktizität beschrieben werden kann. Faktisches ist nur insofern faktisch, als es sich immer schon selbst beschrieben und erklärt hat. Dem zeitlichen Nacheinander von Tatsachen und ihrer Beschreibung entspricht ihr logisches Voreinander. Die Korrespondenz selbst wird zum Moment der Faktizität. Das stellt den alten Positivismus quasi auf den Kopf:

Theorie ist keine eigenständige Sphäre gegenüber der Praxis. Sie steht auch nicht in einem wechselseitigen Bedingungsverhältnis zu ihr. Sie ist nicht einmal mehr eine Krücke, um die amorphe Masse des Faktischen vorläufig zu strukturieren. Theorie ist einfach der Modus, in dem sich Praxis von sich selbst aus konstituiert. Theorie wird zur Spezies von Praxis. Für die Ethnomethodologie ist das Faktische auf so unmittelbare Weise gegeben (positiv), daß allein schon der Umstand seiner Positivität es hinreichend zu erklären in der Lage ist: Das was ist, ist, weil es ist" (Flader & von Trotha 1987, S.105).

Die hier geführte Kritik an einer solchen "Theorie der Praxis als Praxis" (Bourdieu 1980, zitiert nach Bauersfeld 1982, S.40) hat

> "hinsichtlich einiger zentraler Fragen", wie z.B. "der erkenntnistheoretische Stellenwert des Faktischen, die Aussagekraft empirischer Daten für soziologische Analysen, das Verhältnis von Theorie und Praxis, die Asymmetrie zwischen Allgemeinem und Besonderem, der Status des beobachtenden und forschenden Subjekts, die 'Wissenschaftlichkeit' von sozialer Kritik und die affirmative Kritiklosigkeit von 'Wissenschaft'" (Flader & von Trotha 1987, S107)

ein Vorbild im

> "sogenannten Positivismusstreit in der deutschen Soziologie" (ebd.).

Ich erlaube mir zum Abschluß dieser Auseinandersetzung mit Bauersfeld, Krummheuer & Voigt ein längeres Zitat, mit dem ich mich gleichzeitig bei Flader und von Trotha dafür bedanken möchte, daß sie mir mit ihrer Arbeit eine Vertiefung meiner Kritik am Forschungsansatz von Bauersfeld, Krummheuer & Voigt erlaubt haben, die die Differenzen zum Anspruch der Musteranalyse in einer Grundsätzlichkeit auf den Punkt bringt, die mir ohnedem nicht zugänglich gewesen wäre:

> "Im 'Positivismusstreit' fragt Adorno danach, wie die traditionelle Diskrepanz zwischen Natur und Gesellschaft, deren sichtbarster Ausdruck die Historizität sozialer Gebilde ist, für sozialwissenschaftliche Forschung relevant wird. 'Daß Gesellschaft nicht als Faktum sich festnageln läßt, nennt eigentlich nur den Tatbestand der Vermittlung: daß die Fakten nie jenes Letzte und Undurchdringliche sind, als welches die vorherrschende Soziologie nach dem Muster der sinnlichen Daten der älteren Erkenntnistheorie sie betrachtet. In ihnen erscheint etwas, was sie nicht selbst sind' (Adorno 1969a : 18).
>
> Den Ethnomethodologen gerät die qualitative Differenz zwischen der unmittelbaren Gegebenheit naturbedingter Konstanten und der vermittelten Gewordenheit von Phänomenen, die dem Prozeß der Geschichte unterworfen sind, an keiner Stelle in den Blick.
>
> Demgegenüber Adorno: 'Vermittelt wird zwischen dem Phänomen und seinem der Deutung bedürftigen Gehalt durch Geschichte: was an Wesentlichem im Phänomen erscheint, ist das, wodurch es wurde, was es ist, was in ihm stillgestellt ward und im Leiden seiner Verhärtung das entbindet, was erst wird'
> (Adorno 1969a: 46).
>
> Das ethnomethodologische Forschungsergebnis kann, da es nur die formalen Strukturen nachzeichnet, die die Interagierenden in ihrer Kommunikation zur Lösung eines Problems hervorbringen, nicht beanspruchen, Erkenntnisse zu enthalten, die umfassender, exakter, allgemeiner, 'wissenschaftlicher' wären, als die der Interaktanten. So gibt die Ethnomethodologie mit dem Anspruch auf soziale Kritik auch den auf wissenschaftliche Erklärung auf. 'Erkenntnis resigniert zur wiederholenden Nachkonstruktion. Sie verarmt wie das Leben unter der Arbeitsmoral. Im Begriff der Tatsachen, an die man sich zu halten habe, von denen man sich nicht, auch nicht durch ihre Interpolation, entfernen

dürfe, wird Erkenntnis zur bloßen Rekonstruktion dessen verhalten, was ohnehin vorhanden ist' (Adorno 1969a :68).

Fragwürdig ist nicht in erster Linie das Postulat, daß das Faktische theoretisch abbildbar wäre, sondern seine stillschweigende Implikation, daß damit irgendetwas erhellt wäre. Wenn Faktizität selbst ein Moment der Unwahrheit in sich birgt, insofern sie die Geschichte ihrer Entstehung verschleiert, überträgt sich diese Verzerrung auf die Analyse, die sie spiegelt. Diese Spiegelung ist aber nicht nur eine mehr oder weniger unbedeutende Verdoppelung des Gegebenen, sondern ein ideologischer Akt, insofern sie durch die wissenschaftliche Festschreibung die Möglichkeit einer kritischen Distanz zum Vorgefundenen endgültig vereitelt und dem sozialen Faktum den Charakter von Natur verleiht33. So wird Wissenschaft gerade auf Grund ihres Neutralitätsanspruches zur Ideologie und dient der Affirmation des Bestehenden. 'Sie (Soziologie) wird Ideologie im strengen Sinn, notwendiger Schein. Schein, weil die Vielfalt der Methoden an die Einheit des Gegenstandes nicht heranreicht und sie hinter sogenannten Faktoren versteckt, in die sie ihn der Handlichkeit wegen zerlegt; notwendig, weil der Gegenstand, die Gesellschaft, nichts so sehr fürchtet, wie beim Namen gerufen zu werden, und darum unwillkürlich nur solche Erkenntnisse ihrer selbst fördert und duldet, die von ihr abgleiten' (Adorno 1969b : 90).

Wie die positivistische resigniert die ethnomethodologische Forschung vor dem Anspruch, bei der Registrierung des einzelnen sozialen Datums das Ganze der Gesellschaft, das ihm erst seinen Stellenwert verleiht, mitzudenken. Doch mit der Realität des sozialen Ganzen schwindet auch die Realität des einzelnen Subjekts, das in ihm handelt. Wenn einzig dem momentan und punktuell zu Beobachtenden Wirklichkeitscharakter zugesprochen wird, fehlt jede Dimension, Erfahrung zu denken, die den atomisierten Interaktionssituationen im sich durchhaltenden Bewußtsein des Subjekts zeitliche und räumliche Kontinuität verleiht. Auch diese Implikationen hatte Adorno bei seiner Kritik an der positivistischen Soziologie erkannt: 'Die reglementierte Erfahrung, welche der Positivismus verordnet, annulliert Erfahrung selbst, schaltet der Absicht nach das erfahrende Subjekt aus. Korrelat der Gleichgültigkeit dem Objekt gegenüber ist die Beseitigung des Subjekts, ohne dessen spontane Rezeptivität doch nichts Objektives sich gibt. Als soziales Phänomen ist der Positivismus auf den Typus des erfahrungs- und kontinuitätslosen Menschen geeicht und bestärkt ihn darin, sich wie Babbit für die Krone der Schöpfung zu halten. In seiner apriorischen Adaptation an jenen Typus dürfte der appeal des Positivismus zu suchen sein. Hinzu kommt ein Scheinradikalismus, der tabula rasa macht, ohne inhaltlich etwas anzugreifen, und der mit jedem inhaltlich radikalen Gedanken fertig wird, indem er ihn als Mythologem, Ideologie, überholt denunziert. Verdinglichtes Bewußtsein schnappt automatisch ein bei jedem nicht vorweg durch facts and figures gedeckten Gedanken in dem Einwand: where is the evidence?' (Adorno 1969a : 69f.) (Flader & von Trotha 1987, S.106 ff.)

---

33 Ausgehend von der Dethematisierung der gesellschaftlichen und institutionellen Konstituenten der Kommunikation werfen Bauersfeld, Krummheuer & Voigt den von Adorno kritisierten Blick auf die Fakten als jenes "Letzte und Undurchdringliche", der es ihnen plausibel erscheinen läßt, daß "Manche Wissenschaftler (...) die heute mögliche Verwendung von Videogeräten zur Analyse von Mikroprozessen mit der Einführung des Mikroskops in die Biologie (vergleichen)" (s. Bergmann 1981, S.18f, zit n. Bauersfeld, Krummheuer & Voigt 1986 a, S5.)
Über die 'Mikroskop'-Metapher für die Kommunikationsanalyse wird die Notwendigkeit der Rekonstruktion der Oberflächenerscheinungen im analytischen Begriff geleugnet bzw. durch bloßes Konstatieren dessen ersetzt, was erscheint. Damit wird zugleich 'dem sozialen Faktum der Charakter von Natur' verliehen.

8. ANHANG

8.1. LITERATUR

Ausländer nach Nationalitäten. (1982) Stichtag 20.9.1982 Freie und Hansestadt Hamburg: Statistisches Landesamt

Auwärter, M. & Kirsch, S. (1981) Kein Kinderspiel. In: Kursbuch 63, 1981, 101-119

Auwärter, M. (1983) Kontextualisierungsprozesse bei Kindern unterschiedlicher Entwicklungsstufen. In: Boueke, D. & Klein, W. (eds.) (1983): Untersuchungen zur Dialogfähigkeit von Kindern. Tübingen: Narr, 75-96

Bachmair, G. (1976/2) Unterrichtsanalyse. Verfahren und Fragestellungen zur Planung, Durchführung und Auswertung von Unterrichtsbeobachtungen. Weinheim, Basel: Beltz

BAGIV (Hg.) (1985) Muttersprachlicher Unterricht in der Bundesrepublik Deutschland. Hamburg: E .B.V. Rissen

Barkowski, H. & Harnisch, U. & Kumm, S. (1980) Handbuch für den Deutschunterricht mit ausländischen Arbeitern. Königstein/Ts.: Scriptor

Barth, E. (1978) Fachsprachen und Gemeinsprache. In: Deutsche Sprache , 375-382

Bauersfeld, Heinrich (1978) Kommunikationsmuster im Mathematikunterricht In: Bauersfed, H. (Hg.): Fallstudien und Analysen zum Mathematikunterricht. Hannover: 1978, 158-170

Bauersfeld, Heinrich (1978) Metagnose mit Problemaufgaben. In: Bauersfeld, H., Otte, M., Steiner, H.G. (Hg.) Schriftenreihe des Instituts für Didaktik der Mathematik, Bielefeld. 18/78, 227-269

Bauersfeld, Heinrich (1982) Analysen zur Kommunikation im Mathematikunterricht und in darauf bezogenen Situationen. In: Bauersfeld, H. u.a.: Analysen zum Unterrichtshandeln. Aulis Verlag, Köln: 1982, 1-40

Bauersfeld, Heinrich (1983) Subjektive Erfahrungsbereiche als Grundlage einer Interaktionstheorie des Mathematiklernens und -lehrens. In: Bauersfeld u.a.: Lernen und Lehren von Mathematik. Köln: Aulis Verlag, 1-59

Bauersfeld, Heinrich (1983) Fallstudien und ihre Theorieprobleme - diskutiert an Beispielen der Mathematikdidaktik- In: Bauersfeld, H., Otte, M., Steiner, H.G. (Hg.) Schriftenreihe des Instituts für Didaktik der Mathematik, Bielefeld 23-37

Bauersfeld, Heinrich, Krummheuer, Götz & Voigt, Jörg (1986a) Interaktionstheorie des Lernens und Lehrens von Mathematik und mikroethnographische Fallstudien. Bielefeld (1986)

Bauersfeld, Heinrich, Krummheuer, Götz & Voigt, Jörg (1986b) Interaktionsanalyse von Mathematikunterricht. Methodologische Annahmen und methodische Verfahren. Bielefeld (1986)

Bauersfeld, Heinrich & Voigt, Jörg (1986) Den Schüler abholen, wo er steht! Inszenierung oder Verwirklichung eines didaktischen Prinzips? In: Jahresheft IV "Lernen - Ereignis und Routine". Velber: Friedrich, 18-20

Becker, G. (1978) Zum Konzept eines anwendungsorientierten Mathematikunterrichts. In: Bauersfeld,H., Otte, M., Steiner, H.G. (Hg.) Schriftenreihe des Instituts für Didaktik der Mathematik, Bielefeld. 18/78, 212-226

Beier, R. & Möhn, D. (1982) Fachsprachlicher Deutschunterricht. Vorüberlegungen zu einem 'Hamburger Gutachten' über fachsprachliche Lehr- und Lernmaterialien des Deutschen als Fremdsprache. In: Jahrbuch DaF Heidelberg: Groos, 287-321

Bellack, Arno A. u.a. (1974) Die Sprache im Klassenzimmer. Düsseldorf: Schwann

Bergmann, J. R. (1980) Ethnomethodologische Konversationsanalyse. In: Schröder, P. & Steger, H. (eds.) (1981) Dialogforschung. Jahrbuch 1980 des Instituts für deutsche Sprache. Düsseldorf: Schwann, 9-52

Bernstein, B. Studien zur sprachlichen Sozialisation. 2. Aufl. Düsseldorf 1973

Boeckmann, Klaus (Hrsg) Analyse von Unterricht in Beispielen. Stuttgart: Klett, 1980

Bourdieu, P. (1982) Der praktische Sinn. Deutsche Übersetzung von Günter Seib, IDM. Frankfurt: Suhrkamp 1982

Bröcker, Walter (1902-1992), Platos Gespräche, Vittorio Klostermann, FfM 1964

Brünner, Gisela (1987) Kommunikation in institutionellen Lehr-Lern-Prozessen. Diskursanalytische Untersuchungen zu Instruktionen in der betrieblichen Ausbildung. Tübingen: Narr

Buhlmann, Rosemarie & Fearns, Anneliese (1983) Sprachprobleme ausländischer Jugendlicher an Studienkollegs von Fachhochschulen in der Bundesrepublik Deutschland. In: Hoberg, R. (Hg.) Sprachprobleme ausländischer Jugendlicher. Königstein/Ts: Scriptor 73-90

Buhlmann, Rosemarie & Fearns, Anneliese (1987) Handbuch des Fachsprachenunterrichts. Unter besonderer Berücksichtigung naturwissenschaftlich-technischer Fachsprachen. Berlin und München: Langenscheidt

Bühler, Karl (1934) Sprachtheorie. Die Darstellungsfunktion der Sprache. Jena: Fischer (1978 Frankfurt/M.: Ullstein)

Bürgerschaft der Freien und Hansestadt Hamburg (1986) "Ausländische Kinder an Schulen für Lernbehinderte - Antwort auf die große Anfrage der GAL-Fraktion" In: Drucksache 11/6083 v. 29.4.1986

Cicourel, A. V. (1980) Three models of discourse analysis. Discourse Processes, 1980, 101-132

Coulthard, M. & Montgomery, M. (Hg.) (1981) Studies in discourse analysis. In: Coulthard, M. & Montgomery, M. (Hg.) (1981) Studies in discourse analysis. London, Boston, Melbourne and Henley: Routledge & Kegan

Dieckmann, Walther & Paul, I. (1983) "Aushandeln" als Konzept der Konversationsanalyse. Eine wort- und begriffsgeschichtliche Analyse In: Zeitschrift für Sprachwissenschaft 2,2 (1983), 169-196

Edmondson, Willis (1983) Kann der Lehrer Fehler erzeugen? Überlegungen zum Korrekturverhalten im Fremdsprachenunterricht.In: New Yorker Werkstattgespräch 1982. München: Goethe Institut, 106-118

Ehlich, Konrad & Rehbein, Jochen (1972) Einige Interrelationen von Modalverben. In: Wunderlich, Dieter (Hg.) (1972) Linguistische Pragmatik. Frankfurt/M: Athenäum, 318-340

Ehlich, Konrad & Rehbein, Jochen (1976) Halbinterpretative Arbeitstranskriptionen (HIAT). In: Linguistische Berichte 45/1976, 21-46

Ehlich, Konrad & Rehbein, Jochen (1976) Sprache im Unterricht - Linguistische Verfahren und schulische Wirklichkeit. In: Studium Linguistik 1/1976, 47-69

Ehlich, Konrad & Rehbein, Jochen (1977) Batterien sprachlicher Handlungen. In: Journal of Pragmatics 1/1977, 393-406

Ehlich, Konrad & Rehbein, Jochen (1977) Wissen, kommunikatives Handeln und die Schule. In: Goeppert, Herma C. (Hg.) (1977) Sprachverhalten im Unterricht. München: Fink, 36-113

Ehlich, Konrad & Rehbein, Jochen (1986) Muster und Institution. Untersuchungen zur schulischen Kommunikation. Tübingen: Narr

Ehlich, Konrad (1972) Thesen zur Sprechakttheorie. In: Wunderlich, Dieter (Hg.) (1972) Linguistische Pragmatik. Frankfurt/M.: Athenäum, 122-126

Ehlich, Konrad (1983) Deixis und Anapher. In: Rauh, G. (Hg.) (1983) Essay on Deixis. Tübingen: Narr, 79-98

Ehlich, Konrad (1984) Sprechhandlungsanalyse. In: Haft, Henning & Kordes, Hagen (Hgg.) (1984) Methoden der Erziehungs- und Bildungsforschung. Bd. 2. Stuttgart: Klett-Cotta, 526-538

Ehlich, Konrad (1986) Interjektionen. Tübingen: Niemeyer

Ehlich, Konrad u.a. (1973/3) Soziolinguistik als bürgerliches Herrschaftswissen - Marxistische Sprachanalyse. In: Klein, W. & Wunderlich, D. (Hgg.) (1973) Aspekte der Soziolinguistik. Frankfurt/M.: Athenäum Fischer, 110-121

Ehrich, Veronika & Saile, Günter (1972) Über nicht-direkte Sprechakte. In: Wunderlich, Dieter (Hg.) (1972) Linguistische Pragmatik. Frankfurt/M.: Athenäum, 255-287

Erikson, Erik H. Wachstum und Krisen der gesunden Persönlichkeit (1950) In: Erikson, E.H. (1959) Identität und Lebenszyklus.Frankfurt a. M.: Suhrkamp, 55-123

Flader, Dieter & Trotha, Thilo von (1988) Über den geheimen Positivismus und andere Eigentümlichkeiten der ethnomethodologischen Konversationsanalyse. In: Zeitschrift für Sprachwissenschaft 7, 1/1988, 92-115

Flügge, Johannes Die alte Fragemethode. Ihre Ursprünge und ihre Auflösung. In: Die neue Sammlung 511965 J: 23-37

Freudenthal, Hans (1977) Mathematik als pädagogische Aufgabe, Bd. I. Stuttgart: Klett

Galilei, Galileo (1632) Dialogo sopra i due massimi sistemi del mondo, tolemaico, e copernicano. Berlin: Rütten & Loening 1987.

Garfinkel, H. (1967) Studies in Ethnomethodology. New Jersey: Prentice-Hall 1967

Goffman, E. (1980) Rahmenanalyse, ein Versuch über die Organisation von Alltagserfahrungen. Frankfurt/M: Suhrkamp 1980

Grießhaber, Wilhelm (1986) Transfer, diskursanalytisch betrachtet. Arbeiten zur Mehrsprachigkeit 18. Universität Hamburg: Germanisches Seminar/Deutsch als Fremdsprache

Grießhaber, Wilhelm (1987) Authentisches und zitierendes Handeln. Band I. Einstellungsgespräche. Tübingen: Narr

Grießhaber, Wilhelm (1987) Authentisches und zitierendes Handeln. Band II. Rollenspiele im Sprachunterricht. Tübingen: Narr

Grüner, Gustav (1986) Formelsammlung für das Metallgewerbe. Korbach (Waldeck) Wilhelm Bing-Verlag.

Gülich, Elisabeth (1981) Dialogkonstitution in institutionell geregelter Kommunikation. In: Schröder, Peter & Steger, Hugo (Hg.) (1981) Dialogforschung Düsseldorf: Schwann, 418-456

Habermas, Jürgen (1971) Vorbereitende Bemerkungen zu einer Theorie der kommunikativen Kompetenz. In: Habermas, J. & Luhmann, N. (1971) Theorie der

Gesellschaft oder Sozialtechnologie. Frankfurt: Suhrkamp 1971 101-141
Hanke, Michael (1986) Der maieutische Dialog: kommunikationswissenschaftliche Untersuchungen zur Struktur und Anwendbarkeit eines Modells. Aachen: Rader
Hartmann, D. (1980) Über den Einfluß von Fachsprachen auf die Gemeinsprache. Semantische und variationstheoretische Überlegungen zu einem wenig erforschten Zusammenhang. In: Gnutzmann, C. & Turner, J. (Hg.) Fachsprachen und ihre Anwendung. Tübingen: Narr, 27-48
Heeschen, Volker (1985) Probleme ritueller Kommunikation. In: Rehbein, Jochen (Hg.) (1985) Interkulturelle Kommunikation. Tübingen: Narr, 150-165
Heil, W. & Kay, W. & Kurth, I. & Menk, A.-K. & Mönch-Bucak, Y. & Nikolai, I. (1979) Mathematikunterricht mit ausländischen Jugendlichen: Darstellung einer Unterrichtseinheit zum Winkelbegriff. In: Deutsch lernen 2/79 , 12-42
Heipcke, K., Carstensen, E., Fraune, L. Gebhardt-Hermanns, R. & Krummheuer, G. (1978) Mathematikunterricht und Lebensgeschichte. In: Westermanns Pädagogische Beiträge, 10/78, 410-415
Helbig, Gerhard & Buscha, Joachim (1977) Deutsche Grammatik. Ein Handbuch für den Ausländerunterricht. Leipzig: Enzyklopädie
Henningsen, J. (1974) Erfolgreich manipulieren -Methoden des Beybringens. Ratingen: Henn
Hoffmann, Lothar (1976) Kommunikationsmittel Fachsprache. Eine Einführung. Berlin
Kallmeyer, Werner & Schütze, Fritz (1976) Konversationsanalyse. In: Studium Linguistik 1/1976 , 1-28
Kokemohr, Rainer (1985) Modalisierung und Validierung in schulischen Lehr-Lern-Prozessen. In: Kokemohr, Rainer & Marotzki, Wilfried (Hgg.)(1985) Interaktionsanalysen in pädagogischer Absicht. Frankfurt/M.: Lang, 177-235
Krecher, Fritz (1929) Die Entstehung der sokratischen Unterrichtsmethode. Ein Beitrag zur Geschichte der Didaktik. Kulmbach: G. Schuhmann
Kügelgen v., Rainer (1990) Interactional Problem-Solving in Mathematic Lessons: A Transcript Analysis. Thessaloniki: AILA ERIC ED 328 086
Kügelgen v., Rainer (1990) Comprehension and Communicative Evidence in Operative Mathematics Instruction. ERIC ED 328 087
Krummheuer, Götz & Voigt, Jörg (1988) Interaktionsanalysen des Mathematikunterrichts. Manuskript, Bielefeld: 1988
Kurth, I. & Menk, A.-K. (1979) Lernen in der Fremdsprache. In: Deutsch lernen 2/79 , 3-11
Lörcher, Gustav-Adolf (1981) Ausländische Kinder im Mathematikunterricht - Lernschwierigkeiten und Fördermaßnahmen. In: Sandfuchs, Uwe (Hg.) (1981) Lehren und Lernen mit Ausländerkindern Grundlagen - Erfahrungen - Praxisanregungen. Bad Heilbrunn/Obb.: Klinkhardt
Lorenz, J. H. (1984) Gibt es für Schüler einen guten Grund Fehler zu machen? In: Mathematik Lehren 5/84 40-43
Lurija, Alexander R. Sprache und Bewußtsein. Köln: Pahl-Rugenstein, 1982
Maier, H. & Bauer, L. (1978) Zum Problem der Fachsprache im Mathematikunterricht. Schriftenreihe des IDM, 18/78, 137-159
Maier, H. & Voigt, J. (1988) Die entwickelnde Lehrerfrage im Mathematikunterricht. Manuskript. Bielefeld: 1988
Matros, Norbert (1983) Mathematik und schöpferische Vernunft. In: Sauter, F. C.

(Hg.): Psychotherapie der Schule. München: Kösel, 158-186

Meyer-Ingwersen, Johannes & Neumann, Rosemarie & Kummer, Mattias (1977) Zur Sprachentwicklung türkischer Schüler in der Bundesrepublik. Band 1 und 2. Kronberg/Ts.: Scriptor

Ottmann, A (1980) Wir fördern mathematisches Denken bei Kindern mit Sprachschwierigkeiten. Hamburg, Persen.

Ottmann, A. (1977) Operative Methode als ein Beispiel für ein von mathematischen Inhalten unabhängiges Prinzip. In: Die Scholle, 11 (1977)

Platon Menon In: Platon Sämtliche Werke 2 Hamburg: Rowohlt (1957), 7-42

Reck, Sabine (1987) Zur Realisierung der Kasusmorpheme in gesprochener und geschriebener Sprache. Arbeiten zur Mehrsprachigkeit 24. Universität Hamburg: Germanisches Seminar/Deutsch als Fremdsprache

Redder, Angelika (1983) Kommunikation in der Schule - zum Forschungsstand seit Mitte der siebziger Jahre. In: Redder, Angelika (Hg.) (1983) Kommunikation in Institutionen Osnabrück: OBST 24, 118-144

Redder, Angelika (1988) Konjunktionen, Partikeln und Modalverben als Sequenzierungsmittel im Unterrichtsdiskurs. In: Weigand, Edda & Hundsnurscher, Fritz (Hg.) (1989) Dialoganalyse 2. Tübingen: Niemeyer

Rehbein, Jochen (1972) Entschuldigungen und Rechtfertigungen. Zur Sequenzierung von kommunikativen Handlungen. In: Wunderlich, Dieter (Hg.) (1972) Linguistische Pragmatik. Frankfurt/M.: Athenäum, 288-317

Rehbein, Jochen (1977) Komplexes Handeln. Elemente zur Handlungstheorie der Sprache. Stuttgart: Metzler

Rehbein, Jochen (1979) Handlungstheorien. In: Studium Linguistik 7,/1979 , 1-25

Rehbein, Jochen (1979) Sprechhandlungsaugmente. Zur Organisation der Hörersteuerung.In: Weydt, H. (Hg.) (1979) Die Partikeln der deutschen Sprache. Berlin: de Gruyter, 58-79

Rehbein, Jochen (1980) Hervorlocken, Verbessern, Aneignen Diskursanalytische Studien des Fremdsprachenunterrichts. Bochum: 1980

Rehbein, Jochen (1984) Remarks on the empirical analysis of action and speech. The case of question sequences in classroom discourse.In: Journal of Pragmatics 8/1984, 49-64

Rehbein, Jochen (1985) Bilingualer Unterricht - wie ist er zu realisieren? In: BAGIV (Hg.) (1985) Muttersprachlicher Unterricht in der Bundesrepublik Deutschland. Hamburg: Rissen, 164-167

Rehbein, Jochen (1987) Diskurs und Verstehen. Zur Rolle der Muttersprache bei der Textverarbeitung in der Zweitsprache.In: Apeltauer, Ernst (Hg.) (1987) Gesteuerter Zweitspracherwerb. München: Hueber, 113-172

Rehbein, Jochen (1987) Sprachloyalität in der Bundesrepublik? Ausländische Kinder zwischen Sprachverlust und zweisprachiger Erziehung.In: Arbeiten zur Mehrsprachigkeit 26/1987 Universität Hamburg: Germanisches Seminar/Deutsch als Fremdsprache

Rehbein, Jochen (1988) Ausgewählte Aspekte der Pragmatik. In: Ammon, Ulrich, Dittmar, Norbert & Mattheier, Klaus (Hg.) (1988) Soziolinguistik/Sociolinguistics. Berlin: de Gruyter/Mouton, 1181-1195

Rehbein, Jochen & Mazeland, Harrie Kodierentscheidungen. Zur Kontrolle interpretativer Prozesse bei der Kommunikationsanalyse. In: Flader, Dieter (Hg.) (1991)

Verbale Interaktion. Studien zur Empirie und Methodologie der Pragmatik. Stuttgart: Metzler

Rigol, Rosemarie (1975) Sprechtätigkeit im Unterricht. Analyse eines Protokolls. In: Goeppert, H. C. (Hg.): Sprachverhalten im Unterricht. München: W. Fink Verlag, 269-302

Schütz, A. & Luckmann, T. Strukturen der Lebenswelt. Band 1 Suhrkamp Taschenbuch Wissenschaft 284, Frankfurt 1979

Searle, John R. (1979) Intentionalität und der Gebrauch der Sprache. In: Grewendorf, G. (Hg.) (1979) Sprechakttheorie und Semantik. Frankfurt am Main: Suhrkamp, 149-171

Sinclair, John McH. & Coulthard, Malcolm (1975) Towards an Analysis of Discourse. The English used by teachers and pupils. London: Oxford University Press (dt. Analyse der Unterrichtssprache. Hg. v. Krumm, Hans-Jürgen. Heidelberg: Quelle & Meyer)

Streeck, J. (1983) Konversationsanalyse. Ein Reparaturversuch In: Zeitschrift für Sprachwissenschaft 2,1 (1983) 72-104

Struve, R. & Voigt, J. (1988) Die Unterrichtsszene im Menon-Dialog - Analyse und Kritik auf dem Hintergrund von Interaktionsanalysen des heutigen Mathematikunterrichts. In: Journal für Mathematikdidaktik 9 (1988) 4, 259-285

Voigt, Jörg (1983) Mathematikunterricht im 5. bis 11. Schuljahr. Transkripte zum Projekt 'Routinen im Mathematikunterricht' Materialien und Studien Band 33 Institut für Didaktik der Mathematik der Universität Bielefeld

Voigt, Jörg (1984a) Interaktionsmuster und Routinen im Mathematikunterricht - Theoretische Grundlagen und mikroethnographische Falluntersuchungen. Weinheim: Beltz (1984a)

Voigt, Jörg (1984) Der kurztaktige, fragend-entwickelnde Mathematikunterricht - Szenen und Analysen. In: mathematica didactica 3/4 (1984), 161-186

Vollrath, Hans-Joachim (1978) Lernschwierigkeiten, die sich aus dem umgangssprachlichen Verständnis geometrischer Begriffe ergeben. Schriftenreihe des Instituts für Didaktik der Mathematik, Bielefeld 18/1978. 57-73

Wagenschein, Martin (1965) Ursprüngliches Verstehen und exaktes Denken. Klett, Stuttgart

Wallrabenstein, Wulf (1991) Offene Schule-offener Unterricht. Ratgeber für Eltern und Lehrer. Reinbek: Rowohlt

Weigt, M. (1985) Bilingualer Fachunterricht Möglichkeiten sonderpädagogischer und sprachpädagogischer Förderung türkischer Schüler in einer 6. Klasse der Schule für Lernbehinderte (SfL).Arbeiten zur Mehrsprachigkeit 4/1985. Universität Hamburg: Germanisches Seminar

Winter, Heinrich (1978) Umgangssprache - Fachsprache im Mathematikunterricht. In: Bauersfeld,H., Otte, M., Steiner, H.G. (Hg.) Schriftenreihe des Instituts für Didaktik der Mathematik, Bielefeld. 18/78, 5-55

Wygotski, Lew Semjonowitsch Denken und Sprechen. Stuttgart: S. Fischer 1972

8.2. SACHREGISTER

8.3. ZU DEN SCHÜLERN

Die Schüler besuchen eine "Berufsvorbereitungsklasse für Ausländer", die in zwei Jahren zum Realschulabschluß führt. Ihre Besonderheit liegt im hohen Anteil von Deutschunterricht, zwischen fünf und sechs Wochenstunden und von sog. fachpraktischem Unterricht mit acht bzw. sechs Wochenstunden, der in dieser Klasse in Kraftfahrzeugtechnik erteilt wird. Die mathematisch-naturwissenschaftlichen Fächer beziehen sich teilweise vertiefend auf den sog. Fachpraxisunterricht. Bei den Schülern handelt es sich um sog. "Seiteneinsteiger" ins deutsche Schulsystem, d.h. um solche

Jugendliche, die einen Schulabschluß aus ihren Heimatländern mitbringen, der hier als dem Hauptschulabschluß gleichwertig anerkannt wird (z.B. das türkische "ortaokul diploması"). Zum Zeitpunkt des untersuchten Unterrichts befinden sich die Schüler im letzten Viertel des ersten (Transkriptionen Nr. 1. und Nr. 2.) bzw. des zweiten Jahres (Transkriptionen Nr. 3.-6.) dieser Klasse. Vor dem Eintritt in eine solche "Berufsvorbereitungsklasse für Ausländer (R)" haben die sog. "Seiteneinsteiger" meist zwei bis drei halbjährige "Deutsch-Intensiv-Kurse" besucht, die sich der Vermittlung eines sprachlichen Grundwissens widmen.

NAME	ABK.	NATIONALITÄT	ALTER	JAHRE IN DER BRD	MUTTER-SPRACHE	NOTEN IN: DEUTSCH/MATHE	
Abdul	Ab	Afghane	20	4	Paschtu	3	3
Ataschin	At	Iranerin	19	4	Farsi	3	3
Behiye	Be	Türkin	18	3	Türkisch	1	2
Birol	Bi	Türke	17	3	Türkisch	2	1
Daud	Da	Afghane	19	4	Paschtu	4	3
Fahrudin	Fa	Jugoslawe	18	3	Kroatisch	2	4
Harun	Ha	Afghane	18	2	Paschtu	3	2
Hai	Hi	Vietnamese	20	3	Vietnamesisch	4	3
Kevin	Ke	Brite	19	3	Englisch (Wales)	2	3
Khalid	Kh	Afghane	20	4	Dari	2	5
Mahiddin	Ma	Afghane	19	3	Dari	4	4
Mustafa	Mu	Türke	17	3	Türkisch	3	3
Michael	Mi	Eritreer	18	3	Tigrina	4	4
Yirgalem	Yi	Eritreer	20	3	Tigrina	2	2

Figur 44: "Tabelle mit Daten zu den Schülern"

Die Jugendlichen kommen nach einem wechselvollen, z.T. abenteuerlichen und gefährlichen Emigrantenschicksal als politische Asylbewerber bzw Arbeitsmigranten oder Kinder von Arbeitsmigranten in unterschiedlichem Alter (zwischen fünfzehn und vierundzwanzig Jahren) in die BRD. Viele haben in ihrer Heimat bereits länger oder kürzer im Erwerbsleben gestanden (so hat z.B. Kevin Kinderarbeit als Lorenschieber in einem Kohlebergwerk in Wales verrichtet, Mahiddin ist ausgebildeter Schneider, Khalid unterrichtet in einer Koranschule, Hai ist Koch und Gelegenheitsarbeiter).

Die meisten Schüler haben fortlaufend schwerwiegende Probleme mit ihrer rechtlichen Situation, v.a. dem Aufenthalt; zunehmend sind Jugendliche unmittelbar von der Abschiebung bedroht. Aus dieser Situation resultieren praktisch für jeden Schüler eine Reihe existentieller Probleme, deren Bewältigung bzw. Nichtbewältigbarkeit sich spezifisch auf das schulische Lernen auswirken: Das geht von der Behandlung der Schule als sehr nebenrangigem Lebensinhalt, der nur unter dem Gesichtspunkt einer gewissen unsicheren Stabilisierung der Aufenthaltssituation (bislang werden offensichtlich nur sehr selten Schüler aus ihren Klassen heraus abgeschoben) eine gewisse

Rolle spielt, bis zur äußerst strebsam durchgeführten Verwirklichung einer aufstiegsorientierten Lebensperspektive. In der vorstehenden Tabelle sind einige Daten zu den Schülern aufgeführt; die Zahlen beziehen sich auf den Stand zum Abschluß der zweijährigen Klasse.

Aus der Tabelle erhellt, daß in der Klasse sieben verschiedene Nationalitäten und acht verschiedene Sprachen vorhanden sind. Ein muttersprachlicher Unterricht wird nicht erteilt, so daß die Schüler von daher dem Zerfall ihrer Muttersprachen ausgesetzt sind (vgl. BAGIV 1985, S 260 ff.). Aus Gründen der Kompatibilität mit weiterführenden Schulen werden nicht-englische Muttersprachen, bzw. ggf. Unterricht in diesen Muttersprachen auch nicht als Ersatz für die erste Fremdsprache anerkannt.

Im Unterricht bilden die drei türkischsprachigen und die fünf Paschtu/Dari-sprachigen Schüler Untergruppen: Sie sitzen nebeneinander und es kommt besonders in der Untergruppe der Türkischsprachigen öfter zu längeren Nebendialogen, die sich auf halboffizielle Weise mit dem Unterrichtsgegenstand befassen, bzw. das Geschehen kommentierend begleiten. Demgegenüber beschränkt sich der Einsatz der Muttersprache bei den Paschtu/Dari-Sprechern meist auf Ein-Wort-Beiträge, d.h. Schlüsselworte, Angabe erforderlicher Operationen, Kurzhinweise etc.

ARBEITEN ZUR SPRACHANALYSE

Band 1 Annegret Reski, Aufforderungen. Zur Interaktionsfähigkeit im Vorschulalter. 1982.

Band 2 Gunter Senft, Sprachliche Varietät und Variation im Sprachverhalten Kaiserslauterer Metallarbeiter. Untersuchungen zu ihrer Begrenzung, Beschreibung und Bewertung. 1982.

Band 3 Petra Löning, Das Arzt-Patienten-Gespräch. Gesprächsanalyse eines Fachkommunikationstyps. 1985.

Band 4 Ulrike Hoffmann-Richter, Der Knoten im roten Faden. Eine Untersuchung zur Verständigung von Arzt und Patient in der Visite. 1985.

Band 5 Harald Mispelkamp, Theoriegeleitete Sprachtestkonstruktion. 1985.

Band 6 Wortschatz-Erwerb, herausgegeben von Klaus R. Wagner. 1987.

Band 7 Rainer Enrique Hamel, Sprachenkonflikt und Sprachverdrängung. Die zweisprachige Kommunikationspraxis der Otomi-Indianer in Mexiko. 1988.

Band 8 Erzähl-Erwerb, herausgegeben von Konrad Ehlich und Klaus R. Wagner. 1989.

Band 9 Ulrike Behrens, Wenn nicht alle Zeichen trügen. 1989.

Band 10 Petra Wieler, Sprachliches Handeln im Literaturunterricht als didaktisches Problem. 1989.

Band 11 Hannspeter Bauer, Diagnostische Grammatiktests. Planung, Konstruktion und Anwendung einer Testbatterie zur Diagnose sprachlicher Defizite bei heterogenen Schülerpopulationen, am Beispiel der Einstufungsdiagnose für die Jahrgangsstufe 11.1. 1990.

Band 12 Georg Friedrich: Methodologische und analytische Bestimmungen sprachlichen Handelns des Sportlehrers. Bedeutungen sportpädagogischer Praxis unter Berücksichtigung linguistischer Wissenschaft. 1991.

Band 13 Florian Menz: Der geheime Dialog. Medizinische Ausbildung und institutionalisierte Verschleierungen in der Arzt-Patient-Kommunikation. Eine diskursanalytische Studie. 1991.

Band 14 Elisabeth Leinfellner: Semantische Netze und Textzusammenhang. 1992.

Band 15 Reinhard Wenk: Intonation und "aktuelle Gliederung". Experimentelle Untersuchungen an slavischen Entscheidungs- und Ergänzungsfragen. 1992.

Band 16 Günther Richter (Hrsg.): Methodische Grundfragen der Erforschung gesprochener Sprache. 1993.

Band 17 Rainer von Kügelgen: Diskurs Mathematik. Kommunikationsanalysen zum reflektierenden Lernen. 1994.

Printed by
CPI books GmbH, Leck

FSC
www.fsc.org
MIX
Papier | Fördert
gute Waldnutzung
FSC® C083411

Kolibri 360 GmbH
Ferdinand-Jühlke-Straße 7
99095 Erfurt, Deutschland
produktsicherheit@kolibri360.de